普通高等教育"十二五"住建部规划教材
高等职业技术教育建筑设备类专业规划教材

建筑供配电与照明

（第3版）

主　编　丁文华　鲍东杰
副主编　刘华斌　张海生　牟湘云
主　审　谢社初

武汉理工大学出版社
·武　汉·

内容简介

本书共分10个课题，包括供配电系统基本知识、负荷分级及其计算、10 kV高压配电设计、低压配电系统设计、短路电流及其计算、导线截面及高低压电器选择、继电保护及二次系统、建筑照明与配电设计、防雷与接地以及电源装置等。

本书适用于高职高专院校建筑电气工程技术、楼宇智能化工程技术及相关专业的教学用书，也可作为电气工程技术人员的参考书和培训教材。

图书在版编目(CIP)数据

建筑供配电与照明/丁文华，鲍东杰主编. —3版. —武汉：武汉理工大学出版社，2017.3(2023.1重印)

高等职业技术教育建筑设备类专业规划教材

ISBN 978-7-5629-5498-9

Ⅰ.①建… Ⅱ.①丁… ②鲍… Ⅲ.①房屋建筑设备-供电系统-高等职业教育-教材 ②房屋建筑设备-配电系统-高等职业教育-教材 ③房屋建筑设备-电气照明-高等职业教育-教材 Ⅳ.①TU852 ②TU113.8

中国版本图书馆CIP数据核字(2017)第055473号

项目负责人：杨学忠　张淑芳　　**责任编辑**：张淑芳
责任校对：丁　冲　　**封面设计**：一　尘
出版发行：武汉理工大学出版社
地　　址：武汉市洪山区珞狮路122号
邮　　编：430070
网　　址：http://www.wutp.com.cn
印　　刷：崇阳文昌印务股份有限公司
经　　销：各地新华书店
开　　本：787×1092　1/16
印　　张：21　　**插　　页**：1
字　　数：524千字
版　　次：2017年3月第3版
印　　次：2023年1月第3次印刷
定　　价：42.00元

凡购本书，如有缺页、倒页、脱页等印装质量问题，请向出版社发行部调换。
本社购书热线电话：(027)87664138　87384729　87785758　87165708(传真)

高等职业技术教育建筑设备类专业规划教材
出 版 说 明

随着教学改革的不断深化和社会发展对人才的现实需求，根据教育部“高等职业教育应以服务为宗旨，以就业为导向，走产学研结合的发展道路”的办学方向和“要加强学生实践能力、技术运用能力的培养，充分反映新兴技术、新兴产业对技能培养的要求，满足经济结构战略性调整、技术结构优化升级和高科技产业迅速发展对人才培养的要求”的职业技术教育培养目标，以及职业技术教育“要逐步建立以能力培养为基础的、特色鲜明的专业教材和实训指导教材”的教材建设要求，武汉理工大学出版社经过广泛的调查研究，与全国20多所高等专科学校、高等职业技术学院的建筑设备和建筑电气工程技术方面的教育专家、学者共同探讨，于2007年组织编写了一套适应高等职业教育建筑设备相关专业人才培养和教学要求的、具有鲜明职业教育特色的实用性教材《高等职业技术教育建筑设备类专业规划教材》。

本套教材是根据教育部、住房和城乡建设部高职高专建筑设备类专业教学指导委员会制订的培养方案和各课程教学大纲组织编写的，具有如下特点：

(1)教材的编写坚持“以应用为目的，专业理论知识以必需、够用为度”的原则，着重培养学生从事工程设计、施工和管理等方面的专项能力，体现能力本位的教育思想。

(2)教材的理论体系、组织结构、编写方法，以突出实践性教学和使学生容易掌握为准则，同时全面体现本领域的新法规、新规范、新方法、新成果，与施工企业与机构的生产、工作实际紧密结合，力求达到学以致用的目的。

(3)本套教材努力使用和推广现代化教学手段，将分步组织编写、制作和出版与教材配套的案例、实训教材、模拟试题、教学大纲及电子教案。

本套教材出版后被多所院校长期使用，普遍反映内容质量良好，突出了职业教育注重能力培养的特点，符合当前职业教育的教学要求，其中多种教材被评为普通高等教育“十二五”住房和城乡建设部规划教材，《建筑给水排水工程》被评为“十二五”职业教育国家规划教材。

随着国家标准、技术规范的不断更新，近期我们也对本套教材进行了全面修订，以适应经济技术发展和职业教育对技能型应用人才培养的需要。

高等职业技术教育建筑设备类专业规划教材编委会

2014年12月

高等职业技术教育建筑设备类专业规划教材

编委会名单

第3版前言

随着现代化建设的不断发展，技术标准及施工工艺都在发生变化，不断有新的技术规范出台。与此同时，社会上急需一大批具备适度基础理论知识，实用技术知识面宽，工程实践能力强，能适应建筑电气领域技术发展需要的高等技术应用型人才。

“建筑供配电与照明”是建筑电气工程技术人员必须掌握的内容之一，因此编写建筑电气工程技术专业教材显得非常必要。

本书自2008年出版之后，受到用书单位的一致好评。现根据行业发展的需求和建筑设备专业教学基本要求，并依据最新的国家标准《建筑电气工程施工质量验收规范》(GB 50303—2015)对该书进行了全面修订。

本书在编写过程中，采用课题的形式，系统介绍了建筑供配电与照明的基本内容与设计方法，并在课题之后安排技能训练，注重实践技能与应用能力的培养。全书力求内容全面、语言简洁、通俗易懂、重点突出、实例丰富、图文并茂。

本书由湖北城市建设职业技术学院丁文华、邢台职业技术学院鲍东杰任主编，福建水利电力职业技术学院刘华斌、河南省水利水电学校张海生和甘肃建筑职业技术学院牟湘云担任副主编，丁文华负责全书的统稿工作。具体的编写分工为：丁文华编写课题1、4，牟湘云编写课题2、5，刘华斌编写课题3，张海生编写课题6，湖北城市建设职业技术学院王勇编写课题7，鲍东杰编写课题8，湖北城市建设职业技术学院陈继华编写课题9、10。

本书的编写人员均是工作在教学科研第一线，有着丰富教学经验、工程实践经验的优秀教师和工程技术人员。

本书由湖南城建职业技术学院谢社初担任主审，他对书稿提出了非常宝贵的意见和建议，在此表示衷心感谢！

本书在编写过程中，还得到了湖北城市建设职业技术学院领导和同仁的大力支持，在此一并表示感谢！

由于作者水平有限，时间仓促，书中难免有不妥和错误之处，恳请专家及读者批评指正。

本书配有电子教案，请选用本教材的老师拨打13971389897索取。

编　者

2017年1月

目　　录

课题1　供配电系统基本知识 …… (1)

1.1　供配电系统概述 …… (1)
1.1.1　电力系统的基本概念及组成 …… (1)
1.1.2　供配电系统的组成 …… (2)
1.1.3　供配电的基本要求 …… (4)
1.2　额定电压及供电质量 …… (4)
1.2.1　额定电压 …… (4)
1.2.2　供电质量 …… (6)
1.2.3　电压的选择 …… (7)
1.3　电力系统中性点运行方式 …… (8)
1.3.1　电力系统中性点的运行方式 …… (8)
1.3.2　低压配电系统的TN系统 …… (12)
思考题与习题 …… (14)
技能训练 …… (14)

课题2　负荷分级及其计算 …… (15)

2.1　负荷分级 …… (15)
2.1.1　负荷分级的原则 …… (15)
2.1.2　民用建筑中各类建筑的主要用电负荷的分级 …… (16)
2.1.3　用电设备的工作制 …… (18)
2.2　负荷曲线 …… (19)
2.2.1　负荷曲线的概念 …… (19)
2.2.2　负荷曲线的绘制 …… (19)
2.2.3　与负荷曲线有关的物理量 …… (20)
2.3　电力负荷的计算 …… (21)
2.3.1　计算负荷的概念 …… (21)
2.3.2　用需要系数法计算负荷 …… (21)
2.3.3　用单位估算法计算负荷 …… (36)
思考题与习题 …… (39)
技能训练 …… (39)

课题3　10kV高压配电设计 …… (41)

3.1　供电电源 …… (41)

3.1.1 按负荷级别确定供电电源…………………………………………………… (41)
3.1.2 按网络的接线方式确定供电电源…………………………………………… (42)
3.1.3 低压供电电源………………………………………………………………… (43)
3.2 常用高压主接线………………………………………………………………… (43)
3.2.1 与主接线有关的概念………………………………………………………… (43)
3.2.2 高压供配电系统主接线的基本要求………………………………………… (44)
3.2.3 线路-变压器组接线 ………………………………………………………… (45)
3.2.4 单母线接线…………………………………………………………………… (46)
3.2.5 双母线接线…………………………………………………………………… (51)
3.2.6 桥式接线……………………………………………………………………… (53)
3.3 电力变压器的选择……………………………………………………………… (54)
3.3.1 电力变压器概述……………………………………………………………… (54)
3.3.2 电力变压器的实际容量……………………………………………………… (55)
3.3.3 电力变压器运行方式………………………………………………………… (55)
3.3.4 电力变压器台数和容量的选择……………………………………………… (59)
3.3.5 电力变压器并列运行的条件………………………………………………… (60)
3.4 发电机作为备用电源的主接线………………………………………………… (61)
3.5 高压供配电系统设计案例……………………………………………………… (62)
3.5.1 某工厂高压供配电系统的电气设计案例…………………………………… (62)
3.5.2 某综合楼高压供配电系统的电气设计案例………………………………… (71)
思考题与习题 ……………………………………………………………………… (75)
技能训练 …………………………………………………………………………… (75)

课题 4 低压配电系统设计 ………………………………………………………… (76)

4.1 低压配电系统接线……………………………………………………………… (76)
4.1.1 放射式………………………………………………………………………… (76)
4.1.2 树干式………………………………………………………………………… (77)
4.1.3 链式…………………………………………………………………………… (77)
4.1.4 环网式………………………………………………………………………… (77)
4.2 住宅配电系统设计……………………………………………………………… (78)
4.2.1 室内配电箱系统……………………………………………………………… (78)
4.2.2 多层住宅配电系统…………………………………………………………… (79)
4.2.3 高层住宅配电系统…………………………………………………………… (81)
4.2.4 公寓式住宅配电系统………………………………………………………… (84)
4.2.5 配电线路的过流保护………………………………………………………… (87)
4.2.6 配电设备……………………………………………………………………… (88)
4.2.7 强电线路敷设………………………………………………………………… (89)
4.2.8 住宅小区配电线路…………………………………………………………… (90)
4.3 水泵站动力配电系统设计……………………………………………………… (92)

4.3.1　设计条件及概况…………………………………………………………………（92）
4.3.2　配电系统设计……………………………………………………………………（92）
4.4　电梯工程动力配电设计 ………………………………………………………（100）
4.4.1　电梯负荷性质 …………………………………………………………………（100）
4.4.2　电源设置 ………………………………………………………………………（101）
思考题与习题……………………………………………………………………………（102）
技能训练…………………………………………………………………………………（102）

课题5　短路电流及其计算 ……………………………………………………………（104）

5.1　短路概述 …………………………………………………………………………（104）
5.1.1　短路故障产生的原因 …………………………………………………………（104）
5.1.2　短路故障的危害 ………………………………………………………………（105）
5.1.3　短路故障的类型 ………………………………………………………………（105）
5.1.4　短路电流计算的目的 …………………………………………………………（106）
5.1.5　短路电流计算的内容 …………………………………………………………（107）
5.1.6　短路电流计算条件 ……………………………………………………………（107）
5.1.7　短路电流计算方法 ……………………………………………………………（107）
5.2　短路电流的计算 …………………………………………………………………（108）
5.2.1　三相短路过程的分析 …………………………………………………………（108）
5.2.2　三相短路电流的有关参数 ……………………………………………………（109）
5.2.3　三相短路电流的计算 …………………………………………………………（110）
5.2.4　两相及单相短路电流的计算 …………………………………………………（117）
5.2.5　大容量电机短路电流计算 ……………………………………………………（117）
5.3　短路电流的效应 …………………………………………………………………（118）
5.3.1　短路电流的热效应 ……………………………………………………………（119）
5.3.2　短路电流的电动效应 …………………………………………………………（120）
思考题与习题……………………………………………………………………………（122）
技能训练…………………………………………………………………………………（122）

课题6　导线截面及高低压电器选择 …………………………………………………（124）

6.1　高低压电器设备 …………………………………………………………………（124）
6.1.1　概述 ……………………………………………………………………………（124）
6.1.2　电流互感器与电压互感器 ……………………………………………………（146）
6.1.3　高低压成套设备 ………………………………………………………………（152）
6.2　电气设备的选择与校验 …………………………………………………………（156）
6.2.1　电气设备选择的一般规定 ……………………………………………………（156）
6.2.2　高低压电器的选择与校验 ……………………………………………………（158）
6.2.3　互感器的选择与校验 …………………………………………………………（164）
6.3　导线截面的选择与校验 …………………………………………………………（166）

6.3.1 导线截面选择的条件 …… (166)
6.3.2 导线截面的选择与校验 …… (166)
思考题与习题…… (175)
技能训练…… (176)

课题 7 继电保护及二次系统 …… (177)

7.1 继电保护的基本知识 …… (177)
7.1.1 继电保护的任务及要求 …… (177)
7.1.2 继电保护的基本原理 …… (178)
7.1.3 继电器的构成和分类 …… (179)
7.2 线路的继电保护 …… (183)
7.2.1 继电保护的接线方式 …… (183)
7.2.2 带时限的过电流保护 …… (185)
7.2.3 电流速断保护 …… (193)
7.3 电力变压器的继电保护 …… (199)
7.3.1 电力变压器的继电保护类型 …… (199)
7.3.2 变压器的继电保护 …… (200)
7.4 二次系统接线图 …… (209)
7.4.1 原理接线图和安装接线图 …… (209)
7.4.2 二次接线图案例 …… (211)
7.5 断路器控制回路及信号系统 …… (213)
7.5.1 断路器控制回路和信号系统的构成 …… (213)
7.5.2 对断路器控制回路和信号系统的基本要求 …… (214)
7.5.3 灯光、音响监视断路器控制回路和信号系统…… (215)
7.6 中央信号系统 …… (220)
7.6.1 变电所中央信号系统的类型 …… (220)
7.6.2 事故信号 …… (220)
7.6.3 预告信号 …… (221)
7.7 绝缘监察装置和电气测量仪表 …… (224)
7.7.1 绝缘监察装置 …… (224)
7.7.2 电气测量仪表 …… (225)
7.8 备用电源自动投入装置(APD) …… (227)
7.8.1 APD 装置的作用及分类 …… (227)
7.8.2 对 APD 装置的基本要求 …… (228)
7.8.3 APD 装置的典型接线 …… (228)
思考题与习题…… (232)
技能训练…… (233)

课题 8　建筑照明与配电设计 ………………………………………… (234)
8.1　电气照明的基本知识 ………………………………………… (234)
8.1.1　照明的有关概念 ………………………………………… (234)
8.1.2　照明种类 ………………………………………… (238)
8.1.3　照明质量 ………………………………………… (239)
8.2　常用照明电光源 ………………………………………… (239)
8.2.1　常用电光源的分类 ………………………………………… (239)
8.2.2　常用电光源的选择 ………………………………………… (241)
8.3　照明灯具 ………………………………………… (242)
8.3.1　灯具的作用 ………………………………………… (242)
8.3.2　灯具的光学特性 ………………………………………… (242)
8.3.3　灯具的分类 ………………………………………… (244)
8.3.4　灯具的选择 ………………………………………… (246)
8.3.5　灯具的布置 ………………………………………… (246)
8.3.6　照度计算 ………………………………………… (246)
8.4　建筑物内照明配电设计 ………………………………………… (249)
8.4.1　住宅照明 ………………………………………… (249)
8.4.2　办公楼照明 ………………………………………… (251)
8.4.3　学校照明 ………………………………………… (252)
8.4.4　商业照明 ………………………………………… (253)
8.4.5　厂房照明 ………………………………………… (253)
8.5　建筑物外照明配电设计 ………………………………………… (255)
8.5.1　道路照明 ………………………………………… (255)
8.5.2　室外建筑物照明 ………………………………………… (256)
8.5.3　夜景照明 ………………………………………… (256)
8.5.4　庭院照明 ………………………………………… (256)
8.6　照明设计实例 ………………………………………… (257)
8.6.1　某住宅楼电气照明施工图 ………………………………………… (257)
8.6.2　某办公楼电气照明施工图 ………………………………………… (265)
思考题与习题 ………………………………………… (272)
技能训练 ………………………………………… (273)

课题 9　防雷与接地 ………………………………………… (274)

9.1　过电压与防雷 ………………………………………… (274)
9.1.1　过电压 ………………………………………… (274)
9.1.2　雷与防雷设备 ………………………………………… (275)
9.1.3　架空线路的防雷保护 ………………………………………… (282)
9.1.4　变电所(配电所)防雷保护 ………………………………………… (282)

9.1.5 建筑物的防雷 …………………………………………………… (284)
9.1.6 建筑物的防雷案例 ……………………………………………… (286)
9.2 接地 ………………………………………………………………… (286)
9.2.1 人体触电的类型 ………………………………………………… (286)
9.2.2 接地及接地装置 ………………………………………………… (287)
9.2.3 等电位联结 ……………………………………………………… (292)
9.2.4 浪涌保护器 ……………………………………………………… (293)
思考题与习题…………………………………………………………… (295)
技能训练………………………………………………………………… (296)

课题10 电源装置 ……………………………………………………… (297)

10.1 交流稳压电源…………………………………………………… (297)
10.1.1 电磁稳压器…………………………………………………… (297)
10.1.2 稳压变压器…………………………………………………… (298)
10.1.3 电子交流稳压器……………………………………………… (299)
10.1.4 调压器稳定电源……………………………………………… (300)
10.2 直流铅酸蓄电池………………………………………………… (301)
10.3 自备柴油发电机………………………………………………… (301)
10.3.1 柴油发电机组的基本知识…………………………………… (301)
10.3.2 机组容量的确定……………………………………………… (305)
10.3.3 机组型号的选择……………………………………………… (306)
思考题与习题…………………………………………………………… (308)
技能训练………………………………………………………………… (309)

附录……………………………………………………………………… (310)

参考文献………………………………………………………………… (322)

课题 1　供配电系统基本知识

【知识目标】

◆ 理解电力系统中发电厂、变配电所、电力线路、电能用户等基本概念；
◆ 掌握供电系统的组成；
◆ 熟悉对供配电的基本要求；
◆ 了解额定电压的概念和国家标准规定的三相交流电网和电气设备的额定电压；
◆ 了解影响供电质量的两项主要指标：电压、频率；
◆ 掌握供电电压的选择依据；
◆ 了解电力系统中性点的常见运行方式及适用范围；
◆ 掌握低压配电系统的 TN 系统。

【能力目标】

◆ 具备确定电力系统中各环节额定电压的能力；
◆ 具备对供电电压选择的能力；
◆ 具备选择电力系统中性点运行方式的能力；
◆ 具备区分低压配电系统中 TN 系统三种形式的能力。

1.1　供配电系统概述

1.1.1　电力系统的基本概念及组成

电能是现代人们生产和生活的重要能源。它为工业、农业、交通运输和社会生活提供能源。电能既易于由其他形式的能量转换而来，又易于转换为其他形式的能量以供使用。电能的输送和分配既简单、经济，又易于控制、调节和测量，能方便地实现生产过程的自动化。因此，电能已广泛应用到社会生产的各个领域和社会生活的各个方面。

建筑供配电就是指建筑所需电能的供应和分配问题。建筑物所需要的电能绝大多数是由公共电力系统供给的，所以有必要先了解电力系统的基本知识。

电力系统是由发电厂、电力网和电能用户组成的一个发电、输电、变配电和用电的整体。图 1.1 所示是电力系统的组成。

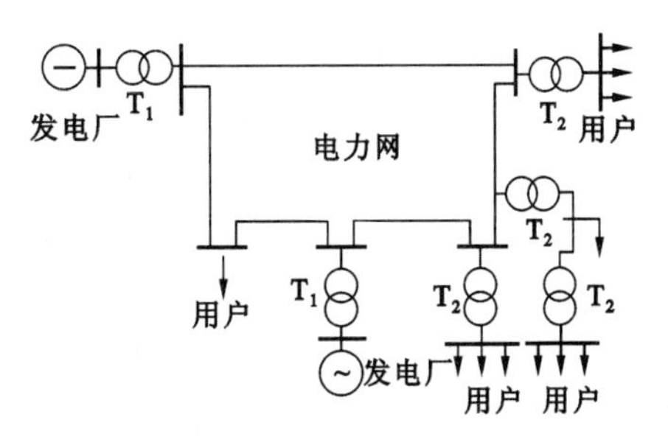

图 1.1　电力系统的组成

电力系统中的各级电力线路及其联系的变、配电所，称为电力网。电力网是电力系统的重要组成部分。

电力网的作用是将电能从发电厂输送并分配到各个电能用户。

1. 发电厂

发电厂是生产电能的工厂，它是把非电形式的能量转换成电能。发电厂的种类很多，一般根据所利用能源的不同分为火力发电厂、水力发电厂、原子能发电厂。此外，还有风力、地热、潮汐、太阳能等发电厂。

2. 变、配电所

变电所是接受电能、变换电压和分配电能的场所，由电力变压器和配电装置组成。配电所仅用来接受和分配电能，不承担变换电压的任务，是只有受电、配电设备而没有电力变压器的场所。

变电所按变压的性质和作用又可分为升压变电所和降压变电所两大类。升压变电所的任务是将低电压变换为高电压，以利于电能的传输。降压变电所的任务是将高电压变换到一个合理的电压等级，一般建在靠近用电负荷中心的地点。降压变电所根据其在电力系统中的地位和作用的不同，又分为地区变电所和工厂变电所等。

建筑变电所或建筑配电所一般建在建筑物内部。

3. 电力线路

电力线路又称输电线。由于各种类型的发电厂多建于自然资源丰富的地方，一般距电能用户较远，所以需要各种不同电压等级的电力线路，将发电厂生产的电能源源不断地输送到各电能用户。电力线路的作用是输送电能，并把发电厂、变配电所和电能用户连接起来。

电力线路按其用途及电压等级分为输电线路和配电线路。电压在 35 kV 及以上的电力线路称为输电线路；电压在 10 kV 及以下的电力线路称为配电线路。电力线路按其架设方法可分为架空线路和电缆线路；按其传输电流的种类又可分为交流线路和直流线路。

4. 电能用户

电能用户又称电力负荷。在电力系统中，一切消费电能的用电设备均称为电能用户。

用电设备按其用途可分为动力用电设备（如电动机等）、工艺用电设备（如电解、电镀、冶炼、电焊、热处理等）、电热用电设备（如电炉、干燥箱、空调器等）、照明用电设备和试验用电设备等，它们将电能转换为机械能、热能和光能等不同形式，以满足生产、生活的不同需要。

1.1.2　供配电系统的组成

建筑供配电系统是指所需的电力能源从进入建筑物（或小区）开始到所有用电设备终端的整个电路。

建筑供配电系统由总降压变电所（或高压配电所）、高压配电线路、分变电所、低压配电线路及用电设备组成。

1. 二次变压的供电系统

大型建筑群和某些负荷较大的中型建筑，一般采用具有总降压变电所的二次变压供电系统，如图 1.2 所示。该供电系统一般采用 35～110 kV 电源进线。先经过总降压变电所，将 35～110 kV 的电源电压降至 6～10 kV，然后经过高压配电线路将电能送到各分变电所，再由 6～10 kV 降至 380/220 V，供低压用电设备使用。高压用电设备则直接由总降压变电所的 6～10 kV 母线供电。这种供电方式称为二次变压供电方式。

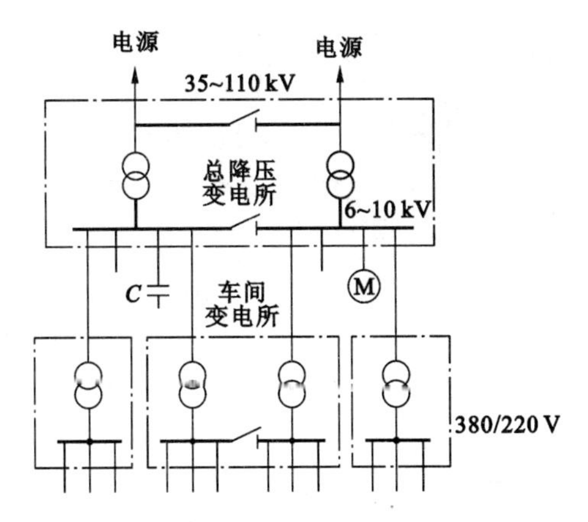

图 1.2 二次变压供电方式

2. 一次变压的供电系统

(1) 具有高压配电所的一次变压系统

一般中型建筑或建筑群多采用 6～10 kV 电源进线,经高压配电所将电能分配给各分变电所,由分变电所将 6～10 kV 电压降至 380/220 V,供低压用电设备使用。同样,高压用电设备直接由高压配电所的 6～10 kV 母线供电,如图 1.3 所示。

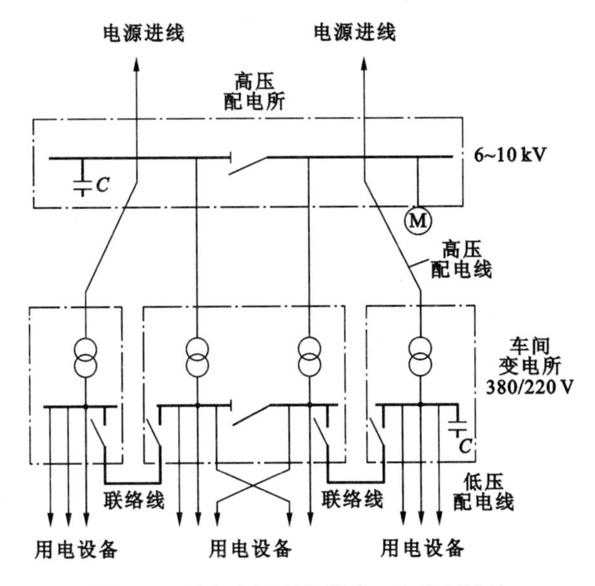

图 1.3 具有高压配电所的一次变压系统

(2) 高压深入负荷中心的一次变压系统

对于某些中小型建筑或建筑群,如果本地电源电压为 35 kV,且各种条件允许时,可直接采用 35 kV 作为配电电压,将 35 kV 线路直接引入靠近负荷中心的变电所,再由车间变电所一次变压为 380/220 V,供低压用电设备使用,如图 1.4 所示。这种高压深入负荷中心的一次变压供电方式可节省一级中间变压,从而简化了供电系统,节约有色金属,降低电能损耗和电压损耗,提高了供电质量,而且适应电力负荷的发展。

(3) 只有一个变电所的供电系统

对于小型建筑或建筑群,由于用电较少,通常只设一个将 6～10 kV 电压降为 380/220 V

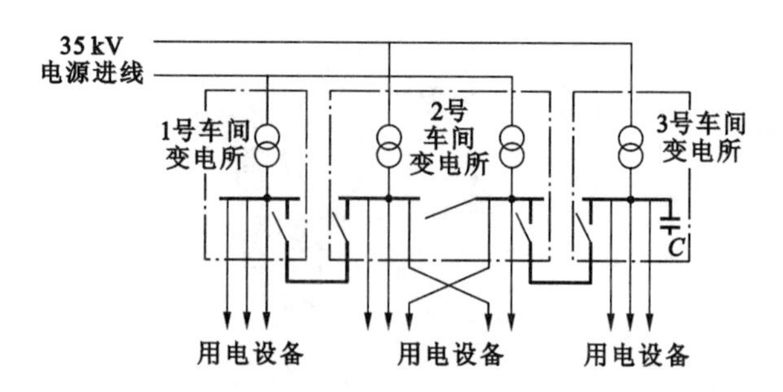

图 1.4　高压深入负荷中心的一次变压系统

电压的变电所，如图 1.5 所示。

3. 低压供电的小型供电系统

某些小型建筑或建筑群也采用 380/220 V 低压电源进线，只需设置一个低压配电室，将电能直接分配给各低压用电设备使用，如图 1.6 所示。

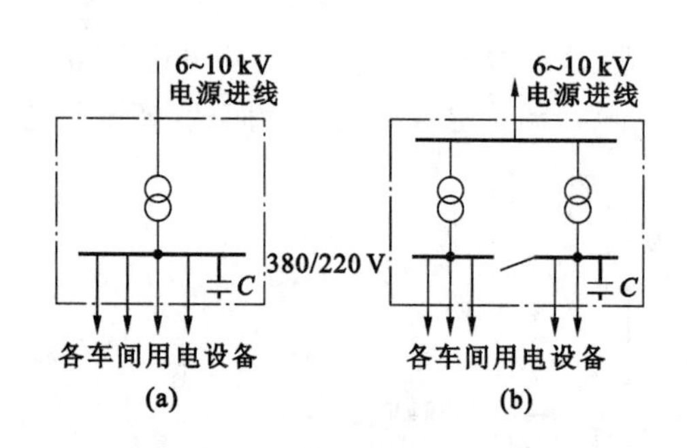

图 1.5　只有一个降压变电所的供电系统

(a) 装有一台电力变压器；(b) 装有两台电力变压器

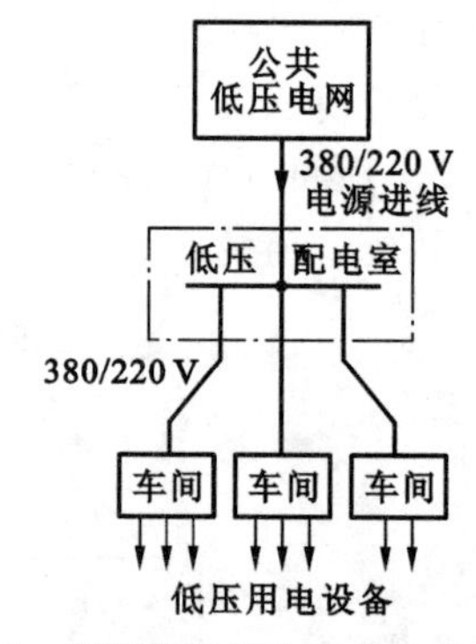

图 1.6　低压进线的小型供电系统

1.1.3　供配电的基本要求

为了保证生产和生活用电的需要，供电工作要满足以下基本要求：

(1) 安全　在电能的供应、分配和使用中，不应发生人身事故和设备事故。

(2) 可靠　应满足电能用户对供电可靠性的要求。

(3) 优质　应满足电能用户对电压质量和频率等方面的要求。

(4) 经济　应使供电系统的投资少、运行费用低，并尽可能地节约电能和减少有色金属的消耗量。

此外，在供电中应采用科学管理方法，合理地处理局部和全局、当前和长远的关系，统筹规划，顾全大局，适应发展。

1.2　额定电压及供电质量

1.2.1　额定电压

由于电气设备生产的标准化，电气设备的额定电压必须统一，发电机、变压器、用电设备和输电线路的额定电压必须分成若干等级。所谓额定电压，就是用电设备、发电机、变压器正常运行并具有最经济的工作电压，也就是正常情况下所规定的电压。

国家标准规定的三相交流电网和电气设备的额定电压如表 1.1 所示。

表 1.1 三相交流电网和电气设备的额定电压

分类	电网和用电设备额定电压(kV)	发电机额定电压(kV)	电力变压器额定电压(kV)	
			一次绕组	二次绕组
低压	0.22 0.38	0.23 0.40	0.22 0.38	0.23 0.40
高压	3 6 10 35 60 110 220 330 500	3.15 6.3 10.5 — — — — — —	3 及 3.15 6 及 6.3 10 及 10.5 35 60 110 220 330 500	3.15 及 3.3 6.3 及 6.6 10.5 及 11 38.5 66 121 242 363 550

1. 电力线路的额定电压

电力线路的额定电压等级是国家根据国民经济发展的需要及电力工业的水平，经全面技术经济分析后确定的，它是确定各类用电设备额定电压的基本依据。

2. 用电设备的额定电压

用电设备运行时，电力线路上要有负荷电流流过，因而在电力线路上引起电压损耗，造成电力线路上各点电压略有不同，如图 1.7 所示。但成批生产的用电设备，其额定电压不可能按使用地点的实际电压来制造，而只能按线路首端与末端的平均电压即电力线路的额定电压 U_N 来制造。所以用电设备的额定电压与同级电力线路的额定电压是相等的。

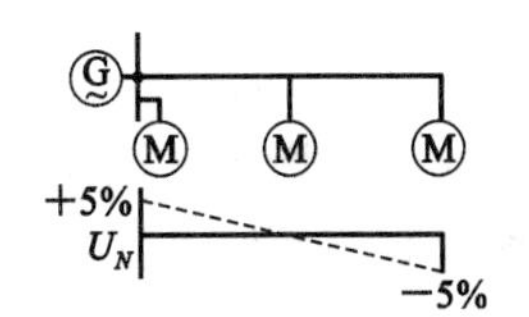

图 1.7 用电设备和发电机的额定电压

3. 发电机的额定电压

由于同一等级电压的线路允许电压损耗为±5%，即整个线路允许有 10%的电压损耗，因此，为了维持线路首端与末端平均电压的额定值，线路首端(电源端)电压应比线路额定电压高 5%，而发电机是接在线路首端的，所以规定发电机的额定电压高于同级线路额定电压 5%，用以补偿线路上的电压损耗，如图 1.7 所示。

4. 电力变压器的额定电压

(1) 变压器一次绕组的额定电压

当变压器直接与发电机相连，如图 1.8 中变压器 T_1，则其一次绕组的额定电压应与发电机额定电压相同，即高于同级线路额定电压 5%；当变压器不与发电机相连，而是连接在线路上，如图 1.8 中变压器 T_2，则可将变压器看做是线路上的用电设备，因此其一次绕组额定电压应与线路额定电压相同。

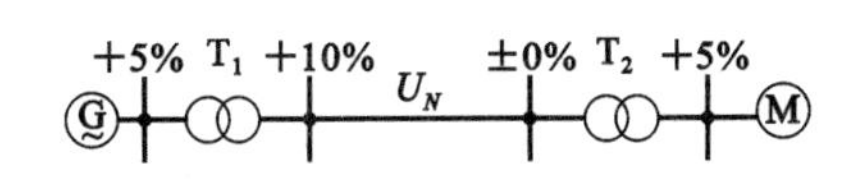

图 1.8 电力变压器的额定电压

(2) 变压器二次绕组的额定电压

变压器二次绕组的额定电压是指变压器一次绕组接上额定电压而二次绕组开路时的电压,即空载电压。变压器在满载运行时,二次绕组内约有5%的阻抗电压降,因此分两种情况讨论。

如果变压器二次侧供电线路很长(例如较大容量的高压线路),则变压器二次绕组额定电压一方面要考虑补偿变压器二次绕组本身5%的阻抗电压降,另一方面还要考虑变压器满载时输出的二次电压要满足线路首端应高于线路的额定电压5%,以补偿线路上的电压损耗。此时,变压器二次绕组的额定电压要比线路额定电压高10%,如图1.8中变压器T_1。

如果变压器二次侧供电线路不长(例如为低压线路或直接供电给高、低压用电设备的线路),则变压器二次绕组的额定电压只需高于其所接线路额定电压的5%,即仅考虑补偿变压器内部5%的阻抗电压降,如图1.8中变压器T_2。

综上所述,在同一电压等级中,电力系统中各个环节(发电机、变压器、电力线路、用电设备)的额定电压数值并不都相同。

1.2.2　供电质量

1. 供电质量的主要指标

供电系统的所有电气设备都应具有一定的工作电压和频率。电气设备在其额定电压和频率条件下工作时,其综合的经济效果最佳,因此,电压和频率被认为是衡量电能质量的两个基本参数。

(1) 电压

额定电压是指用电设备处在最佳运行状态的工作电压。当施加于用电设备两端的电压与用电设备的额定电压差别较大时,将对用电设备产生较大危害。对电动机而言,当电压降低时,其转矩急剧减小,使得转速降低,甚至停转,从而导致产生废品,甚至引起重大事故。对照明用的白炽灯而言,当电压降低时,白炽灯的发光效率降低,灯光变暗,工作效率下降,还可能增加事故的发生率。用电设备除对供电电压的高低有要求之外,还要考虑供电电压波形畸变的问题。近些年来,随着硅整流、晶闸管变流设备,各种微机以及网络和各种非线性负荷的增加,致使大量谐波电流注入电网,造成电压正弦波波形畸变,使电能质量大大下降,给供电设备及用电设备带来严重危害,不仅损耗增加、某些用电设备不能正常运行,而且可能引起系统谐振。

(2) 频率

我国采用的工业频率(简称工频)为50 Hz。当电力网低于额定频率运行时,所有电力用户的电动机转速都将相应降低,因而用户将受到不同程度的影响。电力网频率的变化对供电系统运行的稳定性影响很大,因而对频率的要求比对电压的要求更严格,频率的变化范围不应超过±0.5 Hz。

2. 电压偏移和电压调整

(1) 电压偏移

电压偏移是指用电设备端电压U与用电设备额定电压U_N差值与U_N的百分比,即

$$\Delta U=\frac{U-U_N}{U_N}\times 100\% \tag{1.1}$$

电压偏移是由于供电系统改变运行方式或电力负荷缓慢变化等因素引起的,其变化是相当缓慢的。

我国规定,正常运行情况下,用电设备端子处电压偏移的允许值为:

① 电动机为±5%;

② 照明灯一般场所为±5%,在视觉要求较高的场所为+5%和-2.5%;

③ 其他用电设备无特殊规定时为±5%。

(2) 电压调整

为了减小电压偏移,保证用电设备在最佳状态下运行,供电系统必须采取相应的电压调整措施,即:

① 合理选择变压器的电压分接头或采用有载调压型变压器,使之在负荷变动的情况下有效地调节电压,保证用电设备端电压的稳定。

② 合理地减少供电系统的阻抗,以降低电压损耗,从而缩小电压偏移范围。

③ 尽量使系统的三相负荷均衡,以减小电压偏移。

④ 合理地改变供电系统的运行方式,以调整电压偏移。

⑤ 采用无功功率补偿装置,提高功率因数,降低电压损耗,缩小电压偏移范围。

1.2.3 电压的选择

1. 高压供电电压的选择

供电系统的高压配电电压主要取决于当地供电系统电源电压及高压用电设备的电压和容量等因素。

对于大型工厂和某些电力负荷较大的中型工厂,设备容量在 2000~50000 kV·A、输送电能距离在 20~150 km 的,可采用 35~110 kV 电压供电。

对于中小型工厂,设备容量在 100~2000 kV·A、输送电能距离在 4~20 km 的,可采用 6~10 kV 电压供电。

确定高压供电电压时,应对各种方案的技术和经济指标进行全面比较。表 1.2 列出了各级电压线路合理的输送功率和输送距离。对于采用 6~10 kV 电压作为高压供电电压的用电单位,应首选 10 kV。因为从技术经济指标来看,采用 10 kV 较之采用 6 kV 作高压供电电压有许多优越性:一是在输送功率和输送距离一定时,选用电压越高,可以减小架空导线或电缆截面,从而可减少线路的初投资和有色金属消耗量,且可减少线路的电压损耗和电能损耗,电压质量容易保证;二是 10 kV 电压较之 6 kV 电压输送的功率更大,输送的距离更远,而且更易适应今后的发展;三是实际使用的 6 kV 开关设备与 10 kV 开关设备在型号规格上是基本相同的,因此采用 10 kV 电压等级后,开关设备的投资较采用 6 kV 电压等级的投资增加很少;四是从供电的安全性和可靠性来说,10 kV 与 6 kV 相差无几。

表 1.2 各级电压电力线路合理的输送功率和输送距离

线路电压(kV)	线路结构	输送功率(kW)	输送距离(km)	线路电压(kV)	线路结构	输送功率(kW)	输送距离(km)
0.38	架空线	≤100	≤0.25	10	电缆线	≤5000	≤10
0.38	电缆线	≤175	≤0.35	35	架空线	2000~15000	20~50
6	架空线	≤2000	3~10	63	架空线	3500~30000	30~100
6	电缆线	≤3000	≤8	110	架空线	10000~50000	50~150
10	架空线	≤3000	5~15	220	架空线	100000~500000	200~300

采用 10 kV 作为高压供电电压的用电单位，如果有 6 kV 的高压用电设备（如 6 kV 高压电机），则可通过专用的 10/6.3 kV 变压器单独供电。

2. 低压配电电压的选择

供电系统的低压配电电压主要取决于低压用电设备的电压，通常采用 380/220 V。其中线电压 380 V 接三相动力设备，相电压 220 V 供电给照明及其他 220 V 的单相设备。对于容易发生触电或有易燃易爆的个别部位，可考虑采用 220/127 V 作为低压配电电压。对于一些有特殊要求的场所，应根据国家有关规定，局部采用安全电压供电。

1.3　电力系统中性点运行方式

1.3.1　电力系统中性点的运行方式

选择电力系统中性点接地方式是一个综合性问题。它与电压等级、单相接地短路电流、过电压水平、保护配置等有关，直接影响电网的绝缘水平、系统供电的可靠性和连续性、主变压器和发电机的运行安全以及对通信线路的干扰等。

考虑到电力系统运行的可靠性、安全性、经济性及人身安全等因素，电力系统中性点常采用不接地、经消弧线圈接地、高电阻接地和直接接地等运行方式。

1. 中性点不接地的电力系统

中性点不接地方式即电力系统的中性点不与大地相接。

电力系统中的三相导线之间和各相导线对地之间都存在着分布电容。设三相系统是对称的，则各相对地均匀分布的电容可由集中电容 C 表示，线间电容电流数值较小，可不考虑，如图 1.9(a)所示。

系统正常运行时，三个相电压 $\dot{U}_1$、$\dot{U}_2$、$\dot{U}_3$ 是对称的，三相对地电容电流 $\dot{I}_{C1}$、$\dot{I}_{C2}$、$\dot{I}_{C3}$ 也是对称的，其相量和为零，所以中性点没有电流流过。各相对地电压就是其相电压，如图 1.9(b)所示。

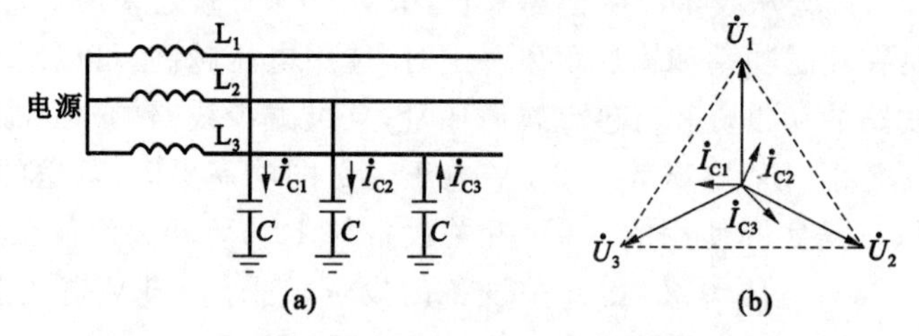

图 1.9　正常运行时中性点不接地的电力系统

(a) 电路图；(b) 相量图

当系统任何一相绝缘受到破坏而接地时，各相对地电压、对地电容电流都要发生改变。当故障相（假定为第 3 相）完全接地时，如图 1.10(a)所示。

接地的第 3 相对地电压为零，即 $\dot{U}_3'=0$，但线间电压并没有发生变化。

非接地相　第 1 相对地电压 $\dot{U}_1'=\dot{U}_1+(-\dot{U}_3)=\dot{U}_{13}$

　　　　　第 2 相对地电压 $\dot{U}_2'=\dot{U}_2+(-\dot{U}_3)=\dot{U}_{23}$

即非接地两相对地电压均升高$\sqrt{3}$倍，变为线电压，如图 1.10(b)所示。

当第 3 相接地时，由于第 1、2 两相对地电压升高$\sqrt{3}$倍，使得这两相对地电容电流也相应地

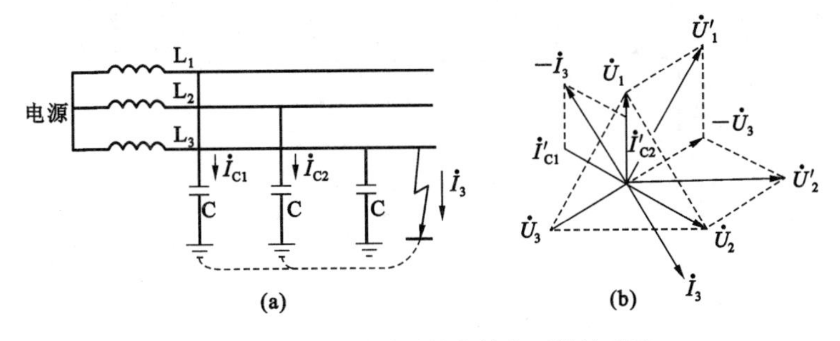

图 1.10　一相接地时的中性点不接地系统

(a) 电路图；(b) 相量图

增大$\sqrt{3}$倍，即

$$I_{C1}{}' = I_{C2}{}' = \sqrt{3} I_{C0} \tag{1.2}$$

从图 1.10(b)的相量图可知，第 3 相接地点接地电容电流为

$$I_{C3} = I_3 = \sqrt{3} I_{C1}{}' = \sqrt{3} \times \sqrt{3} I_{C0} = 3 I_{C0} \tag{1.3}$$

即中性点不接地系统单相接地电容电流为正常运行时每相对地电容电流的 3 倍。

从图 1.10(b)的相量图还可看出，系统的三个线电压无论相位和量值均未发生变化，因此系统中所有用电设备仍可继续运行。

中性点不接地系统发生一相接地时有以下特点：

① 经故障相流入故障点的电流为正常时本电压等级每相对地电容电流的 3 倍。

② 中性点对地电压升高为相电压。

③ 非故障相的对地电压升高为线电压。

④ 线电压与正常时的相同。

值得注意：一是这种单相接地状态不允许长时间运行；否则，如果另一相又发生接地故障，则形成两相接地短路，产生很大的短路电流而损坏线路和用电设备。二是单相接地电容电流会在接地点产生电弧，形成间歇电弧过电压，将威胁电力系统的安全运行。因此，我国电力规程规定，中性点不接地的电力系统发生单相接地故障时，单相接地运行时间不应超过 2 h。

为了保证在发生单相接地故障时能够及时发现并得到处理，中性点不接地系统一般都装有单相接地保护装置或绝缘监测装置，在发生接地故障时能及时发出警报，使工作人员尽快排除故障，在可能的情况下，应把负荷转移到备用线路上去。

在 6～63 kV 电网采用中性点不接地方式，但电容电流不能超过允许值，否则接地电弧不易熄灭，易产生较高弧光间歇接地过电压，波及整个电网。

2. 中性点经消弧线圈接地的电力系统

在中性点不接地系统中，当单相接地电流超过规定数值时电弧不能自行熄灭，一般采用经消弧线圈接地措施来减小接地电流，使故障电弧自行熄灭，这种方式称为中性点经消弧线圈接地方式，如图 1.11 所示。

消弧线圈 L 是一个具有铁芯可调的电感线圈，其外形与电力变压器相似，它的铁芯上套有绕组，此绕组有若干个抽头，可根据电网的不同情况调整消弧线圈的补偿电流。另外，还有一个额定电压为 110 V、额定电流为 10 A 的信号线圈，当电网中有接地故障时，此信号线圈发出警告信号，并接通位于消弧线圈隔离开关旁边的信号灯，指示有接地故障存在或中性点对地电压过大，此时禁止操作隔离开关，否则会导致带负荷拉隔离开关的误操作。在消弧线圈的接

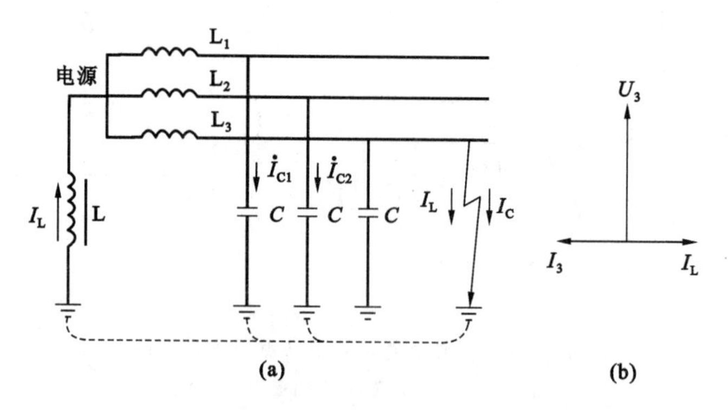

图 1.11 一相接地时的中性点经消弧线圈接地系统

(a) 电路图;(b) 相量图

地端还装有一个电流互感器,用以检测通过消弧线圈的电流的大小。消弧线圈本身电阻很小,感抗却很大,通过调节铁芯气隙和线圈匝数改变感抗值,以适应不同系统中运行的需要。

消弧线圈安装在变压器或发电机的中性点上。在正常运行情况下,三相系统是对称的,中性点对地电压近似为零,通过消弧线圈的电流很小。当发生一相接地(例如第 3 相)时,就把相电压 U_3 加在消弧线圈上,使消弧线圈有电感电流 I_L 流过。因为电感电流 I_L 和接地电容电流 I_C 相位相反,因此在接地处互相补偿。如果消弧线圈电感选用合适,会使接地电流减到很小,而使电弧自行熄灭。这种系统和中性点不接地系统发生单相接地故障时,接地电流均较小,故统称为小电流接地系统。

中性点经消弧线圈接地系统与中性点不接地系统一样,当发生单相接地故障时,接地相电压为零,三个线电压不变,其他两相电压也将升高$\sqrt{3}$倍,因而单相接地运行也同样不允许超过 2 h。

由于消弧线圈能有效地减小单相接地电流,迅速熄灭电弧,防止间歇性电弧引起的过电压,故广泛地用于 3～60 kV 的电网中。在 35 kV 电力网中单相接地电流大于 5 A,在 6～10 kV电力网中单相接地电流大于 30 A,其中性点均要求采用经消弧线圈接地方式。

3. 中性点经高电阻接地的电力系统

当接地电容电流超过允许值时,也可采用中性点经高电阻接地方式。此种接地方式和经消弧线圈接地方式相比,改变了接地电流相位,加速泄放回路的残余电荷,促使接地电弧自熄,从而降低弧光间歇接地过电压,同时可提供足够的电流和零序电压,使接地保护可靠动作。

一般用于大型发电机中性点或单相接地故障电容较少的 10(6) kV 配电系统中。这种方式适用于接地电容电流小于 10 A 的场合。

(1) 当发电机或变压器 10(6)kV 绕组为 Y 接线时,其原理接线图如图 1.12 所示。

电阻通过接地变压器接入中性点,将会使变压器中性点接地电阻的一次值增加到原来的 N^2 倍,即

$$R' = N^2R \tag{1.4}$$

式中 R——接地电阻值,Ω;

R'——接地电阻一次值,Ω;

N——接地变压器变比。

(2) 当变压器 10(6) kV 绕组为△接线时,其原理接线图如图 1.13 所示。

接地变压器由三台单相变压器组成,其接线为 YN/开口△。接地变压器一次侧中性点直

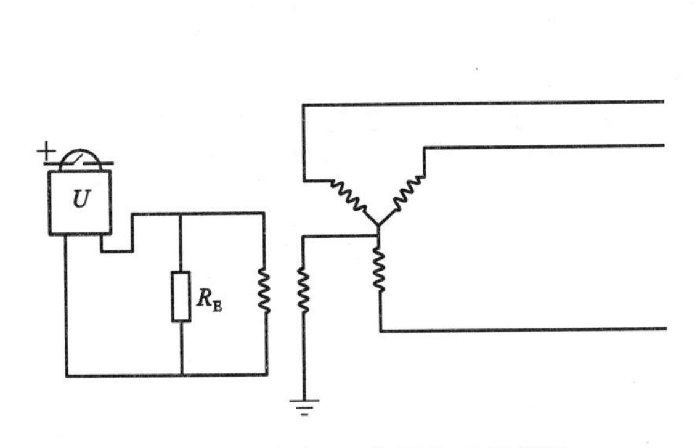

图 1.12 10(6) kV 绕组为 Y 接线时，中性点经高电阻接地原理图

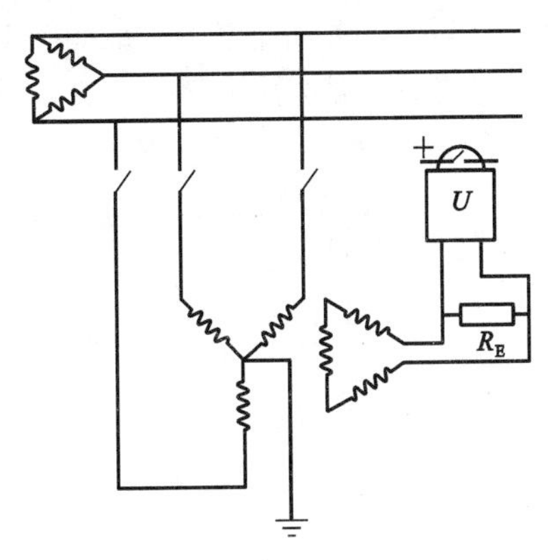

图 1.13 10(6) kV 绕组为△接线时，中性点经高电阻接地原理图

接接地，二次侧在△开口处接电阻。接地变压器一般接在母线进线开关侧。

4. 中性点直接接地的电力系统

在电力系统中采用中性点直接接地方式，就是把中性点直接和大地相接，这种方式可以防止中性点不接地系统中单相接地时产生的间歇电弧过电压。

在中性点直接接地系统中，如发生单相接地，则接地点和中性点通过大地构成回路，形成单相短路，其单相短路电流 $I_K^{(1)}$ 比线路正常负荷电流要大许多倍，使保护装置动作或使熔断器熔断，将短路故障切除，恢复其他无故障部分继续正常运行。所以，中性点直接接地系统又称为大电流接地系统，如图 1.14 所示。

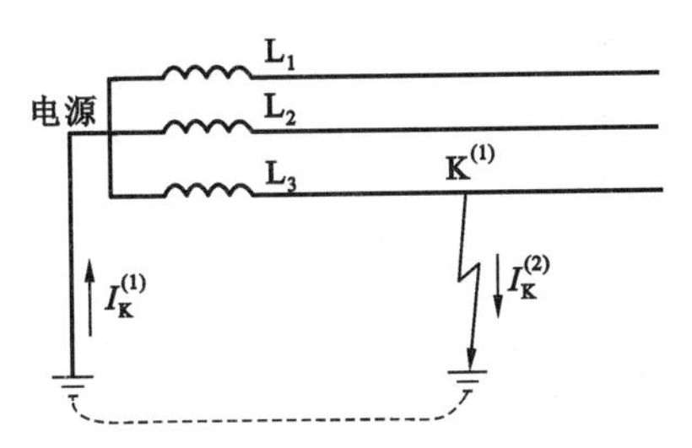

图 1.14 一相接地时的中性点直接接地系统

中性点直接接地系统发生单相接地时，既不会产生间歇电弧过电压，也不会使非接地相电压升高，因此，这种系统中供用电设备的相绝缘只需按相电压设计。这样对超高压系统而言，可以大大降低电网造价，具有较高的经济技术价值；对低压配电系统可以减少对人身及设备的危害。但是，每次发生单相接地故障时，都会使保护装置跳闸或熔断器熔断，从而中断供电，使供电可靠性降低。为了提高供电可靠性，克服单相接地必须切断故障线路这一缺点，目前在中性点直接接地系统中广泛采用自动重合闸装置。当发生单相接地故障时，保护装置自动切断线路，经过一定时间自动重合闸装置动作，将线路合闸。如果是瞬时接地故障，则线路接通恢复供电；若属持续性接地故障，则保护装置再次切断线路。

目前，我国 110 kV 及以上电力网均采用中性点直接接地方式，380/220 V 低压配电系统也采用中性点直接接地方式。

另外，还有中性点经低电阻接地系统。

随着我国现代化建设事业的发展，城市电网也正在向电缆化发展，35 kV、10(6) kV 电网的电容电流也在成比例增加。如采用消弧线圈接地，由于电缆长度随运行情况而改变，很难及时找到合适的补偿度、脱谐度而使位移电压和残余电流控制在允许范围内，往往引起弧光重燃，造成过电压，损坏电气设备，所以城市电网正在逐步推广低电阻接地方式。变压器 35 ～ 10 kV侧一般采用△接线，所以多数选用在一台 Z 形接线的变压器中性点处接以低电阻。

35 kV、10(6) kV 系统低电阻接地如图 1.15 所示。当系统发生接地故障时，故障电流不再是微小的电容电流，可达数十甚至数百安培，可以迅速使继电器动作，切断电源。这样，35 kV、10 kV 系统绝缘水平可以大大降低，节省建设投资。

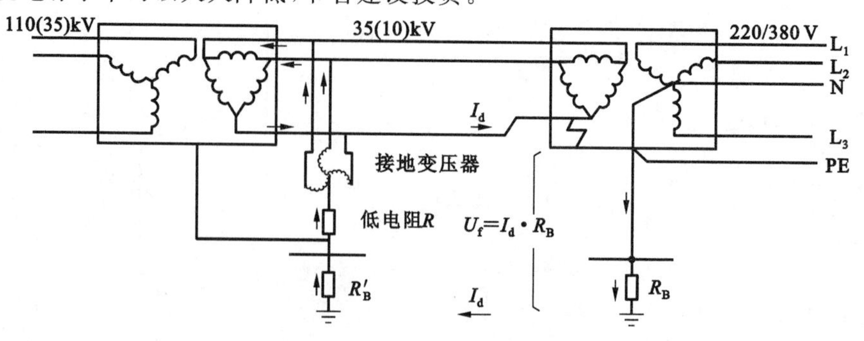

图 1.15　35(10) kV 经低电阻接地系统

1.3.2　低压配电系统的 TN 系统

我国的低压配电系统通常采用三相四线制，即 380/220 V 低压配电系统，该系统采用电源中性点直接接地方式，而且引出中性线(N 线)或保护线(PE 线)。这种将中性点直接接地，而且引出中性线或保护线的三相四线制系统，称为 TN 系统。

在低压配电的 TN 系统中，中性线(N 线)一是用来接驳相电压 220 V 的单相设备，二是用来传导三相系统中的不平衡电流和单相电流，三是减少负载中性点电压偏移。保护线(PE 线)的作用是为保障人身安全，防止触电事故发生。在 TN 系统中，当用电设备发生单相接地故障时，就形成单相短路，线路过电流保护装置动作，迅速切除故障部分，从而防止人身触电。

TN 系统因其 N 线和 PE 线的不同形式，可分为 TN-C、TN-S 和 TN-C-S 系统。

1. TN-C 系统

TN-C 系统如图 1.16 所示。这种系统的 N 线和 PE 线合用一根导线——保护中性线(PEN 线)，所有设备外露可导电部分(如金属外壳等)均与 PEN 线相连。当三相负荷不平衡或只有单相用电设备时，PEN 线上有电流通过。这种系统一般能够满足供电可靠性的要求，而且投资省，节约有色金属。

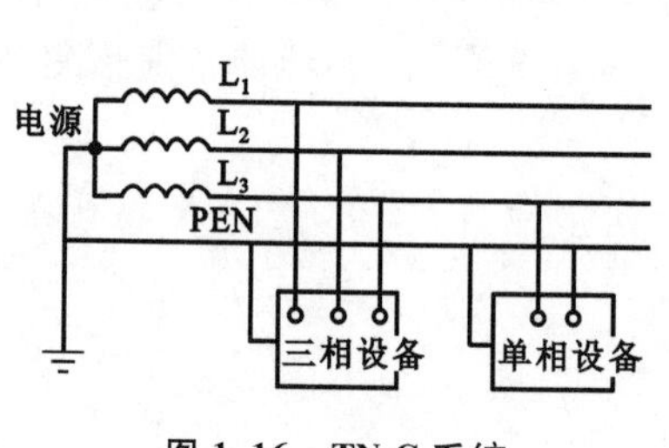

图 1.16　TN-C 系统

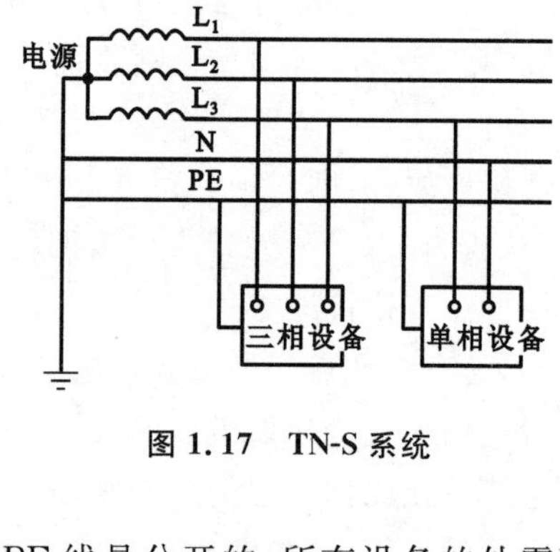

图 1.17　TN-S 系统

2. TN-S 系统

TN-S 系统如图 1.17 所示。这种系统的 N 线和 PE 线是分开的，所有设备的外露可导电部分均与公共 PE 线相连。这种系统的特点是公共 PE 线在正常情况下没有电流通过，因此不会对接在 PE 线上的其他用电设备产生电磁干扰。此外，由于其 N 线与 PE 线分开，因此其 N

线即使断线也不影响接在PE线上的用电设备，提高防间接触电的安全性。所以，这种系统多用于环境条件较差、对安全可靠性要求高及用电设备对电磁干扰要求较严的场所。

3. TN-C-S系统

TN-C-S系统如图1.18所示。这种系统前部为TN-C系统，后部为TN-S系统（或部分为TN-S系统）。它兼有TN-C系统和TN-S系统的优点，常用于配电系统末端环境条件较差且要求无电磁干扰的数据处理或具有精密检测装置等设备的场所。

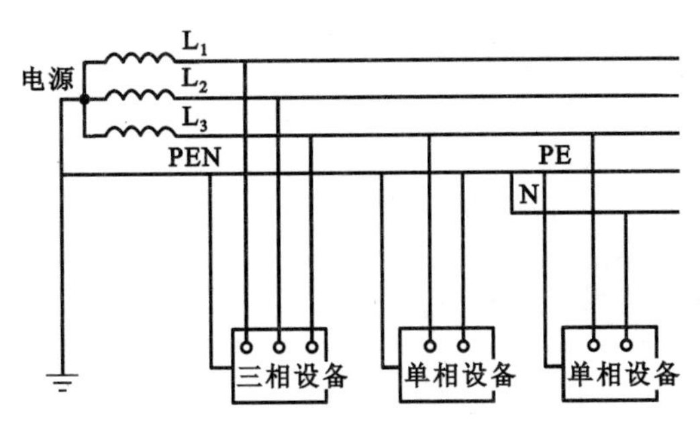

图1.18　TN-C-S系统

小　结

电力系统是由发电厂、电力网和电能用户组成的一个发电、输电、变配电和用电的整体，其各部分功能不同。

建筑供配电系统由总降压变电所（高压配电所）、高压配电线路、分变电所、低压配电线路及用电设备组成。常采用二次变压的供电系统、一次变压的供电系统和低压供电的小型供电系统等形式。

供配电的基本要求是安全、可靠、优质和经济。

额定电压是指用电设备、发电机、变压器正常运行并具有最经济效果时的工作电压。国家标准规定了三相交流电网和电气设备的额定电压，并分析用电设备、发电机、变压器与同等级电力线路额定电压之间的关系。

供电质量的主要指标是电压和频率，供电质量指标是评价供电质量的标准。电气设备都应在额定电压下使用，电压过高或过低对电气设备都不利，设备的使用电压只允许偏离其额定电压的允许值。电力网频率的变化对供电系统运行的稳定性影响很大，因而对频率的要求比对电压的要求更严格，频率的变化范围不应超过±0.5 Hz。

供电系统的高压配电电压主要取决于当地供电系统电源电压及高压用电设备的电压和容量等因素。供电系统的低压配电电压主要取决于低压用电设备的电压，通常采用380/220 V。

电力系统中性点常采用不接地、经消弧线圈接地、高电阻接地和直接接地等运行方式。

我国的低压配电系统通常采用电源中性点直接接地方式，而且引出中性线（N线）或保护线（PE线），即TN系统。TN系统有TN-C、TN-S和TN-C-S系统三种不同的形式。

思考题与习题

1.1 电力系统由哪几部分组成？其作用各是什么？

1.2 建筑供配电系统的主要形式有哪些？各用在什么情况下？

1.3 供配电的基本要求是什么？

1.4 额定电压是如何定义的？举例说明用电设备、发电机、变压器与同等级电力线路额定电压之间的关系。

1.5 供电质量的主要指标是什么？电压、频率的变化范围是什么？

1.6 如何进行电压的调整？

1.7 如何进行高、低供配电电压的选择？

1.8 列出10 kV电力线路合理的输送功率和输送距离之间的关系。

1.9 电力系统中性点常采用哪些运行方式？

1.10 低压配电系统中的TN系统有哪几种形式？

技能训练

实训项目:收集并分析学校变(配)电所及所在宿舍的电气数据

(1) 实习目的

通过对学校建筑物相关电气数据的收集和分析，掌握供配电系统的组成，分析系统中性点的运行方式，验算系统中各环节额定电压之间的关系，分析建筑物低压配电系统的形式。

(2) 实训准备

图板、三角板、铅笔、计算器，变(配)电所的电气系统图；所在宿舍的电气系统图与所涉及参观场所的联系。

(3) 实训内容

① 抄绘变(配)电所的电气系统图、宿舍的配电系统图。

② 写出供电电压等级、引入到学校变(配)电所的供电电缆的型号。

③ 分析变压级数，统计变压器的台数，记载各变压器的型号；分析变(配)电所的电力系统的接地方式。采用了何种调压措施？效果如何？

④ 收集供电给所在宿舍楼的导线型号。分析宿舍的供配电系统所采用的接地形式。供电的可靠性如何？

⑤ 分析并验算电力系统中各环节额定电压的关系，确定是否满足要求。

(4) 提交成果

① 变(配)电所的电气系统图、宿舍的配电系统图。

② 收集到的各项数据及得出的结论。

课题 2　负荷分级及其计算

【知识目标】

◆ 理解负荷分级的原则，了解民用建筑中常用重要电力负荷的分级情况；

◆ 理解用电设备的工作制；

◆ 理解负荷曲线的概念及与负荷曲线相关的物理量，掌握负荷曲线的绘制方法；

◆ 理解计算负荷的概念，掌握采用需要系数法和单位面积估算法进行负荷计算的基本内容和步骤。

【能力目标】

◆ 具备对负荷进行分级的能力；

◆ 具备对负荷曲线进行分析的能力；

◆ 具备进行负荷计算的能力。

2.1 负荷分级

通常将电气设备中消耗的功率或线路中的电流称为电力负荷。下面介绍负荷分级的原则、民用建筑中常用重要电力负荷的分级情况以及各种用电设备的工作制。

2.1.1 负荷分级的原则

用电负荷应根据供电可靠性及中断供电所造成的损失或影响的程度，分为一级负荷、二级负荷及三级负荷。各级负荷应符合下列规定：

(1)符合下列情况之一时，应为一级负荷：

①中断供电将造成人身伤亡；

②中断供电将造成重大影响或重大损失；

③中断供电将破坏有重大影响的用电单位的正常工作，或造成公共场所秩序严重混乱。例如，重要通信枢纽、重要交通枢纽、重要的经济信息中心、特级或甲级体育建筑、国宾馆、承担重大国事活动的会堂、经常用于重要国际活动的大量人员集中的公共场所等的重要用电负荷。

在一级负荷中，当中断供电将发生中毒、爆炸或火灾等情况的负荷，以及特别重要场所的不允许中断供电的负荷，应为特别重要的负荷。

(2)符合下列情况之一时，应为二级负荷：

①中断供电将造成较大影响或损失；

②中断供电将影响重要用电单位的正常工作或造成公共场所秩序混乱。

(3)不属于一级和二级的用电负荷应为三级负荷。

2.1.2　民用建筑中各类建筑的主要用电负荷的分级

民用建筑中各类建筑物的主要用电负荷的分级如表 2.1 所示。

表 2.1　民用建筑中各类建筑物的主要用电负荷分级

序号	建筑物名称	用电负荷名称	负荷级别
1	国家级会堂、国宾馆、国家级国际会议中心	主会场、接见厅、宴会厅照明，电声、录像、计算机系统用电	一级 *
		客梯、总值班室、会议室、主要办公室、档案室用电	一级
2	国家及省部级政府办公建筑	客梯、主要办公室、会议室、总值班室、档案室及主要通道照明用电	一级
3	国家及省部级计算中心	计算机系统用电	一级 *
4	国家及省部级防灾中心、电力调度中心、交通指挥中心	防灾、电力调度及交通指挥计算机系统用电	一级 *
5	地、市级办公建筑	主要办公室、会议室、总值班室、档案室及主要通道照明用电	二级
6	地、市级及以上气象台	气象业务用计算机系统用电	一级 *
		气象雷达、电报及传真收发设备、卫星云图接收机及语言广播设备、气象绘图及预报照明用电	一级
7	电信枢纽、卫星地面站	保证通信不中断的主要设备用电	一级 *
8	电视台、广播电台	国家及省、市、自治区电视台、广播电台的计算机系统用电，直接播出的电视演播厅、中心机房、录像室、微波设备及发射机房用电	一级 *
		语音播音室、控制室的电力和照明用电	一级
		洗印室、电视电影室、审听室、楼梯照明用电	二级
9	剧场	特、甲等剧场的调光用计算机系统用电	一级 *
		特、甲等剧场的舞台照明、贵宾室、演员化妆室、舞台机械设备、电声设备、电视转播用电	一级
		甲等剧场的观众厅照明、空调机房及锅炉房电力和照明用电	二级
10	电影院	甲等电影院的照明与放映用电	二级
11	博物馆、展览馆	大型博物馆及展览馆安防系统用电；珍贵展品展室照明用电	一级 *
		展览用电	二级
12	图书馆	藏书量超过 100 万册及重要图书馆的安防系统、图书检索用计算机系统用电	一级 *
		其他用电	二级

续表 2.1

序号	建筑物名称	用电负荷名称	负荷级别
13	体育建筑	特级体育场(馆)及游泳馆的比赛场(厅)、主席台、贵宾室、接待室、新闻发布厅、广场及主要通道照明、计时记分装置、计算机房、电话机房、广播机房、电台和电视转播及新闻摄影用电	一级 *
		甲级体育场(馆)及游泳馆的比赛场(厅)、主席台、贵宾室、接待室、新闻发布厅、广场及主要通道照明、计时记分装置、计算机房、电话机房、广播机房、电台和电视转播及新闻摄影用电	一级
		特级及甲级体育场(馆)及游泳馆中非比赛用电，乙级及以下体育建筑比赛用电	二级
14	商场、超市	大型商场及超市的经营管理用计算机系统用电	一级 *
		大型商场及超市营业厅的备用照明用电	一级
		大型商场及超市自动扶梯、空调用电	二级
		中型商场及超市营业厅的备用照明用电	二级
15	银行、金融中心、证券中心	重要的计算机系统和安防系统用电	一级 *
		大型银行营业厅及门厅照明、安全照明用电	一级
		小型银行营业厅及门厅照明用电	二级
16	民用航空港	航空管制、导航、通信、气象、助航灯光系统设施和电站用电，边防、海关的安全检查设备用电，航班预报设备用电，三级以上油库用电	一级 *
		候机楼、外航驻机场办事处、机场宾馆及旅客过夜用房、站坪照明、站坪机务用电	一级
		其他用电	二级
17	铁路旅客站	大型站和国境站的旅客站房、站台、天桥、地道用电	一级
18	水运客运站	通信、导航设备用电	一级
		港口重要作业区、一级客运站用电	二级
19	汽车客运站	一、二级客运站用电	二级
20	汽车库(修车库)、停车场	Ⅰ类汽车库、机械停车设备及采用升降作车辆疏散出口的升降梯用电	一级
		Ⅱ、Ⅲ类汽车库和Ⅰ类修车库、机械停车设备及采用升降作车辆疏散出口的升降梯用电	二级
21	旅游饭店	四星级及以上旅游饭店的经营及设备管理用计算机系统用电	一级 *
		四星级及以上旅游饭店的宴会厅、餐厅、厨房、康乐设施、门厅及高级客房、主要通道等场所的照明用电，厨房、排污泵、生活水泵、主要客梯用电，计算机、电话、电声和录像设备、新闻摄像用电	一级
		三星级及以上旅游饭店的宴会厅、餐厅、厨房、康乐设施、门厅及高级客房、主要通道等场所的照明用电，厨房、排污泵、生活水泵、主要客梯用电，计算机、电话、电声和录像设备、新闻摄像用电，除上栏所述之外的四星级及以上旅游饭店的其他用电	二级

续表 2.1

序号	建筑物名称	用电负荷名称	负荷级别
22	科研院所、高等院校	四级生物安全实验室等对供电连续性要求极高的国家重点实验室用电	一级 *
		除上栏所述之外的其他重要实验室用电	一级
		主要通道照明用电	二级
23	二级以上医院	重要手术室、重症监护等涉及患者生命安全的设备(如呼吸机等)及照明用电	一级 *
		急诊室、监护病房、手术部、分娩室、婴儿室、血液病房的净化室、血液透析室、病理切片分析、核磁共振、介入治疗用 CT 及 X 光机扫描室、血库、高压氧仓、加速器机房、治疗室至配血室的电力照明用电,培养箱、冰箱、恒温箱用电,走道照明用电,百级洁净手术空调系统用电,重症呼吸道感染区的通风系统用电	一级
		除上栏所述外的其他手术室空调系统用电,电子显微镜、一般诊断用 CT 及 X 光机用电,客梯用电,高级病房、肢体伤残康复病房照明用电	二级
24	一类高层建筑	走道照明、值班照明、警卫照明、障碍照明用电,主要业务和计算机系统用电,安防系统用电,电子信息设备机房用电,客梯用电,排污泵、生活水泵用电	一级
25	二类高层建筑	主要通道照明及楼梯间照明用电,客梯用电,排污泵、生活水泵用电	二级

注:(1)负荷分级表中"一级 * "为一级负荷中特别重要负荷;
(2)各类建筑物的分级见现行的有关设计规范;
(3)本表中未包含消防负荷分级,消防负荷分级见《民用建筑电气设计规范》(JGJ 16—2008)第 3.2.3 条及有关的国家标准、规范;
(4)当序号 1～23 各类建筑物与一类或二类高层建筑的用电负荷级别不同时,负荷级别应按其中高者确定。

2.1.3　用电设备的工作制

用电设备种类很多,它们的用途和工作的特点也不相同,按其工作制不同可划分为三类。

(1) 长期工作制

此类用电设备连续工作的时间比较长(至少在半小时以上),超过其稳定温升的时间,如各类泵、通风机、压缩机、机械化运输设备、电阻炉、照明设备等。

(2) 短时工作制

此类用电设备工作的时间短而停歇时间很长,导体还未达到其稳定温升就开始冷却,在停歇时间内足以将温度降至通电前的温度,如机床上的某些辅助电机、水闸用电动机等。

(3) 断续周期工作制

此类用电设备工作时间短,停歇时间也短,以断续方式反复交替进行工作,其周期一般不超过 10 min。最常见的设备为电焊机和吊车电动机。通常用暂载率(又称负荷持续率)来描述其工作性质。

暂载率是一个周期内工作时间占工作周期的百分比,用 ε 表示。

$$\varepsilon = \frac{t}{T} \times 100\% = \frac{t}{t + t_0} \times 100\% \tag{2.1}$$

式中 t——工作时间,min;

t_0——停歇时间,min;

T——工作周期,min,T 不应超过 10 min。

断续周期工作设备的额定容量一般是对应某一标准暂载率而言的。

2.2 负荷曲线

2.2.1 负荷曲线的概念

负荷曲线是表征用电负荷随时间变动的一种图形。它绘制在直角坐标系中,纵坐标表示用电负荷,横坐标表示对应于负荷变动的时间。

按负荷性质,负荷曲线可分为有功负荷曲线(纵坐标表示有功负荷值,单位为 kW)和无功负荷曲线(纵坐标表示无功负荷值,单位为 kvar)两种。

按负荷变动的时间,负荷曲线可分为日负荷曲线和年负荷曲线。日负荷曲线表示了一昼夜(24 h)内负荷变动的情况,而年负荷曲线表示了一年(8760 h)中负荷变动的情况。

负荷曲线可以表示某一台设备的负荷变动的情况,也可以表示一个单位的负荷变动的情况。

2.2.2 负荷曲线的绘制

图 2.1 表示某工厂的日有功负荷曲线。它是根据变电所中的有功功率表,用测量的方法绘制而成的。通过一定的时间间隔(如 $\Delta t=0.5$ h)内读取有功功率表的读数,求 Δt 时间内的平均值加以记录,根据记录的数据在直角坐标中逐点描绘而成。

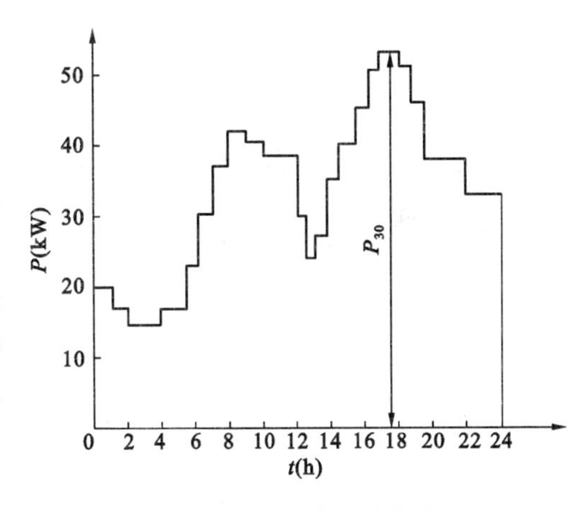

图 2.1 日有功负荷曲线的绘制

工厂的年负荷曲线常用的有两种,如图 2.2 所示。表示一年中每日最大负荷变动情形的负荷曲线称为日最大负荷全年时间变动曲线,或称年每日最大负荷曲线,如图 2.2(a)所示。它根据日负荷曲线间接绘制,以全年 12 个月份为横坐标。另一种表示工厂全年负荷变动与负荷持续时间关系的曲线称为电力负荷全年持续时间曲线,或称年负荷持续时间曲线,简称年负荷曲线,如图 2.2(b)所示。年负荷曲线是以工厂一年(8760 h)为横坐标,以负荷大小为纵坐标,最大负荷在左侧,随着负荷的递减顺次向右排列,并参照各负荷持续时间绘出梯形年负荷曲线。从这种年负荷曲线能明显看出一个企业在一年内不同负荷值所持续的时间,但不能看出相应的负荷出现在一年内的哪一个时间段。

这两种年负荷曲线各有不同的用途,前者主要用于系统运行的需要,后者主要用于系统分析的需要。通过对各种负荷曲线的分析,可以更深入地掌握负荷变动的规律,从中获得一些对设计和运行有用的资料。

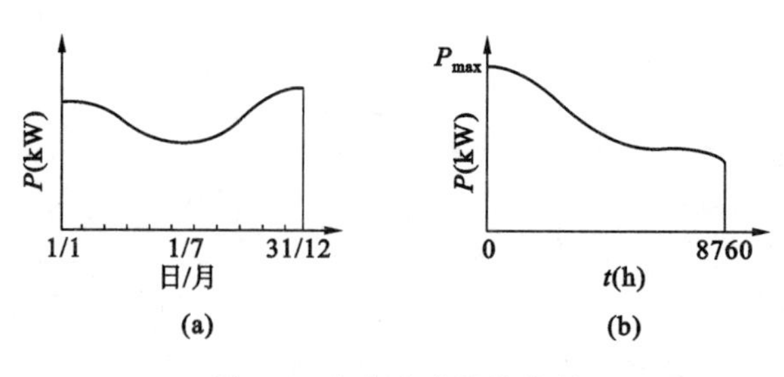

图 2.2　年负荷曲线的绘制

(a) 年每日最大负荷曲线；(b) 年负荷持续时间曲线

2.2.3　与负荷曲线有关的物理量

1. 年最大负荷和年最大负荷利用小时

年最大负荷是指全年中负荷最大的工作班内消耗电能最大的 30 min 平均功率。通常用 $P_{\max}$、$Q_{\max}$和 $S_{\max}$分别表示年有功、无功和视在最大功率，因此，年最大负荷也就是半小时最大负荷 P_{30}。

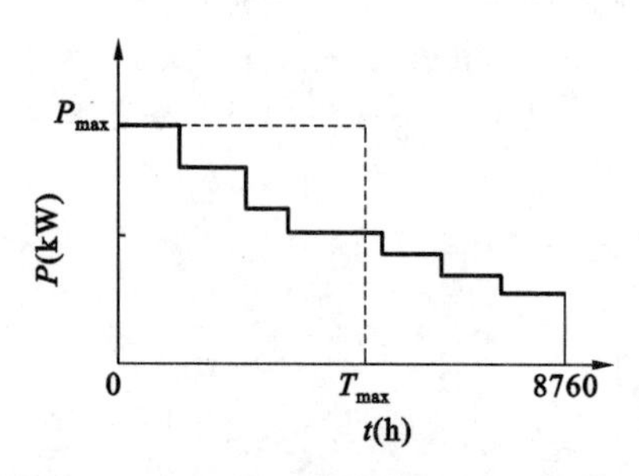

图 2.3　年最大负荷和年最大负荷利用小时

年最大负荷利用小时 $T_{\max}$是指假如工厂负荷以年最大负荷 $P_{\max}$持续运行了 $T_{\max}$，则该工厂负荷消耗的电能恰好等于其全年实际消耗的电能 W_a，即图 2.3 中虚线与两坐标轴所包围的面积。因此，最大负荷利用小时为

$$T_{\max} = \frac{W_a}{P_{\max}} \tag{2.2}$$

$T_{\max}$的大小表明了工厂消耗电能是否均匀。最大负荷利用小时越大，则负荷越平稳。$T_{\max}$一般与工厂类型及生产班制有较大的关系，例如，一班制工厂 $T_{\max}=1800\sim2500$ h，两班制工厂 $T_{\max}=3500\sim4500$ h，三班制工厂 $T_{\max}=5000\sim7000$ h。

2. 平均负荷和负荷系数

平均负荷 P_{av}是指电力负荷在一段时间内消耗功率的平均值。

$$P_{av} = \frac{W_t}{t} \tag{2.3}$$

式中　W_t——t 时间内消耗的电能，kW · h；

　　　t——实际用电时间，h。

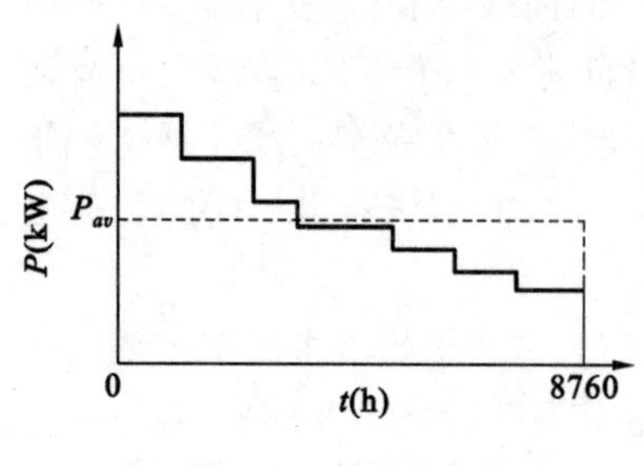

图 2.4　年平均负荷

平均负荷也可以通过负荷曲线来求，如图 2.4 所示，年负荷曲线与两坐标轴所包围的曲线面积(即全年消耗的电能)恰好等于虚线与两坐标轴所包围的面积。因此年平均负荷

$$P_{av} = \frac{W_t}{8760}$$

负荷系数 K_L，又称为负荷率，是指平均负荷与最大负荷之比，它表征了负荷曲线不平坦的程度，也就是负荷变动的程度。负荷系数又分为有功负荷系数 α 和无功负荷系数 β。

$$\alpha = \frac{P_{av}}{P_{max}}, \quad \beta = \frac{Q_{av}}{Q_{max}} \tag{2.4}$$

一般工厂 $\alpha=0.7\sim0.75$，$\beta=0.76\sim0.8$。负荷系数越接近1，表明负荷变动越缓慢；反之，则表明负荷变动越激烈。

对单个用电设备或用电设备组，负荷系数则是指其平均有功负荷 P_{av} 和它的额定容量 P_N 之比，它表征了该设备或设备组的容量是否被充分利用，即

$$K_L = \frac{P_{av}}{P_N} \tag{2.5}$$

2.3 电力负荷的计算

2.3.1 计算负荷的概念

工厂供电系统运行时的实际负荷并不等于所有用电设备额定功率之和，这是因为用电设备不可能全部同时运行，每台设备也不可能全部满负荷，各种用电设备的功率因数也不可能完全相同。因此，在工厂供电系统设计过程中必须找出这些用电设备的等效负荷。所谓等效，是指这些用电设备在实际运行中所产生的最大热效应与等效负荷产生的热效应相等，产生的最大温升与等效负荷产生的最高温升相等。按照等效负荷，从满足发热的条件来选择用电设备，用以计算的负荷功率或负荷电流称为“计算负荷”。

在设计计算中，通常将“半小时最大负荷”作为计算负荷，用 P_c（Q_c、S_c 或 I_c）表示。为什么用半小时最大负荷作为计算负荷呢？这是因为，中小截面（35 mm^2 以下）的导线发热时间常数 T 一般在 10 min 以上，导体达到稳定温升的时间为（3～4）T，即多数导体发热并达到稳定温升所需时间约为 30 min，所以只有持续 30 min 以上的平均最大负荷值才有可能产生导体的最高温升，而时间很短的尖峰电流不能使导线达到最高温度，因为导线的温度还未升高到相应负荷的温度之前尖峰电流早已消失。因此，计算负荷与稳定在半小时以上的最大负荷是基本相当的，所以计算负荷就可以认为是“半小时最大负荷”，用 P_{30} 来表示有功计算负荷，用 Q_{30} 表示无功计算负荷，用 S_{30} 表示视在计算负荷，用 I_{30} 表示计算电流。因为年最大负荷 P_{max}（Q_{max}、S_{max}）是以最大负荷工作班 30 min 平均最大负荷 P_{30}（Q_{30}、S_{30}）绘制的，所以计算负荷、年最大负荷、30 min 平均最大负荷三者之间的关系为

$$\left.\begin{aligned} P_c &= P_{30} = P_{max} \\ Q_c &= Q_{30} = Q_{max} \\ S_c &= S_{30} = S_{max} \end{aligned}\right\} \tag{2.6}$$

2.3.2 用需要系数法计算负荷

计算负荷的确定是供电设计中很重要的一环，计算负荷确定得是否合理直接影响到电气设备选择的合理性、经济性。计算负荷过大将使电气设备选得过大，造成投资和有色金属的浪费；而计算负荷过小，则电气设备运行时电能损耗增加，并产生过热，使其绝缘层过早老化，甚至烧毁，造成经济损失。因此，在供电设计中，应根据不同的情况选择正确的计算方法来确定计算负荷。

需要系数法应用最广泛，它适用于不同类型的各种企业，计算结果也基本符合实际。

按需要系数法进行负荷计算的基本过程是：先确定计算范围（如某低压干线上的所有设备），然后将不同工作制下的用电设备的额定功率 P_N 换算到同一工作制下，经换算后的额定功率也称为设备容量 P_e。再将工艺性质相同的并有相近需要系数的用电设备合并成组，考虑到需要系数，算出每一组用电设备的计算负荷，最后汇总各级计算负荷得到总的计算负荷。

1. 设备容量的确定

由前述可知，进行负荷计算时，应首先确定设备容量 P_e。确定各种用电设备容量 P_e 的方法如下：

(1) 长期工作制、短期工作制的设备容量 P_e 等于其铭牌功率 P_N。

(2) 断续周期工作制，如起重机用的电动机有功功率 P_N 应该统一换算到暂载率 $\varepsilon_N=25\%$ 时的有功功率。对于电焊机，则应统一换算到暂载率 $\varepsilon_N=100\%$ 时的有功功率（这是因为实用上推荐的需要系数是对应这种暂载率的）。具体换算如下：

对吊车电动机：

$$P_e=\sqrt{\frac{\varepsilon_N}{\varepsilon_{25}}}P_N=2\sqrt{\varepsilon_N}P_N \tag{2.7}$$

对电焊机：

$$P_e=\sqrt{\frac{\varepsilon_N}{\varepsilon_{100}}}S_N\cos\varphi=\sqrt{\varepsilon_N}S_N\cos\varphi \tag{2.8}$$

式中　P_N，S_N——设备铭牌给出的额定功率(kW)和额定容量(kV·A)；

ε_N——设备铭牌给出的额定暂载率；

ε_{25}——吊车电动机标准暂载率，$\varepsilon_{25}=0.25$；

ε_{100}——电焊机标准暂载率，$\varepsilon_{100}=1.0$；

$\cos\varphi$——设备的功率因数。

(3) 照明设备的设备容量

- 白炽灯、卤钨灯　设备容量就是灯泡上标出的额定功率。
- 荧光灯　考虑镇流器的功耗，其设备容量应为灯泡额定功率的 1.2～1.3 倍。
- 高压汞灯　考虑镇流器的功耗，其设备容量应为灯泡额定功率的 1.1 倍；自镇式高压汞灯设备容量与灯泡额定功率相等。
- 高压钠灯　考虑镇流器的功耗，其设备容量应为灯泡额定功率的 1.1 倍。
- 金属卤化物灯　考虑镇流器的功耗，其设备容量应为灯泡额定功率的 1.1 倍。

2. 需要系数 K_d 的含义

考察车间的一组用电设备，设该组负荷共有 n 台电动机，其设备容量的总和为 $P_{e\Sigma}$，由于 $P_{e\Sigma}$ 是指设备的最大输出容量，它与输入容量存在一个效率 η；考虑到这些电动机不可能同时运行，因此引入一个同时系数 K_Σ；又因为那些电动机即使运行，也不太可能都满负荷出力，因此引入一个负荷系数 K_L；再者，用电设备在运行时线路还有功耗，因此引入网络供电效率 η_{WL}。于是，在最大负荷期间电网供给的有功计算负荷为：

$$P_{30}=\frac{K_L K_\Sigma}{\eta\eta_{WL}}P_{e\Sigma}=K_d P_{e\Sigma} \tag{2.9}$$

显然

$$K_d = \frac{K_L K_\Sigma}{\eta \eta_{WL}} \tag{2.10}$$

K_d 称为需要系数。从式(2.10)可知，需要系数 K_d 是包含上述几个影响计算负荷的因素综合而成的一个系数。

实际上，需要系数不仅与用电设备组的工作性质、设备台数、设备效率、线路损耗等因素有关，而且与工人的技术熟练程度、生产组织等多种因素有关。

表 2.2 列出了各种用电设备组的需要系数值，供参考。

3. 计算负荷的确定

(1) 单台设备的计算负荷

当只有一台用电设备时，不能直接按表 2.2 取需要系数，这是因为影响需要系数的几个因素除用电设备本身的效率 η 外均可能为 1，此时的需要系数只包含了效率 η，因此由式(2.9)可得到 $P_{30}=P_e/\eta$，由 P_{30}、Q_{30}、S_{30}、I_{30}之间的关系得到如下公式：

$$\left.\begin{aligned} P_{30} &= P_e/\eta = P_N/\eta \\ Q_{30} &= P_{30}\tan\varphi \\ S_{30} &= \frac{P_{30}}{\cos\varphi} \\ I_{30} &= \frac{P_{30}}{\sqrt{3}U_N\cos\varphi} \end{aligned}\right\} \tag{2.11}$$

式中 P_e——单台用电设备容量，kW；

P_N——用电设备额定功率，kW；

η——设备在额定负载下的效率；

$\tan\varphi$——设备铭牌给出的功率因数角正切值；

U_N——用电设备的额定电压，V；

$\cos\varphi$——用电设备的功率因数。

表 2.2 用电设备组的需要系数及功率因数值

用电设备组名称	需要系数 K_d	$\cos\varphi$	$\tan\varphi$
小批生产的金属冷加工机床电动机	0.16～0.2	0.5	1.73
大批生产的金属冷加工机床电动机	0.18～0.25	0.5	1.73
小批生产的金属热加工机床电动机	0.25～0.3	0.6	1.33
大批生产的金属热加工机床电动机	0.3～0.35	0.65	1.17
通风机、水泵、空压机及电动发电机组	0.7～0.8	0.8	0.75
非连锁的连续运输机械及铸造车间整砂机械	0.5～0.6	0.75	0.88
连锁的连续运输机械及铸造车间整砂机械	0.65～0.7	0.75	0.83
锅炉房和机加、机修、装配等类车间的吊车(ε=25%)	0.1～0.15	0.5	1.73
铸造车间的吊车(ε=25%)	0.15～0.25	0.5	1.73
自动连续装料的电阻炉设备	0.75～0.8	0.95	0.33
实验室用的小型电热设备(电阻炉、干燥箱等)	0.7	1.0	0

续表 2.2

用电设备组名称	需要系数 K_d	$\cos\varphi$	$\tan\varphi$
工频感应电炉(未带无功补偿设备)	0.8	0.35	2.67
高频感应电炉(未带无功补偿设备)	0.8	0.6	1.33
电弧熔炉	0.9	0.87	0.57
点焊机、缝焊机	0.35	0.6	1.33
对焊机、铆钉加热机	0.35	0.7	1.02
自动弧焊变压器	0.5	0.4	2.29
单头手动弧焊变压器	0.35	0.35	2.68
多头手动弧焊变压器	0.4	0.35	2.68
单头弧焊电动发电机组	0.35	0.6	1.33
多头弧焊电动发电机组	0.7	0.75	0.88
生产厂房及办公室、阅览室、实验室照明	0.8～1	1.0	0
变配电所、仓库照明	0.5～0.7	1.0	0
宿舍(生活区)照明	0.6～0.8	1.0	0
室外照明,事故照明	1	1.0	0

说明:这里的 $\cos\varphi$ 和 $\tan\varphi$ 值均为白炽灯照明的数值。如为荧光灯照明,则取 $\cos\varphi=0.9$,$\tan\varphi=0.48$;如为高压汞灯或钠灯,则取 $\cos\varphi=0.5$,$\tan\varphi=1.73$。

【例 2.1】 某车间有一台吊车,其额定功率 P_N 为 29.7 kW($\varepsilon_N=45\%$),$\eta=0.8$,$\cos\varphi=0.5$,其设备容量为多少?

【解】
$$P_e=\sqrt{\frac{\varepsilon_N}{\varepsilon_{25}}}P_N=2\sqrt{\varepsilon_N}P_N=2\times29.7\times\sqrt{0.45}=39.8(\text{kW})$$

【例 2.2】 某 220 V 单相电焊变压器,其额定容量为 $S_N=50\ \text{kV}\cdot\text{A}$,$\varepsilon_N=60\%$,$\cos\varphi=0.65$,$\eta=0.93$,试求该电焊变压器的计算负荷。

【解】
$$P_e=\sqrt{\frac{\varepsilon_N}{\varepsilon_{100}}}S_N\cos\varphi=\sqrt{\frac{0.6}{1}}\times50\times0.65=25.2(\text{kW})$$

其计算负荷为

$$P_{30}=\frac{P_e}{\eta}=\frac{25.2}{0.93}=27.1(\text{kW})$$

$$Q_{30}=P_{30}\tan\varphi=27.1\times1.17=31.7(\text{kvar})$$

$$S_{30}=\frac{P_{30}}{\cos\varphi}=\frac{27.1}{0.65}=41.7\ (\text{kV}\cdot\text{A})$$

$$I_{30}=\frac{P_{30}}{\sqrt{3}U_N\cos\varphi}=\frac{27.1}{\sqrt{3}\times0.22\times0.65}=109.4(\text{A})$$

(2) 单组用电设备的计算负荷

单组用电设备组是指用电设备性质相同的一组设备,即 K_d 相同。如均为机床的电动机,或均为通风机,见图 2.5 中 D 点的计算负荷。由式(2.9)可求出其有功计算负荷 P_{30},然后再

求出其他计算负荷 Q_{30}、S_{30}、I_{30}，其计算公式为

$$\left.\begin{aligned} P_{30} &= K_d P_{e\Sigma} \\ Q_{30} &= P_{30}\tan\varphi \\ S_{30} &= \sqrt{P_{30}^2+Q_{30}^2} \\ I_{30} &= \frac{S_{30}}{\sqrt{3}U_N}=\frac{P_{30}}{\sqrt{3}U_N\cos\varphi} \end{aligned}\right\} \tag{2.12}$$

式中 $P_{e\Sigma}$——用电设备组设备容量总和(备用设备不计入)，kW；

K_d——该设备组的需要系数(从表 2.2 查得)；

U_N——用电设备组的额定线电压，V；

$\tan\varphi$——该用电设备组的功率因数角正切值(由表 2.2 查得)。

必须指出，当用电设备组中设备数目较多时，表 2.2 中的需要系数较接近实际，而当同组的设备数目较少时，表中的 K_d 值应适当提高。

【例 2.3】 已知某化工厂机修车间采用 380 V 供电，低压干线上接有冷加工机床 26 台，其中 11 kW 1 台，4.5 kW 8 台，2.8 kW 10 台，1.7 kW 7 台，试求该机床组的计算负荷。

【解】 该设备组的总容量为

$$P_{e\Sigma}=11\times1+4.5\times8+2.8\times10+1.7\times7=86.9\ (\text{kW})$$

查表 2.2　　$K_d=0.16\sim0.2$(取 0.2)，$\tan\varphi=1.73$，$\cos\varphi=0.5$，则

有功计算负荷　　$P_{30}=0.2\times86.9=17.38(\text{kW})$

无功计算负荷　　$Q_{30}=17.38\times1.73=30.06(\text{kvar})$

视在计算负荷　　$S_{30}=\sqrt{17.38^2+30.06^2}=34.73(\text{kV}\cdot\text{A})$

计算电流　　$I_{30}=34.73/(\sqrt{3}\times0.38)=52.8(\text{A})$

(3) 低压干线的计算负荷

低压干线是给多组不同工作制的用电设备供电的，如通风机组、机床组、水泵组等，因此，其计算负荷也就是图 2.5 中 C 点的计算负荷。应先分别计算出 D 层面每组(例如机床组、通风机组等)的计算负荷，然后将每组有功计算负荷、无功计算负荷分别相加，得到 C 点的总的有功计算负荷 P_{30} 和无功计算负荷 Q_{30}，最后确定视在计算负荷 S_{30} 和计算电流 I_{30}，即

$$\left.\begin{aligned} P_{30} &= K_{\Sigma 1}\sum_{i=1}^{n}P_{30(i)} \\ Q_{30} &= K_{\Sigma 1}\sum_{i=1}^{n}Q_{30(i)} \\ S_{30} &= \sqrt{P_{30}^2+Q_{30}^2} \\ I_{30} &= \frac{S_{30}}{\sqrt{3}U_N} \end{aligned}\right\} \tag{2.13}$$

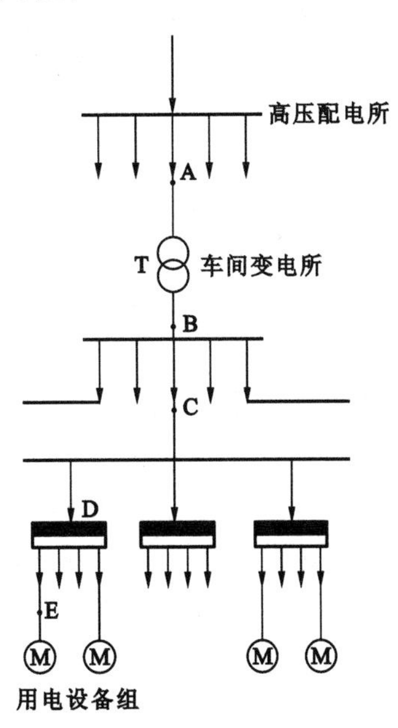

图 2.5　供配电系统中各点电力负荷的计算

式中 $P_{30(i)}$ 和 $Q_{30(i)}$ 分别表示 D 层面各不同工作制用电设备组的有功计算负荷和无功计算

负荷，$K_{\Sigma1}$是考虑到各用电设备组最大负荷不可能同时出现而引入的同时系数，一般可取 $K_{\Sigma1}=0.85\sim0.97$，视负荷多少而定。由于各组的 $\cos\varphi$ 不相同，因此低压干线视在计算负荷 S_{30} 与计算电流 I_{30} 不能用各组的 $S_{30(i)}$ 与 $I_{30(i)}$ 之和来计算。

【例 2.4】 某机修车间 380 V 低压干线(如图 2.5)接有如下设备：

① 小批量生产冷加工机床电动机：7 kW 3 台，4.5 kW 8 台，2.8 kW 17 台，1.7 kW 10 台。

② 吊车电动机：$\varepsilon_N=15\%$时铭牌容量为 18 kW、$\cos\varphi=0.7$ 共 2 台，互为备用。

③ 专用通风机：2.8 kW 2 台。

试用需要系数法求各用电设备组和低压干线(C 点)的计算负荷。

【解】 显然，各组用电设备工作性质相同，需要系数相同，因此先求出各用电设备组的计算负荷。

① 冷加工机床组

设备容量 $P_{e(1)}=7\times3+4.5\times8+2.8\times17+1.7\times10=121.6(\mathrm{kW})$

查表 2.2，取 $K_d=0.2$，$\cos\varphi=0.5$，$\tan\varphi=1.73$，则

$$P_{30(1)}=K_dP_{e(1)}=0.2\times121.6=24.32(\mathrm{kW})$$

$$Q_{30(1)}=P_{30(1)}\tan\varphi=24.32\times1.73=42.07(\mathrm{kvar})$$

② 吊车组(备用容量不计入)

设备容量　$P_{e(2)}=2\sqrt{\varepsilon_N}P_N=2\times\sqrt{0.15}\times18=13.94(\mathrm{kW})$

查表 2.2，取 $K_d=0.15$，$\cos\varphi=0.5$，$\tan\varphi=1.73$，因仅 1 台设备，K_d 取 1，则

$$P_{30(2)}=K_dP_{e(2)}=1\times13.94=13.94(\mathrm{kW})$$

$$Q_{30(2)}=P_{30(2)}\tan\varphi=13.94\times1.73=24.11(\mathrm{kvar})$$

③ 通风机组

设备容量 $P_{e(3)}=2\times2.8=5.6(\mathrm{kW})$

查表 2.2，取 $K_d=0.8$，$\cos\varphi=0.8$，$\tan\varphi=0.75$，则

$$P_{30(3)}=K_dP_{e(3)}=0.8\times5.6=4.48(\mathrm{kW})$$

$$Q_{30(3)}=P_{30(3)}\tan\varphi=4.48\times0.75=3.36(\mathrm{kvar})$$

④ 低压干线的计算负荷(取 $K_{\Sigma1}=0.9$)

总有功功率 $P_{30}=K_{\Sigma1}[P_{30(1)}+P_{30(2)}+P_{30(3)}]$
$=0.9\times(24.32+13.94+4.48)$
$=38.47(\mathrm{kW})$

总无功功率 $Q_{30}=K_{\Sigma1}[Q_{30(1)}+Q_{30(2)}+Q_{30(3)}]$
$=0.9\times(42.07+24.11+3.36)$
$=62.59(\mathrm{kvar})$

总视在功率 $S_{30}=\sqrt{P_{30}^2+Q_{30}^2}=\sqrt{38.47^2+62.59^2}$
$=73.47(\mathrm{kV\cdot A})$

总计算电流 $I_{30}=\dfrac{S_{30}}{\sqrt{3}U_N}=\dfrac{73.47}{\sqrt{3}\times0.38}$
$=111.63(\mathrm{A})$

根据上述计算结果列出负荷计算表，如表 2.3 所示。

表 2.3 例 2.4 的负荷计算表

序号	用电设备名称	台数	设备容量 P_e(kW)	需要系数 K_d	$\cos\varphi$	$\tan\varphi$	计算负荷			
							P_{30} (kW)	Q_{30} (kvar)	S_{30} (kV·A)	I_{30} (A)
1	冷加工机床组	38	121.6	0.2	0.50	1.73	24.32	42.07		
2	吊车组	1	13.94	1	0.50	1.73	13.94	24.11		
3	通风机组	2	5.6	0.8	0.8	0.75	4.48	3.36		
合计($K_{\Sigma1}=0.9$)		41	141.14				38.47	62.59	73.47	111.63

(4) 车间低压母线的计算负荷

确定低压母线上的计算负荷也就是确定图 2.5 中 B 点的计算负荷。B 点计算负荷的确定类似于 C 点。同样，考虑到各低压干线最大负荷不一定同时出现，因此在确定 B 点的计算负荷时，也引入一个同时系数，即

$$\left.\begin{aligned} P_{30} &= K_{\Sigma2}\sum_{i=1}^{n}P_{30(i)} \\ Q_{30} &= K_{\Sigma2}\sum_{i=1}^{n}Q_{30(i)} \\ S_{30} &= \sqrt{P_{30}^2+Q_{30}^2} \\ I_{30} &= \frac{S_{30}}{\sqrt{3}U_N} \end{aligned}\right\} \tag{2.14}$$

式中 n 为用电干线回路数，$K_{\Sigma2}$ 为同时系数，一般可取 0.8～0.9。n 值越大，$K_{\Sigma2}$ 值可取小些；反之，$K_{\Sigma2}$ 值可取大些。

4. 单相计算负荷的确定

在用电设备中，除了广泛应用三相设备(如三相交流电机)，还有不少单相用电设备(如照明、电焊机、单相电炉等)。这些单相用电设备有的接在相电压上，有的接在线电压上，通常将这些单相设备容量换算成三相设备容量，以确定其计算负荷，其具体方法如下：

(1) 如果单相用电设备的容量小于三相设备总容量的 15%，按三相平衡负荷计算，不必换算。

(2) 对接在相电压上的单相用电设备，应尽量使各单相负荷均匀分配在三相上，然后将安装在最大负荷相上的单相设备容量乘以 3，即为等效三相设备容量。

(3) 在同一线电压上的单相设备，等效三相设备容量为该单相设备容量的 $\sqrt{3}$ 倍。

(4) 单相设备既接在线电压上，又接在相电压上，应先将接在线电压上的单相设备容量换算为接在相电压上的单相设备容量，然后分相计算各相的设备容量和计算负荷。而总的等效三相有功计算负荷就是最大有功计算负荷相的有功计算负荷的 3 倍，总的等效三相无功计算负荷就是对应最大有功负荷相的无功计算负荷的 3 倍，最后再按式(2.12)计算出 S_{30} 和 I_{30}。

5. 电动机回路尖峰电流计算

在电气设备运行中，由于电动机的起动、电压波动等诸方面的因素会出现短时间的比计算电流大几倍的电流，这种电流称为尖峰电流，其持续时间一般为 1～2 s。电动机起动电流一般

是其额定电流的 4～7 倍，一旦起动完成，电动机立即恢复到正常的额定电流。由于此负荷存在的时间较短，一般不计入正常的负荷计算。尖峰电流是选择熔断器、整定自动空气开关、整定继电保护装置以及计算电压波动时的重要依据。

（1）单台设备尖峰电流的计算

对于只接单台电动机或电焊机的支线，其尖峰电流就是其启动电流，即

$$I_{pk} = I_{st} = K_{st} I_N \tag{2.15}$$

式中　I_N——用电设备的额定电流，A；

I_{st}——用电设备的启动电流，A；

K_{st}——用电设备的启动电流倍数，可查产品样本或设备铭牌。

（2）多台设备尖峰电流的计算

对接有多台电动机的配电线路，其尖峰电流可按下式确定：

$$I_{pk} = I_{30} + (I_{st} - I_N)_{max} \tag{2.16}$$

式中　$(I_{st} - I_N)_{max}$——用电设备中$(I_{st} - I_N)$最大的那台设备的电流差值，A；

I_{30}——全部设备投入时线路上的计算电流，$I_{30} = K_{\Sigma} \sum I_N$，A；

K_{Σ}——多台设备的同时系数，按台数的多少可取 0.7～1。

【例 2.5】 有一条 380 V 的线路，供电给 4 台电动机，负荷资料如表 2.4 所示，试计算该线路上的尖峰电流。

表 2.4　电动机负荷资料

参　数	电　动　机			
	1M	2M	3M	4M
额定电流(A)	5.8	5	35.8	27.6
起动电流(A)	40.6	35	197	193.2

【解】 取 $K_{\Sigma} = 0.9$，则 $I_{30} = K_{\Sigma} \sum I_N = 0.9 \times (5.8 + 5 + 35.8 + 27.6) = 66.78(\text{A})$

由表 2.3 知，4M 的 $(I_{st} - I_N) = 193.2 - 27.6 = 165.6(\text{A})$ 为最大，所以

$$I_{pk} = I_{30} + (I_{st} - I_N)_{max} = 66.78 + (193.2 - 27.6) = 232.38(\text{A})$$

6. 住宅建筑的负荷计算

（1）每套住宅的负荷计算

根据《住宅建筑电气设计规范》(JGJ 242—2011)的规定，住宅的电气负荷不是按照灯具、插座等电气设备的功率进行计算，而是按照每套住宅的类型和类别进行计算。表 2.5 是每套住宅用电负荷和电能表的选择。表 2.6 是部分省市住宅电气负荷计算的需要系数。

表 2.5　每套住宅用电负荷和电能表的选择

套　型	建筑面积 $S(\text{m}^2)$	用电负荷(kW)	电能表(单相)
A	$S \leqslant 60$	3	5(20)A
B	$60 < S \leqslant 90$	4	10(40)A
C	$90 < S \leqslant 150$	6	10(40)A

注：当每套住宅建筑面积大于 150m^2 时，超出的建筑面积可按 $40 \sim 50\text{W/m}^2$ 计算用电负荷。

表 2.6　住宅的需要负荷系数

按单相配电计算时所连接的基本户数	按三相配电计算时所连接的基本户数	需要系数
1～3	3～9	0.90～1.00
4～8	12～24	0.65～0.90
9～12	27～36	0.50～0.65
13～24	39～72	0.45～0.50
25～124	75～300	0.40～0.45
125～259	375～600	0.30～0.40
260～300	780～900	0.26～0.30

在负荷计算中有时会根据各个地区推荐的用电负荷规定进行计算。

(2) 配电干线的计算

将各用电设备组计算负荷按有功功率和无功功率分别相加即可得到低压配电干线的计算负荷。计算时的相关系数按表 2.6 进行选取。

民用建筑中用电设备组的需要系数及功率因数如表 2.7 所示。

表 2.7　用电设备组的需要系数及功率因数表

用电设备名称		需要系数(K_d)	功率因数($\cos\varphi$)	备　注
照明		0.7～0.8	0.9～0.95	(就地补偿后)
冷冻机房		0.65～0.75	0.8	
锅炉房、热力站		0.65～0.75	0.75	
水泵房		0.6～0.7	0.8	
通风机		0.6～0.7	0.8	
电梯		0.18～0.22	0.8	交流梯
厨房		0.35～0.45	0.85	
洗衣机		0.3～0.35	0.85	
窗式空调机		0.35～0.45	0.8	
舞台照明	100～200 kW	0.6	1	
	200 kW 以上	0.5	1	

7. 全厂计算负荷的确定

为了合理选择工厂变电所各种主要电气设备的规格型号，以及向供电部门提出用电容量申请，必须确定工厂总的计算负荷 S_{30} 和 I_{30}。在前述的内容中，已经用需要系数法确定了低压干线或车间低压母线的计算负荷，但要确定全厂的计算负荷，还要考虑线路和变压器的功率损耗。下面分别讨论线路和变压器功率损耗的计算方法。

(1) 供电系统的功率损耗

① 线路功率损耗的计算

供电线路的三相有功功率损耗和三相无功功率损耗分别为

$$\left.\begin{aligned}\Delta P_{WL} &= 3I_{30}^2 R_{WL} \times 10^{-3} \quad (\text{kW}) \\ \Delta Q_{WL} &= 3I_{30}^2 X_{WL} \times 10^{-3} \quad (\text{kvar})\end{aligned}\right\} \tag{2.17}$$

式中　I_{30}——线路的计算电流,A;

R_{WL}——线路的每相电阻,$R_{WL}=R_0 l$,l 为线路长度,R_0 为线路单位长度的电阻,可查有关手册,Ω;

X_{WL}——线路的每相电抗,$X_{WL}=X_0 l$,X_0 为线路单位长度的电抗值,可查有关手册,Ω。

【例 2.6】 有一条 35 kV 高压线路给某工厂变电所供电。已知该线路长度为 12 km,采用钢芯铝线 LGJ-70,导线的几何均距为 2.5 m,变电所的总视在计算负荷 $S_{30}=4917$ kV·A。试计算此高压线路的有功功率损耗和无功功率损耗。

【解】 查相关资料,得 LGJ-70 的 $R_0=0.48$ Ω/km。当几何均距为 2.5 m 时,$X_0=0.40$ Ω/km。

由式(2.17)可知,该线路的有功功率损耗和无功功率损耗分别为

$$\begin{aligned}\Delta P_{WL} &= 3I_{30}^2 R_{WL} \times 10^{-3} = 3\times\frac{S_{30}^2}{(\sqrt{3}U_N)^2}R_{WL}\times 10^{-3} = 3\times\frac{4917^2}{(\sqrt{3}\times 35)^2}\times 0.48\times 12\times 10^{-3} \\ &= 113.7\ (\text{kW})\end{aligned}$$

$$\begin{aligned}\Delta Q_{WL} &= 3I_{30}^2 X_{WL} \times 10^{-3} = 3\times\frac{S_{30}^2}{(\sqrt{3}U_N)^2}X_{WL}\times 10^{-3} = 3\times\frac{4917^2}{(\sqrt{3}\times 35)^2}\times 0.4\times 12\times 10^{-3} \\ &= 94.7(\text{kvar})\end{aligned}$$

② 电力变压器的功率损耗

变压器的功率损耗由有功功率损耗和无功功率损耗两部分组成。

A. 有功功率损耗

变压器的有功功率损耗主要由铁损(可近似认为是空载损耗 ΔP_0)和铜损(可近似认为是短路损耗 ΔP_K)构成。其中 ΔP_0 与负荷大小无关,ΔP_K 与负荷电流(或功率)的平方成正比。所以,变压器的有功功率损耗为

$$\Delta P_T \approx \Delta P_0 + \Delta P_K\left(\frac{S_{30}}{S_N}\right)^2 \tag{2.18}$$

令 $\beta=\dfrac{S_{30}}{S_N}$,则

$$\Delta P_T \approx \Delta P_0 + \beta^2 \Delta P_K \tag{2.19}$$

式中　S_N——变压器的额定容量,kV·A;

S_{30}——变压器的计算负荷,kV·A;

β——变压器的负荷率;

ΔP_0——变压器空载损耗,kW;

ΔP_K——变压器短路损耗,kW。

B. 无功功率损耗

变压器的无功功率损耗主要由空载无功功率损耗 ΔQ_0 和负载无功功率损耗 ΔQ_N 两部分构成。其中 ΔQ_0 只与绕组电压有关，与负荷无关；ΔQ_N 则与负荷电流（或功率）的平方成正比，即

$$\left.\begin{aligned}\Delta Q_0 &\approx \frac{S_N I_0\%}{100}\\ \Delta Q_N &\approx \frac{S_N U_K\%}{100}\end{aligned}\right\} \tag{2.20}$$

式中　$I_0\%$——变压器空载电流占额定电流的百分值；

$U_K\%$——变压器的短路电压（即阻抗电压）占额定电压的百分值。

所以，变压器的无功功率损耗为

$$\Delta Q_T \approx \Delta Q_0 + \Delta Q_N\left(\frac{S_{30}}{S_N}\right)^2 \approx S_N\left[\frac{I_0\%}{100}+\frac{U_K\%}{100}\left(\frac{S_{30}}{S_N}\right)^2\right] \tag{2.21}$$

或

$$\Delta Q_T \approx S_N\left(\frac{I_0\%}{100}+\frac{U_K\%}{100}\beta^2\right) \tag{2.22}$$

上述各式中的 ΔP_0、ΔP_K、$I_0\%$和 $U_K\%$（或 $U_Z\%$）等都可以从产品样本上查得。

在工程设计中，变压器的有功损耗和无功损耗也可以用下式估算。

对普通变压器：

$$\left.\begin{aligned}\Delta P_T &\approx 0.02S_{30}\\ \Delta Q_T &\approx 0.08S_{30}\end{aligned}\right\} \tag{2.23}$$

对低损耗变压器：

$$\left.\begin{aligned}\Delta P_T &\approx 0.015S_{30}\\ \Delta Q_T &\approx 0.06S_{30}\end{aligned}\right\} \tag{2.24}$$

【例 2.7】 已知某车间变电所选用变压器的型号为 S9—1000/10，电压 10/0.4 kV，其技术数据如下：空载损耗 $\Delta P_0=1.7$ kW，短路损耗 $\Delta P_K=10.3$ kW，短路电压百分值 $U_K\%=4.5$，空载电流百分值 $I_0\%=0.7$，该车间的 $S_{30}=800$ kV·A。试计算该变压器的有功损耗和无功损耗。

【解】 变压器的有功损耗为：

$$\Delta P_T \approx \Delta P_0+\beta^2\Delta P_K = 1.7+(800/1000)^2\times 10.3 = 1.7+6.6 = 8.3(\text{kW})$$

变压器的无功损耗为：

$$\Delta Q_T \approx S_N\left(\frac{I_0\%}{100}+\frac{U_K\%}{100}\beta^2\right) = 1000\times\left(\frac{0.7}{100}+\frac{4.5}{100}\times 0.8^2\right) = 35.8(\text{kvar})$$

（2）无功功率的补偿

功率因数 $\cos\varphi$ 值的大小反应了用电设备在消耗了一定数量有功功率的同时向供电系统取用无功功率的多少，功率因数高（如 $\cos\varphi=0.9$）则取用的无功功率小，功率因数低（如 $\cos\varphi=0.5$）则取用的无功功率大。

功率因数过低对供电系统是很不利的，它使供电设备（如变压器、输电线路等）电能损耗增加，供电电网的电压损失加大，同时也降低了供电设备的供电能力。因此，提高功率因数对节约电能、提高经济效益具有重要的意义。

① 工厂的功率因数及其计算

A. 瞬时功率因数

功率因数随着负荷性质、大小的变化和电压波动而不断变化着。功率因数的瞬时值称为瞬时功率因数，瞬时功率因数由功率因数表直接读出，也可以用瞬间测取的有功功率表、电流表、电压表的读数计算得到。

瞬时功率因数只是用来了解和分析用电设备在生产过程中无功功率的变化情况，以便采取相应的补偿对策。

B. 平均功率因数

平均功率因数是指某一规定的时间（如一个月）内功率因数的平均值，即

$$\cos\varphi = \frac{W_p}{\sqrt{W_p^2 + W_q^2}} = \frac{1}{\sqrt{1 + \left(\frac{W_q}{W_p}\right)^2}} \tag{2.25}$$

式中　W_p——某一时间内消耗的有功电能，kW · h，从有功电度表读出；

W_q——某一时间内消耗的无功电能，kvar · h，从无功电度表读出。

平均功率因数是电力部门每月向企业收取电费时作为调整收费标准的依据。

C. 最大负荷时功率因数

依据最大负荷 P_{max}（即计算负荷 P_{30}）所确定的功率因数，称为最大负荷时的功率因数，即

$$\cos\varphi = \frac{P_{30}}{S_{30}} \tag{2.26}$$

凡未装任何补偿设备时的功率因数称为自然功率因数；装设人工补偿后的功率因数称为补偿后功率因数。

② 无功补偿容量的确定

我国有关规程规定：对于高压供电的工厂，最大负荷功率因数应为 $\cos\varphi \geqslant 0.9$；而对于其他工厂，$\cos\varphi \geqslant 0.85$。一般工厂的自然功率因数往往低于这个数值，这是因为在工厂中感性负荷占的比重较大，如大量使用感应电动机、变压器、电焊机、线路仪表等。如何提高功率因数几乎是每一个工厂都面临的问题。

提高功率因数通常有两个途径：优先采用提高自然功率因数，即提高电动机、变压器等设备的负荷率，或是降低用电设备消耗的无功功率。但自然功率因数的提高往往有限，一般还需采用人工补偿装置来提高功率因数。无功补偿装置可选择同步电动机或并联电容器等。

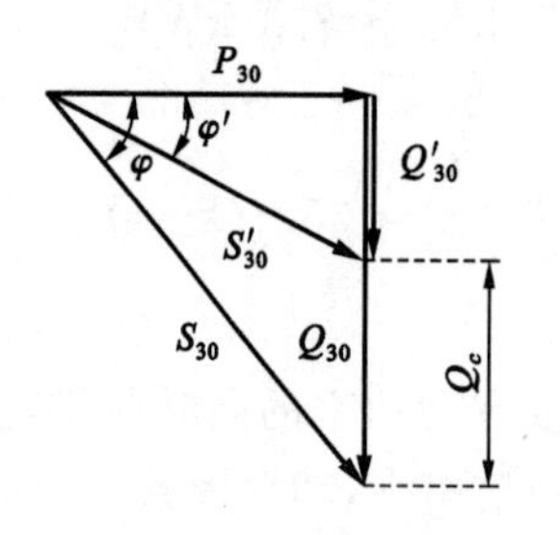

图 2.6　功率因数的提高原理图

如图 2.6 所示，若有功功率 P_{30} 不变，加装无功补偿装置后，无功功率 Q_{30} 减少到 Q'_{30}，视在功率 S_{30} 也相应地减少到 S'_{30}，则功率因数从 $\cos\varphi$ 提高到 $\cos\varphi'$，此时 $Q_{30} - Q'_{30}$ 就是无功功率补偿的容量 Q_c，即

$$Q_c = Q_{30} - Q_{30}' = P_{30}(\tan\varphi - \tan\varphi') \tag{2.27}$$

或

$$Q_c = P_{30}\Delta q_c \tag{2.28}$$

式中　$\tan\varphi, \tan\varphi'$——补偿前、后功率因数角的正切值。

$\Delta q_c = \tan\varphi - \tan\varphi'$ 称为无功补偿率，其单位为 kvar/kW，它表示功率因数由 $\cos\varphi$ 提高到 $\cos\varphi'$ 时单位有功功率所需补偿的无功功率，其值可查表。

在中小型企业中，使用较多的人工补偿设备是并联电容器。在计算出所需的补偿容量 Q_c 后，可选取适当的电容器，并算出电容器所需个数。需要指出的是，如果选择单相电容器，则电容器的个数应取 3 的倍数，以便三相对称分配。

③ 无功补偿后工厂计算负荷的确定

无功补偿的并联电容器可装设在车间的低压母线上，也可装设在工厂的高压母线上。在实际应用中，电容器尽可能接在高压侧，这是因为补偿所需的电容器容量大小与电压的平方成正比。

工厂或车间装设了无功补偿并联电容器后，能使装设地点前的供电系统减少相应的无功损耗。补偿后计算负荷按以下公式确定：

$$\left.\begin{aligned}&\text{有功计算负荷} && P_{30}' = P_{30}\\ &\text{无功计算负荷} && Q_{30}' = Q_{30} - Q_c\\ &\text{视在计算负荷} && S_{30}' = \sqrt{P_{30}'^2 + Q_{30}'^2}\end{aligned}\right\} \tag{2.29}$$

$$\text{计算电流}\qquad I_{30}' = \frac{S_{30}'}{\sqrt{3}U_N}$$

【例 2.8】 某化工厂变电所有一台低损耗变压器，其低压侧有功计算负荷为 1402 kW，无功计算负荷为 978 kvar。按规定工厂（即高压侧）的功率因数不得低于 0.9，问该厂变压器低压侧要补偿多大的无功容量才能满足功率因数的要求？

【解】 ① 未补偿前

低压侧：$S_{30(2)} = \sqrt{P_{30(2)}^2 + Q_{30(2)}^2} = \sqrt{1402^2 + 978^2} = 1709\ (\text{kV}\cdot\text{A})$

$$\cos\varphi_{(2)} = \frac{P_{30(2)}}{S_{30(2)}} = \frac{1402}{1709} = 0.82$$

显然，低压侧的功率因数较低，考虑到变压器也要消耗一定的无功功率，若高压侧的功率因数不得低于 0.9，则低压侧取 $\cos\varphi_{(2)}' = 0.92 \sim 0.93$ 才能满足要求。现取 0.93，由式(2.27)可得低压侧无功补偿容量为

$$Q_c = P_{30(2)}(\tan\varphi - \tan\varphi') = 1402\times(\tan\cos^{-1}0.82 - \tan\cos^{-1}0.93) = 424(\text{kvar})$$

② 补偿后

低压侧：

$$P_{30(2)}' = 1402(\text{kW})(\text{与补偿前相同})$$

$$Q_{30(2)}' = Q_{30(2)} - Q_c = 978 - 424 = 554(\text{kvar})$$

$$S_{30(2)}' = \sqrt{P_{30(2)}'^2 + Q_{30(2)}'^2} = \sqrt{1402^2 + 554^2} = 1507(\text{kV}\cdot\text{A})$$

变压器损耗：

$$\Delta P_T \approx 0.015 S_{30(2)}' = 0.015 \times 1507 = 22.6(\text{kW})$$

$$\Delta Q_T \approx 0.06 S_{30(2)}' = 0.06 \times 1507 = 90.4(\text{kvar})$$

高压侧：

$$S_{30(1)}' = \sqrt{(P_{30(2)}' + \Delta P_T)^2 + (Q_{30(2)}' + \Delta Q_T)} = \sqrt{(1402 + 22.6)^2 + (554 + 90.4)^2}$$

$$= 1563.2(\text{kV}\cdot\text{A})$$

工厂功率因数为：

$$\cos\varphi_{(1)} = \frac{P_{30(1)}}{S_{30(1)}'} = \frac{1402 + 22.6}{1563.2} = 0.911 > 0.9$$

满足要求。

(3) 全厂计算负荷的确定

在讨论了工厂供电系统各个环节计算负荷的基础上，可以进一步讨论全厂计算负荷。确定工厂总计算负荷的方法很多，本书只介绍工厂需要系数法、按年产量和单位产品耗电量计算法和逐级计算法。

① 工厂需要系数法

将全厂用电设备的总容量 $\sum P_e$（备用容量不计入）乘以工厂需要系数 K_d 就可以得到全厂的计算负荷 P_{30}，然后根据工厂的功率因数 $\cos\varphi$，按式(2.11)求出全厂的无功计算负荷 Q_{30}、视在计算负荷 S_{30} 和计算电流 I_{30}。

② 按年产量和单位产品耗电量计量法

将工厂全年生产量 A 乘以单位产品耗电量 α，就可以得到工厂全年耗电量，即

$$W_\alpha = A\alpha \times 10^3 \tag{2.30}$$

然后再将工厂全年耗电量 W_α 除以最大负荷利用小时 $T_{\max}$，就可以得到工厂的有功计算负荷，即

$$P_{30} = \frac{W_\alpha}{T_{\max}} \tag{2.31}$$

而 Q_{30}、S_{30} 和 I_{30} 的计算与上述需要系数法相同。

③ 逐级计算法

图2.5为工厂供电系统示意图。在确定全厂计算负荷时，应从用电末端逐级向上推至电源进线端，其计算程序如下：

第一步，确定用电设备的设备容量(图中E点)。

第二步，确定用电设备组的计算负荷(图中D点)。

第三步，确定车间低压干线(图中C点)或车间变电所低压母线(图中B点)的计算负荷。

当干线或低压母线上接的用电设备组较多时，应先乘以同时系数 $K_{\Sigma 1}$ 或 $K_{\Sigma 2}$。如果在低压进线上装有无功补偿用的电容器组时，在确定低压进线上无功功率时应减去无功补偿容量。

第四步，确定车间(或小型工厂)变电所高压侧的计算负荷。车间(或小型工厂)变电所高压侧计算负荷应等于车间(或小型工厂)变电所低压进线的计算负荷再加上变压器的功率损耗值。

第五步，若设有总降压变电所，则根据上述过程确定总降压变压器低压侧的计算负荷。

第六步，确定全厂总计算负荷。将总降压变电所低压母线上的计算负荷加上总降压变压器的功率损耗(或高压配电所高压母线上的计算负荷)，即可确定全厂总的计算负荷，作为向供电部门申请的用电容量。

(4) 全厂计算负荷确定实例

现在以某厂为例说明全厂计算负荷确定的步骤。

某厂变电所的双回路10 kV电缆线路给六个车间及全厂照明供电。用电设备电压均为380 V，各车间负荷大部分是二级负荷。负荷情况及计算负荷的确定如表2.8所示。

表 2.8　全厂计算负荷表

车间	设备容量	需要系数 K_d	$\tan\varphi$	最大负荷时 $\cos\varphi$	计算负荷			
					P_{30} (kW)	Q_{30} (kvar)	S_{30} (kV·A)	I_{30} (A)
冷冻	449.7	0.49	0.8	0.78	220.4	176.3	282.2	428.8
固聚	533.0	0.68	0.54	0.88	362.4	195.7	411.9	625.8
空压	309.1	0.41	0.43	0.92	126.7	54.5	137.9	209.5
纺丝	410.3	0.54	0.65	0.84	221.6	144.0	264.3	401.6
长丝	886.7	0.65	0.94	0.73	576.4	541.8	779.1	1183.7
三废	488.8	0.4	0.48	0.9	195.5	93.8	216.8	329.4
照明	110.9	0.36	0.54	0.88	39.9	21.5	45.4	68.9
合计	3188.5				1742.9	1227.6	2131.8	
合计($K_\Sigma=0.8$)					1394.3	982.1	1705.5	
全厂补偿低压电容器总容量						−420		
全厂补偿后合计(低压侧)				0.93	1394.3	562.1	1503.3	
变压器损耗					22.5	90.0		
合计(高压侧)				0.908	1416.8	652.1	1559.7	90.0

其中冷冻车间的计算负荷确定如下：

$$P_{30(1)}=K_dP_e=0.49\times449.7=220.4(\text{kW})$$

$$Q_{30(1)}=P_{30}\tan\varphi=220.4\times0.8=176.3(\text{kvar})$$

$$S_{30(1)}=\sqrt{P_{30}^2+Q_{30}^2}=\sqrt{220.4^2+176.3^2}=282.2(\text{kV}\cdot\text{A})$$

$$I_{30}=\frac{S_{30}}{\sqrt{3}U_{2N}}=\frac{282.2}{\sqrt{3}\times0.38}=428.8(\text{A})$$

其余车间计算过程相同(此处从略)。

考虑到全厂负荷的同时系数($K_\Sigma=0.8$)后，工厂变电所变压器低压侧的计算负荷为

$$P_{30(2)}=K_\Sigma\sum P_{30(i)}=0.8\times1742.9=1394.3(\text{kW})$$

$$Q_{30(2)}=K_\Sigma\sum Q_{30(i)}=0.8\times1227.6=982.1(\text{kvar})$$

$$S_{30(2)}=\sqrt{P_{30(2)}^2+Q_{30(2)}^2}=\sqrt{1394.3^2+982.1^2}=1705.5(\text{kV}\cdot\text{A})$$

$$\cos\varphi_{(2)}=\frac{P_{30(2)}}{S_{30(2)}}=\frac{1394.3}{1705.5}=0.82$$

欲将功率因数 $\cos\varphi_{(2)}$ 从 0.82 提高到 0.93，低压侧所需的补偿容量为：

$$Q_c=P_{30(2)}(\tan\varphi-\tan\varphi')=1394.3\times(\tan\cos^{-1}0.82-\tan\cos^{-1}0.93)=422(\text{kvar})$$

补偿后的计算负荷为

$$P'_{30(2)}=1394.3(\text{kW})(\text{与补偿前相同})$$

取 $Q_c=420\text{kvar}$，则

$$Q'_{30(2)}=Q_{30(2)}-Q_c=982-420=562(\text{kvar})$$

$$S'_{30(2)}=\sqrt{P'^2_{30(2)}+Q'^2_{30(2)}}=\sqrt{1394.3^2+562^2}=1503.3\ \text{kV}\cdot\text{A}$$

变压器的损耗为

$$\Delta P_T\approx 0.015S'_{30(2)}=0.015\times 1503.3=22.5(\text{kW})$$

$$\Delta Q_T\approx 0.06S'_{30(2)}=0.06\times 1503.3=90.2(\text{kvar})$$

全厂高压侧的计算负荷为

$$S'_{30(1)}=\sqrt{(P'_{30(2)}+\Delta P_T)^2+(Q'_{30(2)}+\Delta Q_T)^2}=\sqrt{(1394.3+22.5)^2+(562.1+90.2)^2}$$
$$=1559.7(\text{kV}\cdot\text{A})$$

$$I'_{30(1)}=\frac{S'_{30(1)}}{\sqrt{3}U_{1N}}=\frac{1559.7}{\sqrt{3}\times 10}=90.0(\text{A})$$

工厂功率因数为

$$\cos\varphi'_{(1)}=\frac{P'_{30(1)}}{S'_{30(1)}}=\frac{1394.3+22.5}{1559.7}=0.908$$

2.3.3 用单位估算法计算负荷

1. 负荷密度法

负荷密度法是将已知的不同类型负荷在单位面积上的需求量乘以建筑面积或使用面积得到的负荷量。

$$P_{30}=\frac{KA}{1000} \tag{2.32}$$

式中 K——负荷密度，W/m^2 或 $\text{V}\cdot\text{A/m}^2$；

A——建筑面积，m^2。

【例 2.9】 某餐厅面积为 200 m^2，负荷密度为 120 $\text{V}\cdot\text{A/m}^2$，求此餐厅的负荷量。

【解】 由式(2.32)得 $P_{30}=\frac{KA}{1000}=\frac{120\times 200}{1000}=24(\text{kV}\cdot\text{A})$

表 2.9 是某公司提供的负荷密度。

表 2.9 某公司提供的负荷密度($\text{V}\cdot\text{A/m}^2$)

项目		照明	动力	空调	共计
旅馆	前室、走廊	64.6~86.1	5.4	86.1~107.6	156.1~199.1
	客房	16.2~26.9	5.4	53.8~75.4	75.4~107.7
	娱乐室、酒吧	54	5.4	75.4~107.6	134.8~167
	咖啡室	86.1	43.1~64.6	75.4~107.6	204.6~258.3
	洗手间	21.5	5.4	75.4	102.3
	厨房	43.1	107.6~161.5	107.6~129.2	258.3~333.8
写字楼	一般办公室	21.5~54	10.8	64.6~75.4	96.9~140.2
	高级办公室	37.7~75.4	16.2	86.1~107.6	140~199.2
	私人办公室	21.5~37.7	5.4	75.4	102.3~118.5
	会议室	16.2~32.3	5.4	64.6~86.1	86.2~123.8
	制图室	75.4~107.6	0	75.4	150.8~183

续表 2.9

项目		照明	动力	空调	共计
饭店	餐厅	2.7～5.4	5.44～10.8	75.4	83.5～91.6
	快餐厅	54	5.4	86.1～107.6	145.5～167
	普通厨房	32.2	43.1～64.4	75.4	150.7～172
	电气化厨房	43.1	107.6～161.5	107.6～129.2	258.3～333.8
商店	国贸商店	29.2～107	0	75.4	104.6～182.4
	珠宝商店	129～150.7	0	75.4	204.5～226.1
	百货	43.1～64.6	0	107.6	150.7～172.2
	展览橱窗	54～107.6	0	107.6	161.6～215.2
	美容、美发	54～107.6	10.8	64.6～118.4	129.4～236.8
	服装店	54～75.4	5.4	54～96.9	113.4～177.7
	药店	54	5.4	54～96.9	113.4～156.3
学校	教室	37.7	0	54～75.5	91.7～113.2
	绘图室	54～75.4	0	75.4～96.6	129.4～172
	阅览室	54～75.4	54	64.6～107.6	172.6～237
医院		21.5～32.3	10.8	54～75.4	86.3～118.5
舞厅		5.4～21.5	0	107.6	113～129.1
夜总会舞台		430.6	0	161.2～236.2	591.8～666.8
消防局、警察局		16.2	10.8	64.6	91.6
网球场		26.9	5.4	64.6	96.9
鞋厂		53.8～107.9	53.8～107.6	53.8～75.4	161.4～290.9
纺织厂作业区		26.9～53.8	86.1～107.6	64.6	117.6～226
检验室		53.8	0	75.4	129.2
手纺厂		32.3	75.4	53.8	161.5
糖果厂		21.5～53.8	75.4	107.5	204.4～236.7
罐头厂		21.5～107.6	64.6	75.4	161.5～247.6
陶瓷厂、水泥厂		16.2～53.8	161.5	86.1～107.6	263.8～322.9
剧院		26.9	0	75.4	102.3
洗衣厂		53.8～107.6	53.8～161.5	86.1	193.7～355.2
汽车修理		53.8	53.8	53.8～75.4	161.4～183
银行账房		64.6～86.1	21.6～32.3	75.4～107.6	161.5～226
计算机房		43.1～64.6	21.5	161.5～322.9	226.1～409
控制室		26.9	5.4	64.6	96.9

表2.10是各类建筑单位面积推荐负荷指标。

表2.10 各类建筑单位面积推荐负荷指标

省市	建筑物	推荐负荷指标(W/m^2)	备注
广东	办公楼、招待所、商场、宾馆	80 100	该指标为建筑工程设计推荐负荷指标的最小值
宁波	多层住宅 中、高层建筑 别墅 商业 办公 学校	30～35 40～50 50～60 40～60 30～40 20～40	该指标为建筑工程规划设计推荐负荷指标

2. 单位指标法

单位指标法是将已知不同类型负荷在核算单位上的需求量乘以核算单位得到的负荷量。

$$P_{30}=\frac{KN}{1000} \tag{2.33}$$

式中 K——单位指标，W/床或W/户；

N——核算单位的数量。

【例2.10】 某办公区域计划安装计算机插座45个，每个插座的安装容量为300 W，求此办公区域插座的总安装功率。

【解】 由式(2.33)得

$$P_{30}=\frac{KN}{1000}=\frac{300\times45}{1000}=13.5(\text{kW})$$

小结

通常将电气设备中消耗的功率或线路中的电流称为电力负荷。

电力负荷随时间变化的曲线叫负荷曲线。负荷曲线可分为有功负荷曲线与无功负荷曲线两种。与负荷曲线有关的物理量主要有负荷系数、年最大负荷、年最大负荷利用小时数以及平均负荷等。

计算负荷是按发热条件选择电气设备的一个假想负荷，计算负荷确定得合理与否直接影响到导线和电气设备的正确选择。

计算负荷的方法有需要系数法和单位面积估算法。

需要系数法计算较简单，应用较广泛，但计算结果往往偏小，适用于容量相差不大、设备台数较多的场合。工厂总的计算负荷要从用电设备组、低压干线、母线依次算起，同时考虑变压器、线路的功率损耗，然后求出总的计算负荷。

单位估算法分为负荷密度法和单位指标法，适用于初步设计阶段。

功率因数是电气设备使用状况的重要指标。自然功率因数一般达不到规定的数值，通常需要装设无功补偿装置进行功率因数补偿。

思考题与习题

2.1 电力负荷按其重要性分为哪几级?

2.2 什么是平均负荷和负荷系数?什么是年最大负荷和年最大负荷利用小时数?如何通过负荷曲线求这些参数?

2.3 什么是用电设备的设备容量?设备容量与该台设备的额定容量是什么关系?分情况说明之。

2.4 什么叫计算负荷?正确确定计算负荷有什么意义?

2.5 求多台用电设备计算负荷常用哪种方法?

2.6 在确定多组用电设备总的视在计算负荷和计算电流时,能否将各组的视在计算负荷和计算电流直接相加?为什么?

2.7 如何在三相系统中正确分配单相(220 V、380 V)用电设备,使计算负荷最小?简述单相负荷换算为三相负荷的具体方法。

2.8 电力变压器的有功功率损耗包括哪两部分?如何确定?与负荷有什么联系?

2.9 某车间有380 V交流电焊机2台,其额定容量$S_N=22$ kV·A,$\varepsilon_N=60\%$,$\cos\varphi=0.5$,其设备容量为多少?

2.10 某车间设有小批量生产的冷加工机床电动机40台,总容量为122 kW,其中较大容量的电动机有10 kW 1台,7 kW 3台,4.5 kW 3台,2.8 kW 12台。试用需要系数法确定其计算负荷。

2.11 某车间有吊车1台,设备铭牌上给出其额定功率$P_N=9$ kW,$\varepsilon_N=15\%$,其设备容量为多少?

2.12 某金工车间采用220/380 V三相四线制供电,车间内设有冷加工机床48台,共192 kW;吊车2台,共10 kW($\varepsilon_N=25\%$);通风机2台,共9 kW;车间照明共8.2 kW。试求该车间的计算负荷。

2.13 某实验室拟安装5台220 V单相加热器,其中1 kW 3台,3 kW 2台。试合理分配各加热器于220/380 V线路上,并求其计算负荷P_{30}、Q_{30}、S_{30}和I_{30}。

2.14 某厂变电所装有一台SL7-630/10型电力变压器,其二次侧(380 V)的有功计算负荷为420 kW,无功计算负荷为350 kvar。试求此变电所一次侧的计算负荷及其最大负荷时功率因数。

2.15 某电线电缆制造厂共有用电设备5840 kW,试估算该厂的视在计算负荷。

2.16 已知某工厂低压侧有功计算负荷5840 kW,$\cos\varphi=0.73$。若使变电所高压侧最大负荷时的功率因数达到0.91,问此变电所低压母线上应装设多大容量的并联电容器才能达到要求?如果并联电容器采用BW0.4-14-3型,需采用多少个?

技 能 训 练

实训项目:住宅的负荷计算和验算

(1) 实训目的

通过对某住宅小区的一台变压器供电的相关数据的收集,学会查阅住宅的用电负荷标准和住宅用电需要系数,学会将单相负荷折算成三相负荷;学会利用需要系数法进行各级负荷的计算,并进行功率因数的补偿,进而确定变压器的容量。

(2) 实训准备

联系某住宅小区的物业管理部门,收集一台变压器供电的相关负荷情况。

(3) 实训内容

① 收集该变压器的供配电回路及各回路供电范围。

② 收集该变压器的技术数据。

③ 收集每一个回路供电的楼栋数、单元数、住户数。

④ 收集不同住宅的户型情况及使用面积。

⑤ 调查每户各种用电器的使用功率及同时使用情况。

⑥ 收集公共照明及公共用电设备的容量和功率因数。

⑦ 分析收集到的数据，查阅住宅的用电负荷标准和住宅用电需要系数，并与实际收集到的数据进行比较。然后进行各级负荷的计算和功率因数的补偿，并分析变压器容量的选择是否合理。

(4) 提交成果

① 用电情况调查表（变压器技术数据，供配电回路及供电范围，楼栋数，单元数，各单元的楼层数，各单元的住户数，住户的用电负荷，公共照明容量，公共用电设备的设备容量、功率因数等）。

② 计算书：采用需要系数法进行设备容量的折算、各级负荷的计算和功率因数的补偿，分析变压器容量的选择是否合理。

课题3　10 kV 高压配电设计

【知识目标】

◆ 理解系统对供电电源的要求；
◆ 了解高压供配电系统主接线的定义、作用以及基本要求；
◆ 熟悉线路-变压器组接线、单母线、桥式接线、双母线四种典型的主接线方式；
◆ 理解变压器的型号、容量、运行方式、并列运行条件，掌握变压器台数及容量的选择原则；
◆ 掌握高压供配电系统电气设计所包含的基本内容和步骤。

【能力目标】

◆ 具备合理选择供配电系统供电电源的能力；
◆ 具备分析和选择高压供配电系统主接线的能力；
◆ 具备分析和选择高压供配电系统中变压器型号及容量的能力；
◆ 具备分析和初步设计 10 kV 高压供配电系统的能力。

3.1　供电电源

3.1.1　按负荷级别确定供电电源

(1) 一级负荷的供电电源应符合下列规定：

① 一级负荷应由两个电源供电，当一个电源发生故障时，另一个电源不应同时受到损坏。

② 一级负荷中特别重要的负荷，除由两个电源供电外，尚应增设应急电源，并严禁将其他负荷接入应急供电系统。

下列电源可作为应急电源：

● 独立于正常电源的发电机组。

● 供电网络中独立于正常电源的专用的馈电线路。

● 蓄电池。

● 干电池。

根据允许中断供电的时间可分别选择下列应急电源：

● 允许中断供电时间为 15 s 以上的供电，可选用快速自启动的发电机组。

● 自投装置的动作时间能满足允许中断供电时间的，可选用带有自动投入装置的独立于正常电源的专用馈电线路。

● 允许中断供电时间为毫秒级的供电，可选用蓄电池静止型不间断供电装置、蓄电池机械贮能电机型不间断供电装置或柴油机不间断供电装置。

应急电源的工作时间应按生产技术上要求的停车时间考虑。当与自动启动的发电机组配合使用时，不宜少于 10 min。

(2) 二级负荷的供电系统，宜由两回线路供电。在负荷较小或地区供电条件困难时，二级负荷可由一回 6 kV 及以上专用的架空线路或电缆供电。当采用架空线时，可为一回架空线供电；当采用电缆线路时，应采用两根电缆组成的线路供电，其每根电缆应能承受 100%的二级负荷。

(3) 三级负荷的供电系统对电源没有特别的要求。

3.1.2　按网络的接线方式确定供电电源

随着负荷密度的增加，城市高压配电变电所的容量随之加大，而变电所的中压馈线数量由于路径的条件而受到限制，因而影响了变电所的输出容量。为解决这个问题，在城市负荷密集地区推行"卫星式"网络，即在城市变电所中压配电馈线设置开闭所。开闭所根据负荷分布密集程度设置，其转送容量可为 8000～10000 kV·A。每个开闭所均为单母线分段接线方式，电源分别来自变电所的两台主变压器。开闭所每段母线可以有馈线 10～20 路，从而可以满足部分一、二级负荷的供电，如图 3.1 和图 3.2 所示。

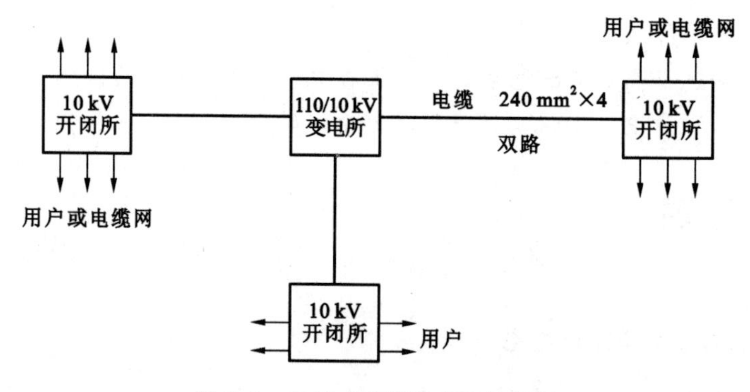

图 3.1　卫星式中压配电网示意图

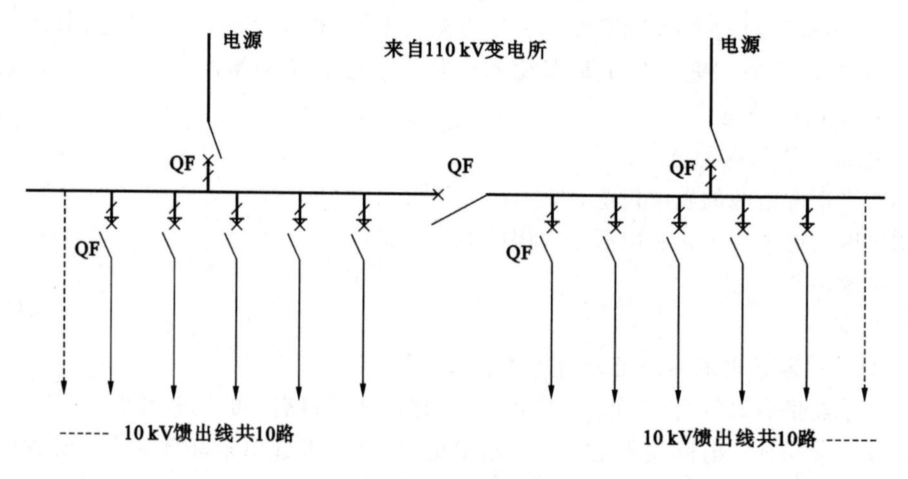

图 3.2　中压开闭所接线方式图

随着城市建设的发展，城市中的中压配电网逐步由架空线路改变为电缆线路。根据电缆线路的特点，电缆线路均构成环形网，形成沿街道分布的环形网络，如图 3.3 所示。

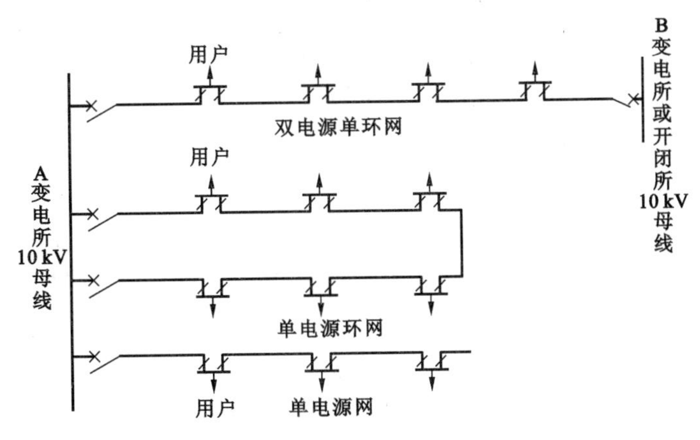

图 3.3 电缆环形网络示意图

用电单位供电方式包括：

(1) 由二次变电所直接供电，一般用于供电容量大、距变电所相对距离较近的单位。

(2) 由中压开闭所供电。

(3) 由电缆环网供电。

(4) 对中小型用电单位或不属于一、二级负荷的用电单位，亦可由干线式架空线路供电。

3.1.3 低压供电电源

对用电容量在 250 kV·A 以下的用电单位，采用低压(220/380 V)供电方式。系统形式根据负荷性质可分为三相四线式、三相三线式和单相二线式。低压供电的电源一般为公用配电变压器，也可以根据负荷性质的区别，设置专用的配电变压器。

为保证电压质量，由公用配电变压器和低压配电网供电的低压用户，送电距离一般不超过 250 m。用电容量较大时，还应适当缩短送电距离，或采用大截面导线。对设置专用变压器的用户，变压器应设置在距受电端尽可能近的位置，以减少电压损耗。

另外，在用电单位中，除前面所述的重要的、政治性的负荷外，还有一些负荷性质特殊的用户，这些用户负荷的存在会影响电网的供电质量。因此，对于特殊的用户负荷(如冲击性负荷)，要采取相应的措施。

3.2 常用高压主接线

3.2.1 与主接线有关的概念

1. 高压供配电系统

高压供配电系统是指建筑物及其附属建筑物的各类电气系统的设计与施工以及所有产品、材料、技术的生产和开发的总和，它以电能、电气设备、电气系统和电气技术为手段，满足工业和民用建筑物对电气方面的要求，并能创造、维持和改善空间环境。

高压供配电系统的主要组成部分是变、配电所，其一次接线(即主接线)主要是指变、配电所内各设备和线路的连接图，所以高压供配电系统主接线又称为变、配电所主接线，研究的内容也主要是变、配电所的主接线方案。

建筑高压供配电系统所包含的变电所和配电所为生产和生活提供安全、稳定的电源。区域变电所的供电电压等级一般是 35～220 kV，通过企业总降压变电所或者城区变电所将电压降为 6～10 kV，然后输送到小区变电所或者厂区、车间变电所（配电所），再将电压降为 380/220 V，供企业或民用建筑的用户使用。

建筑高压供配电系统一般是从城市电力网取得高压 10 kV 作为电源供电，然后将电能分配到各用电负荷处。电源和负荷之间用各种设备（变压器、变配电装置和配电箱）、元件（导线、电缆、开关等）连接起来，组成建筑物的供配电系统。

2. 供配电系统主接线

供配电系统主接线（即一次接线）是指电力系统对建筑物内各用户供电、配电的电路部分，它表明了供配电系统中发电机、变压器、断路器和线路等电气设备的数量、规格、连接方式以及可能的运行方式，直接关系到建筑电气工程中各种电气设备的选择、配电装置的布置、继电保护和自动装置的确定，是建筑电气安装工程部分投资大小的决定性因素。

供配电系统主接线是整个变电所和配电所电气部分的主干，它直接关系到整个供配电系统的安全、稳定、灵活和经济运行，也直接影响到工业生产和人民生活。

3. 电气主接线图

供配电系统电气主接线图是由各种电气元件（如发电机、变压器、断路器、隔离开关、互感器、母线、电缆、线路等）按照一定的要求和顺序连接起来，并用国家统一规定的图形和外文符号表示的供、配电（接受和分配电能）的电路图。因为三相交流电气设备的每相结构一般是相同的，所以电气主接线图以单线图表示，这样使得主接线图简化，清晰明了。如果在某些局部三相结构不相同，只是在这些部分局部画成三线图。

电气主接线图中常用字符见表 3.1 所示。

表 3.1　电气主接线图中常用字符表

外文符号	中文含义	外文符号	中文含义
QF	断路器	QS	隔离开关
W(WB)	母线	T	变压器
QA	自动开关	QL	负荷开关
QK	刀开关	FU	熔断器

母线又称汇流排，其外文符号为 W 或 WB，是主接线中接受电能和分配电能的电气节点。它将一个电气节点延伸成一条线，以便于多个进出线回路的连接。当供配电系统中用电回路较多时，馈电线路和电源（或变压器）之间的联系常采用母线。母线通常采用矩形截面的铜排或铝排制成。

4. 供配电系统的主接线形式

供配电系统的主接线形式有线路-变压器组接线、单母线接线、双母线接线和桥式接线。

3.2.2　高压供配电系统主接线的基本要求

供配电系统要能够很好地为国民经济服务，并切实做好安全用电、节约用电和计划用电的工作，其主接线必须满足以下基本要求：

(1) 可靠性

供电可靠性是建筑供配电的基本要求，主接线应满足这个条件。停电会给国民经济各部门带来严重损失，甚至导致人身伤亡、设备损坏、产品报废、生活混乱等，并造成不良的政治影响。

按照供电可靠性的要求，负荷可以分为一级、二级、三级三大类。其中一级负荷不允许停电，二级负荷允许短时停电，三级负荷在供电困难时允许停电。

(2) 稳定性

主接线应保证必要的电能质量。电压偏移、电压波动、频率偏差等是表征电能质量的基本指标，主接线在各种情况下都应该满足这方面的要求，把电能质量控制在允许的变动范围之内，以保证供配电系统的连续、稳定运行。

(3) 灵活性

主接线要适应各种运行方式和检修维护方面的要求，并能灵活地进行运行方式的转换，不仅正常运行时能安全可靠地供电，而且在系统故障或设备检修时也能根据调度的要求灵活、简便、迅速地转换运行方式，使停电时间最短，影响范围最小，甚至不影响供电。

(4) 方便性

主接线应使整个系统操作简便、安全，不易发生误操作。

(5) 经济性

主接线在满足上述要求的同时，还应该做到投资省、运行费用低、占地面积小等，并尽可能地节约电能和有色金属。

(6) 扩展性

随着经济建设的飞速发展，为了满足用户日益增长的用电需求，主接线还应该具有发展和扩建的可能性。

3.2.3 线路-变压器组接线

采用一条电源线路与变压器连接成组，即单回路、单变压器供电的接线方式称为线路-变压器组接线。变电所中的变压器高压侧普遍采用线路-变压器组接线，其高压侧均不设置母线。

线路-变压器组接线方式具有接线简单、清晰，需用电气设备少，不易误操作，投资少等优点；它的缺点是供电可靠性和灵活性较差，当线路、变压器、电气设备中任何一处发生故障或者检修时，整个供配电系统全部停电。

小区变电所以及工厂车间降压变电所将供电电压等级由6～10 kV降为380/220 V，电源进线采用电力电缆敷设或者架空线路（应装设避雷器）引至变压器室，经开关设备接入电力变压器，再经过低压侧的低压断路器（即自动开关）、刀开关将电能送给用户。

根据变压器一次侧选用的开关设备不同，常见的线路-变压器组接线方式分为六种，如图3.4所示。

(1) 图3.4(a)中，变压器一次侧选用隔离开关，主要用于检修时隔离电源。这种运行方式的高压侧没有设置保护，不能在带负荷或者发生故障时操作，只能通过电源端控制，运行灵活性较差，因此常用于小容量三级负荷。

变压器容量小于或等于1000 kV·A的露天变电所以及变压器容量小于或等于315 kV·A的内、外附设车间变电所均可采用这种接线方式。

(2) 图3.4(b)中，变压器一次侧选用户外高压跌落式熔断器。跌落式熔断器用于断开变压器的空载电流，还可以作为保护元件，及时切断受电端的短路故障。这种接线方式多用于露天变电所，且电源采用架空线引入。

(3) 图3.4(c)中，电源进线经断路器采用电缆敷设，直接与变压器连接，高压侧由电源端控制。这种接线方式适用于高压配电所与车间变电所在同一建筑物内或相距不远的情况，露天变电所和内、外附设车间变电所的变压器容量均小于或等于1000 kV·A。

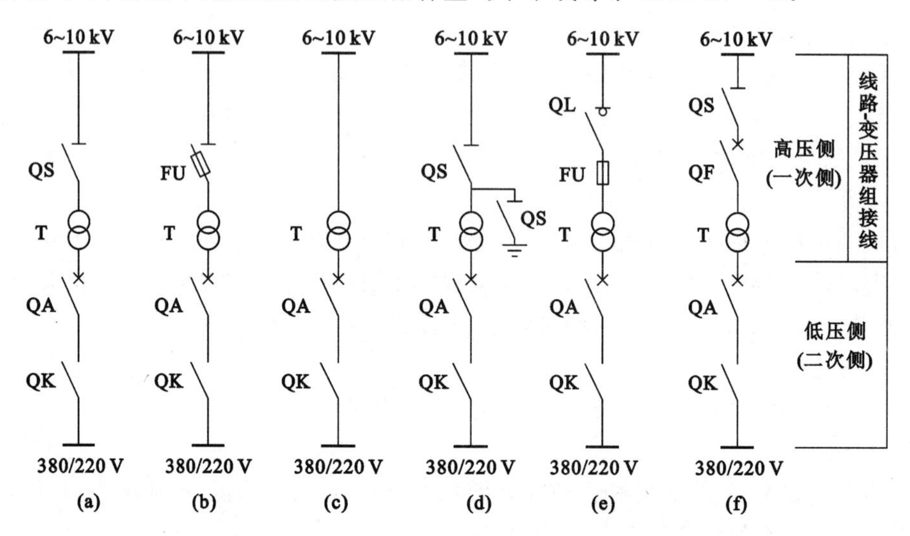

图3.4　小区降压变电所、车间降压变电所线路-变压器组接线方式

(a) 隔离开关引入；(b) 跌落式熔断器引入；(c) 电力电缆直接引入；
(d) 隔离开关与接地开关组引入；(e) 负荷开关与熔断器引入；(f) 隔离开关与断路器引入

(4) 图3.4(d)是在图3.4(a)的基础上在变压器一次侧增设了一套接地开关。当线路、变压器、电气设备发生故障或者检修时，隔离开关分断，与此同时接地开关与大地相连，保证在电源误送电时相应的继电保护装置动作，及时切断电源，确保人身和设备安全。

(5) 图3.4(e)中，变压器一次侧装设负荷开关和高压熔断器。负荷开关用于接通和断开负荷电流，熔断器用于短路时保护变压器。这种接线方式适用于容量为560～1000 kV·A的变电所。

(6) 图3.4(f)中，变压器一次侧装设隔离开关和断路器。断路器用于快速投切负荷运行状态的变压器，在变压器发生故障时还可以快速切除变压器；隔离开关则用于在断路器和变压器检修时隔离电源。这种接线方式适用于容量为560～1000 kV·A的小区、车间变电所，或者是容量在1000 kV·A以上的全厂性变电所。

3.2.4　单母线接线

变电所内电力变压器与馈线之间采用一根母线连接的方式称为单母线接线。单母线接线方式根据母线分段与否可以分为不分段接线和分段接线两种；根据进线回数(电源回数)又可以分为一回进线、双回进线、三回进线等单母线接线方式。

1. 单母线不分段接线

在变电所主接线中，单母线不分段接线形式最简单，如图3.5所示，它通常只有一回进线。每条引入和引出线路中都装有断路器QF和隔离开关QS。其中，断路器用于切断负荷电流或短路故障电流。隔离开关有两种:一种是靠近母线侧的称为母线隔离开关,作为隔离母线电源、检修断路器之用;另一种是靠近线路侧的称为线路隔离开关,是防止在检修断路器时从用户侧反向送电或者防止雷电过电压沿线路侵入,确保维修人员的安全。

显而易见,单母线不分段接线的优点是:① 结构简单清晰,操作简便,不易误操作;② 使电气设备少,配电装置投资省,占地少;③ 便于扩建。但其可靠性和灵活性较差。当母线、母线隔离开关发生故障或检修时,必须断开所有供电电源,造成全部用户停电。

单母线不分段接线只适用于对供电可靠性和连续性要求不高的三级负荷,或有备用电源的二级负荷用户。

2. 单母线分段接线

为了提高供电系统的灵活性,将图 3.5 所示的单母线不分段接线中的母线分为两段及以上,结果如图 3.6 所示。这样,当母线 DW_1 段、DW_2 段发生故障或检修时,首先断开 QF_1 和 QS_1,将 QS_2(或 QS_3)断开,再合上 QF_1 和 QS_1,继续对非故障母线段负荷进行供电。即把故障限制在故障母线段之内,或在某段母线检修时不影响另一段母线的继续运行,从而提高了供电系统的灵活性。

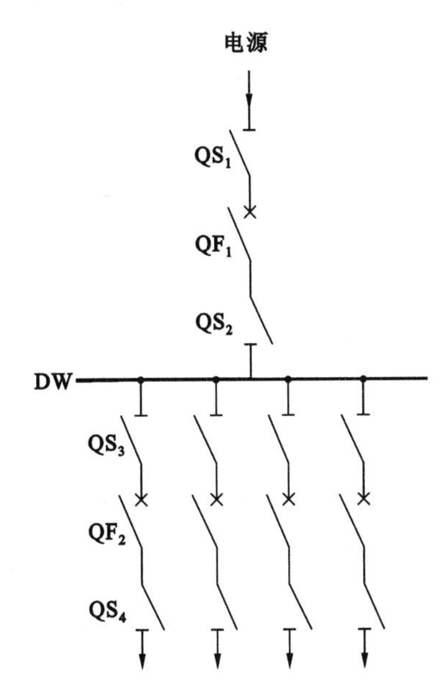

图 3.5 单母线不分段接线方式

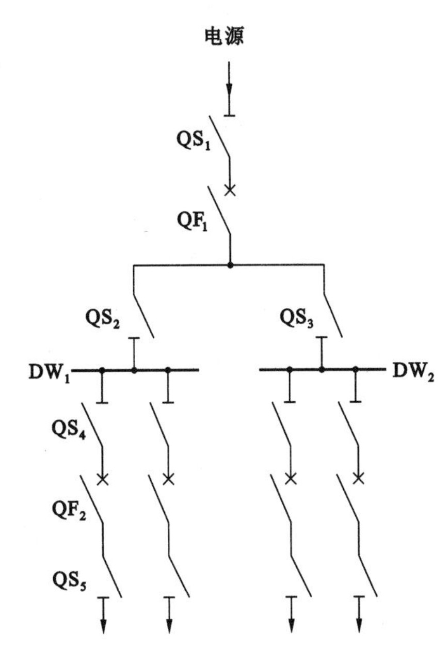

图 3.6 单母线分段接线方式

3. 两回进线的单母线分段接线方式

在两回进线的条件下,可以采取单母线分段接线,即采用隔离开关(QS)或断路器(QF)将母线分段的接线方式,如图 3.7 所示。这种接线方式可以克服单母线不分段接线方式的缺点,其可靠性和灵活性比不分段接线都有所提高,适用于一、二级负荷用户。

根据电源的数目、功率和电网的接线情况来确定单母线的分段数。通常每段母线要接 1～2 回电源,引出线再分别从各段上引出。

(1) 用隔离开关分段的单母线接线

用隔离开关分段的单母线接线如图 3.7(a)所示,适用于双回电源供电、可靠性要求不高且允许短时停电的二级负荷用户。相对于用断路器分段而言,它可以节省一台断路器和一台

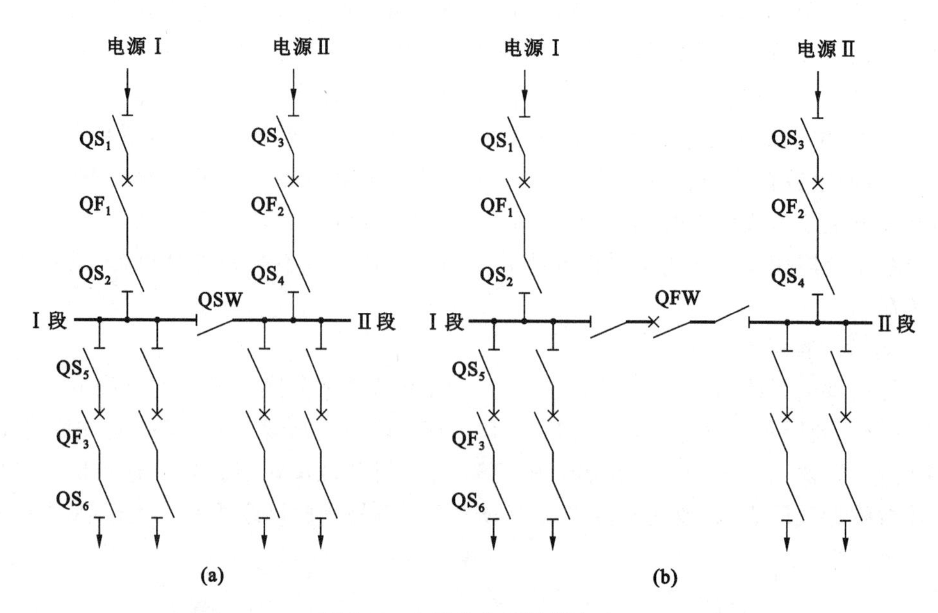

图 3.7　单母线分段接线方式

(a) 用隔离开关 QSW 分段；(b) 用断路器 QFW 分段

隔离开关，但在母线分段发生故障或检修时全部装置仍会短时停电。这种接线方式可以分段单独运行，也可以并列同时运行。

① 采用分段单独运行时，各段相当于单母线不分段接线的运行状态，各段母线的电气系统互不影响。当任一段母线发生故障或检修时，仅停止对该段母线所带负荷的供电(如分两段，仅对约 50%负荷停止供电)。当任一回电源线路发生故障或检修时，假如其余运行电源容量能负担全部引出线负荷时，则可经过“倒闸操作”恢复对全部引出线负荷的供电，但在操作过程中须对母线做短时停电。

“倒闸操作”是指：接通电路时，先闭合隔离开关，后闭合断路器；切断电路时，先断开断路器，后断开隔离开关。这是因为带负荷操作过程中要产生电弧，而隔离开关没有灭弧能力，所以隔离开关不能带负荷操作。例如，在图 3.7(a)中，当需要检修电源Ⅰ时，先断开断路器 QF_1、QF_2，然后再断开隔离开关 QS_1～QS_4，这时，再合上母线隔离开关 QSW，闭合 QS_3、QS_4，最后再闭合 QF_2，恢复全部负荷供电(当电源Ⅱ不能承担全部负荷时，可先把部分引出回路的非重要负荷切除)。

② 采用并列同时运行时，当某一电源发生故障或检修时，则无须母线停电，只须切断该回路电源的断路器及隔离开关，并对另外电源的负荷做适当调整就行。但是，当母线发生故障或检修时，将会引起正常母线段短时停电。

(2) 用断路器分段的单母线接线

分段断路器 QFW 除具有分段隔离开关 QSW 的作用外，还具有相应的继电保护作用，当某一分段母线发生故障时，QFW 在保护作用下会首先自动跳开，保证非故障分段母线的持续、正常供电。

当某段母线发生故障时，分段断路器 QFW 与电源进线断路器(QF_1 或 QF_2)将同时切断，非故障段母线仍保持正常工作。当对某段母线进行检修时，可操作分段断路器 QFW 和相应的电源进线断路器、隔离开关按程序切断，而不影响其余各段母线的正常运行，减少母线故障影响范围。所以采用断路器分段的单母线接线比采用隔离开关分段的单母线接线供电可靠性明显提高，但投资费用也相应地增加。

4. 带旁路母线的单母线接线方式

在图 3.7 所示的单母线分段接线方式中，不管是用断路器还是隔离开关进行分段，当母线发生故障或检修时会使接在该母线段上的用户停电；另外，在检修引出线断路器时，该引出线上的用户必须停电。为了克服这一缺点，可采用单母线加旁路母线的接线形式，如图 3.8 所示。

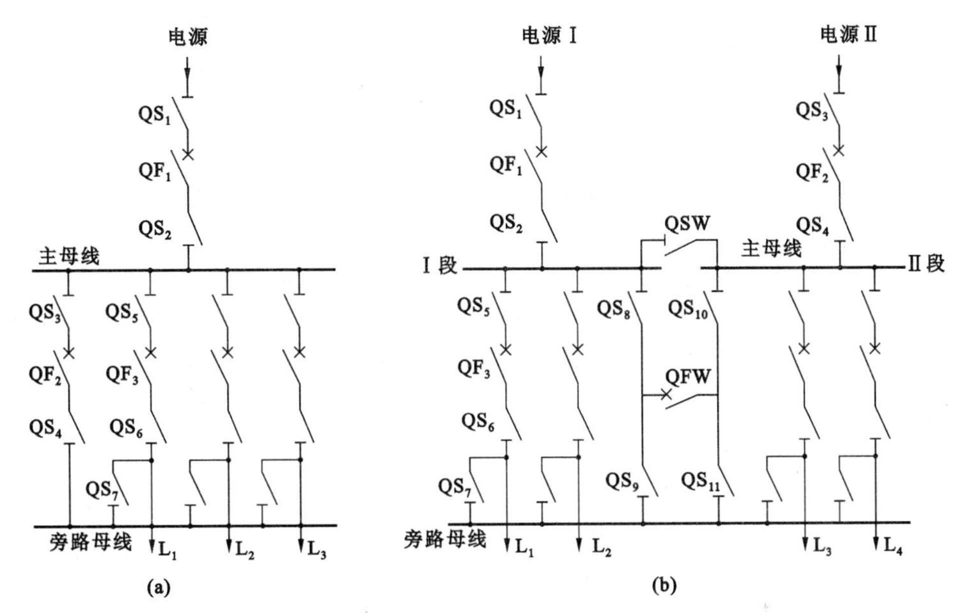

图 3.8 带旁路母线的单母线分段接线方式

(a) 主母线不分段接线；(b) 主母线分段接线

根据主母线是否分段，带旁路母线的单母线接线方式可分为主母线不分段接线和主母线分段接线两种。

(1) 主母线不分段接线

这种接线方式如图 3.8(a)所示，它与单母线不分段接线的区别在于增设了一条旁路母线和旁路断路器 QF_2，旁路母线通过旁路隔离开关(如 QS_7)与每一出线连接，提高了供电可靠性和连续性。

正常运行时，旁路断路器 QF_2 和旁路隔离开关是断开的。当需要检修引出线 L_1 的断路器时，先断开 QF_3，再切断隔离开关 QS_5、QS_6，然后合上隔离开关 QS_3、QS_4、QS_7，最后合上旁路母线断路器 QF_2，即可恢复对线路 L_1 的供电。其余回路可采用同样的方法。

这种接线方式主要用于不能短时停电检修断路器的重要场合，在工业企业及民用建筑中应用得很少。

(2) 主母线分段接线

这种接线方式如图 3.8(b)所示。它与主母线不分段接线方式的区别在于增设了三个隔离开关，主母线通过一个隔离开关 QSW 分段，旁路断路器 QFW 同时还兼作分段断路器。在提高供电可靠性和连续性的前提下，节省了投资。

正常运行时，旁路母线不带电，分段断路器QFW和隔离开关QS_8、QS_{10}处在闭合状态，隔离开关QS_9、QS_{11}、QSW均断开，此时QFW起分段作用，以单母线分段方式运行。

当检修某一回出线的断路器(如QF_3)时，断路器QFW作为旁路断路器运行，将断路器QFW和隔离开关QS_7、QS_9、QS_{10}闭合(QS_8、QS_{11}均断开)，旁路母线接至Ⅱ段主母线，由电源Ⅱ继续向馈线L_1供电。同理，旁路母线也可以接在Ⅰ段主母线上。当隔离开关QSW闭合时，两组母线并联运行，此时母线为单母线运行方式。

这种接线方式主要用于进出回路数不多的场合。

5. 三回进线的单母线分段接线方式

二回进线单母线分段接线存在主受电回路在检修时，备用受电回路投入运行后又发生故障，从而导致用户停电，因此，对用电负荷要求高的用户，采用这种供电方式就无法满足某些一级负荷的用电要求。《民用建筑电气设计规范》(JGJ 16—2008)规定："一级负荷应由两个电源供电，当一个电源发生故障时，另一电源不应同时受到损坏。对于一级负荷中的特别重要负荷，应增设应急电源，并严禁将其他负荷接入应急电源。"以保证特等建筑所要求的供电可靠性，避免产生重大损失和有害影响。

从电力系统或由工业企业总降压变电所取得第三电源，可构成三回三受电断路器供电方式，用断路器或隔离开关将单母线分为三段，如图3.9所示。三个供电回路的Ⅰ、Ⅱ及Ⅱ、Ⅲ由正常运行时断开的母线联路隔离开关QSW_1、QSW_2或者由母线联路断路器QFW_1、QFW_2互为备用。

这种接线方式的操作和保护、自动装置比较简单，但负荷调配能力较差，一般适用于供电回路按短路电流选择的导线截面，所以图3.9所示的接线方式较少采用。

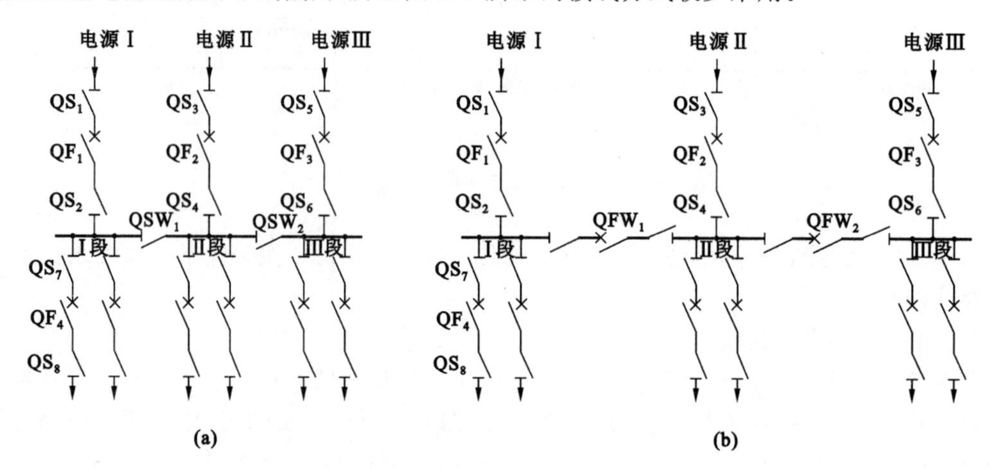

图3.9 三回三受电断路器的单母线分段接线方式

(a) 用隔离开关QSW分段；(b) 用断路器QFW分段

如果改为三回四受电断路器的供电方式，如图3.10所示，同样有三个供电回路，四台受电断路器，在供电回路Ⅰ、Ⅱ正常运行时，供电回路Ⅲ为备用状态(可由电力系统或自备柴油发电机组获得)。这样，当供电回路Ⅰ或Ⅱ的受电断路器QF_1、QF_2故障跳闸时，备用供电回路Ⅲ的断路器QF_5、QF_6经人工或备用电源自动投入装置合上，以保证正常供电。当供电回路Ⅰ或Ⅱ检修时，备用供电回路Ⅲ可临时正常供电。

可见，如图3.10所示的接线方式可靠性很高，完全避免了两回进线单母线分段接线方式存在的供电停电事故，保证了供电的可靠性，并具有灵活调配负荷的优点。

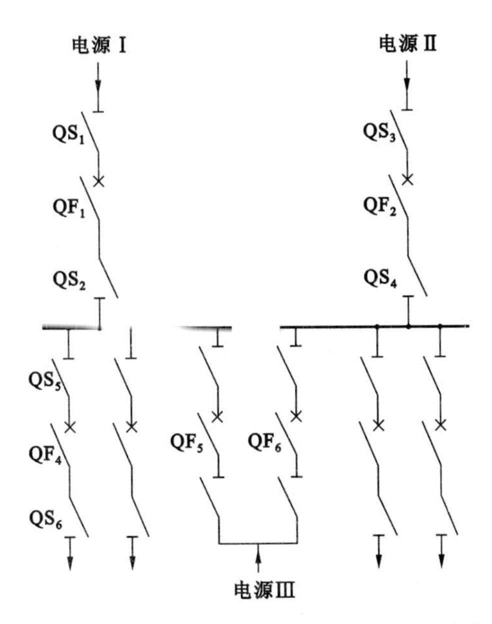

图 3.10　三回四受电断路器的单母线分段接线方式

3.2.5　双母线接线

当用电负荷大、重要负荷多、对供电可靠性要求高或馈电回路多而采用单母线分段接线存在困难时，应采用双母线接线方式。

所谓双母线接线方式，是指任一供电回路或引出线都经一台断路器和两台隔离开关接在双母线 W_1、W_2 上，其中母线 W_1 为工作母线，W_2 为备用母线，如图 3.11、图 3.12 所示。双母线接线方式可分为双母线不分段接线和双母线分段接线两种。

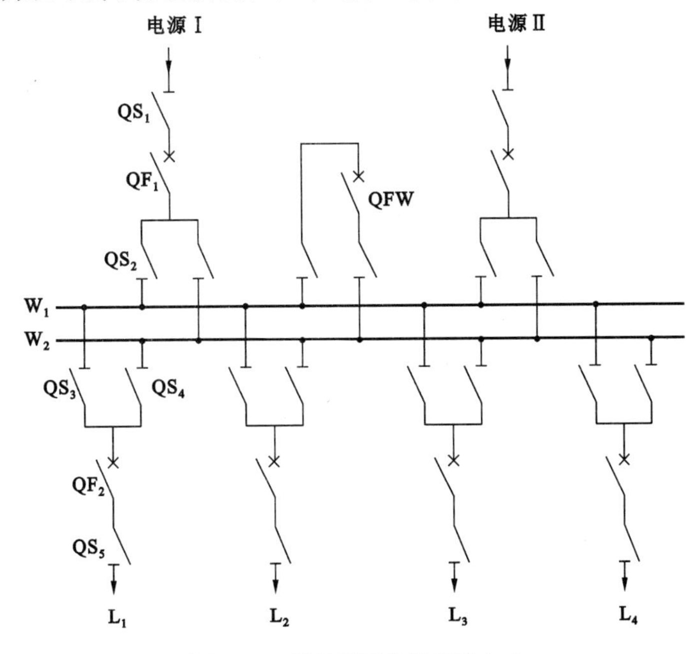

图 3.11　双母线不分段接线方式

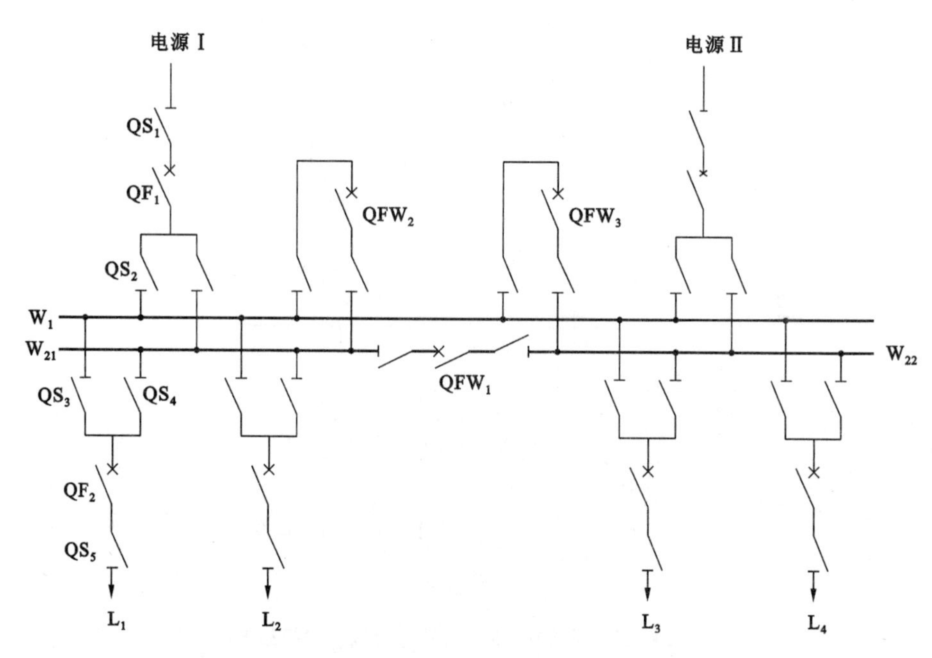

图3.12　双母线分段接线方式

1. 双母线不分段接线方式

双母线不分段接线方式如图3.11所示，它的工作方式分为两种：

(1) 两组母线分别为运行与备用状态

其中一组母线运行，一组母线备用，即两组母线互为运行或备用状态。通常情况下，W_1工作，W_2备用，连接在W_1上的所有母线隔离开关都闭合，连接在W_2上的所有母线隔离开关都断开。两组母线之间装设的母线联络断路器QFW在正常运行时处于断开状态，其两侧串接的隔离开关为闭合状态。当工作母线W_1发生故障或检修时，经“倒闸操作”即可由备用母线W_2继续供电。

(2) 两组母线并列运行

两组母线同时并列运行，但互为备用。按可靠性和电力平衡的原则要求，将电源进线与引出线路同两组母线连接，并将所有母线隔离开关闭合，母线联络断路器QFW在正常运行时也处于闭合状态。当某一组母线发生故障或检修时，可以经过“倒闸操作”将全部电源和引出线接到另一组母线上，继续为用户供电。

由此可见，由于两组双母线互为备用，所以大大提高了供电可靠性，也提高了主接线工作的灵活性。在轮流检修母线时，经“倒闸操作”不会引起供电的中断；当任一段工作母线发生故障时，可以通过另一段备用母线迅速恢复供电；检修引出馈电线路上的任何一组母线隔离开关，只会造成该引出馈电线路上的用户停电，其他引出馈电线路不受其影响，仍然可以向用户供电。在图3.11中，需要检修引出线上的母线隔离开关QS_3时，先要将备用母线W_2投入运行，工作母线W_1转入备用，然后切断断路器QF_2，再先后断开隔离开关QS_4、QS_5，此时可以对QS_3进行检修。

2. 双母线分段接线方式

双母线不分段接线方式具有单母线分段接线所不具备的优点，向没有备用电源用户供电时更有其优越性。但是，由于“倒闸操作”程序较复杂，而且母线隔离开关被用于操作电器，在负荷情况下进行各种切换操作时，如误操作会产生强烈电弧而使母线短路，造成极为严重的人身伤亡和设备损坏事故。为了解决这一问题，保证一级负荷用电的可靠性要求，可以采用图 3.12 所示的双母线分段接线方式。

双母线分段接线方式将工作母线分段，在正常运行时只有分段母线组 W_{21} 和 W_{22} 投入工作，而母线 W_1 为固定备用。这样，当某段工作母线发生故障或检修时，可使“倒闸操作”程序简化，减少误操作，使其供电可靠性得到明显提高。

总之，双母线接线方式相对于单母线接线方式的供电可靠性和灵活性提高了，但同时系统更加复杂，用电设备增多了，投资加大了，还容易发生误操作。因此，这种接线方式只适用于对供电可靠性要求很高的大型工业企业总降压变电所的 35～110 kV 母线系统和有重要高压负荷的 6～10 kV 母线系统中。由于工厂或高层建筑变电所内馈电线路并不多，对于一级负荷采用三回进线单母线分段接线也可以满足其供电可靠性的要求，所以一般 6～10 kV 变电所内不推荐使用双母线接线方式。

3.2.6 桥式接线

采用图 3.4 所示的线路-变压器组接线方式灵活性较差，如果线路或变压器发生故障时，则该组的变压器或线路也不能投入运行。为了克服这一缺点，可以采用图 3.13 所示的桥式接线，用一条横向跨接的桥把两回独立电源线路(电压一般为 35～110 kV)和两台变压器横向连接起来。桥式接线使一级、二级负荷的大型工业企业用户能够获得可靠的供电，同时又可以提高总降压变电所主接线的灵活性。

根据系统中连接桥的位置，桥式接线可以分为内桥式[图 3.13(a)]和外桥式[图 3.13(b)]两种方式。

1. 内桥接线

如图 3.13(a)所示，桥臂靠近变压器侧，即桥上断路器 QF_3 接在线路断路器 QF_1 和 QF_2 的内侧，故称内桥。变压器一次侧回路仅装隔离开关，不装断路器，这种接线可提高供电线路 L_1 和 L_2 的运行方式的灵活性，但对投切变压器不够灵活。例如，当供电线路 L_1 检修时，断开断路器 QF_1，而变压器 T_1 可由供电线路 L_2 经过桥臂继续供电，而不至于造成用户停电。同理，当检修断路器 QF_1 或 QF_2 时，借助连接桥的作用，可继续给两台变压器供电，保证用户持续用电。但当变压器(如 T_1)发生故障或检修时，需断开 QF_1、QF_3、QF_4 后，拉开 QS_5，再合上 QF_1 和 QF_3，才能恢复正常供电。

因此，内桥接线适合于供电线路较长、变压器不需要经常切换、没有穿越功率的终端型变电站，可向一、二级负荷供电。

2. 外桥接线

如图 3.13(b)所示，桥臂靠近线路侧，即桥断路器 QF_3 接在线路断路器 QF_1、QF_2 的外侧，故称外桥。进线回路仅装隔离开关，不装断路器，因此，外桥接线对变压器回路的操作是方便的，而对电源进线回路操作不方便，可以通过穿越功率，电源不通过断路器 QF_1、QF_2。例如，当供电线路 L_1 发生故障或检修时，须断开 QF_1 和 QF_3，然后拉开 QS_1，再闭合 QF_1 和 QF_3，才能恢复正常供电，而变压器 T_1 发生故障或检修时，拉开 QF_1、QF_4 即可，而无须断开桥断路器 QF_3。

因此，外桥接线适合于供电线路较短、有较稳定的穿越功率、允许变压器经常切换的中间型变电站，可向一、二级负荷供电。

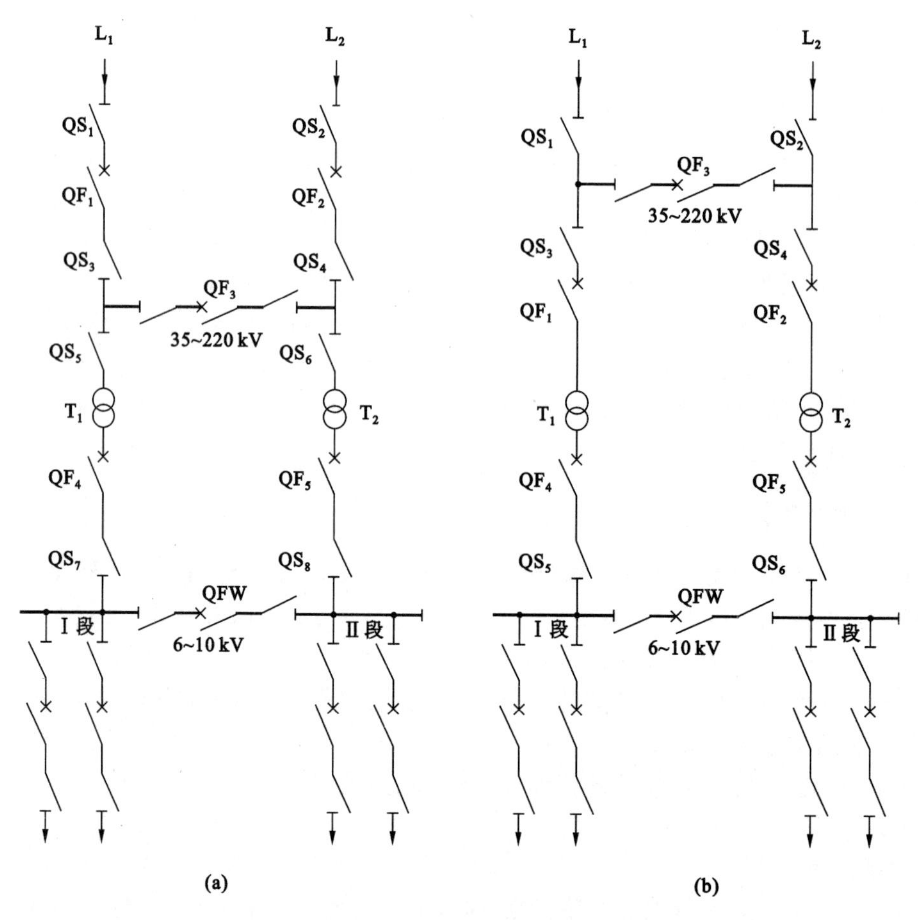

图 3.13　桥式接线方式

(a) 内桥式；(b) 外桥式

3.3　电力变压器的选择

3.3.1　电力变压器概述

目前，变电所广泛使用的双绕组三相电力变压器都采用 R10 容量系列的降压变压器(配电变压器)。这种变压器按调压方式可分为无载调压和有载调压两大类；按绕组绝缘及冷却方式可分为油浸式、干式和充气式(SF_6)等，其中油浸式变压器又可分为油浸自冷式、油浸风冷式、油浸水冷式和强迫油循环冷却式等。现场使用的 6～10 kV 配电变压器多为油浸式无载调压变压器。

近年来，D，yn11 联接的配电变压器已开始得到了推广应用。与 Y，yn0 联接的变压器相比，D，yn11 联接的变压器有以下特点：

(1) D，yn11 联接变压器的 $3n$ 次(n 为正整数)谐波励磁电流仅在其三角形接线的一次绕组内(高压侧)形成环流，不至注入公共的高压电网中去，这较之 Y，yn0 联接的变压器更有利于抑制高次谐波电流。

(2) D,yn11 联接变压器的零序阻抗较 Y,yn0 联接变压器的小得多,故低压侧单相接地短路电流比 Y,yn0 联接变压器大得多,因而有利于低压侧单相接地短路故障的保护和切除。

(3) D,yn11 联接变压器承受不平衡负荷的能力远大于 Y,yn0 联接变压器。Y,yn0 联接变压器要求中性线电流不超过二次绕组额定电流的 25%,严重制约接用单相负荷的容量,而 D,yn11 联接变压器低压侧的中性线电流允许达到相电流的 75%以上,因此,对负荷不平衡的供电系统来说,优先选用 D, yn11 联接的变压器。

(4) D, yn11 联接变压器一次绕组的绝缘强度是按线电压来设计的,这是因为其一次侧发生单相接地短路时,其他两相电压将升高为线电压,而 Y,yn0 联接变压器一次绕组的绝缘强度是按相电压来设计的,因此,D,yn11 联接变压器的制造成本高于 Y,yn0 联接变压器。

电力变压器全型号的表示和含义如下:

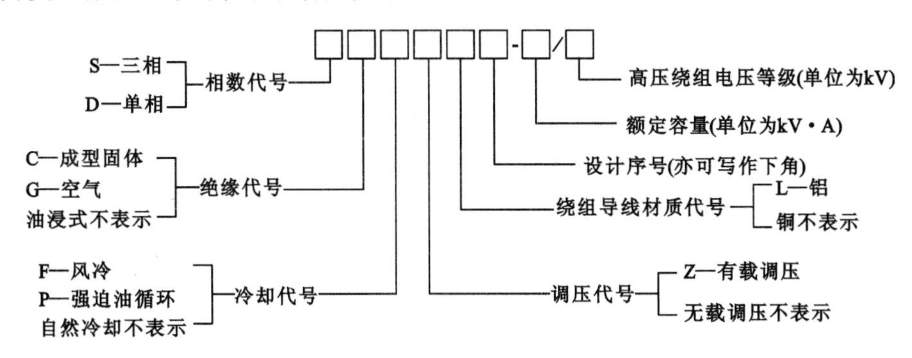

例如,S9-800/10 为三相、油浸式、自然冷却、无载调压、铜绕组电力变压器,设计序号为 9,额定容量为 800 kV·A,高压绕组额定电压为 10 kV。

3.3.2 电力变压器的实际容量

电力变压器的额定容量 S_{NT} 是指在规定的环境温度(20 ℃)条件下,户外安装时,在规定的使用年限(一般规定为 20 年)内所能连续输出的最大视在功率(单位为 kV·A)。当使用条件发生变化时,其实际容量将相应改变。

一般规定,如果变压器安装地点的年平均气温 $\theta_{av} \neq 20$ ℃,则年均气温每升高 1 ℃时变压器的实际容量应相应减小 1%,因此,变压器的实际容量可按下述公式计算。

对户外变压器,其实际容量为:

$$S_T = \left(1 - \frac{\theta_{av} - 20}{100}\right) S_{NT} \tag{3.1}$$

对户内变压器,由于散热条件较差,考虑一般户内比户外高 8 ℃,因此其容量相应减少 8%,故户内变压器的实际容量为:

$$S_T = \left(0.92 - \frac{\theta_{av} - 20}{100}\right) S_{NT} \tag{3.2}$$

3.3.3 电力变压器运行方式

1. 一般运行条件

(1) 变压器的运行电压一般不应高于该运行分接额定电压的 105%。对于特殊的使用情况，允许在不超过110%的额定电压下运行，对电流与电压的相互关系如无特殊要求，当负载电流为额定电流的k($k\leqslant 1$)倍时，按下式对电压U加以限制。

$$U(\%) = 110 - 5k \tag{3.3}$$

(2) 无励磁调压变压器在额定电压±5%范围内改换分接位置运行时，其额定容量不变。

有载调压变压器各分接位置的容量按制造厂的规定。

(3) 油浸式自然循环自冷变压器，冷却介质最高温度为40 ℃时，最高顶层油温不超过95 ℃(制造厂有规定的按制造厂规定)。当冷却介质温度较低时，顶层油温也相应降低。自然循环冷却变压器的顶层油温一般不宜经常超过85℃。

(4) 干式变压器的温度限值应按制造厂的规定。

(5) 变压器三相负载不平衡时，应监视最大一相的电流。

接线为Y,yn0(或YN,yn0)和Y,Zn11(或YN,Zn11)的配电变压器，中性线电流的允许值分别为额定电流的25%和40%，或按制造厂的规定。接线为D,yn11的配电变压器不在此限。

2.变压器在不同负载状态下的运行方式

(1) 油浸变压器在不同负载状态下运行时，一般应按《电力变压器第7部分：油浸式电力变压器负载导则》(GB/T 1094.7—2008)的规定执行。

(2) 配电变压器负载状态的分类

① 正常周期性负载　在周期性负载中，某段时间环境温度较高，超过额定电流，但可以由其他时间内环境温度较低或低于额定电流所补偿。从热老化的观点出发，它与设计采用的环境温度下施加额定负载是等效的。

② 长期急救周期性负载　要求变压器长时间在环境温度较高或超过额定电流下运行，这种运行方式可能持续几星期或几个月，将导致变压器的老化加速，但不直接危及绝缘的安全。

③ 短期急救负载　要求变压器短时间大幅度超额定电流运行，这种负载可能导致绕组热点温度达到危险的程度，使绝缘强度暂时下降。

(3) 负载电流和温度的限值

各类负载状态下的负载电流和温度的限值如表3.2所示，顶层油温限值为105 ℃。当制造厂有关于超额定电流运行的明确规定时，应遵守制造厂的规定。

表3.2　变压器负载电流和温度限值

负载类型		配电变压器
正常周期性负载	负载电流(标幺值)	1.5 A
	热点温度 与绝缘材料接触的金属部件的温度	140 ℃
长期急救周期性负载	负载电流(标幺值)	1.8 A
	热点温度 与绝缘材料接触的金属部件的温度	150 ℃
短期急救负载	负载电流(标幺值)	2.0 A
	热点温度 与绝缘材料接触的金属部件的温度	—

(4) 附件和回路元件的限制

变压器的载流附件和外部回路元件应能满足超额定电流运行的要求，当任一附件和回路元件不能满足要求时，应按负载能力最小的附件和元件限制负载。

(5) 正常周期性负载的运行

① 变压器在额定使用条件下，全年可按额定电流运行。

② 变压器允许在平均相对老化率小于或等于 1 的情况下，周期性地超额定电流运行。

③ 当变压器有较严重的缺陷(如冷却系统不正常，严重漏油，有局部过热现象，油中溶解气体，分析结果异常等)或绝缘有弱点时，不宜超额定电流运行。

④ 正常周期性负载运行方式下，超额定电流运行时，允许的负载系数 k_2 和时间可按《电力变压器第 7 部分：油浸式电力变压器负载导则》(GB/T 1094.7—2008)中所述方法确定。

(6) 长期急救周期性负载的运行

① 长期急救周期性负载下运行时，将在不同程度上缩短变压器的寿命，应尽量减少出现这种运行方式的机会；必须采用时，应尽量缩短超额定电流运行的时间，降低超额定电流的倍数。

② 当变压器有较严重的缺陷(如冷却系统不正常，严重漏油，有局部过热现象，油中溶解气体，分析结果异常等)或绝缘有弱点时，不宜超额定电流运行。

③ 长期急救周期性负载运行时，平均相对老化率可大于 1 甚至远大于 1。超额定电流负载系数 k_2 和时间可按《电力变压器第 7 部分：油浸式电力变压器负载导则》(GB/T 1094.7—2008)中所述方法确定。

④ 在长期急救周期性负载下运行期间应有负载电流记录，并计算该运行期间的平均相对老化率。

(7) 短期急救负载的运行

① 短期急救负载下运行，相对老化率远大于 1，绕组热点温度可能达到危险程度。在出现这种情况时，应尽量压缩负载，减少超负载时间，一般不超过 0.5h。当变压器有严重缺陷或绝缘有弱点时，不宜超额定电流运行。

② 0.5 h 短期急救负载允许的负载系数 k_2 见表 3.3。

表 3.3 0.5 h 短期急救负载的负载系数 k_2

变压器类型	急救负载前的负载系数 k_1	环境温度(℃)							
		40	30	20	10	0	−10	−20	−30
配电变压器(冷却方式 ONAN)	0.7	1.95	2.00	2.00	2.00	2.00	2.00	2.00	2.00
	0.8	1.90	2.00	2.00	2.00	2.00	2.00	2.00	2.00
	0.9	1.84	1.95	2.00	2.00	2.00	2.00	2.00	2.00
	1.0	1.75	1.86	2.00	2.00	2.00	2.00	2.00	2.00
	1.1	1.65	1.80	1.90	2.00	2.00	2.00	2.00	2.00
	1.2	1.55	1.68	1.84	1.95	2.00	2.00	2.00	2.00

③ 在短期急救负载运行期间应有详细的负载电流记录，并计算该运行期间的相对老化率。

(8) 干式变压器的正常周期性负载和急救负载的运行要求按《电力变压器第 7 部分：油浸式电力变压器负载导则》(GB/T 1094.7—2008)的规定执行。

3. 树脂绝缘干式变压器的运行条件

(1) 树脂绝缘干式变压器在规定的绕组平均温升前提下可在限定时间内作过负载运行，

允许过负载量与环境温度、变压器初始负载有关，与额定负载时的绕组温升和绕组热时间常数密切相关。制造厂可根据环境温度、所需过负载时间、过负载倍数及规格、容量，按计算结果提供不同情况下的正常过负载资料，如表3.4和表3.5所示。

表3.4　热时间常数为0.5 h时的允许过负载率

起始负载率(%)	环境温度(℃)	过载时间(h)				
		0.5	1.0	2.0	3.0	4.0
		允许过负载率(%)				
50	0	143	122	115	115	114
	10	136	117	111	110	110
	20	130	112	106	105	105
	30	123	106	101	100	100
	40	116	101	96	95	95
60	0	140	121	115	115	114
	10	133	116	111	110	110
	20	126	111	106	105	105
	30	119	105	101	100	100
	40	112	100	96	95	95
70	0	136	120	115	114	114
	10	129	115	110	110	110
	20	122	110	106	105	105
	30	115	104	101	100	100
	40	108	98	95	95	95
80	0	132	119	115	114	114
	10	125	114	110	110	110
	20	118	109	105	105	105
	30	111	103	100	100	100
	40	103	97	95	95	95
90	0	127	118	115	114	114
	10	120	113	110	110	110
	20	113	107	105	105	105
	30	106	101	100	100	100
	40	98	96	95	95	95

表 3.5　热时间常数为 1.0 h 时的允许过负载率

起始负载率(%)	环境温度(℃)	过载时间(h)				
		0.5	1.0	2.0	3.0	4.0
		允许过负载率(%)				
50	0	150	143	122	117	115
	10	150	136	117	112	111
	20	150	130	112	107	106
	30	150	123	106	102	101
	40	146	116	101	97	96
60	0	150	140	121	117	115
	10	150	133	116	112	110
	20	150	126	111	107	106
	30	147	119	105	102	101
	40	137	112	100	97	95
70	0	150	136	120	116	115
	10	150	129	115	112	110
	20	148	122	110	107	106
	30	138	115	104	101	101
	40	127	108	98	96	95
80	0	150	132	119	116	115
	10	148	125	114	111	110
	20	138	118	109	106	105
	30	127	111	103	101	100
	40	115	103	97	96	95
90	0	147	127	118	116	115
	10	137	120	113	111	110
	20	126	113	107	106	105
	30	114	106	101	100	100
	40	102	98	96	95	95

(2) 树脂绝缘干式变压器在强迫风冷情况下可短时过负载 40%～50%。

3.3.4　电力变压器台数和容量的选择

1. 变压器台数的选择

选择变电所主变压器台数时应遵守下列原则：

(1) 对接有大量一、二级负荷的变电所，宜采用两台变压器，可保证一台变压器发生故障或检修时，另一台变压器能对一、二级负荷继续供电。

(2) 对只有二级负荷的变电所，如果低压侧有与其他变电所相联的联络线作为备用电源，也可采用一台变压器。

(3) 对季节性负荷或昼夜负荷变动较大的变电所，可采用两台变压器，实行经济运行方式。

(4) 对负荷集中而容量相当大的变电所，虽为三级负荷，也可采用两台或两台以上变压器，以降低单台变压器容量。

(5) 除上述情况外，一般车间变电所宜采用一台变压器。

另外，在确定变电所主变压器台数时，应适当考虑未来5～10年负荷的增长。

2. 变压器容量的选择

选择变电所主变压器容量时应遵守下列原则：

(1) 仅装一台主变压器的变电所　主变压器的额定容量 S_{NT} 应满足全部用电设备总视在计算负荷 S_{30} 的需要，即 $S_{NT} \geqslant S_{30}$。

(2) 装有两台主变压器且为暗备用的变电所　所谓暗备用，是指两台主变压器同时运行，互为备用的运行方式。此时，每台主变压器容量 S_{NT} 应同时满足以下两个条件：

① 任一台变压器单独运行时，可承担60%～70%的总视在计算负荷 S_{30}，即 $S_{NT}=(0.6\sim0.7)S_{30}$。

② 任一台变压器单独运行时，可承担全部一、二级负荷 $S_{30(\text{I}+\text{II})}$，即 $S_{NT}=S_{30(\text{I}+\text{II})}$。

(3) 装有两台主变压器且为明备用的变电所　所谓明备用，是指两台主变压器一台运行、另一台备用的运行方式。此时每台主变压器容量 S_{NT} 的选择方法与仅装一台主变压器变电所的方法相同。

另外，在确定变电所主变压器容量时，应适当考虑未来5～10年负荷的增长。

【例3.1】 某10/0.4 kV变电所，总视在计算负荷为1200 kV·A，其中一、二级负荷750 kV·A，试选择其主变压器的台数和容量。

【解】 ① 根据变电所一、二级负荷容量的情况，确定选两台主变压器。

② 按两台主变压器同时运行、互为备用的运行方式(暗备用)来选择每台主变容量。

$$S_{NT}=(0.6\sim0.7)S_{30}=(0.6\sim0.7)\times1200=720\sim840(\text{kV}\cdot\text{A})$$

$$S_{NT}=S_{30(\text{I}+\text{II})}=750(\text{kV}\cdot\text{A})$$

综合上述情况，同时满足以上两式，可选择两台低损耗电力变压器(如S9-800/10型)并列运行。

3.3.5 电力变压器并列运行的条件

两台或多台变压器并列运行时，必须满足以下基本条件：

(1) 并列运行变压器的额定一次电压及二次电压必须对应相等。

(2) 并列运行变压器的阻抗电压(即短路电压)必须相等。

(3) 并列运行变压器的联接组别必须相同。

(4) 并列运行变压器的容量比应小于3∶1。

3.4 发电机作为备用电源的主接线

在工程中，自备应急发电机一般不允许与市电源并网运行，柴油发电机组的主断路器与市电源供电断路器间应设置电气和机械连锁，防止柴油发电机组与市电源误并网。应急柴油发电机组只在市电源停电时自动向应急负荷(即工程的一级负荷)供电。大部分应急负荷为防止供电线路故障而造成失电，除要求两路电源供电外，还要求两路电源在负荷侧切换。负荷侧切换的供电系统见图 3.14 和图 3.15。

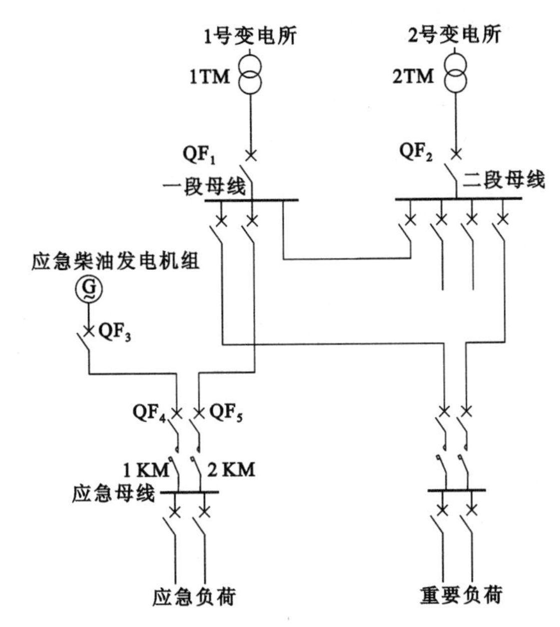

图 3.14 负荷侧切换的供电系统图(一)

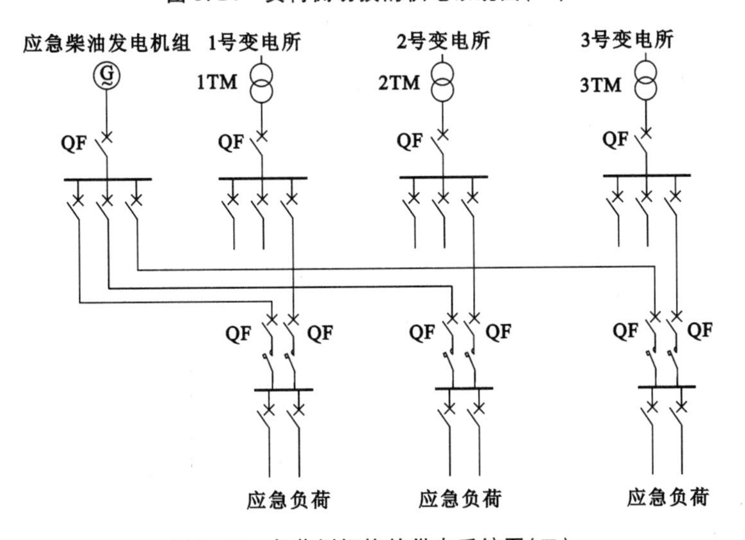

图 3.15 负荷侧切换的供电系统图(二)

图 3.14 所示是常用的两台市电源供电变压器和一台应急柴油发电机组的供电系统。供电系统分三段母线，第三段母线为应急母线。QF_4、QF_5 低压断路器设有电气和机械连锁。在

正常情况时，应急负荷由一段或二段母线供电，应急母线为备用；两路市电源都停电时，应急柴油发电机组自启动，自动向应急负荷供电。

图3.15所示是大型工程中有多个变电所，仅设一台柴油发电机组的应急发电机的供电系统图。从应急发电机处向各变电所敷设配电专线，各变电所的应急负荷正常情况时由各变电所供电，应急电源不工作；当某一变电所的市电源因故停电时，应急发电机组应急自启动，向该变电所的应急负荷供电。市电源与应急电源在负荷侧实施电气和机械连锁。

应急电源一般首次加载约70%额定负荷，其余负荷可手动加载或自动分级加载。

3.5　高压供配电系统设计案例

3.5.1　某工厂高压供配电系统的电气设计案例

以某机械厂高压供配电系统的电气设计为例，介绍有关电气设计步骤。

3.5.1.1　设计基础资料

1. 全厂用电设备情况

（1）负荷大小　全厂设备台数、设备容量及设计负荷见表3.6。

表3.6　某机械厂计算负荷表

配电计量点名称	设备台数 (n)	设备容量 $\sum np$ (kW)	计算有功功率 P_{30} (kW)	计算无功功率 Q_{30} (kvar)	计算视在功率 S_{30} (kV·A)	计算电流 I_{30} (A)	功率因数 $\cos\varphi$	$\tan\varphi$	平均有功功率 P (kW)	平均无功功率 Q (kvar)	有功功率损耗 ΔP (kW)	无功功率损耗 ΔQ (kW)	变压器容量 S_N (kV·A)
一车间	70	1419	470	183	504	766	0.93	0.39	354	138	10	50	630
二车间	177	2223	612	416	740	1121	0.82	0.68	512	348	15	74	800
三车间	194	2511	735	487	882	1340	0.82	0.67	628	420	13	89.6	1000
锻工车间	37	1755	920	276	961	1460	0.96	0.3	632	190	19	96	1000
工具、机修车间	81	1289	496	129	513	779	0.92	0.26	400	104	10	51	630
空压站、煤气站	45	1266	854	168	870	1322	0.98	0.5	633	125	17	87	1000
全厂总负荷	604	10463	4087	1659	4470	6791	—	—	3159	1325	84	447.6	5000

（2）负荷类型　本厂除空压站、煤气站部分设备为二级负荷外，其余的为三级负荷。

（3）工厂实行两班制　全年工厂工作小时数为4500 h，最大负荷利用小时数：$T_{max}=4000$ h。年耗电量约115×10^5 kW·h(有效生产时间为10个月)。

2. 电源情况

（1）工作电源

工厂东北方向6 km处有一地区降压变电所，用一台110/35/10 kV、25 MV·A的三绕组变压器作为工厂的工作电源，允许使用35 kV或10 kV两种电压中的一种，以一回路架空线向工厂供电。35 kV侧系统的最大三相短路容量为1000 MV·A，最小三相短路容量为500 MV·A。

(2) 备用电源

工厂正北方向由其他工厂引入 10 kV 电缆作为本厂备用电源，平时不允许投入，只有在本厂的工作电源发生故障或检修停电时提供照明和部分重要负荷用电，输送容量不得超过 1000kV·A。

3. 功率因数

供电部门对功率因数的要求为：当以 35 kV 供电时，$\cos\varphi \geqslant 0.9$；当以 10 kV 供电时，$\cos\varphi \geqslant 0.95$。

4. 供电部门施行两部电价制

① 基本电价：按变压器安装容量每 1 kV·A 以 6 元/月计费；

② 电度电价 β：供电电压为 35 kV，$\beta=0.30$ 元/(kW·h)；供电电压为 10 kV 时，$\beta=0.37$ 元/(kW·h)。

5. 附加投资

线路的功率损失在发电厂引起的附加投资按 1000 元/kW 计算。

6. 其他基础投资

① 全厂总平面布线图；

② 全厂管理系统图；

③ 车间环境的说明及建筑条件的要求；

④ 车间工艺装备的用电安装容量及负荷类型；

⑤ 气象及地质资料。

3.5.1.2 高压供配电系统的电气设计

1. 供电电压的选择

由于地区变电所仅能提供 35 kV 或 10 kV 中的一种电压，对装两种电压的优缺点扼要分析如下：

方案一：采用 35 kV 电压供电的特点

① 供电电压较高，线路的功率损耗及电能损耗小，年运行费用较低；

② 电压损失小，调压问题容易解决；

③ 对 $\cos\varphi$ 的要求较低，可以减少提高功率因数补偿设备的投资；

④ 需建设总降压配电所，工厂供电设备便于集中控制管理，易于实现自动化，但要多占一定的土地面积；

⑤ 根据运行统计数据，35 kV 架空线路的故障率比 10 kV 架空线路的故障率低一半，因而供电可靠性高；

⑥ 有利于工厂进一步扩展。

方案二：采用 10 kV 电压供电的特点

① 不需投资建设总降压变电所，所以少占土地面积；

② 工厂内不装设主变压器，可简化接线，便于运行操作；

③ 减轻维护工作量，减少管理人员；

④ 供电电压较 35 kV 低，会增加线路的功率损耗和电能损耗，线路的电压损失也会增大；

⑤ 要求的 $\cos\varphi$ 值高，要增加补偿设备的投资；

⑥ 线路的故障率比 35 kV 的高，即供电可靠性不如 35 kV。

2. 经济技术指标的比较

方案一：正常运行时以35 kV单回路架空线路供电，由邻厂10 kV电缆线路作为备用电源。根据全厂计算负荷计算情况，$S_{30}=4485$ kV·A，且只有少数负荷为二级负荷，大多数为三级负荷，故拟厂内总降压变电所装设一台容量为5000 kV·A的变压器，型号为SJL1-5000/35型，电压为35/10 kV，查产品样本，其有关技术参数为：$\Delta P_0=6.9$ kW，$\Delta P_K=45$ kW，$U_K\%=7$，$I_0\%=1.1$，变压器的功率损耗为：

有功功率损耗

$$\Delta P_T \approx \Delta P_0 + \Delta P_K\left(\frac{S_{30}}{S_N}\right)^2 = 6.9 + 45\times\left(\frac{4485}{5000}\right)^2 = 43.1(\text{kW})$$

无功功率损耗

$$\Delta Q_T \approx \Delta Q_0 + \Delta Q_N\left(\frac{S_{30}}{S_N}\right)^2 = S_N\left[\frac{I_0\%}{100}+\frac{U_K\%}{100}\left(\frac{S_{30}}{S_N}\right)^2\right]$$

$$= 5000\times\left[\frac{1.1}{100}+\frac{7}{100}\times\left(\frac{4485}{5000}\right)^2\right] = 336.6(\text{kvar})$$

35 kV线路功率等于全厂计算负荷与变压器损耗之和。

$$P'_{30} = P_{30} + \Delta P_T = 4087 + 43.1 = 4130.1(\text{kW})$$

$$Q'_{30} = Q_{30} + \Delta Q_T = 1659 + 336.6 = 1995.6(\text{kvar})$$

$$S'_{30} = \sqrt{P'^2_{30} + Q'^2_{30}} = \sqrt{4130.1^2 + 1995.6^2} = 4587(\text{kvar})$$

$$\cos\varphi' = \frac{P'_{30}}{S'_{30}} = \frac{4130.1}{4587} = 0.90$$

$$I'_{30} = \frac{S'_{30}}{\sqrt{3}U_N} = \frac{4587}{\sqrt{3}\times 35} = 75.67(\text{A})$$

考虑到本厂负荷的增长是逐渐的，为了节约有色金属的消耗量，按允许发热条件选择导线截面，而未采用经济电流密度选择导线截面。查有关手册或新产品样本，选择钢芯铝绞线LGJ-35，其允许电流为$170A > I'_{30} = 75.67$A，满足要求。该导线单位长度电阻$R_0=0.85\ \Omega$/km，单位长度电抗$X_0=0.36\ \Omega$/km。

查有关设计手册，经过计算，35 kV供电的投资费用Z_1见表3.7，年运行费用F_1见表3.8。

表3.7 35 kV的投资费用Z_1

项 目	说 明	单 价	数 量	费用(万元)
线路综合投资	LGJ-35	1.2万元/km	6 km	7.2
变压器综合投资	SJL-5000/35	10万元	1台	10
35 kV断路器	SW2-35/1000	2.8万元	1台	2.8
避雷器及互感器	FZ-35，JDJJ-35	1.3万元	各1台	1.3
附加投资	$3I'^2_{30}R_0l+\Delta P_T=3\times75.67^2\times0.85\times6\times10^{-3}+43.1$	0.1万元/kW	130.7 kW	13.07
合计				34.37

表 3.8 35 kV 供电的年运行费用 F_1

项　目	说　明	费用(万元)
线路折旧费	按线路投资的 5%计,7.2×5%	0.36
电气设备折旧费	按设备投资的 8%计,(10+2.8+1.3)×8%	1.128
线路电能损耗费	$\Delta F_1=3I'^2_{30}R_0 l\tau\beta\times10^{-3}=3\times75.67^2\times0.85\times6\times2300\times0.3\times10^{-3}$	6.045
变压器电能损耗费	$\Delta F_T=\left[\Delta P_0\times8760+\Delta P_K\left(\frac{S_{30}}{S_N}\right)^2\tau\right]\beta$ $=\left[6.9\times8760+45\times\left(\frac{4485}{5000}\right)^2\times2300\right]\times0.3\times10^{-4}$	4.312
基本电价费	每年有效生产时间为 10 个月,5000×10×6×10⁻⁴	30
合计		41.845

方案二:采用 10 kV 电压供电,厂内不设总降压变电所,即不装设变压器,故无变压器损耗问题。此时,10 kV 架空线路计算电流为

$$I'_{30}=\frac{S_{30}}{\sqrt{3}U_N}=\frac{4475}{\sqrt{3}\times10}=258.36(\text{A})$$

而 $\cos\varphi'=\frac{P'_{30}}{S'_{30}}=\frac{4087}{4475}=0.913<0.95$　　不符合要求。

为使两个方案在同一基础上进行比较,也按允许发热条件选择导线截面。选择 LGJ-70 钢芯铝绞线,其允许载流量为 275 A,$R_0=0.46\ \Omega/\text{km}$,$X_0=0.365\ \Omega/\text{km}$。

10 kV 线路电压损失为(线路长度 $l=6$ km)

$$\Delta U=\frac{P_{30}lR_0+Q_{30}lX_0}{U_N}=\frac{4087\times6\times0.46+1659\times6\times0.365}{10}=1491.3(\text{V})$$

$$\Delta U\%=\frac{\Delta U}{U_N}\times100=\frac{1491.3}{10\times10^3}\times100=14.9\%>5\%$$

不符合要求。

10 kV 供电的投资费用 Z_2 见表 3.9,年运行费用 F_2 见表 3.10。

表 3.9 10 kV 供电的投资费用 Z_2

项　目	说　明	单价	数量	费用(万元)
线路综合投资	LG-70	1.44 万元/km	6 km	8.64
附加投资	$3I^2_{30}R_0 l=3\times258.36^2\times0.46\times6\times10^{-3}$	0.1 万元/kW	555.3 kW	55.523
合计				64.163

表 3.10 10 kV 供电的年运行费用 F_2

项　目	说　明	费用(万元)
线路折旧费	以线路投资的 5%计,8.64×5%	0.432
线路电能损耗费	$\Delta F_1=3I^2_{30}R_0 l\tau\beta\times10^{-3}$ $=3\times258.36^2\times0.46\times6\times2300\times0.37\times10^{-3}\times10^{-4}$	47.034
合计		47.466

在上述各表中，变压器全年空载工作时间为8760 h；最大负荷利用小时$T_{max}=4000$ h；最大负荷损耗小时τ可由$T_{max}=4500$h和$\cos\varphi=0.9$，查有关手册中τ-T_{max}关系曲线，得出$\tau=2300$ h；β为电度电价[35 kV时，$\beta=0.3$元/(kW·h)；10 kV时，$\beta=0.37$元/(kW·h)]。

由上述分析计算可知，方案一较方案二的投资费用及年运行费用均少，而且方案二以10 kV的电压供电，电压损失达到了极严重的程度，无法满足二级负荷长期正常运行的要求。因此，选择方案一，即采用35 kV电压供电，建设厂内总降压变电所，不论从经济上还是从技术上来看，都是合理的。

3. 总降压变电所的电气设计

根据前面已确定的供电方案，结合本厂厂区平面示意图，考虑到总降压变电所尽量接近负荷中心，且远离人员集中区，不影响厂区面积的利用，有利于安全等因素，拟将总降压变电所设在厂区东北部，如图3.16所示。

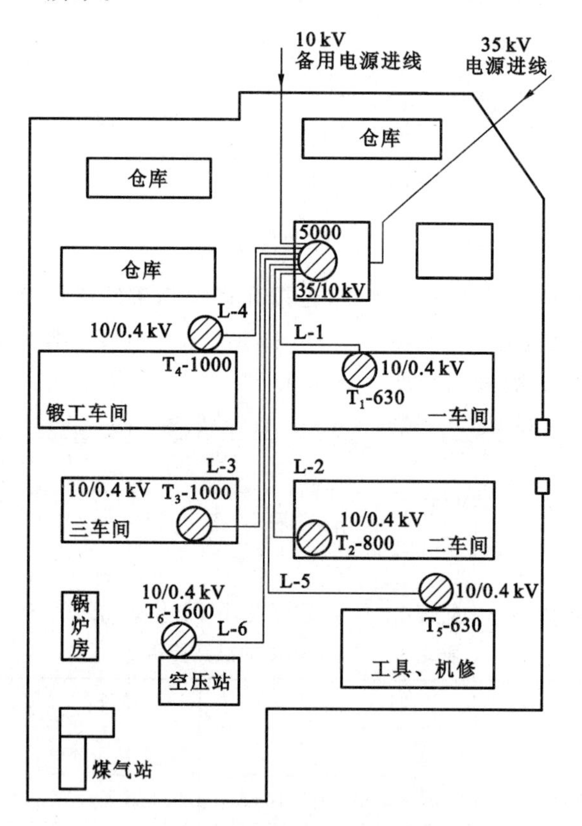

图3.16　某厂区供电平面图

根据运行需要，对总降压变电所提出以下要求：

(1) 总降压变电所装设一台5000 kV·A、35/10 kV的降压变压器，与35 kV架空线路接成线路-变压器组。为便于检修、运行、控制和管理，在变压器高压侧进线处应设置高压断路器。

(2) 根据规定，备用电源只有在主电源线路解列及变压器有故障或检修时才允许投入，因此，备用10 kV电源进线断路器在正常工作时必须断开。

(3) 变压器二次(10 kV)设置少油断路器，与10 kV备用电源进线断路器组成备用电源自动投入装置(APD)。当工作电源失去电压时，备用电源立即自动投入。

(4) 变压器二次10 kV母线采用单母线分段。变压器二次侧10 kV接在分段Ⅰ上，而

10 kV备用电源接在分段Ⅱ上。单母线分段联络开关在正常工作时闭合，重要二级负荷可接在母线分段Ⅱ上。在主电源停止供电时，不至于使重要负荷的供电受到影响。

(5) 本总降压变电所的操作电源来自备用电源断路器前的所用变压器。当主电源停电时，操作电源不至于停电。

根据以上要求设计总降压变电所的主接线如图3.17所示。

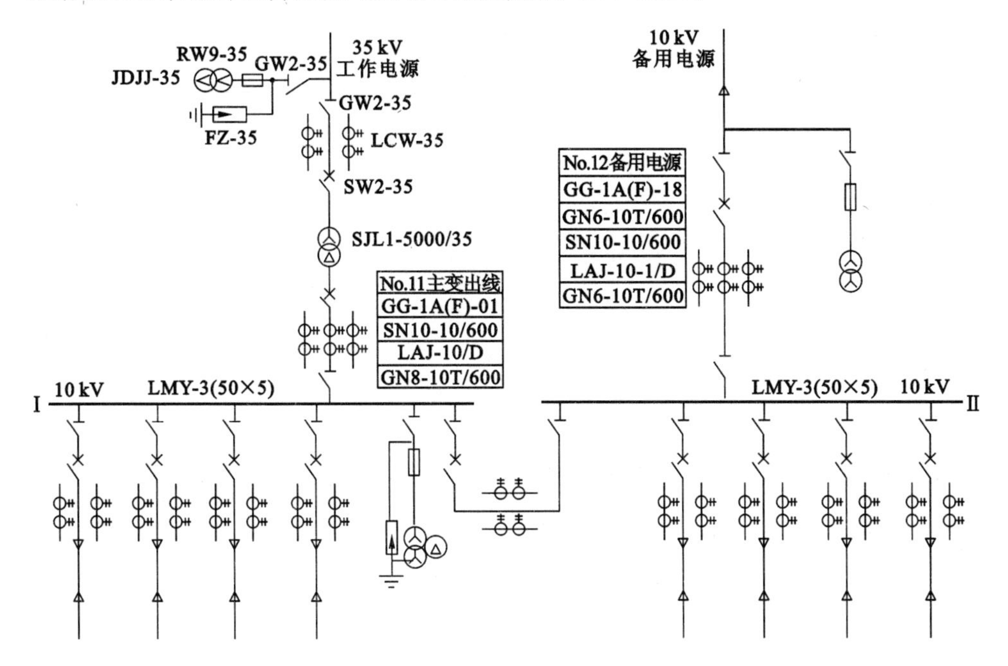

No.0备用	No.1一车间	No.2二车间	No.3三车间	No.4互感器	No.5联络	No.6所用电	No.7锻工	No.8工具	No.9空压	No.10备用
GG-1A(F)-0.3	同No.0	同No.0	同No.0	GG-1A(F)-54	GG-1A(F)-11+95	GG-1A(F)−101	同No.0	同No.0	同No.0	同No.0
GN6-10T/600				GN6-10/200	GN6-10T/600	GN6-10/200				
SN10-10/600				RN2-10/0.5	SN10-10/600	SN2-10/0.5				
LDC-10/0.5				FS4-10	LAJ-10/D	SJL-20/10				
ZLQ20-10-3×25				JDZJ-10	GN6-10T/600					

图3.17　某厂总降压变电所主接线图

4. 短路电流计算

短路电流按系统正常方式计算，其计算电路图如图3.18所示。

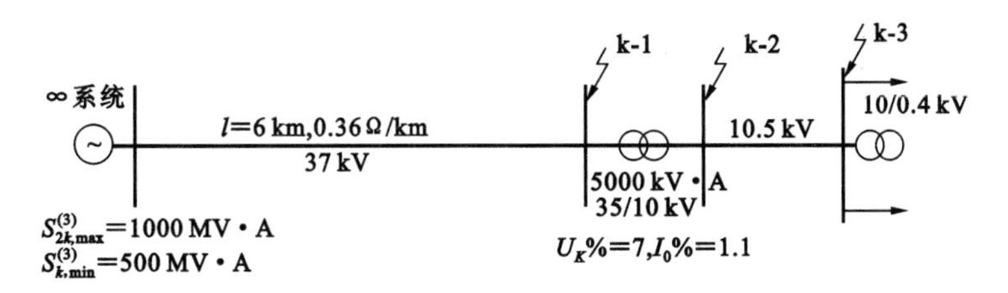

图3.18　系统短路电流计算电路图

为了选择高压电气设备，整定继电保护，需计算总降压变电所的 35 kV 侧、10 kV 母线以及厂区高压配电线路末端（即车间变电所 10 kV 母线）的短路电流，分别为 k-1、k-2 和 k-3 点。但因工厂厂区不大，总降压变电所到最远车间的距离不过数百米，因此，总降压变电所 10 kV 母线（k-2 点）与厂区高压配电线路末端处（k-3 点）的短路电流值差别极小，故只计算主变压器高、低压侧 k-1 和 k-2 两点短路电流。

按照短路电流的标幺制法进行计算，结果如表 3.11 所示。

表 3.11　三相短路电流计算表

短路计算点	运行方式	短路电流(kA)				短路容量(MV·A)
		$I_k^{(3)}$	$I_\infty^{(3)}$	$I''^{(3)}$	$i_{sh}^{(3)}$	$S_k^{(3)}$
k-1	最大	6.05	6.05	6.05	15.43	387.9
	最小	4.36	4.36	4.36	11.12	279.49
k-2 (k-3)	最大	3.32	3.32	3.32	8.47	60.32
	最小	3.13	3.13	3.13	7.98	56.89

5. 电气设备选择

根据上述短路电流计算结果，按正常工作条件选择和按短路情况校验确定的总降压变电所高、低压电气设备如下：

(1) 主变压器 35 kV 侧电气设备如表 3.12 所示。

表 3.12　35 kV 侧电气设备

设备名称及型号 / 计算数据	高压断路器 SW2-35/1000	隔离开关 GW2-35G	电压互感器 JDJJ-35	电流互感器 LCW-35	避雷器 FZ-35
$U=35$ kV	35 kV	35 kV	35 kV	35 kV	35 kV
$I_{30}=\dfrac{S_N}{\sqrt{3}U_{N1}}=82.48$ A	100 A	600 A		150/5	
$I_{k1}^{(3)}=6.05$ kA	24.8 kA				
$S_{k1}^{(3)}=387.9$ MV·A	1500 MV·A				
$i_{sh}^{(3)}=15.43$ kA	63.4 kA	50 kA		$100\times\sqrt{2}\times150=21.2$ kA	
$I_\infty^{(3)2}t_{ima}=6.05^2\times0.7$	$I_t^2t=24.8^2\times4''$	$14^2\times5''$		$I_1^2t=(65\times0.15)^2\times1''$	

(2) 主变压器 10k V 侧设备（主变压器低压侧及备用电源进线）如表 3.13 所示。该设备分别组装在两套高压开关柜 GG-1A(F) 中。其中 10 kV 母线按经济电流密度选为 LMY-3(50×5)铝母线，其允许电流 740 A 大于 10 kV 侧计算电流 288.7 A，动稳定和热稳定均满足要求。10 kV侧设备的布置、排列顺序及用途如图 3.17 所示。

(3) 10 kV 馈电线路设备选择。以到一车间的馈电线路为例，10 kV 馈电线路设备如表 3.14所示。该设备组装在 11 台 GG-1A(F)型高压开关柜中，其编号、排列顺序及用途如图 3.17所示。

表 3.13　10 kV 侧电气设备(变压器低压侧及备用电源进线)

计算数据 \ 设备名称及型号	高压断路器 SN10-10Ⅰ/600	隔离开关 GN8-10T/600	电流互感器 LAJ-10/D	隔离开关 GN6-10T/600	备注
$U=10$ kV	10 kV	10 kV	10 kV	10 kV	采用 GG-1A(F) 高压开关柜
$I_{30}=\dfrac{S_N}{\sqrt{3}U_{N2}}=288.7$ A	600 A	600 A	400/5,300/5	600 A	
$I_{k2}^{(3)}=3.32$ kA	16 kA	30 kA		30 kA	
$S_{k2}^{(3)}=60.32$ MV·A	300 MV·A				
$i_{sh}^{(3)}=8.47$ kA	40 kA	52 kA	$180\times\sqrt{3}\times0.3=57$ kA	52 kA	
$I_{\infty}^{(3)2}t_{ima}=3.32^2\times0.7$	$I_1^2t=16\times2''$	$20^2\times5''$	$(100\times0.3)^2\times1''$	$20^2\times5''$	

表 3.14　10 kV 馈电线路设备

计算数据 \ 设备名称及型号	高压断路器 SN10-10/600	隔离开关 GN6-10T/600	电流互感器 LDC-10/0.5	电力电缆 ZLQ20-10-3×25
$U=10$ kV	10 kV	10 kV	10 kV	10 kV
$I_{30}=\dfrac{S_N}{\sqrt{3}U_{N2}}=36.37$ A	600 A	600 A	300/5	80 A
$I_{k2}^{(3)}=3.32$ kA	16 kA	30 kA		
$S_{k2}^{(3)}=60.32$ MV·A	300 MV·A			
$i_{sh}^{(3)}=8.47$ kA	40 kA	52 kA	$135\times\sqrt{3}\times0.3$	$A_{min}=18.7\text{ mm}^2<A=25\text{ mm}^2$
$I_{\infty}^{(3)2}t_{ima}=3.32^2\times0.2''$	$I_1^2t=16\times2''$	$20^2\times5''$		

6. 车间变电所位置和变压器数量、容量的选择

车间变电所的位置、变压器数量和容量可根据厂区平面布置图提供的车间分布情况和车间负荷的中心位置、负荷性质、负荷大小等，结合各项选择原则，与工艺、土建有关方面协商确定。本厂拟设定六个车间变电所，每个车间变电所装设一台变压器，其位置如图 3.16 所示，变压器容量见表 3.15。

表 3.15　车间变电所变压器一览表

变压器名称	位置及型式	容量 (kV·A)	变压器型号	变压器名称	位置及型式	容量 (kV·A)	变压器型号
T_1	一车间	630	SL7-630/10	T_4	锻工车间	1000	SL7-1000/10
T_2	二车间	800	SL7-800/10	T_5	工具、机修	630	SL7-630/10
T_3	三车间	1000	SL7-1000/10	T_6	空压、煤气	1000	SL7-1000/10

7. 厂区高压配电线路的计算

为便于管理，实现集中控制，尽量提高用户用电的可靠性，在本总降压变电所馈电线路不多的前提条件下，首先考虑采用放射式配电方式，如图 3.16 所示。

由于厂区面积不大，各车间变电所与总降压变电所距离较近，厂区高压配电网采用直埋电缆线路。

由于线路很短，电缆截面按发热条件进行选择，然后进行热稳定度校验。

以一车间变电所 T_1 为例，选择电缆截面。

根据表 3.6 提供的一车间视在计算功率 $S_{30(1)}=504$ kV·A，其 10 kV 的计算电流为

$$I_{30(1)}=\frac{S_{30(1)}}{\sqrt{3}U_N}=\frac{504}{\sqrt{3}\times 10}\approx 29.1(\text{A})$$

查有关产品样本或设计手册，考虑到为今后发展留有余地，选用 ZLQ20-3×25 型铝芯纸绝缘铝包钢带铠装电力电缆，在 $U_N=10$ kV 时，其允许电流值为 80 A，大于计算电流值，合格。

因厂区不大，线路很短，线路末端短路电流与始端短路电流相差无几，因此接 10 kV 母线上短路时(k-2 点)的短路电流进行校验，得

$$S_{\min}=\frac{I_{\infty}}{c}\sqrt{t_{\text{ima}}}=\frac{3.32\times 10^3}{87}\times\sqrt{0.7}=18.7\ \text{mm}^2<25\ \text{mm}^2\quad 合格$$

其他线路的电缆截面选择类似，其计算结果如表 3.16。

表 3.16　高压配电系统计算表

线路序号	线路用途	计算负荷		计算电流	选定截面	线路长度
		P_{30}(kW)	Q_{30}(kvar)	I_{30}(A)	S(mm^2)	(m)
L-1	用于 T_1	470	183	29.1	25	80
L-2	用于 T_2	612	416	42.7	25	200
L-3	用于 T_3	735	487	50.9	25	250
L-4	用于 T_4	920	276	55.5	25	100
L-5	用于 T_5	496	129	29.6	25	300
L-6	用于 T_6	854	168	50.2	25	350

8. 配电装置设计

(1) 户内配电装置

由于 10 kV 电气设备采用成套的高压开关柜，因此户内配电装置比较简单，由供电系统主接线图(图 3.17)可知，10 kV 配电室内共有高压开关柜 11 个(其中 2 个为备用)，其布置示意图如图 3.19 所示。此外，配电室附近还设有控制室、值班室等。

(2) 户外配电装置

35 kV 变压器及其他电气设备均置于户外，布置情况如图 3.19 所示。

9. 防雷与接地

为防御直接雷击，在总降压变电所内设避雷针，根据户内配电装置建筑面积及高度设三支避雷针：一支为 25 m 高的独立避雷针，另两支为置于户内配电装置建筑物边缘的 15 m 高的附设式避雷针。根据作图计算，三支避雷针可安全保护整个总降压变电所不受直接雷击。

为防止雷电波侵入，在 35 kV 进线杆塔前设 500 m 架空避雷线，且在进线断路器前设一组 FZ-35 型避雷器，在 10 kV 母线Ⅱ分段上各设一组 FS-10 阀型避雷器。

总降压变电所接地采用环形接地网，用直径 50 mm、长 2500 mm 钢管作接地体，埋深 1 m，用扁钢连接，经计算接地电阻不大于 4 Ω，符合要求(计算过程从略)。

10. 继电保护的选择与整定

总降压变电所需要设置以下保护装置：主变压器保护、10 kV 馈电线路保护、备用电源进线保护以及 10 kV 母线保护。此外，还需设置备用电源自动投入装置和绝缘监察装置。设计参照相关课题。

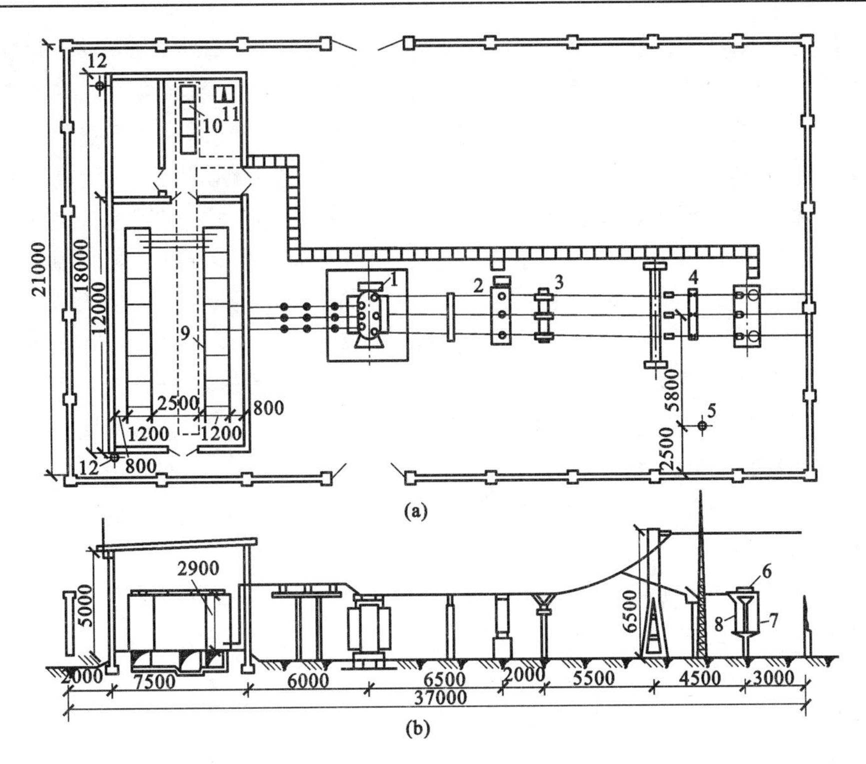

图 3.19 总降压变电所的配电装置

(a) 平面图;(b) 剖面图

1—SJLl-5000/35 主变压器;2—SW2-35 少油断路器;3—GW2-35G(D)隔离开关;4—GW2-35 隔离开关;5—25 m 独立避雷针;6—RW9-35 熔断器;7—JDJJ-35 电压互感器;8—FZ-35 避雷器;9—GG-1A(F)高压开关柜;10—控制信号柜;11—硅整流装置;12—15 m 附式避雷针

3.5.2 某综合楼高压供配电系统的电气设计案例

3.5.2.1 电气设计说明

(1) 本工程为综合楼,包括办公和酒店式写字楼(办公楼地上为十七层,写字楼为二十七层)和三层地下室以及立体车库,该工程的消防设备、电梯、生活水泵、楼梯及电梯前室照明等为一级负荷供电。进线采用两路 10 kV 高压进线,在地下室设变配电室一处,在变配电室设置高低压配电柜、四台 1250 kV·A 变压器,供地下室及办公楼和写字楼的消防、照明及其动力用电,变配电室设计高低压配电系统。10 kV 双路常供,0.4 kV 侧单母线分段,母联常开。各用电设备电源从地下变配电室穿管或沿桥架引出。电缆及电线在地下室内敷设以及进入人防区时做密闭封堵。

(2) 本工程采用高供高计量;低压侧分计量,商铺、办公、公共用电及动力用电分别计量,无功功率负荷采用低压静电电容器柜进行集中补偿,补偿后功率因数大于 0.9。

(3) 本工程采用三相五线制即 TN-S 系统,低压供电电压为 380/220 V。变压器设中性点接地,设备的保护接地、消防设备接地、弱电系统接地以及建筑的防雷接地采用共同接地体,接地电阻小于 1 Ω;若实测接地电阻不能满足设计要求时,增设人工接地装置。

(4) 本工程的照明设有一般照明、应急照明和疏散指示照明。其中地下车库、楼梯间、公共通道和主要出入口、水泵房、配电房、消控中心等设备用房设带镍铬蓄电池的应急照明灯,其中风机房、水泵房、配电房、消控中心以及消防电梯机房连续放电时间不少于 180 min,其余地方为 30 min。

(5) 导线选择及敷设方法:电缆沿桥架敷设至电气竖井,在竖井内采用电缆沿桥架敷设。所有电线电缆均采用铜芯导体，该工程一般低压线路选用阻燃低烟交联聚乙烯绝缘铜芯电力电缆、导线穿保护管或沿桥架敷设；消防设备供电干线及分支干线选用矿物绝缘铜芯电缆明敷设或在吊顶内敷设，消防设备的分支线和控制线路，选择有机绝缘耐火类电缆。地下室非消防电力干线采用电缆穿钢管埋地暗敷或沿桥架敷设，非消防支线穿管埋地或埋墙暗敷；消防设备的分支线和控制线暗敷设时，应穿金属导管或难燃型刚性塑料导管保护，并应敷设在不燃烧结构内，且保护层厚度不应小于 30mm。电线及电缆的型号、规格及根数均如各图中所注。若图中未标注导线截面的，照明支线为 2.5mm^2，插座线及 5kW 以下动力线均为 2.5(4)mm^2。当截面为 2.5mm^2 时，4 根及以下穿 ϕ20，5～6 根穿 ϕ25，埋地管采用镀锌金属管，进出地下层人防区的导线均做防护密闭处理。

（6）设备安装：消防水泵控制柜及其他控制柜、配电柜落地安装，其基座采用槽钢，现场制作；其他设备自带控制箱均挂墙安装，下端距地 1.5 m；剪力墙上配电箱均明装。户内箱、开关、插座均墙上暗装，安装高度见图例表。楼梯灯采用节能吸顶灯，电梯前室采用节能型筒灯。除注明外，厨房、卫生间选用防溅型插座，距地 2.0 m；普通插座采用安全型插座，距地 0.3 m。

灯具的安装如下：

① 地下室人防部分灯具采用链吊、风机房的灯具吸墙安装；非人防区的灯具采用吸顶安装。

② 有吊顶的部分灯具采用嵌顶安装；非吊顶的部分灯具采用吸顶安装。

③ 灯具安装离地小于 2.4 m 时增设接地线。

3.5.2.2　10 kV 一次系统接线图

根据当地供电电源情况、负荷等级、负荷的分布，通过计算并经分析比较设计出图 3.20 所示综合楼 10 kV 一次系统接线图。

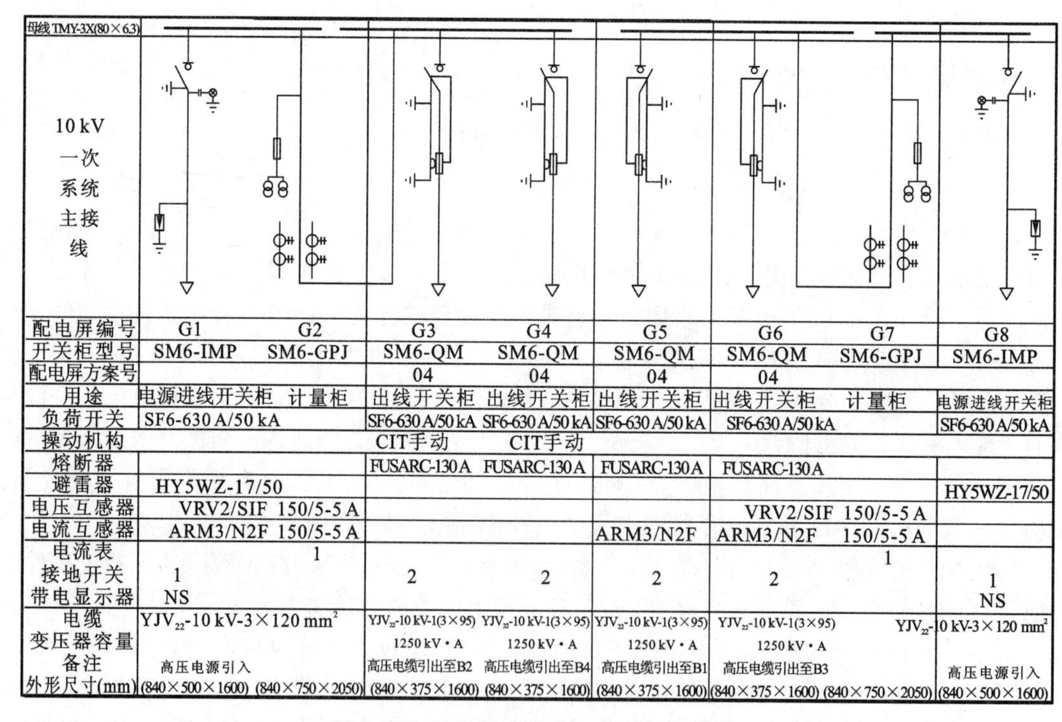

图 3.20　综合楼 10 kV 一次系统接线图

3.5.2.3　系统干线树状图

由该综合楼的分布情况，经统计分析，画出图 3.21 所示系统干线树状图。

3.5.2.4　变配电室平面布置

根据高低压配电系统图，设计绘制变配电室平面布置、大样图、接地图，如图 3.22 至图3.24所示。高低压配电装置与非油浸型的电力变压器在同配电室内，其外壳的防护等级不低于 IP2X。

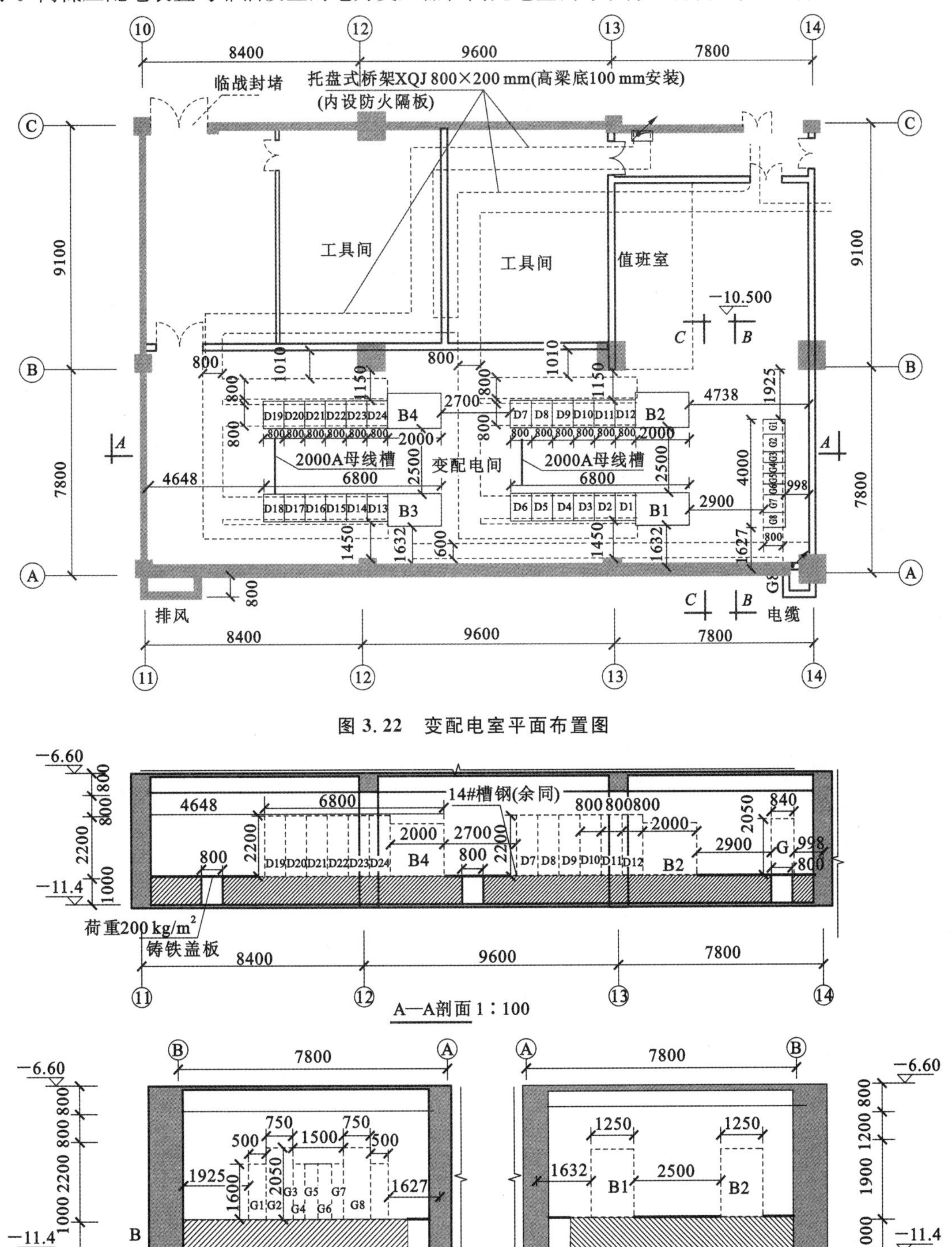

图 3.23　变配电室剖面图

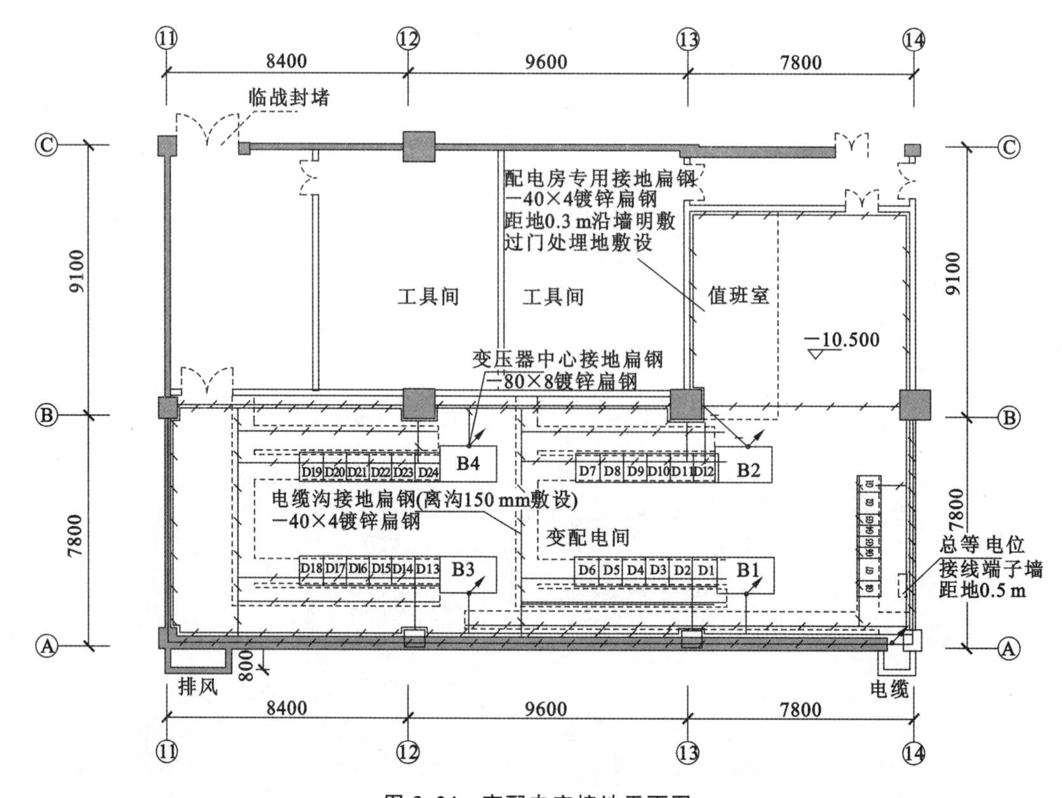

图 3.24　变配电室接地平面图

小　　结

(1) 供电电源

介绍了按负荷级别确定供电电源的原则；按网络的接线方式确定供电电源的原则以及使用低压供电电源的原则。

(2) 常用高压主接线

介绍了供配电系统及主接线的概念，电气主接线图的绘制方法，对高压供配电系统主接线的基本要求。重点介绍了供配电系统主接线的四种主要形式，常用主接线形式的组成、适用范围及其优缺点。

(3) 电力变压器

介绍了电力变压器的分类，变压器 D，yn11 联接组别的优点，电力变压器的实际容量、运行方式、并列运行的条件；重点介绍了电力变压器台数和容量的选择原则和方法。

(4) 设计案例

以某工厂高压供配电系统电气设计为例，介绍了高压供配电系统电气设计的基本内容和步骤。在某综合楼高压供配电系统的电气设计案例中，重点列举了一次主接线图和变电所的布置图。

思考题与习题

3.1　一、二、三级负荷对供电电源有何要求？

3.2　比较电压开闭所接线方式与电缆环形网络接线方式的可靠性。

3.3　根据负荷性质不同，低压供电电源的形式有哪几种？

3.4　电气主接线图由哪几部分构成？在什么情况下使用单线图表示？

3.5　对高压供配电系统主接线有哪些基本要求？

3.6　比较线路-变压器组接线、单母线接线、双母线接线、桥式接线的应用场合和优缺点。

3.7　举例说明电力变压器的型号及其含义。

3.8　简述变压器在不同负荷状态下的运行方式。

3.9　如何确定变压器台数及容量？

3.10　电力变压器并列运行应满足哪些条件？

技 能 训 练

实训项目：分析变电所高压配电系统的合理性

(1) 实训目的

通过对某变电所相关数据的收集，分析如何选择工作电源与备用电源；学会分析变配电所采用的主接线方式及其合理性；分析变压器型号、容量及台数选择的合理性；分析开关电器型号；分析改善功率因数所采用措施的合理性；了解供配电系统所采用的继电保护方式；了解防雷接地措施。

(2) 实训准备

联系具有自备应急发电机、两个工作电源的变电所，并收集相关资料。

(3) 实训内容

① 分析工作电源与备用电源；

② 识读主接线图，并与实物形成对应关系，从而分析主接线的合理性；

③ 抄录各开关、变压器等设备的型号及性能参数，并分析其合理性；

④ 分析功率因数补偿方式、电能计量方式及其优缺点；

⑤ 了解主要馈出线的供电范围、敷设方式、线缆型号等；

⑥ 了解防雷接地措施；

⑦ 了解继电保护方式；

⑧ 了解变电所设备运行环境。

(4) 提交成果

分析变电所高压配电系统的合理性的过程性资料。

课题4　低压配电系统设计

【知识目标】

◆ 掌握建筑低压配电系统的四种典型接线方式；
◆ 掌握住宅配电系统设计所包括的基本内容和方法；
◆ 掌握动力配电系统设计所包括的基本内容和方法。

【能力目标】

◆ 具备根据实际需要合理选择建筑低压配电系统接线方式的能力；
◆ 具备对典型形式的住宅进行配电系统设计的能力；
◆ 具备对常见的动力设备进行配电系统设计的能力。

4.1　低压配电系统接线

低压配电系统是指电压等级在1 kV以下的配电网络，它是电力系统的重要组成部分，是城市建设的重要基础设施。低压配电系统主要由配电线路（架空、电缆）、配电装置和用电设备等组成。用户通过柱上变压器、开闭所（开关站）、配电站（室）或者箱式变电站取得电压等级为380/220 V的电能。

低压配电系统应能满足生产和使用所需的供电可靠性和电能质量的要求，还要注意做到接线简单，操作方便、安全，具有一定的灵活性。低压线路的供电半径不宜过大，应能满足末端电压质量的要求，市区一般为250 m，繁华地区为150 m。

好的接线方式可以使低压配电系统灵活机动，运行经济，可靠性高，易于维护，且可以降低成本。低压配电系统常见的接线方式主要有放射式、树干式、链式和环网式四种。

4.1.1　放射式

放射式接线是指每一个用户都采用专线供电，如图4.1所示。

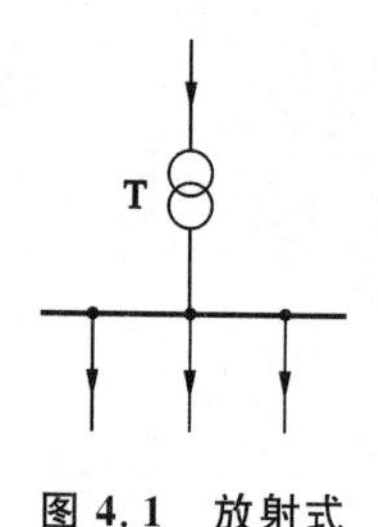

图4.1　放射式

1. 放射式接线的特点

(1) 供电可靠性较高。各用户独立受电，故障范围一般仅限于本回路。各支线互不干扰，当某线路发生故障需要检修时，只切断该回路而不影响其他回路，同时回路中电动机启动引起的电压波动对其他回路的影响也较小。

(2) 配电设备集中，检修比较方便。

(3) 系统灵活性较差。

(4) 有色金属（线路）消耗量较多，需要的开关设备较多。

2. 放射式接线的适用范围

这种接线方式多用于设备容量大或对供电可靠性要求高的设备配电。

(1) 容量大、负荷集中或重要的用电设备。

(2) 需要集中控制的设备。

(3) 有腐蚀性介质和爆炸危险等场所不宜将配电及保护启动设备放在现场的场合。

4.1.2 树干式

树干式接线是指每条用电线路都从干线接出,如图 4.2 所示。

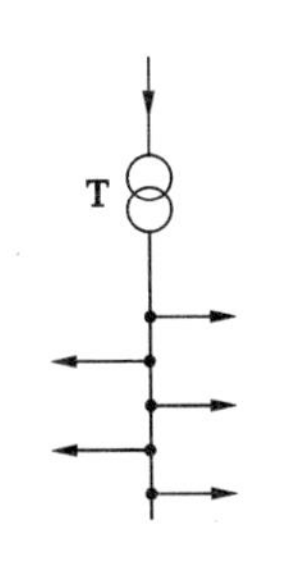

图 4.2 树干式

1. 树干式接线的特点

树干式接线的优点是配电设备及有色金属消耗少,投资省,结构简单,施工方便,易于扩展,灵活性好。其缺点是供电可靠性较差,一旦干线任一处发生故障,都有可能影响到整条干线,故障影响的范围较大。

2. 树干式接线的适用范围

树干式接线常用于明敷设回路,设备容量较小,对供电可靠性要求不高,用电设备布置比较均匀又无特殊要求的设备。

4.1.3 链式

链式接线也是指在一条供电干线上接出多条用电线路。与树干式不同的是,其线路的分支点在用电设备上或分配电箱内,即后面设备的电源引自前面设备的端子,如图 4.3 所示。链式接线链接的设备一般不超过 5 台,总容量不超过 10 kW。

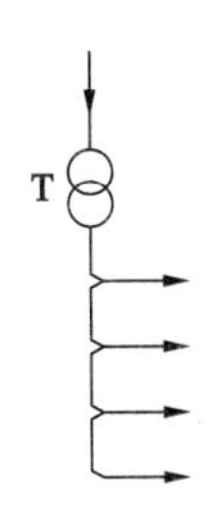

图 4.3 链式

1. 链式接线的特点

链式接线的优点是线路上没有分支点,采用的开关设备少,节省有色金属。其缺点是线路或设备检修以及线路发生故障时,相连设备全部停电,供电的可靠性差。

2. 链式接线的适用范围

链式接线适用于供电距离较远,彼此相距较近的不重要的小容量用电设备。这种配电方式适用于暗敷设线路,供电可靠性要求不高的小容量设备,一般串联的设备不宜超过 3~4 台,总容量不宜超过 10 kW。

4.1.4 环网式

由一个或一个以上来自不同电源(不同变电所或同一变电所的不同母段线)的中压(1~10 kV)配电线路供电的一台或多台配电变压器作为电源,干线形成闭环,如图 4.4(a)所示。低压环网式如图4.4(b)所示。

环网式接线的可靠性比较高。为了加强环网结构,即保证某一条线路故障时各用户仍有较好的电压水平,或保证存在更严重故障(某两条或多条线路停运)时的供电可靠性,一般可采用双线环式结构。双电源环形线路往往是开环运行的,即在环网的某一点将开关断开,此时环网演变为双电源供电的树干式线路。开环运行的目的主要考虑继电保护装置动作的选择性,缩小电网故障时的停电范围。

开环点的选择原则是:开环点两侧的电压差最小,一般使两路干线负荷功率尽可能接近。

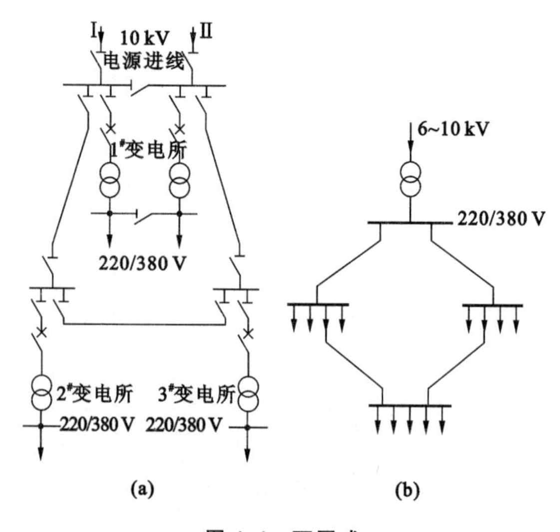

图 4.4　环网式

(a) 高压;(b) 低压

环网内线路导线通过的负荷电流应考虑故障情况下环内通过的负荷电流。因导线截面要求相同,故环网式线路的有色金属消耗量大,这是环网供电线路的缺点。当线路的任一线段发生故障时,切断(拉开)故障线段两侧的隔离开关,将故障线段切除后即可恢复供电。开环点断路器可以使用自动或手动投入。

双电源环网式供电适用于一级、二级负荷;单电源环网式适用于允许停电半小时以内的二级负荷。

综上所述,这几种配电系统接线各有其优缺点。在实际应用中,应针对不同负荷采用不同的接线方式。工厂车间或建筑物内,当大部分用电设备容量不大、无特殊要求时,宜采用树干式接线方式配电;当用电设备容量大或负荷性质重要,或在潮湿、腐蚀性的车间、建筑内,宜采用放射式接线方式配电;对高层建筑,当向各楼层配电点供电时,宜用分区树干式接线方式配电;而对部分容量较大的集中负荷或重要负荷,应从低压配电室以放射式接线方式配电。对冲击性负荷和容量较大的电焊设备,应设单独线路或专用变压器进行供电。对一个工厂可分车间进行配电,对住宅小区可分块进行配电。对用电单位内部的邻近变电所之间应设置低压联络线。

4.2　住宅配电系统设计

4.2.1　室内配电箱系统

住宅配电箱(分户箱)应装设同时断开相线和中性线的电源进线开关电器,进线端应装设短路、过负荷和过、欠电压保护器,供电回路应装设短路和过载保护的电器,连接手持式或移动式家用电器的插座回路应装设剩余电流动作保护器。

分户箱宜设在住户走廊或门厅内便于检修、维护的地方。住户分户箱内应配置有过电流保护的照明供电回路、一般电源插座回路、空调插座回路、电炊具及电热水器等专用电源插座回路。厨房电源插座和卫生间电源插座不宜同一回路。柜式空调的电源插座应装设剩余电流动作保护器,分体式空调的电源插座回路宜装设剩余电流动作保护器。

图 4.5 是典型的户内配电系统图。

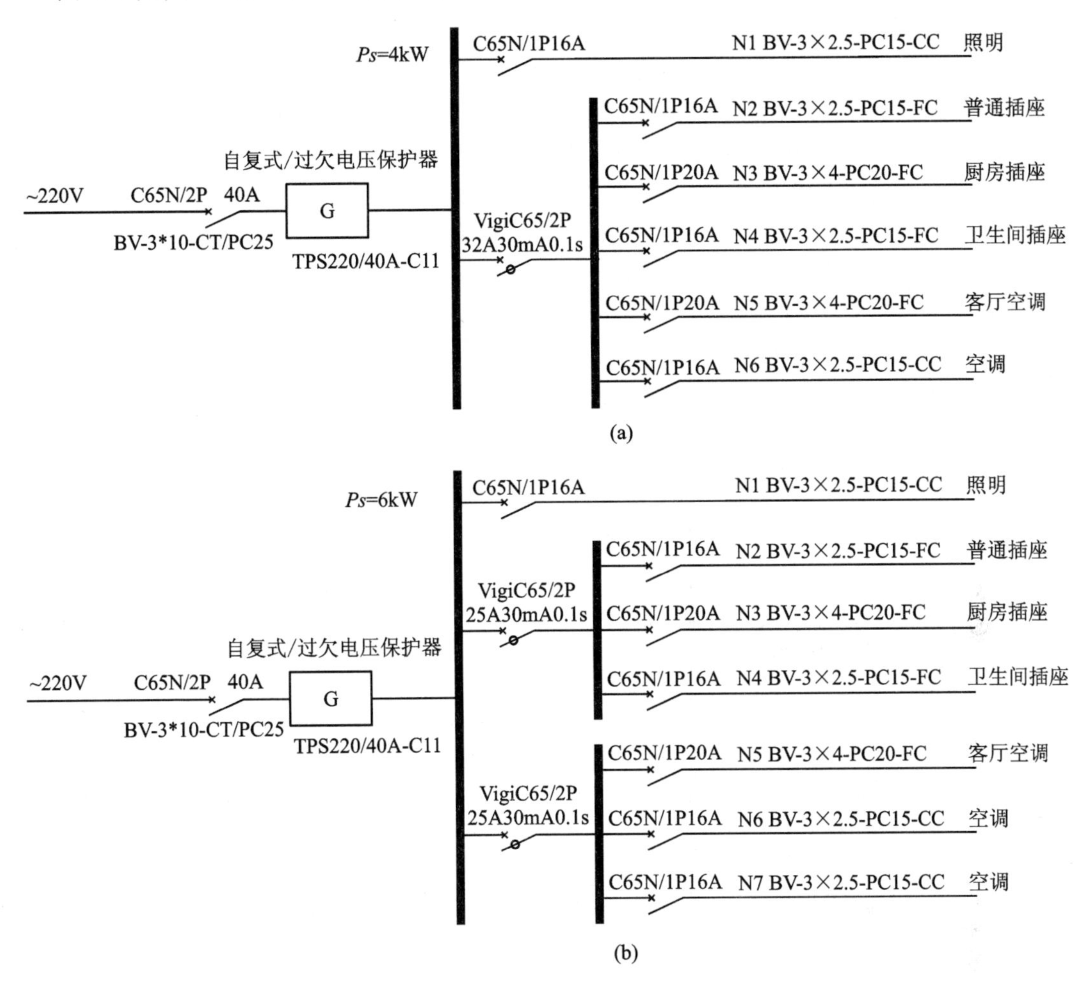

图 4.5 户内配电箱系统

4.2.2 多层住宅配电系统

1. 层数

多层住宅一般指六层及以下层数的住宅。多层住宅的建筑方式大致可分为三类。第一类从首层至顶层均为住户。第二类降低首层层高，将首层设计为楼上住户能使用的储藏间；或者增加首层层高，将首层作为商业用房，其余各层为住户。第三类在六层以上增加阁楼，由内楼梯连成一户，此阁楼也可作为储藏室。另外，还有的多层住宅建有地下室或半地下室，作为库房或存车处等用房。

多层住宅单元一般设计为一梯二户或一梯三户，户型以二居室或三居室为主，每户用电量一般按 4 kW 或 6 kW 考虑。

2. 负荷等级

多层住宅均属于三类用电负荷，电力负荷包括住宅用电（照明、插座和空调电源）、公共楼梯灯、电视放大器电源和保安对讲设备用电电源等。在确定多层住宅的低压配电系统及用户计量方式时，应符合当地供电部门的要求。

3. 电源引入

电源引入方式采用埋地电缆或架空线路,电源为交流 220/380 V,系统接地形式在无特殊要求时可采用 TN-S 或 TN-C-S 接地系统。

在多层住宅中,若建有地下室或首层为储藏室,可将电缆分支箱(π 接箱)安装在房间内,选用高架式 π 接箱。若多层住宅从首层至顶层均为住户时,进线电源电缆应从楼的中间单元引入至首层楼梯间,π 接箱选落地式或非标架式。多层住宅楼由较多单元组合成一体时,若楼内设有建筑变形缝,在这种情况下,最多五个单元设一台 π 接箱,电源进线位置分别安排在建筑变形缝的两侧。由于楼梯间空间较小,电源电缆穿钢管埋地引入 π 接箱时,应在 π 接箱下面预留电缆沟,π 接箱安装在电缆沟上。π 接箱前面应留出足够的操作距离。为了用电和人身安全,安装 π 接箱的楼梯间应用隔墙和门封闭起来,门的宽度应大于 π 接箱的宽度,高度大于 π 接箱的高度,这样在打开门后 π 接箱的门能 90°打开,保证操作距离。π 接箱的安装如图4.6所示。

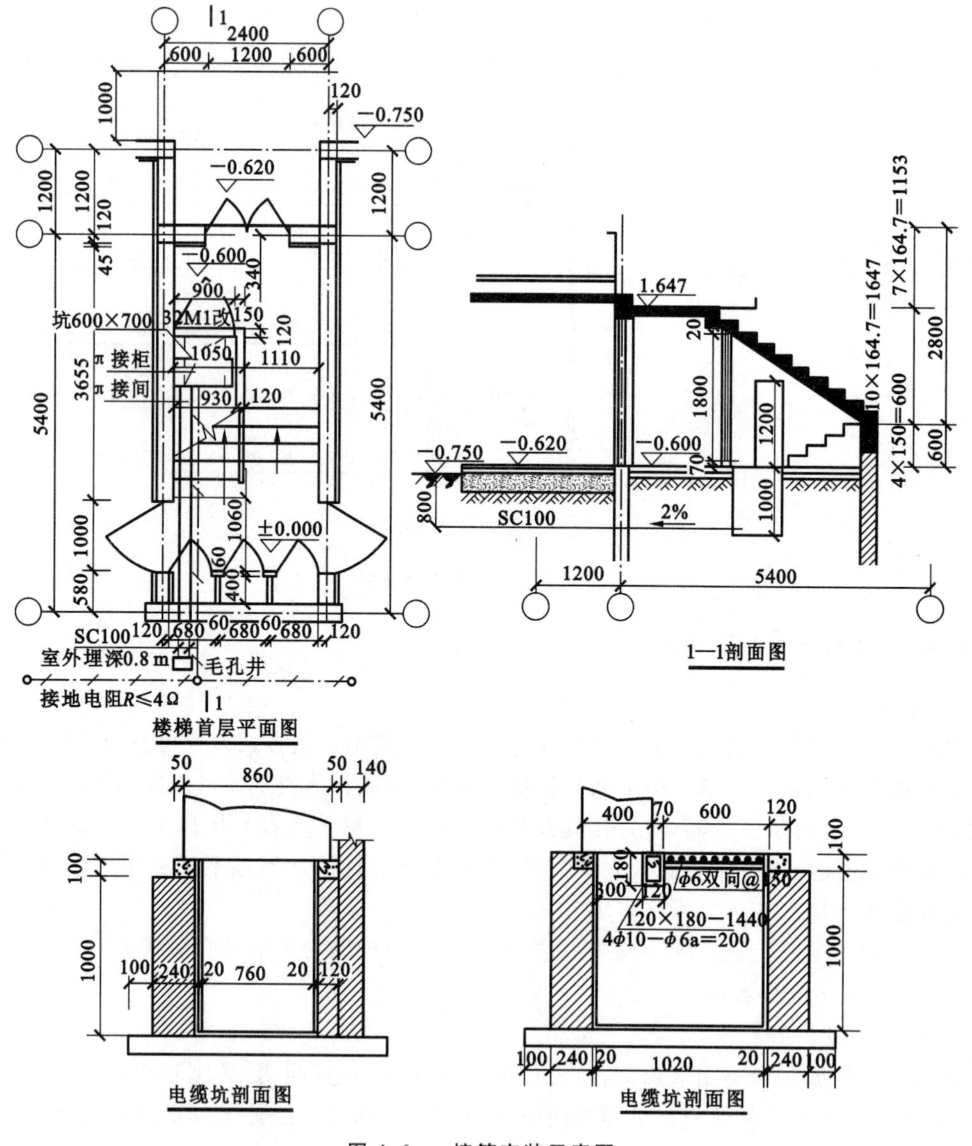

图 4.6 π 接箱安装示意图

电源电缆引入 π 接箱内进线刀开关后，从另一刀开关下引出本楼的供电电源线。电源线可使用电缆或 BV 铜导线，其直径应与供电电缆相等或相近。从 π 接箱引出的电源线引至楼内的总断路器箱，箱内安装一台三相带漏电保护功能的断路器，其漏电电流值可选择 300 mA 或500 mA，漏电保护的作用是防止配电线路的电气火灾，电气线路引发的火灾主要是由接地电弧短路引起的。接地电弧短路时，电弧短路的电流值小，断路器和熔断器不能及时切断电源，而漏电断路器对电弧短路电流有很高的动作灵敏度，能及时切断供电电源，防止电气火灾发生。

三相电源引入总断路器箱后，若楼内的单元数不多于 3 个，箱内安装一台漏电断路器。若多于 3 个单元，可安装两台漏电断路器。漏电断路器的出线分别引至各单元首层的电度表箱。一般采用铜导线穿钢管保护，沿首层地面暗敷设或沿地下层顶板明敷设。另外，若不选用 π 接箱作为配电电源的电缆分支箱，也可采用三到四个单元(联体或临近单元)为一个供电单位，提供一路低压电缆。每单元在首层或地下层设一个配电小间(4 m^2 左右)，选用高层照明柜(非标)，适当改型，也可形成较好的供电系统。

4. 系统图设计

多层住宅配电系统的配电方式为树干式，每单元住户用电的垂直干线均为单相交流电源。下面以一梯二户和一梯三户为例，系统图如图4.7所示。其中 AW_1 为一梯二户的首层电度表箱，AW_3 为一梯三户的首层电度表箱。AW_2、AW_4 分别为一梯二户和一梯三户的标准层电度表箱。

户内配电箱(AL 箱)已在前面叙述过了。每个表箱的配电系统如图 4.7 所示。

楼内用电负荷计算采用需用系数法。在系统图中应注明每台 π 接箱的安装总容量和最大相电流。

4.2.3 高层住宅配电系统

1. 层数

普通高层住宅层数为 10～18 层，属二类建筑；19～28 层为一类高层建筑。此部分的电气设计内容不包括超高层建筑电气设计(需要特殊设计方案)。

2. 负荷等级

根据《民用建筑电气设计规范》及《火灾报警与消防联动控制》的规定，普通高层住宅按二级负荷供电，19 层及以上的住宅按一级负荷供电。高层住宅主要消防设备有消防控制室、消防水泵、消防电梯、防排烟设施、火灾自动报警及消防联动装置、火灾应急照明和电动防火门窗、卷帘、阀门等。

3. 电源引入

高层住宅楼内供电电源采用电缆埋地引入方式。电压为交流 220/380 V，采用 TN-S 或 TN-C-S 接地系统。照明与动力电源电缆分别引入楼内 π 接箱或配电柜。一座高层住宅的建筑面积决定着引入楼内所需照明电缆的数量。每一根电缆接至一台 π 接箱。π 接箱与配电柜的数量一一对应。π 接箱安装在地下一层的专用房间内，此房间应安排在外线电缆易于引入的方向。π 接箱选用高架型，室内设计应满足下列要求：

(1) π 接箱的前面应有 1.5 m 的操作距离，箱体背后距墙应有 1 m 的距离，留作电缆的敷设位置。在特殊情况下，也可以靠墙安装。

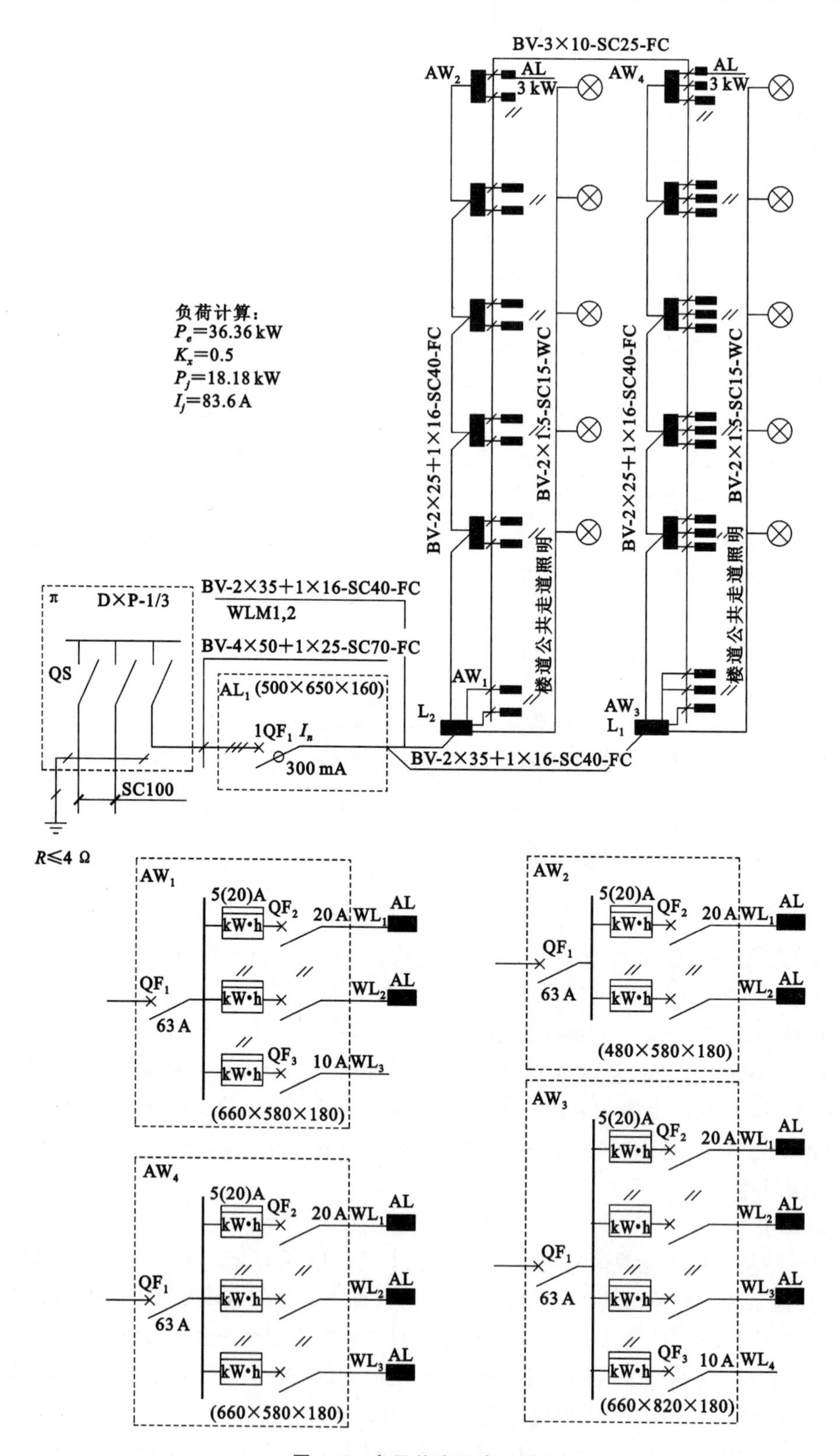

图 4.7　多层住宅配电系统

(2) 在 π 接箱室应预留 ϕ125 钢管 6 根。供电电缆穿钢管沿 π 接箱室的地面引至 π 接箱。钢管在室外的埋深与住宅楼的室内外高差有关，用地下一层的层高减去室内外高差，再减去楼板厚度，等于钢管在室外的埋深，但钢管埋深不应低于室外地坪下 0.7 m，钢管另一侧接至电缆井，预埋钢管应有向室外电缆井倾斜的坡度。

(3) π 接箱室不允许有上下水管及煤气管道等非本室用管路通过。

(4) π 接箱室至总配电室的线路距离不应超过 15 m。

(5) 为防止外面的水流入，配电室的地面可做门槛或将地面抬高一个踏步。

外线电缆引入 π 接箱室后，电缆可明敷设至 π 接箱进线刀开关，也可以沿地面做沟，沟上盖盖板。

4. 配电室

配电室与 π 接箱室位于同层相邻或邻近的专用房间，且应满足下列要求：

(1) 配电室至对外出口通道的距离不应超过 20 m，并且通道不得穿越其他房间。

(2) 配电室应设有能开启的采光通风窗。如果用专用窗井采光时，窗井上应加雨篷和防护网。

(3) 配电室不允许上下水、煤气等管道穿越。配电室的地面应向外泛水。

(4) 配电柜前应有 1.5 m 的操作距离，柜后距墙应有 0.8 m 的安装距离。柜边一侧应有不小于 0.8 m 的过人通道。

配电柜进线电缆由 π 接箱引入。一般情况下，若配电室与 π 接箱室相邻，电缆沿地沟内敷设后加盖板；若两室不相邻，电缆在桥架内沿顶板敷设。

在高层住宅内有时需要建变电所，其变压器容量不超过 1250 kV·A，且为干式变压器。

变配电室安排在高层住宅地下层时，其上层不应直接为住宅，且不能安装在最底层。在高低压配电室的下面应有一层电缆夹层，其净高应为 1.8 m。变电所净高不应小于 3.8 m。由于高层住宅大多数是剪力墙结构，所以变电所的平面布置一定要与结构专业协商确定。变压器及高低压开关柜的运输通道是采用坡道运输还是窗井吊装方式，在实际工程中根据具体设计确定。

5. 配电系统

高层住宅分板式和塔式两种。配电线路在楼内沿强电竖井敷设，楼内强电竖井位置的选择，宜靠近住户集中的地方，竖井内敷设照明、动力电缆及层配电箱，敷设电缆的数量由具体用电负荷及所需安装的动力设备确定。电缆或绝缘电线可采用金属线槽、电缆桥架或穿金属管等布线方式。竖井的面积除满足布线间距及配电设备所必需的宽度外，并应在箱体前留有不小于 0.8 m 的操作、维护距离，这个距离可通过打开竖井门后利用公共走道来弥补，这样可使竖井的深度仅包括电气设备的安装距离，可不包括其操作、维护距离。配电系统及计量方式应满足下列要求：

(1) 照明系统采用树干式配电。根据每层户数的多少，每一或二层取一相交流 220 V 电源供电。

(2) 照明计量设在每层用户表箱内。

(3) 在动力总配电柜内设动力总计量表。

(4) 消防用电要求双路电源时，应以动力电源为主电源，照明电源为备用电源。

(5) 电梯前室照明及公共楼梯灯用电按动力计量(不装子表)，人防层、居委会应单独计量。

(6) 设备层及地下室用电按照明计量，电度表装在照明配电柜内。

(7) 住宅的楼梯灯可作为备用照明的一部分。当楼梯灯采用节能开关时，应有事故强投至点亮的措施，但电梯前室宜采用跷板开关。

(8) 住户配电箱可参照多层住宅的户箱。

以一梯八户 18 层塔式住宅为例，采用需用系数法进行负荷计算，系统图如图 4.8 所示。图中正压风机安装在地下层；若安装在屋顶，其电源控制箱(1ATl)，应随之而改变。若楼顶没有水箱，可取消图中的液位信号线。有些高层住宅在中间有一设备层，此层的层高较低，照明电源应为安全电压。有些高层住宅的地下层还设有消防水池，配电系统中应相应增加消防泵、喷淋泵和生活泵的电气控制内容。

6. 消防系统设计

19 层及以上的普通住宅属于一类防火建筑；10～18 层的普通住宅属于二类防火建筑。一类建筑按现行国家电力设计规范规定的一级负荷要求供电；二类建筑应按二级负荷的供电要求供电。一级负荷应由两个电源供电，当一个电源发生故障时，另一个电源应不致同时受到损坏。二级负荷的供电系统应做到当发生电力变压器故障或线路常见故障时，不致中断供电(或中断后能迅速恢复)。凡消防设备供电电源，按消防规范要求采取末端双电源自投。消防设计应符合下列要求：

(1) 在消火栓箱内应设有带动作指示灯的消防按钮，其功能应可远控启动消防泵并使备用照明电源自动点亮。

(2) 在屋顶设有消防水箱时，消防管道和稳压泵应自成系统，并使管道内的压力维持在 0.07 MPa以上。

(3) 当在封闭电梯前室内设有排烟阀时，可采用手动开启方式，同时应联动排烟及正压送风风机的启动。若楼内设有火灾自动报警系统时，可通过安装在前室的探测器实现报警及联动的自动控制。

(4) 19 层及以上的住宅疏散走道和公共出口处安装安全出口及疏散指示标志灯。出口标志灯安装高度距地不宜低于 2 m，疏散标志灯的安装高度应在 1 m 以下。当采用蓄电池组作疏散指示灯的备用电源时，其连续供电时间不应少于 20 min(在地下层安装时不应少于 30 min)。

(5) 消防人员可在配电室的照明柜上使用分励按钮切除住户电源，其余非消防电源由消火栓内的按钮联动跳闸。

(6) 应隔层设消防广播线路或消防警铃。

(7) 高层住宅的电梯至少有一部为消防电梯。消防电梯的设置数量是根据每层的建筑面积确定的。消防电梯与客梯或工作电梯兼用时，应符合消防电梯的要求。消防电梯的动力与控制电缆、电线应采取防水措施。消防电梯轿厢内应设专用电话，并应在首层设供消防队员专用的操作按钮。消防电梯的井底应设排水设施，排水井容量应不小于 2.0 m^3，排水泵的排水量应不小于 10 L/s。非消防电梯应受消防信号的控制。

4.2.4　公寓式住宅配电系统

住宅除多层和普通高层建筑外，还有低层和高层公寓式住宅。低层住宅大多数为别墅式独立建筑，每户的供电电源相对独立。公寓式住宅和别墅每户的使用面积大，用电量多，户内出线回路增加。

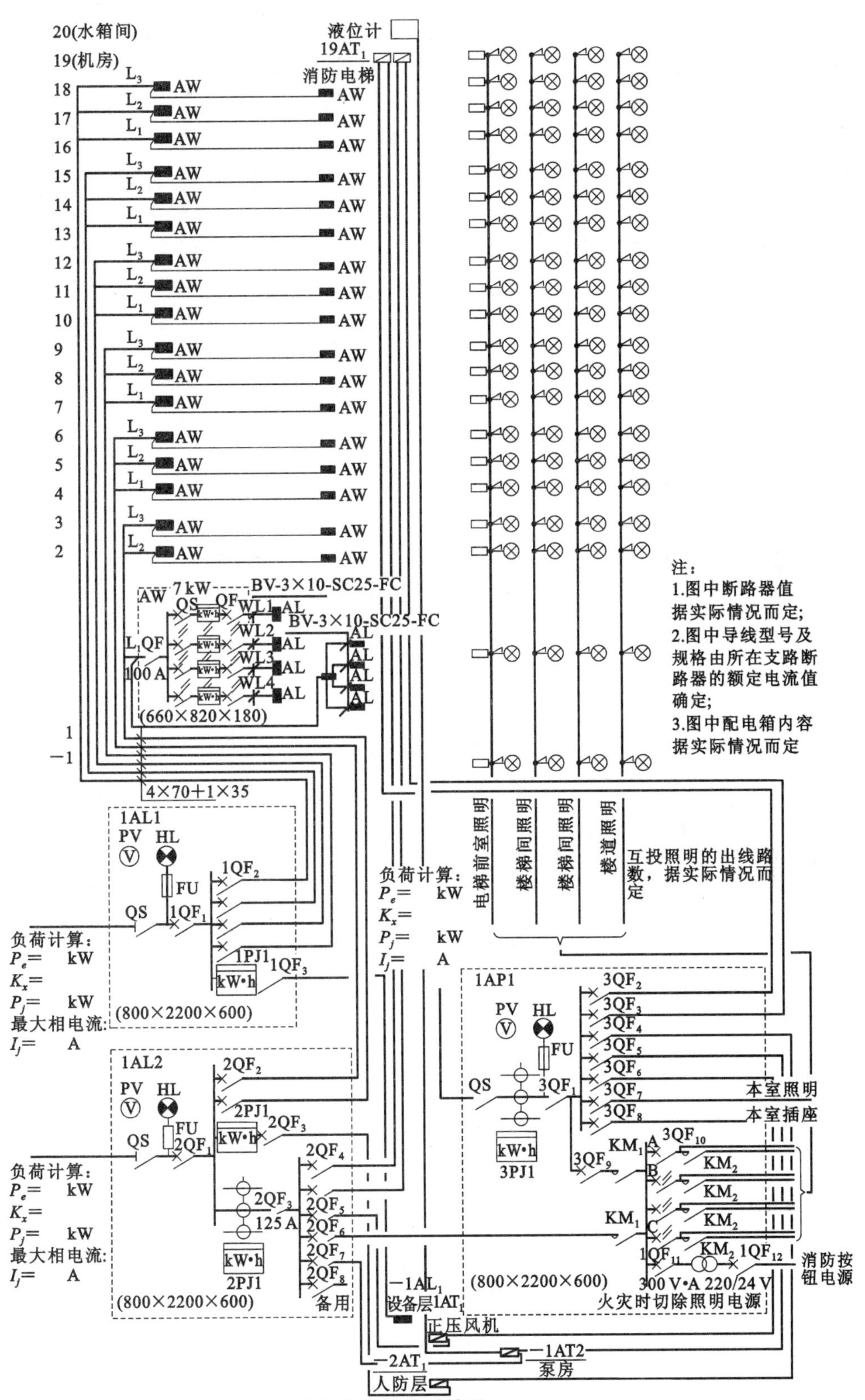

图4.8 高层住宅配电系统图

1. 别墅

低层别墅式住宅层数为二或三层，每户进线为单相电源，其负荷等级应按使用功能来确定。在每户入口附近设一电度表箱，室内各层分别设配电箱。

别墅引入供电电源有些特殊，因为外线电缆均是三相电源，电缆需在进户处做分相或变截面处理，所以在每户首层入口处应安装进线电源箱。若外线电缆为放射式供电，相邻的三座别墅采用一根电缆供电时，根据每幢别墅的用电量，可使用一根直埋电缆引至每户。该户的电源箱只做分相处理，分出一相电源自用，其他两相电源采用 BV 绝缘导线，等截面引至另外两幢别墅。此电源箱可称为电缆分头箱，箱下皮距地 0.5 m 暗装，如图 4.9 所示。

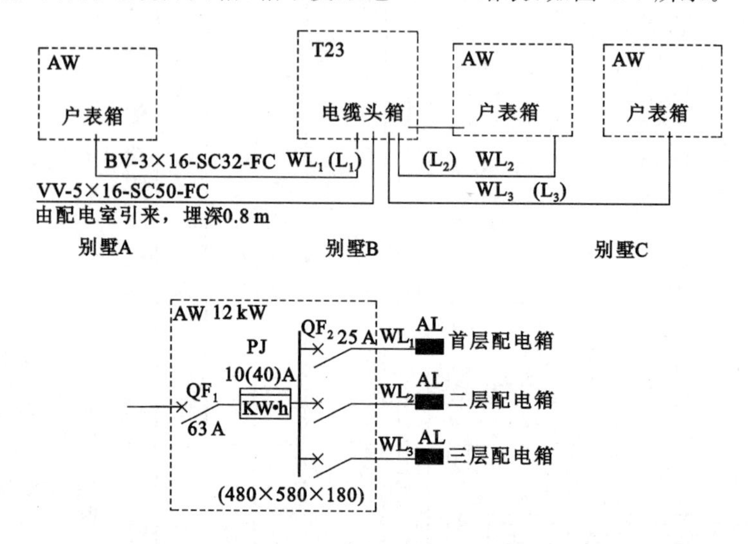

图 4.9　别墅配电系统

户内配电系统如图 4.10 所示。在配电系统中，按实际工程对进线电源加以注明。

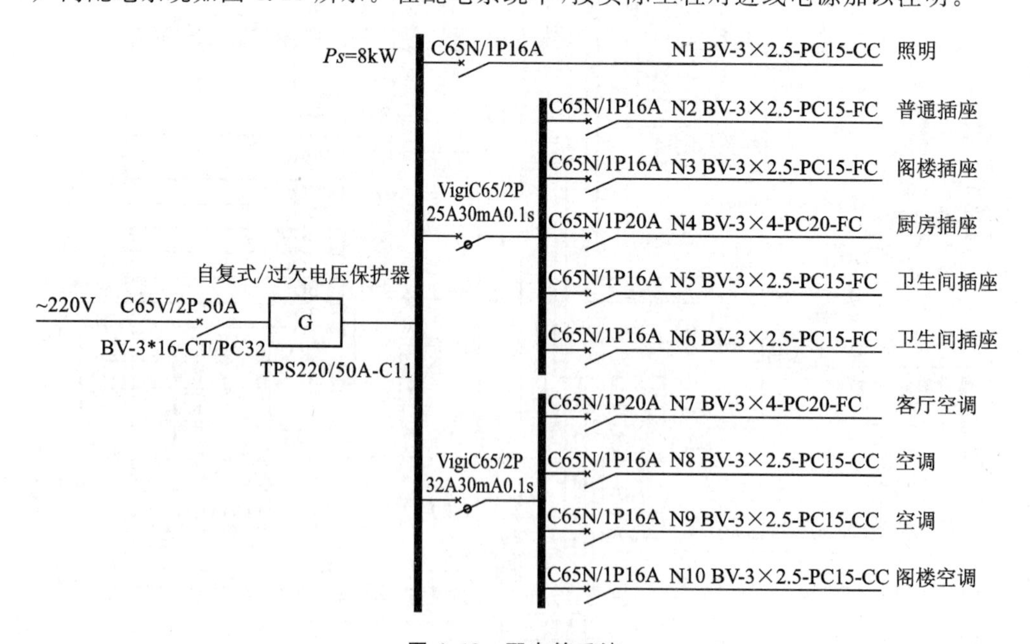

图 4.10　配电箱系统

别墅住宅的另外一种供电方式是由小区配电室引出电缆，采用树干式配电方式。外线电缆所提供的供电容量远大于一幢别墅所需要的用电量，因此电源箱不仅要有分相作用，还需要改变导线的截面面积，如图 4.11 所示。图中 AL 箱的断路器选择应以能将电缆头压接牢靠为准，下端出线由实际工程决定。若三幢别墅相邻，可按图去设计。AL 箱的型号可另做选择。此电源箱不再作为电缆头箱，而是配电箱，安装高度（下皮）距地应为 1.4 m。

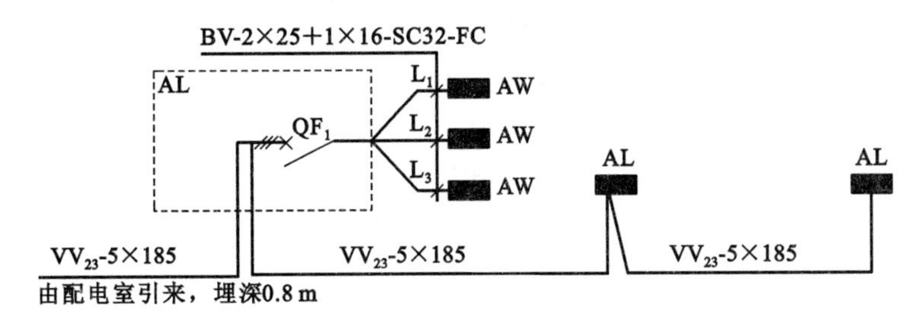

图 4.11 电缆分支配电箱

2. 公寓

公寓式住宅以高层公寓为主，其配电方式采用树干式和分区树干式，负荷等级为一级或二级。高层公寓的地下部分一般设计为停车库或者商业用房。若公寓带有裙房，其地上与裙房等高的部分与裙房一起组成商业用房，地上其余部分为公寓。由于整座公寓被分成不同的使用功能区，其各部分电源应独立计量，不能混用。由于整座建筑的用电量大，有可能在地下部分建变配电室。变配电室的位置应考虑高压进线的方向、低压配电线路的引出位置及供电半径。公寓内各部分的供电电源可采用电缆或插接母线供电。公寓部分可采用由低压配电屏供电，垂直干线使用插接母线，沿强电竖井向每层各户配电。户用表箱的内容与一般高层的户用表箱内容一样，只是表的容量增大了，且每套房间内设一户内配电箱。公寓配电线路的敷设应尽可能减少水平干线，尽量采用垂直干线配电。

公寓住宅的居室面积较大，房间内不仅在中间预留灯位，还可在适当位置增加灯位，预留局部照明电源。室内照明光色也要求较高，照明容量增加，需要增加照明出线路数。起居厅是套间内日常活动的场所，有通向卧室、卫生间或其他房间的门，人口较多，家用电器也较多。在厅入口处可装多控灯开关，以便进行照明控制和灯光调节控制。浴室、厨房的灯具关系着用电安全，应采用瓷质螺口和防溅型灯具。

居室增多，室内插座回路的数量随之增加，有厨房专用插座、电热水器插座、空调插座、居室插座和计算机插座等出线回路，插座回路采用放射式配电方式接线，每一插座回路的保护电器可选择不同的额定电流值，其漏电断路器或漏电保护器的漏电电流值均为 30 mA。每一出线回路的导线截面面积与选择插座面板的接线端子压接导线的能力密切相关。因此，在插座配电回路中选择插座面板时宜标出插座面板的额定电流值，确定插座回路的导线截面面积和断路器的额定电流值。

4.2.5 配电线路的过流保护

低压配电线路的保护主要包括短路保护、过负载保护和接地故障保护，住宅内配电线路的这些保护是由设在配电柜或配电箱内的断路器来实现的。在选择断路器时，要确定断路器的额定电压和额定频率。其额定电流应大于或等于所控制回路的预期工作电流，还应承载一定条件下的过电流；要满足短路条件下的动稳定与热稳定，选择断路器断开短路电流时的通断能力；还应考虑断路器使用场所的环境条件，主要考虑海拔高度和潮湿环境。由于一座住宅的住户较多，住户所使用的照明及家用电器是住宅配电线路的最终保护对象，所以在确定配电系统及选择断路器时，应尽可能在某一户发生线路短路时只切断户内供电回路，不影响其他住户的正常用电。配电线路上下级断路器的动作应具有选择性，各级间能协调配合。

4.2.6 配电设备

住宅内使用的配电设备有变压器、配电柜、π 接箱、电度表箱、配电箱、灯具、开关和插座等。在电气设计中，选用低压配电柜或配电箱时，应根据发展的可能性，预留备用回路。为使每一出线回路在增加容量时可更换断路器而不影响断路器的安装位置（同一级断路器的安装尺寸相等），每一级断路器最好不顶级安装。

1. 变压器的选择

确定所需变压器台数时，要根据用电负荷多少、负荷等级以及对供电可靠性和电能质量的要求确定，并兼顾节约电能、降低造价、运行方便。住宅小区内变电室一般安装两台相同型号的变压器，通常采用干式变压器，容量在 500～1250 kV·A 之间，联接组标号一般为 D，Yn11 型。变压器主进开关选择 SF_6 气体绝缘断路器或真空断路器。

2. 低压配电柜的选择

低压配电柜一般可选抽屉柜（GCK）或 PGL、BGL 固定柜。配电柜的数量根据所用出线回路的数量来确定。一台配电柜的出线路数一般为 6～8 个回路。配电柜中安装断路器的额定电流值在 100 A 左右时，柜内出线回路数可达 10 路；额定电流值在 200～400 A 之间时，柜内出线回路数为 6 路；额定电流值在 400～630 A 之间时，柜内出线回路数为 4 路；断路器额定电流值大于 630 A 时，柜内出线回路数仅为 1 路。低压进线柜的主进开关若向一、二级用电负荷供电，应选择高性能的低压断路器；若向三级用电负荷供电，可选择分断能力较低的 DZ47 系列断路器。

3. π 接箱的选择

π 接箱有两种安装方式，一种为落地安装，另一种为架式安装，箱内安装三台或四台刀开关（隔离开关）。架式安装的 π 接箱可直接固定安装在室内地面上，电缆可拖地引入至刀开关；落地式安装的 π 接箱需在箱体下部预留电缆沟。π 接箱的主要作用是电缆分支，没有保护电器作用。刀开关的容量一般为 600 A。

4. 电度表箱的选择

电度表箱用于计量住宅内每户的用电量。为了查表方便，此箱应出户安装，置于公共走道内便于查看的适当位置。住宅计量方式采用一户一表制。多层住宅最多一梯三户，所以层内最多安装四块电度表。高层住宅一层的户数较多，电度表箱可分散安装。若安装电度表箱的竖井或墙面宽度允许时，层内户表箱也可集中安装。电度表箱内电度表的排列行数不宜过多，多行安装将给查表和使用带来不便。

5. 户内断路器箱的选择

安装在每户户内的断路器箱控制着每户内全部的用电线路，为避免误操作和保证用电安全，箱体宜高位安装，若建筑物内每层有圈梁，可紧贴在圈梁下安装。户箱可安装在户门附近的承重墙上，但最好不安装在户门的后面。箱内全部断路器安装成一行，箱体尺寸由安装在箱内断路器的位数来确定。

4.2.7 强电线路敷设

住宅楼内强电线路是为各户及楼内公共用电设备提供电源，均属于正常环境下室内布线。住宅楼内公共建筑面积小，层高较低，线路敷设尽可能采用穿管保护暗敷设方式。

4.2.7.1 电源引入

住宅楼内的供电电源一般采用电缆穿钢管埋地引入方式。住宅内供电系统采用 TN-S 或 TT、TN-C-S 接地方式，并进行总等电位联结。总等电位联结的作用在于降低建筑物内间接接触电击的接触电压和金属部件间的电位差，并消除自建筑物外经电气线路和各种金属管道引入的危险故障电压的危害。预埋进线钢管的位置应与设备的暖气沟、煤气及上下水进出楼管道的位置错开。

4.2.7.2 配线方式

1. 布线

住宅电气设计中主要采用金属管布线，还采用硬质、半硬质塑料管布线和金属线槽布线等方式。若有条件，垂直干线应敷设在位于公共建筑内的强电竖井中。在竖井中敷设的导线或电缆可采用明敷或在线槽内敷设。明敷设的导线或电缆在竖井内固定安装时，其间距要求较大，占用面积多，电缆或导线较多时不宜采用明敷方式。多层住宅有可能没有竖井，垂直干线敷设在承重墙内，并可将干线钢管管径按所穿导线截面放大一级选取。电气垂直干管不应布置在住宅套间内。

住宅内水平配线可穿管暗敷设。穿金属管布线时，需要用金属分线盒，管与盒连接处应焊接，并与接地线连接。使用塑料穿线管时，配用塑料分线盒，管与盒采用粘结方法连接，施工较方便。但塑料管敷设在现浇板中，管与盒位于双排结构钢筋中间时，浇注混凝土的震动会使管变形，导致保护管内径减小，甚至接口处断开，造成管路不通。一般采用加长套管，增加管与盒的连接长度，可减少上述现象的发生。另外，布线用塑料管应采用氧指数为 27 以上的难燃型制品。

2. 导线选择

选择导线的载流量时，应与其出线端断路器的额定电流值相配合，导线的载流能力一定大于断路器的额定电流值。导线或电缆应按低压配电系统的额定电压、电力负荷、敷设环境及其与附近电气装置、设施之间能否产生有害的电磁感应等要求，选择合适的型号和截面面积。住宅内所有绝缘电线和电缆应选择耐 500 V 以上电压的塑料彩色线。

3. 竖井布线

住宅内配电干线的电气竖井自楼内底层贯穿每层配电间直至顶层。电气竖井是电气干线的垂直通道，位置选择在楼内的公共走道、楼梯间或电梯间附近。但电气竖井不能和电梯井、设备管道井共用同一竖井，且应避免邻近烟道、热力管道及其他散热量大或潮湿的设施。应在每个单元或建筑物的变形缝两侧或每一个防火分区内分别设置电气竖井。竖井的井壁应是耐火极限不低于 1 h 的非燃烧材料制成。竖井在每层楼设维护检修门，门开向公共走道，门的耐火等级不低于丙级。竖井门沿竖井宽度应尽可能地宽，这样有利于打开竖井内配电箱的门，增加配电箱前的操作距离。门的高度为 2.3 m。竖井内的底板或顶板除垂直通过的线槽预留洞外，应全部浇实。

（1）多层住宅的电气竖井

多层住宅的电气竖井内安装各层配电箱和通过垂直干线。若为独立的强电竖井，竖井内仅有层表箱，垂直干线管从表箱内明敷穿过，或明敷设在竖井侧墙上，或暗敷设在表箱所在的墙内。若强、弱电线路敷设在同一竖井内，强电与弱电线路应分别布置在竖井两侧，且线路应采用穿钢管保护的布线方式，以防止强电对弱电线路产生干扰。若竖井宽度较窄时，不可能将全部箱体排成一行，为使配电箱的门能全部打开，两个弱电箱（电视、电话箱）允许部分重叠，重叠的宽度不能超过出入两箱管路所需要的最小宽度。

多层住宅的强、弱电竖井最好能分别设置，竖井宽度不小于 0.7 m。垂直干线穿钢管明敷设时，在楼层间应预埋套管，布线后两端管口的空隙应做密封隔离。

（2）高层住宅的强电竖井

高层住宅的强、弱电竖井是分别设置的。强电竖井内不仅要安装各层用配电箱和照明干线，而且要敷设电梯、管道泵、稳压泵和正压风机等动力电源电缆及屋顶水箱间所用的液位信号线。一幢 18 层的住宅塔楼，若每 6 层使用一根照明电源电缆，那么强电竖井中需要敷设 8 根左右的电缆，这些电缆若明敷设在竖井的墙面上，由于每根电缆的固定间距有严格要求，因此竖井的墙面需要很宽；若将这些电缆敷设在桥架中，可以节省竖井的空间，也给施工带来方便。

4.2.8 住宅小区配电线路

住户内所需的强电电源和弱电信号都是由小区内集中引入的。为了供电安全和环境美观，小区内各种管线均采用埋地敷设方式。电气专业设计的管线内容包括引入小区变电所的 10 kV 高压线路，引至各楼的照明及动力电源电缆线路，电话、电视、路灯、闭路监控和集中泵房的信号线等各种线路。电气线路埋地深度在地坪下 0.8 m 左右，所有管线均平行排列。电气外线设计要以建筑总图、施工图为依据，要确保各种管线间的平行间距，尽可能减少管线交叉。当电气线路与设备线路交叉时，电气线路敷设在设备线路的上方。强电线路与弱电线路交叉时，弱电线路敷设在强电线路的上方。埋深相近的管线交叉时，线路采用跨井连接的方法，通过一条线路两边的人孔井提高或降低管路，实现线路的交叉通过。

电力干线的敷设以变配电所为中心，电话线路以交接间为中心，电视光缆等其他线路应考虑方便小区的物业管理，在小区适当的楼内安装各种控制设备。

4.2.8.1 变配电所所址选择

住宅小区内使用的高压电源电压为 10 kV。住宅小区内 10 kV 用户变电所可根据负荷等级、负荷容量、地理位置等情况采用不同的供电方式，对负荷等级较高及容量较大的用户变电所宜采用双回路专用线路或一回路专用线路加公共备用干线或双干线方式供电，其余用户变电所可采用树干式、环式配电系统供电。

1. 变配电所位置的选择

变配电所所址选择应符合下列条件：

（1）接近负荷中心或大容量用电设备点。

（2）进出线方便。

（3）靠近 10 kV 电源的进线侧。

（4）避开有剧烈震动的场所。

(5) 便于设备的装卸和搬运。

(6) 不应设在多尘、水雾或有腐蚀性气体的场所。

(7) 不应设在厕所、浴室或其他经常积水场所的正下方或贴邻。

(8) 不宜设在火灾危险性大的场所的正上方或正下方；当贴邻时，其隔墙的耐火等级应为一级，门应为甲级防火门。

2. 变配电所的数量安排

一般按建筑面积 4×10^5 m² 设立一个 10 kV 变电所。为适应住宅用电量的不断增长，按 50 W/m² 的用电量计算，住宅面积 7×10^3 m² 左右应建一座变电所。低压电源电缆的供电半径应小于 250 m。

变配电所的平面布置有高压电缆分支室及高压电缆进线室、高压配电室、变压器及低压配电室和值班室。变配电所的使用面积应根据其供电容量、供电性质选择变压器台数后，确定高、低压配电柜的数量，按照各种配电柜的尺寸实际排列后才能确定。一般情况下，一台 500kV·A 的变压器，其变电所需要的建筑面积约为 75 m²；两台 630 kV·A 的变压器，其变电所需要的建筑面积约为 150 m²。

变配电所的层高要求为：设备安装层层高应在梁下净空 3.8 m 及以上，设备层下的电缆夹层净高以 1.9 m 为宜，夹层内照明电源应为安全电压。

4.2.8.2 电气外线

主要介绍电气外线的强电路径。

1. 直埋敷设

直接埋地敷设的电缆宜采用有外保护层的铠装电缆，在无机械损伤的场所也可采用塑料护套电缆或带外护层的铅(铝)包电缆，电缆埋地深度不应小于地坪下 0.7 m。选择直埋电缆时，沿同一路径敷设的室外电缆根数为 8 根以下。电缆线路在拐弯、接头、终端和进出建筑物等地段应装设明显的方位标志，直线段上应适当增加标桩，标桩露出地面高度一般为 0.15 m。

2. 排管或管内敷设

排管或管内敷设电缆是一种管加井敷设方式。配电电缆宜采用塑料护套电缆或裸铠装电缆。管的埋设深度在地坪下 0.7 m 以下，同一路径敷设的室外电缆根数为 12 根以下。排管选用石棉水泥管或混凝土管。排管敷设时，应向有集水坑电缆井的方向倾斜，倾斜坡度在 5‰左右。在线路转角、分支处应设电缆人孔井，直线段上为便于拉引电缆也应设置一定数量的电缆入孔井，电缆入孔井的规格应满足供电部门的要求，其中拐弯井的角度不能小于 90°。

3. 电缆沟或电缆隧道敷设

电缆沟或电缆隧道内敷设的电缆不应采用有易燃和延燃的外护层，宜采用裸铠装电缆、裸铅(铝)包电缆或阻燃塑料护套电缆。同一路径敷设的电缆根数为 18 根及以下时，宜采用电缆沟敷设；多于 18 根时，采用电缆隧道敷设。在电缆沟和电缆隧道内，电缆支架的长度在电缆沟内不宜大于 0.35 m，在隧道内不宜大于 0.5 m。电缆沟在进入建筑物处应设防火墙；电缆隧道进入建筑物处以及在变电所围墙处应设带门的防火墙。电缆隧道净高不应低于 1.9 m，隧道内应有照明，其电压不超过 36 V，否则应采取安全措施。

4. 10 kV 电缆

10 kV 电缆是引入住宅小区变配电所的高压电源。电缆引入和引出小区的路径可安排在小区内主道路及其附近，采用直埋敷设方式。若采用独立排管敷设或与低压电缆同排管敷设时，高压电缆应靠排管的一侧布置，与低压电缆中间预留 2 根以上的备用管。进出小区内高压电缆的数量一般为 2 根。

5. 低压电缆

引入住宅楼内的低压电缆一般采用直埋或穿管敷设方式。电缆由变电室引出后，至各楼用电的 π 接箱采用树干式和放射式供电。一根电缆（240 mm^2）的供电面积为（6～7）× 10^3 m^2。为保证供电的可靠性，每座独立住宅之间可敷设联络电缆，构成开环供电方式。

6. 路灯电缆

路灯电缆沿住宅小区内主道路和次道路路边敷设，灯柱距路边约 0.3 m，采用单侧道路布灯。主道路的灯柱柱高应高于次道路的灯柱柱高，灯泡功率及灯具也应有区别。道路灯应选用长寿命的金属卤化物灯或高压汞灯，灯与灯之间的距离小于 30 m。供电电源可采用专用变压器或专用配电回路。配电时应将路灯电源分相配电，并尽可能使三相平衡。小区内路灯的设置应从出入口、道路分支处着手布灯，让道路照度达到均衡，减少照明眩光。

4.3　水泵站动力配电系统设计

4.3.1　设计条件及概况

民用建筑工程中水泵系统动力用电设计主要为高层建筑工程的生活用扬水泵，发生火灾时灭火用消防水扬水泵及其附属的管道加压泵，消防水排水泵及与其配套的排烟、通风机械动力用电和通风阀门用电，以及一类公共建筑中的自动喷淋灭火水泵等，为其所需的通用设备作优化组合、设计电源及控制线路选择匹配保护电器及启动设备。生活水泵平时由高位水箱液位自动控制，水泵现场及启动设备设置人工按钮操作。火灾消防水泵在一般工程中，各层消火栓处和水泵现场及启动设备均设置人工按钮操作。设置火灾自动报警系统的建筑工程可实现火灾消防系统微机自动监控、管理和联动控制，以缩短报警和启动消防泵时间，减少火灾损失。

4.3.2　配电系统设计

4.3.2.1　负荷性质

高层建筑中的消防水泵及其与灭火报警有关的一切用电设施以及高级住宅和 19 层及 19 层以上的普通住宅（属一类建筑）中的生活水泵用电均应按一级负荷要求供电，并且应在最末一级配电柜（箱）处设置两路或三路低压 220/380 V 电源的自投互投的切换装置。10～18 层的普通住宅中的生活水泵用电应按二级负荷要求供电。但是，在民用建筑工程中，往往消防水泵和生活水泵设计安装在同一水泵房内，因此，对于电源的设计应同时综合考虑，合理地布置。

三路低压 220/380 V 电源是指有条件的建筑工程可设置应急柴油发电机组，一旦两路市电源都停电时，应能在 30 s 内自动发电，供一级消防设备用电。

水泵用的电动机属于轻负载，多选用配套三相交流 Y 系列、防护等级为 IP44 级的鼠笼转子异步电动机，启动方式有全电压直接启动、Y-△降压启动和自耦变压器降压启动。

4.3.2.2　电源要求和保护电器设置

1. 电源要求

根据上述一类、二类建筑工程，必不可少地要在高层建筑地下层或设备层内设置扬水泵房，在屋顶层设置高位蓄水箱。一类建筑的水泵动力用电应设置包括应急发电机在内的三路独立电源；二类建筑的水泵用电应设置两路独立的市电源供电。图 4.12 为一类建筑水泵动力一般配电系统接线图；图 4.13 为二类建筑水泵动力配电系统接线图。

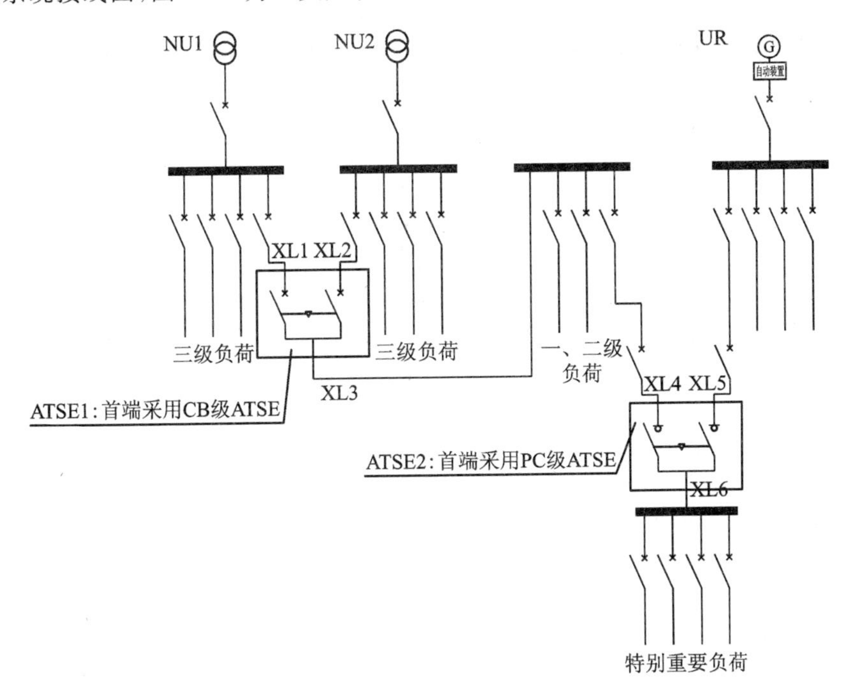

说明：

1. 采用两路高压市电进户，两台变压器互为备用，自备发电机组为应急供电电源，作为第二备用电源，一用二备，输出给特别重要负荷供电。

2. ATSE：即双电源自动转换装置，简称为TSE(Automatic Transfer Switching Equipmnet)。

它是由一个(或几个)转换开关电器和其他必须的电器组成，用于监测电源电路，并将一个或几个负载电路从一个电源自动转换至另一个电源的电器。

3. PC级：能够接通、承载，但不用于分断短路电流的ATSE；CB级：配备过电流脱扣器的ATSE，它的主触触头能够接通和分断短路电流。

4. ATSE1用于监测连接在ATSE1电源侧的XL1、XL2两个低压回路，若其中一个低压回路XL1(XL2)出现故障，将自动转换至另一个低压回路XL2(XL1)上，保障ATSE1的出线XL3有电。当XL1和XL2都出现故障时，ATSE1的出现XL3无电，ATSE2的电源侧XL4无电。

5. ATSE2用于监测连接在ATSE2电源侧的XL4、XL5两个低压回路，只要XL1或XL2有电，XL4就有电，ATSE2的出现XL6就有电；若市电出现故障，导致XL4无电，通过自动装置将自行启动自备发电机，ATSE2自动转换至另一个低压回路XL5上，由应急电源供电，市电恢复后，仍由市电给XL4供电，延时关停自备发电机。

图 4.12 一类建筑水泵动力配电系统接线图

水泵房应有独占一室的配电室和配电设备，在电源柜上设置自投、互投装置，并应遵循规范规定：在火灾发生期间，对消防水泵、自动喷水系统及消火栓的电源保证供电时间应大于 60 min。消防值班控制监测中心应有电源和水源运行工况及故障的声光信号。

2. 保护电器设置

(1) 基本要求

水泵动力用电的保护电器和启动设备完全由电气专业设计人员按实际情况设计选型和优化组合，从水泵房配电柜总断路器至各台电动机的保护电器宜设置二级保护，也应保证二级之间的选择性和避开电动机启动时的尖峰电流。断路器的额定电流 I_n 由末级推算到第一级确

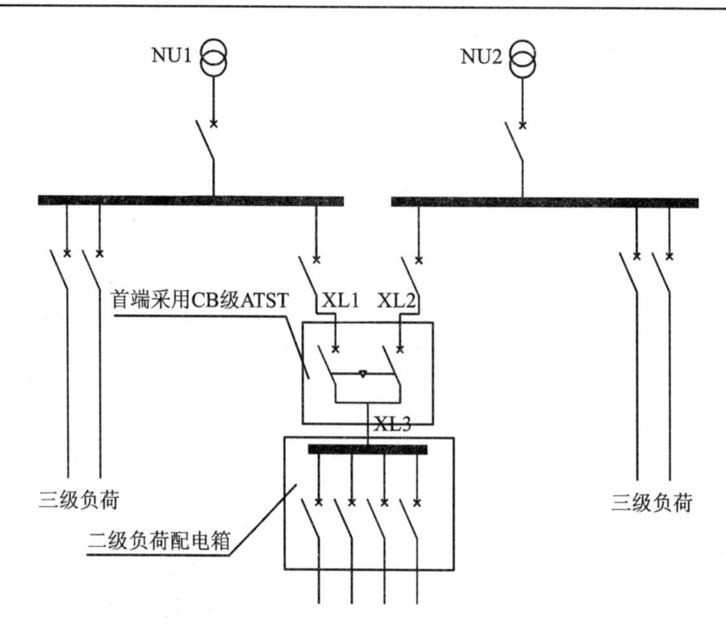

说明:

1.采用两路高压市电进户，一用一备，输出给二级负荷供电。

2.ATSE：即双电源自动转换装置，简称为ATSE（Automatic Transfer Switching Equipmnet）.

它是由一个（或几个）转换开关电器和其他必须的电器组成，用于监测电源电路，并将一个或几个负载电器从一个电源自动转换至另一个电源 电器。

3.PC级：能够接通、承载，但不用于分断短路电流的ATSE；CB级：配备过电流脱扣器的ATSE，它的主触触头能够接能和分断短路电流。

4.ATSE用于监测连接在ATSE电源侧的XL1、XL2两个低压回路，若其中一个低压回路XL1（XL2）出现故障，将自动转换至另一个低压回路XL2（XL1）上，保障ATSE的出线XL3有电，当XL1和XL2都出现故障时，ATSE的出线XL3无电。

图 4.13 二类建筑水泵动力配电系统接线图

定；对于容量较大的水泵用电应推算到低压总配电柜第一级低压断路器，并应考虑接地、漏电保护装置。线路保护电器宜选用高性能三极三段时间保护的断路器。按实际负载线路所需要的短路通断电流 I_{CS} 和额定电流 I_n 及工程资金情况，对经济合理性、安全可靠性进行比较后选择确定。

（2）自投、互投联络装置

为保证火灾情况下对消防设施全天候供电，保证高层建筑中人们的生活用水，在水泵房第一级配电装置上设计两路或三路电源的自投、互投装置。当一类建筑物内发生火灾，恰遇一路市电源停电时，消防设备用电则自动投入另一路正常的市电源。若两路市电源同时停电时，则应急柴油发电机立即自启动，供给消防设备用电，例如图 4.12 所示一类建筑工程的消防工程中的消防水泵可接至配电系统主结线中特别重要负荷回路。当二类建筑物内发生火灾，若遇上一路市电源停电时，消防用电应能自动投入另一路正常的市电源用电，例如图 4.13 所示二类建筑工程中的消防水泵、生活水泵至二级负荷配电箱回路。

自投、互投切换联络装置的断路器选择和组合可采用二台组、三台组或五台组断路器优化组合。应选用具备过电流长延时、短延时脱扣器的断路器，电源第一级总断路器的 I_n 应大于联络断路器的 I_n，电源断路器的通、断动作时间应先于联络断路器的通、断动作时间。

各分路用电设备的控制和保护断路器按分路、分级短路电流的衰减程度选择，可不同于主断路器的系列型号。

(3) 保护电器选择的其他技术要求

水泵用电动机对保护电器选择的其他要求，因为水泵多采用 Y 系列 2 极或 4 极交流异步电动机配套，启动方式有全电压直接启动、Y-△降压启动和自耦变压器降压启动三种基本方式，所以对断路器选择除应满足相关的技术条件外，还应对脱扣器形式的选择组合、辅助触头的对数和动作形式按控制线路的技术设计综合考虑确定。

4.3.2.3 水泵站用电系统及断路器设计

1. 水泵站及其动力系统

以图 4.13 某水泵站配电系统设计实例来说明该系统工程的组成、设计功能和使用要求。该工程为某小区民用高层住宅，属于二类建筑，由地上 18 层、地下 2 层的塔楼三幢(每幢 164 户)共建一处水泵站，建在 2 号楼地下层。每幢楼屋顶层设独立高位水箱，消防用水、生活用水合用一个高位水箱。

根据民用二类建筑高层住宅的基本条件，由小区变配电所低压总配电柜送来两路 220/380 V 三相四线制电源，一路为照明用电，一路为动力用电。在水泵站用电端设置用电单向自投联络装置，正常情况下水泵动力用电由动力电源供电，当该动力电源发生故障或因其他原因停电时，断路器自动单向投合照明电源用电。若同时发生两路市电源都停电时，则水泵动力系统无电源，所有水泵不能工作，按目前的设计标准该方案属于低档次的两路市电源供电，这是在目前经济条件下的权宜之计。

2. 该水泵站动力设备的组成

(1) 消防水泵，45 kW 2 台，一用一备运行；

(2) 生活水泵，15 kW 2 台，一用一备运行；

(3) 消防水排水泵，1.1 kW 1 台；

(4) 管道加压泵，1.3 kW，每幢各 2 台。

因管道加压泵安装在屋顶层每个高位水箱间，其电源则由电梯机房消防电梯双路电源末端自投装置供电。

3. 水泵组的控制方式

(1) 消防水泵

在三幢楼的各层每个消火栓内设有一个并联的触点开关，当按动其中任何一个即能启动消防水泵，门厅传达室、消防水泵现场、启动设备上均设有人工操作按钮，在 2 号楼(水泵房所在地)管理室内设有指示 1、2、3 号楼的火灾声光报警信号装置，按要求还能做到报出楼层火灾的声光报警信号。

(2) 生活水泵

生活水泵平时由三幢楼的高位水箱内液位开关并联接线，由液位自启、自停生活水泵电动机，生活水泵现场及启动设备上均设有人工操作按钮。

(3) 管道加压泵

在使用消防水泵时，由接于水箱间干管上的三套电接点压力计压力启动，并由时间继电器整定运转时间。在三幢楼的第 5 层起每个消火栓的并联触点开关上，按动任何一个触点开关启动消防水泵的同时，即启动管道加压水泵。

4. 该系统的各项技术参数

该水泵站每台电动机的用途名称、额定功率、额定电流、尖峰电流，断路器的型号和额定电流 I_{nm}/I_n，启动设备型号规格，计算电流 I_{30} 和铜导线的截面积 $S(\mathrm{mm}^2)$ 等技术参数均列于表 4.1 中。

表 4.1　水泵站电动机技术参数

设备名称	电动机			断路器额定电流 I_{nm}/I_n		断路器型号 / 动作电流倍数	启动设备规格 / 启动设备型号	计算电流 I_{js}(A) / $W_{co}(\mathrm{mm}^2)$
项　目	额定功率 P_n(kW)	额定电流 I_n(A)	尖峰电流 I_{jf}(A)	第一级	第二级			
1号消防泵电动机	45	84.2	1178.8		200 / 120	DZ20J / $10I_n$	JJ1-B / 50/380 V	84.2 / 35
2号消防泵电动机	45	84.2	1178.8		200 / 120	DZ20J / $10I_n$	JJ1-B / 50/380 V	84.2 / 35
1号生活泵电动机	15	30.3	424.2		100 / 50	DZ20J / $10I_n$	QX4 / 17/380 V	30.3 / 10
2号生活泵电动机	15	30.3	424.2		100 / 50	DZ20J / $10I_n$	QX4 / 17/380 V	30.3 / 10
消防水排水泵电动机	1.1	2.7	35.1		100 / 16	DZ20J / $3I_n$	QC25 / 4 kW	2.7 / 1.5
水泵站电动机合计	121.1	117.2	2255.2	400 / 250		DZ20J / $10I_n$		117.2 / 50

说明：

(1) 表 4.1 中保护电器中未计入备用水泵电动机的尖峰电流 I_{jf}。

(2) 断路器的额定电流 I_n 取产品整数值。

(3) 生活水泵电动机因须频繁启动，设计选用 Y-△型自动减压启动器。

该水泵站的配电系统第一级和第二级断路器经计算应配套的额定电流 I_{nm}/I_n 列于表 4.1 中。

4.3.2.4　*启动设备选择*

(1) 两台 45 kW 消防水泵电动机设计选用 JJ_1-B-45/380V 自耦减压启动控制柜，该系列产品可在水泵现场设人工操作按钮，也可以用按钮或液位器进行远程操作。因为消防水泵在无火灾情况下不经常启动，该系列启动控制柜为不能频繁启动操作型。

(2) 两台 15 kW 生活水泵电动机设计选用 QX4-17 型 Y-△减压启动器，平时三幢楼的高位水箱内设并联液位开关自动操作，维护、检修启动设备时，水泵现场及启动设备上均设置人工操作按钮。该系列启动器允许频繁操作，故适用于生活扬水泵电动机作减压启动器。

(3) 消防排水泵电动机因功率小，故采用 QC25-4 kW 型磁力启动器全电压直接启动，集水池现场液位开关自动控制电动机的启动和停止。

4.3.2.5　*电线、电缆的选择*

1. 选择原则

水泵电动机用电设备的电线、电缆应按相应的工作制条件考虑，室内应用耐压 500 V 以上的绝缘导线，穿金属管保护，凡能作暗线的应作暗敷设。BV-500 V 塑料绝缘铜芯导线工作温度为105 ℃。电源干线宜采用三相四线式电缆输送，室内也应穿金属管保护，室外穿混凝土孔砖或地下直埋敷设，选用 VV22、VLV22 型额定电压为 1 kV 的聚氯乙烯绝缘和护套的电力电缆或 YJV、YJLV、YJY、YJLY 型额定电压为 1 kV 的交联聚氯乙烯绝缘和护套的电力电缆等输电干线。

2. 导线截面积的确定

《民用建筑电气设计规范》和《低压配电设计规范》关于载流导体的过负荷保护电器选择和动作特性的规定和要求，以及对导体允许持续载流量 I_z(A)，采用同一个计算公式，对于载流导体截面积的确定，必须符合规范规定的条件，即

$$I_B \leqslant I_n \leqslant I_z \tag{4.1}$$

$$I_2 \leqslant 1.45 I_z \tag{4.2}$$

式中　I_B——负载线路的计算负荷电流，A；

I_n——熔断器熔体额定电流或断路器额定电流及过电流继电器的整定电流，A；

I_z——载流导体允许持续载流量，A；

I_2——保证保护电器可靠动作的电流，A。

当保护电器为低压断路器时，I_2 为约定时间内的约定动作电流；当为熔断器时，I_2 为约定时间内的熔体熔断电流。

3. 电动机载流导体截面积的确定

三相交流低压异步电动机用电是三相对称负载，对于载流电线、电缆截面积的确定应符合以下条件：

(1) 电动机主回路导线的安全载流截面积不应小于该电动机额定电流的安全载流截面积。当电动机经常接近满载时，导线的安全载流量宜有适当的富裕度。当电动机为短时工作或断续工作时，应使导线在短时负载下或断续负载下的载流量不小于该电动机的短时工作电流或额定负载持续率下的额定电流。

(2) 电动机主回路的导线应按机械强度和电压损失校验。对于必须确保安全运行的线路，还应校验导线在短路条件下的热稳定性。

(3) 绕线转子电动机回路导线的载流量应符合以下规定：

启动后电刷不短接时，不应小于转子额定电流。当电动机为断续工作时，应采用在断续负载下的导线安全载流截面积。

启动后电刷短接，当机械的启动静阻转矩不超过该电动机额定转矩 50%时，不宜小于转子额定电流的 35%；当机械的启动静阻转矩超过电动机额定转矩的 50%时，不宜小于转子额定电流的 50%，按此确定导线安全载流截面积。

(4) 民用建筑动力用电为一般电动机用电，均应按长期工作制确定导线安全载流截面积。

(5) 确定电动机主回路干线安全载流截面积时，备用设备负荷可不计在内。

4. 短路保护绝缘导体的热稳定校验

(1) 当短路持续时间不大于 5 s 时，绝缘导体的热稳定应按下式校验：

$$S \leqslant (I/K)\sqrt{t} \tag{4.3}$$

式中　S——绝缘导体的芯线截面积，mm²；

I——短路电流有效值(或称方均根值)，A；

t——在已达到允许最高持续温度的导体内短路电流持续作用的时间，s；

K——不同绝缘的计算系数。

不同绝缘层不同材质芯线的 K 值如表 4.2 所示。

(2) 短路持续时间小于 0.1 s 时，应计入短路电流非周期分量的影响，大于 5 s 时应计入散热的因素。

(3) 当保护电器符合相关规范的规定时，短路电流还不应小于低压断路器的瞬时或短延时过电流脱扣器额定电流 I_n 的 1.3 倍。

表 4.2　不同绝缘层的 K 值

芯线材质 \ 绝缘层	聚氯乙烯	丁基橡胶	乙丙橡胶	油浸纸
铜 芯	115	131	143	107
铝 芯	76	87	94	71

5. 消防水泵电动机及其电器设备用的电线、电缆应遵循“消防用电设备的配电及信号线路”原则来选择。

6. 消防用电的电线、电缆因有保证供电时间，从而有耐火耐热的技术要求，满足布线环境和保护措施，因此，有条件的场所应尽量做厚壁钢管暗敷设在建筑物结构层中，对于明敷在电缆竖井内的电线、电缆管线应做好相应的辅助保护措施。

4.3.2.6　水泵站动力设备安装平面图

图 4.14 为某二类高层建筑工程地下室水泵站安装平面图，水泵房与配电控制操作室截然分开设置成两间，便于操作、维修、管理。

4.3.2.7　消防用电设备的配电及信号线路

1. 火灾自动报警线路

(1) 报警系统及 50 V 以下配线

火灾自动报警系统探测器及信号等传输导线和采用 50 V 以下供电的控制线路(如消防水泵控制线路)应采用耐压不低于交流 250 V 的绝缘铜芯多股导线或电缆。

(2) 计算机监控报警线路

采用计算机监控检测的火灾报警线路应配屏蔽导线作传输线路，如 RVVP 型等屏蔽导线，以抗干扰及误动作谎报警。

(3) 导线的工作温度

上述传输导线的芯线工作温度应能满足 65 ℃，应穿在金属管或阻燃型塑料管中保护，并应暗敷于建筑物结构层内。

2. 动力、照明导线的耐压要求

交流 220/380 V 供电的用电设备或控制线路应采用耐压不低于交流 500 V 的绝缘铜芯导线或电力电缆。

3. 高层、超高层建筑物内的动力和照明及自控线路

(1) 超高层建筑物内的电力、照明、自控等配电线路应采用阻燃型电线或电缆，但重要的消防设备(如消防水泵、喷淋水泵、排烟送风机、消防电梯等)的供电线路宜采用防火型电缆。

(2) 一类高、低层建筑物内的电力、照明、自控等线路宜采用阻燃型电线或电缆，但重要消防设备的供电线路有条件时可采用耐火型电缆或采用其他防火措施以达到耐火配线目的。

(3) 二类高、低层建筑物内的消防用电设备宜采用阻燃型电线或电缆。

(4) 消防联动控制、自动灭火控制、应急照明、应急广播、通信和报警等线路布线也应穿金

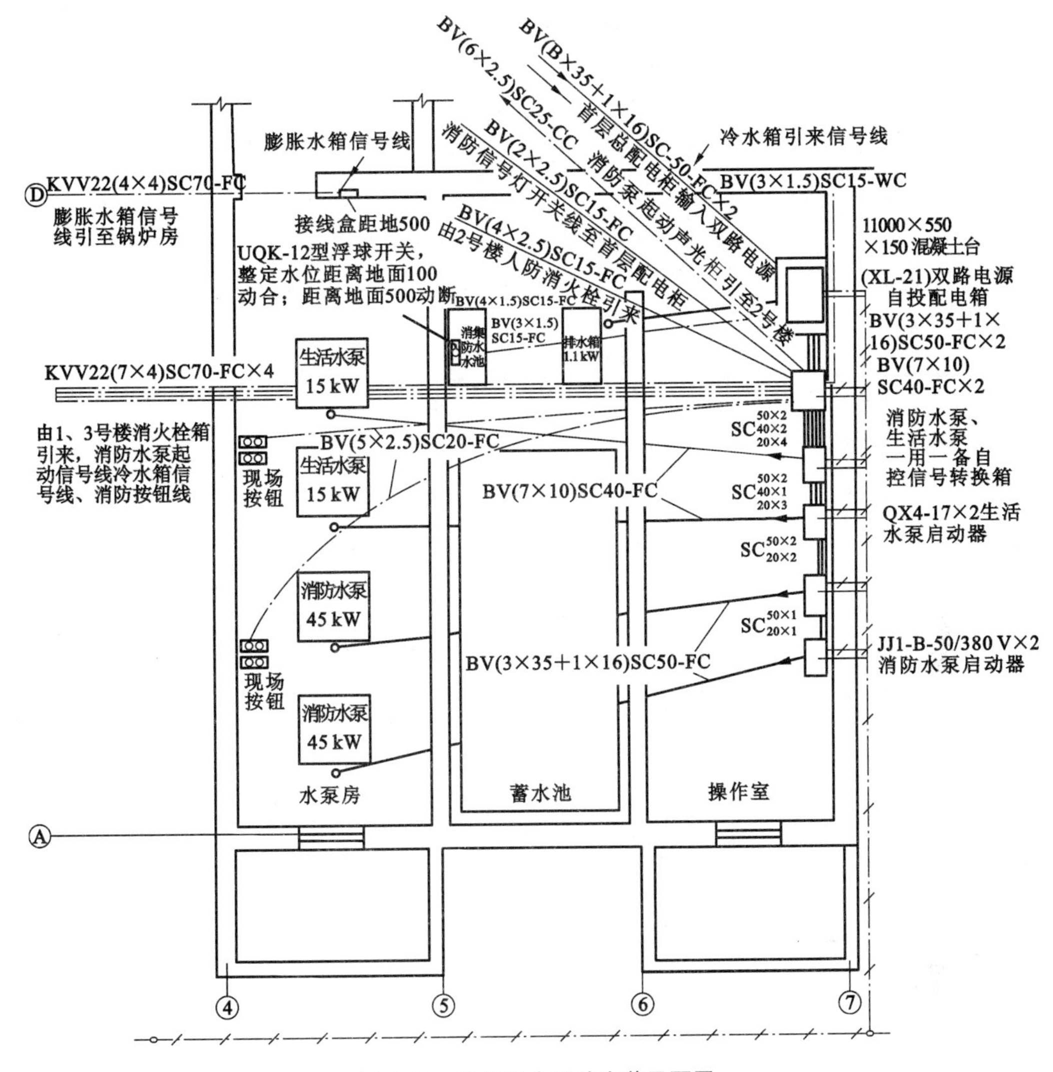

图 4.14 地下室水泵站安装平面图

属管或阻燃、难燃的塑料管，并且宜暗敷于非燃烧体结构内，其保护层厚度不应小于 3cm。当必须明敷时，应在金属管表面采取防火措施。

(5) 关于耐火、耐热电线和电缆的概念

耐火电缆的绝缘层是由云母带和 PVC 塑料组成，允许工作温度为 70 ℃，耐火特性符合 GB 12666—90(IEC 331)标准，适用电压为 0.6/1 kV。耐火电缆在 750～800 ℃的火焰中维持 180 min 正常运行，用于高层建筑、地铁、电站等一些重要场合更具有防火安全和消防救生能力。耐火电缆型号见表 4.3。

防火电缆是以高电导率的铜线为导电线芯、以无缝铜管为护套、以无机矿物质氧化镁为绝缘材料构成，称铜芯铜套氧化镁绝缘电缆，简称防火电缆。国际上简称 MI 电缆或称矿物绝缘电缆。

由于防火电缆是由无机材料构成，因而优越于其他任何类型电缆的某些特性，尤其在防火、耐高温、防爆等方面更具特性。该电缆长期使用温度为 250 ℃，在 950～1000 ℃可维持 180 min，应急时可接近铜的熔点 1083 ℃。

日本在20世纪70年代就制定了耐火、耐热电线和电缆的技术标准：耐热电线、电缆耐温度420 ℃，经15 min仍能有效工作；耐火电线、电缆耐温度840 ℃，经30 min仍能有效工作。

我国生产的阻燃电线、电缆品种规格大体相同，但耐热、耐火性能有很大差异。

以下列出几种耐热、耐火电线和电缆的技术标准：

① PVC阻燃耐热电线、电缆　耐温度110～140 ℃，在受到火烧或高温烘烤时难起火、难微燃，当火源移走后燃烧或微燃能停止，但只在起火3～5 min内有效，大火烧烤时则没有用。

② 云母耐火电线、电缆　属于无机类电线、电缆。以云母作绝缘耐火层，能在900～1000 ℃火烧及高温作用下，耐火1 h仍能有效地工作。

表4.3　耐火防火型电缆型号和名称

电缆类型	型　号	名　　称	主要用途
阻燃电缆	ZR-VV ZR-YJV ZR-KVV ZR-KVV22	铜芯聚氯乙烯绝缘聚氯乙烯护套阻燃电力电缆 铜芯交联聚乙烯绝缘聚氯乙烯护套阻燃电力电缆 铜芯聚氯乙烯绝缘聚氯乙烯护套阻燃控制电缆 铜芯聚氯乙烯绝缘聚氯乙烯护套钢带铠装阻燃控制电缆	重要建筑物等
无卤阻燃电缆	WL-YJE23 WL-YJEQ23	核电站用交联聚乙烯绝缘钢带铠装热缩性聚乙烯护套 无卤电缆0.6/1,6/10,(6.6/10)kV符合IEC 332-3B类 交联聚乙烯绝缘无卤阻燃电缆0.6/1 kV(符合IEC 332-3C类)	防火场地，高层建筑，地铁、隧道等
隔层电缆（电力电缆）	GZRKVV GZRVV GZRYJV	聚氯乙烯绝缘聚氯乙烯护套隔氧层阻燃控制电缆 铜芯聚氯乙烯绝缘聚氯乙烯护套隔氧层阻燃电力电缆 铜芯交联聚乙烯绝缘聚氯乙烯护套隔氧层阻燃电力电缆	信号控制系统、建筑物内等
耐火电缆	NH-VV NH-BV	铜芯聚氯乙烯绝缘聚氯乙烯护套耐火电力电缆 铜芯聚氯乙烯绝缘耐火电缆(电线)	高层建筑、地铁、电站等
防火电缆 500/750V	BTTQ BTTVQ BTTZ BTTVZ	轻型铜芯铜套氧化镁绝缘防火电缆 轻型铜芯铜套聚氯乙烯外套氧化镁绝缘防火电缆 重型铜芯铜套氧化镁绝缘防火电缆 重型铜芯铜套聚氯乙烯外套氧化镁绝缘防火电缆	耐高温、防爆，适用于历史性建筑等

③ 铜芯铜皮氧化镁绝缘防火电缆　属于无机类电缆，耐高温950～1000 ℃，经1.5 h燃烧仍能有效地工作，而且使用寿命为150年。

4.4　电梯工程动力配电设计

对于电梯工程的设计选型，以及目前高层建筑中的高速电梯发展概况及其调控技术和电梯工程的最新技术成就的设计、施工、安装、验收，可参考相关书籍，在此不作介绍，只是简要地提示一下在民用建筑动力配电设计时，与其相关的电梯动力电源宜综合考虑配置设计。

4.4.1　电梯负荷性质

1. 一级负荷

(1)国家级会堂、国宾馆、国家级国际会议中心的客梯用电；

(2)国家及省部政府办公建筑的客梯用电；

(3)Ⅰ类汽车库、机械停车设备及采用升降梯车辆疏散出口的升降梯用电；

(4)四星级及以上旅游饭店主要客梯用电；

(5)一类高层建筑客梯用电。

2. 二级负荷

(1)大型商场及超市的自动扶梯用电；

(2)Ⅱ、Ⅲ类汽车库和Ⅰ类修车库、机械停车设备及采用升降梯作车辆疏散出口的升降梯用电；

(3)三星旅游饭店主要客梯用电；

(4)二级以上医院客梯用电；

(5)二类高层建筑客梯用电。

4.4.2　电源设置

1. 一级负荷配电系统

一级负荷应由两个电源供电，当一个电源发生故障时，另一个电源不应同时受到破坏。

对于一级负荷中特别重要的负荷，应增加应急电源，并严禁将其他负荷接入应急供电系统。

2. 二级负荷配电系统

二级负荷的供电系统宜由两路线路供电。在负荷较小或地区供电条件困难时，二级负荷可由一路6kV及以上专用的架空线路或电缆供电。当采用架空线时，可为一回路架空线供电；当采用电缆线路时，应采用两条电缆组成的线路供电，其每根电缆应能承受100%的二级负荷。图4.15所示为二类高层建筑客梯(二级负荷)电源末端自投装置。

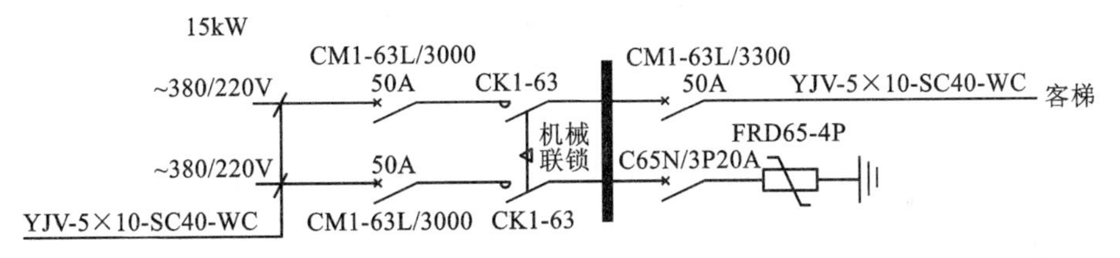

图4.15　二楼高层建筑客梯(二级负荷)电源末端自投装置

小　　结

介绍了低压配电系统典型接线形式——放射式、树干式、链式和环网式，并介绍了这四种典型接线形式的特点和适用范围。

住宅配电系统设计以多层住宅、高层住宅和公寓式住宅配电系统设计为例，介绍了低压配电系统设计包括的基本内容和方法。设计内容包括室内配电箱系统、多层住宅配电系统、高层住宅配电系统、公寓式住宅配电系统、配电线路的保护、配电设备的选择、强电线路的敷设、电源引入、配线方式以及住宅小区配电线路。

以水泵站动力配电系统设计为例，介绍了动力配电系统设计所包括的基本内容。即设计的条件和工程概况，负荷性质的分析、电源要求和保护电器设置，动力系统图设计，断路器选择，启动设备选择，电线、电缆的选择，消防用电设备的配电及信号线路等内容。

电梯工程动力配电设计介绍了电梯负荷性质的划分及电源设置。

思考题与习题

4.1　低压配电系统接线有哪几种形式？各有何特点？分别适用于哪些场所？

4.2　比较户内配电系统图几种形式的异同点。

4.3　多层住宅、高层住宅、公寓式住宅的负荷等级是如何划分的？

4.4　简述住宅电源引入方式、电压等级和接地方式。

4.5　π接箱的安装有何要求？

4.6　多层住宅底层和标准层配电有何不同？画出典型的系统图。

4.7　高层住宅配电系统图及计量方式应符合哪些要求？

4.8　高层住宅消防电源应符合哪些要求？

4.9　公寓式住宅的配电系统应采取哪些方式？如何进行计量？

4.10　如何选择住宅电度表箱？如何选择合适的安装位置？

4.11　住宅配线方式有哪些形式？

4.12　住宅小区配电管线包括哪些内容？敷设方式有哪些？

4.13　民用建筑工程中水泵系统动力用电包括哪些部分？分别属于几级负荷？

4.14　应从哪些方面选择动力用电电线、电缆？

4.15　电梯负荷性质可分为哪几级？对电源有何要求？

技能训练

实训项目 1:多层住宅电气设计

(1) 实训目的

通过多层住宅的电气设计，熟悉多层住宅电气设计的内容、方法和步骤。

(2) 实训已知条件

某多层住宅有三个单元，首层为储藏间，一至六层为住户，顶层有阁楼，一梯两户，均为两室一厅。

(3) 实训内容

① 分析负荷等级和容量。

② 分析电源引入方式。

③ 分析线路敷设方式、设备安装方式和计量方式等。

④ 设计住户室内配电箱系统。

⑤ 设计该住宅配电系统。

(4) 提交成果

① 设计计算书。

② 设计图纸(配电系统图)。

实训项目 2:高层住宅电气设计

(1) 实训目的

通过高层住宅的电气设计，熟悉高层住宅电气设计的方法及步骤。

(2) 实训已知条件

某高层住宅有六个单元，一至十二层为住户，一梯三户，每个单元设有一部电梯，各户均为三室两厅。小区设有集中的水泵房。

(3) 实训内容

① 分析负荷等级和容量。

② 分析电源引入方式。

③ 分析线路敷设方式、设备安装方式和计量方式等。

④ 设计住户室内配电箱系统。

⑤ 设计该住宅配电系统。

(4) 提交成果

① 设计计算书。

② 设计图纸(配电系统图)。

课题5　短路电流及其计算

【知识目标】

◆ 理解短路故障产生的原因及危害；
◆ 掌握短路故障的类型；
◆ 掌握短路计算的目的、内容、条件和常用方法；
◆ 理解标幺值的概念和基准值的选取方法；
◆ 了解三相短路过程的分析，理解三相短路电流的有关参数；
◆ 理解短路电流的热效应和电动效应。

【能力目标】

◆ 具备合理选择短路点的能力；
◆ 具备用欧姆法进行短路电流计算的能力；
◆ 具备用标幺制法进行短路电流计算的能力；
◆ 具备对短路电流的热效应和电动效应验算的能力。

5.1　短路概述

5.1.1　短路故障产生的原因

在工业和民用建筑中，正常的生产经营、办公等活动以及人们的正常生活都要求供电系统保证持续、安全、可靠地运行。但由于各种原因，系统会经常出现故障，使正常运行状态遭到破坏，其中短路是系统常见的严重故障。

所谓短路，就是系统中各种类型不正常的相与相之间或相与地之间的短接。系统发生短路的原因很多，主要包括：

(1) 设备原因

指电气设备、元件的损坏。如设备绝缘部分自然老化或设备本身有缺陷，正常运行时被击穿导致短路；设计、安装、维护不当所造成的设备缺陷最终发展成短路等。

(2) 自然原因

由于气候恶劣，如大风、低温、导线覆冰等引起架空线倒杆断线；因遭受直击雷或雷电感应，导致设备过电压或绝缘被击穿等。

(3) 人为原因

工作人员违反操作规程，带负荷拉闸造成相间弧光短路；违反电业安全工作规程，带接地刀闸合闸造成金属性短路；人为疏忽接错线造成短路；运行管理不善，造成小动物进入带电设备内形成短路事故等。

5.1.2 短路故障的危害

供电系统发生短路后，电路阻抗比正常运行时阻抗小很多，短路电流通常超过正常工作电流几十倍甚至数百倍，它会带来以下严重后果：

(1) 短路电流的热效应

巨大的短路电流通过导体，短时间内产生很大热量，形成很高温度，极易造成设备过热而损坏。

(2) 短路电流的电动力效应

由于短路电流的电动力效应，导体间将产生很大的电动力。如果电动力过大或设备电动力过大或设备结构强度不够，则可能引起电气设备机械变形甚至损坏，使事故进一步扩大。

(3) 短路时系统电压下降

短路造成系统电压突然下降，给用户带来很大影响。例如，作为主要动力设备的异步电动机，其电磁转矩与端电压平方成正比。电压大幅下降将造成电动机转速降低甚至停止运转，给用户带来损失；同时，电压降低会造成照明负荷，如电灯突然变暗或一些气体放电灯的熄灭等，影响正常的工作、生活和学习。

(4) 不对称短路的磁效应

当系统发生不对称短路时，不对称短路电流的磁效应所产生的足够的磁通在邻近的电路内能感应出很大的电动势，这对于附近的通信线路、铁路信号系统及其他电子设备、电动控制系统可能产生强烈干扰。

(5) 短路时的停电事故

短路时会造成停电事故，给国民经济带来损失。并且短路越靠近电源，停电波及范围越大。

(6) 破坏系统稳定性，造成系统瓦解

短路可能造成的最严重后果就是使并列运行的各发电厂之间失去同步，破坏系统稳定性，最终造成系统瓦解，形成地区性或区域性大面积停电。

5.1.3 短路故障的类型

在三相系统中，可能发生的短路类型有三相短路、两相短路、两相接地短路和单相短路。

三相短路是对称短路，用 $k^{(3)}$ 表示，如图 5.1(a)所示。因为短路回路的三相阻抗相等，所以三相短路电流和电压仍然是对称的，只是电流比正常值增大，电压比额定值降低。三相短路发生的概率最小，只有 5%左右，但它却是危害最严重的短路形式。

两相短路是不对称短路，用 $k^{(2)}$ 表示，如图 5.1(b)所示。两相短路的发生概率为 10%～15%。

两相接地短路也是一种不对称短路，用 $k^{(1,1)}$ 表示，如图 5.1(c)、(d)所示。它是指中性点不接地系统中两个不同的相均发生单相接地而形成的两相短路，亦指两相短路后又接地的情况。两相接地短路发生的概率为 10%～20%。

单相短路用 $k^{(1)}$ 表示，如图 5.1(e)、(f)所示，也是一种不对称短路。它的危害虽不如其他短路形式严重，但在中性点直接接地系统中发生的概率最高，占短路故障的 65%～70%。

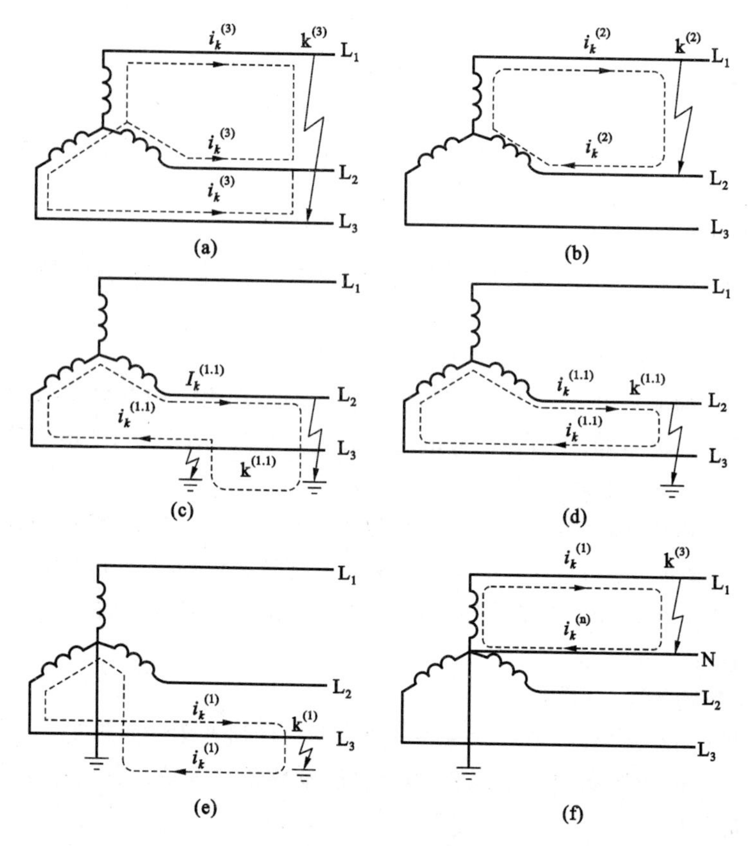

图 5.1　短路的类型

5.1.4　短路电流计算的目的

（1）电气主接线比选

短路电流计算可为不同方案进行技术经济比较，并为确定是否采取限制短路电流措施等提供依据。

（2）选择导体和电器

如选择断路器、隔离开关、熔断器、互感器、母线、绝缘子、电缆、架空线等。其中包括计算三相短路冲击电流、冲击电流有效值以校验电气设备电动力稳定度，计算三相短路电流稳态有效值用以校验电气设备及载流导体的热稳定性，计算三相短路容量以校验断路器的遮断能力等。

（3）确定中性点接地方式

对于 35 kV、10 kV 供配电系统，根据单相短路电流可确定中性点接地方式。

（4）验算接地装置的跨步电压和接触电压。

（5）选择继电保护装置和整定计算

在考虑正确、合理地装设保护装置和校验保护装置灵敏度时，不仅要计算短路故障支路内的三相短路电流值，还需知道其他支路短路电流分布情况；不仅要算出最大运行方式下电路可能出现的最大短路电流值，还应计算最小运行方式下可能出现的最小短路电流值；不仅要计算三相短路电流，而且也要计算两相短路电流，或根据需要计算单相接地电流等。

5.1.5 短路电流计算的内容

(1) 短路点的选取 短路点为各级电压母线、各级线路末端。

(2) 短路时间的确定 根据电气设备选择和继电保护整定的需要，确定计算短路电流的时间。

(3) 短路电流的计算 包括最大运行方式下最大短路电流、最小运行方式下最小短路电流以及各级电压中性点不接地系统的单相接地短路电流，计算的具体项目及其计算条件取决于计算短路电流的目的。

5.1.6 短路电流计算条件

1. 基本假定

短路电流计算中，为简化分析，通常采用以下基本假定：

(1) 正常运行时，三相系统对称运行。

(2) 所有电源的电动势相位角相同。

(3) 系统中所有同步和异步电动机均为理想电机，即不考虑电机磁饱和、磁滞、涡流及导体集肤效应等影响，转子结构完全对称，定子三相绕组空间位置相差 120°电气角度。

(4) 电力系统中各元件的磁路不饱和，即带铁芯的电气设备电抗值不随电流大小发生变化。

(5) 同步电机都具有自动调整励磁装置。

(6) 不考虑短路点的电弧电阻。

(7) 不考虑变压器的励磁电流。

(8) 除计算短路电流的衰减时间常数和低压电网的短路电流外，元件的电阻略去不计。

(9) 输电线路的电容略去不计。

(10) 元件的计算参数取额定值。

不考虑参数的误差和调整范围。

2. 一般规定

(1) 验算导体和电器动稳定、热稳定以及电器开断电流所用的短路电流应按本工程的规划容量计算，并考虑电力系统的远景规划(一般为本工程预期投产后 5～10 年的发展规划考虑)。

确定短路电流时，应按可能发生最大短路电流的正常接线方式计算，不应按仅在切换过程中可能并列运行的接线方式计算。

(2) 验算导体和电器用的短路电流，在电气连接的网络中，应考虑具有反馈作用的异步电动机的影响和电容补偿装置放电电流的影响。

5.1.7 短路电流计算方法

供配电系统某处发生短路时，要算出短路电流值，必须首先计算出短路点到电源的回路总阻抗值。电路元件电气参数的计算有两种方法：标幺制法和有名值法。

1. 标幺制法

标幺制是一种相对单位制，标幺值是一个无单位的量，为任一参数对其基准值的比值。标幺制法就是将电路元件各参数均用标幺值表示。在短路电流计算中通常涉及四个基准量，即

基准电压 U_d、基准电流 I_d、基准视在功率 S_d 和基准阻抗 Z_d。在高压系统中，由于回路电抗一般远大于电阻，为了方便，在工程上一般可忽略电阻，直接用电抗代替各元件的阻抗，这样 $Z_d \approx X_d$。由于电力系统有多个电压等级的网络组成，采用标幺制法可以省去不同电压等级间电气参量的折算。在高压系统中宜采用标幺制法进行短路电流计算。

2. 有名值法

有名值法就是以实际有名单位给出电路元件参数，这种方法通常用于 1 kV 以下低压供配电系统短路电流的计算。

5.2 短路电流的计算

5.2.1 三相短路过程的分析

当短路突然发生时，系统原来的稳定工作状态遭到破坏，需要经过一个暂态过程才能进入短路稳定状态。供电系统中的电流在短路发生时也要增大，经过暂态过程达到新的稳定值。短路电流变化的这一暂态过程不仅与系统参数有关，而且与系统的电源容量有关。为了便于分析问题，假设系统电源电势在短路过程中近似地看做不变，因而便引出了无限大容量电源系统的概念。

所谓无限大容量系统，是指当电力系统的电源距短路点的电气距离较远时，由短路而引起的电源输出功率的变化 $\Delta S=\sqrt{\Delta P^2+\Delta Q^2}$ 远小于电源的容量 S，即 $S \gg \Delta S$，所以可设 $S \to \infty$。由于 $P \gg \Delta P$，可认为在短路过程中无限大容量电源系统的频率是恒定的。又由于 $Q \gg \Delta Q$，所以可以认为在短路过程中无限大容量电源系统的端电压是恒定的。

实际上，真正的无限大容量电源系统是不存在的。然而对于容量相对于用户供电系统容量大得多的电力系统，当用户供电系统的负荷变动甚至发生短路时，电力系统变电所馈电母线上的电压能基本维持不变。如果电力系统的电源总阻抗不超过短路电路总阻抗的 5%～10%，或当电力系统容量超过用户供电系统容量 50 倍时，可将电力系统视为无限大容量系统。

图 5.2(a)是一个电源为无限大容量的供电系统发生三相短路时的电路图，由于三相对称，因此这个三相短路电路可用图 5.2(b)所示的等效单相电路图来分析。

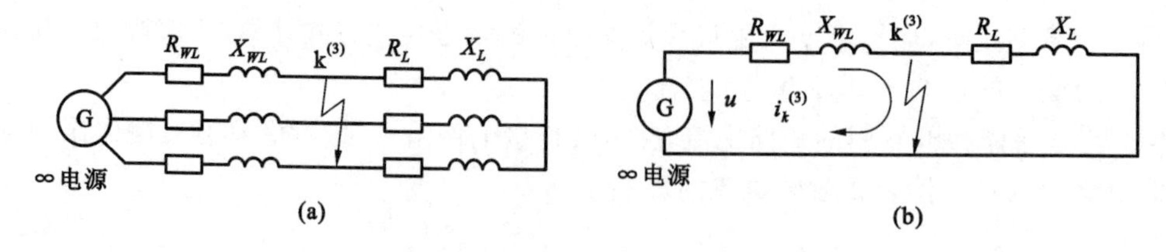

图 5.2 无限大容量系统发生三相短路时的电路图

(a)三相电路图；(b) 等效单相电路图

系统正常运行时，电路中电流取决于电源和电路中所有元件包括负荷在内的总阻抗。

当发生三相短路时，图 5.2(a)所示的电路将被分成两个独立的回路，一个仍与电源相连接，另一个则成为没有电源的短接回路。在这个没有电源的短接回路中，电流将从短路发生瞬间的初始值按指数规律衰减到零。在衰减过程中，回路磁场中所储藏的能量将全部转化成热能。与电源相连的回路由于负荷阻抗和部分线路阻抗被短路，所以电路中的电流要突然增大。但是，由于电路中存在着电感，根据楞茨定律，电流又不能突变，因而引起一个过渡过程，即短路暂态过程，最后达到一个新稳定状态。

图 5.3 表示了无限大容量电源系统发生三相短路前后电流、电压的变化曲线。从图中可以看出，与无限大容量电源系统相连电路的电流在暂态过程中包含两个分量，即周期分量和非周期分量。周期分量属于强制电流，它的大小取决于电源电压和短路回路的阻抗，其幅值在暂态过程中保持不变；非周期分量属于自由电流，是为了使电感回路中的磁链和电流不突变而产生的一个感生电流，它的值在短路瞬间最大，接着便以一定的时间常数按指数规律衰减，直到衰减为零。此时暂态过程即告结束，系统进入短路的稳定状态。

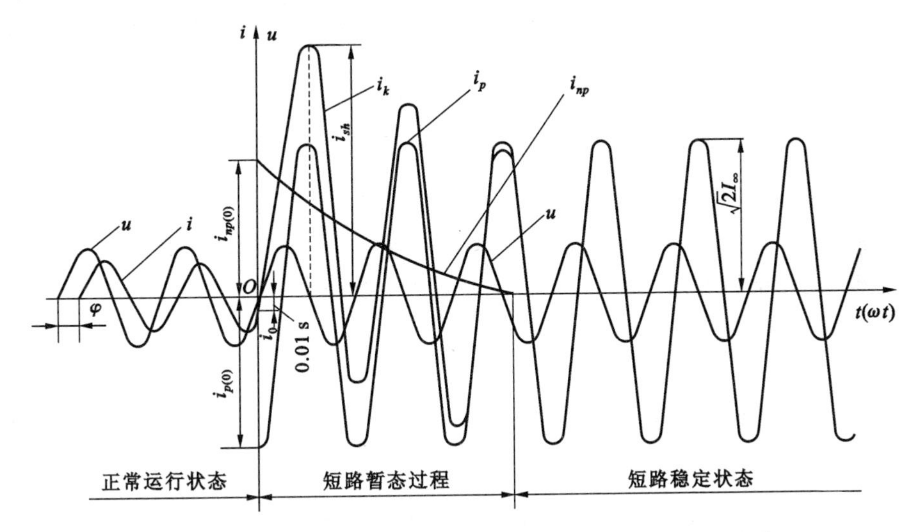

图 5.3 无限大容量系统发生三相短路前后的电压与电流曲线

5.2.2 三相短路电流的有关参数

1. 短路电流周期分量

如图 5.3 所示，假设短路发生在电压瞬时值 $u=0$ 时，这时负荷电流为 i_0，由于短路时电路阻抗减小很多，电路中将要出现一个短路电流周期分量 i_p，又由于短路电抗一般远大于电阻，所以，i_p 滞后电压 u 大约 90°，因此短路瞬间（$t=0$ 时刻）i_p 突然增大到幅值，即

$$i_{p(0)} = I''_m = \sqrt{2}I'' \tag{5.1}$$

式中 I''——短路次暂态电流的有效值，它是短路后第一个周期的短路电流周期分量的有效值；

I''_m——短路电流周期分量的幅值。

由于母线电压不变，其短路电流周期分量的幅值和有效值在短路全过程中维持不变。

2. 短路电流非周期分量

由于电路中存在着电感，在短路发生时电感要产生一个与 $i_{p(0)}$ 方向相反的感生电流，以维持短路瞬间（$t=0$ 时刻）电路中的电流和磁链不突变。这个反向电流就是短路电流非周期分量 i_{np}，它的初始绝对值为

$$i_{np(0)} = |\ i_0 - I''_m\ | \approx I''_m = \sqrt{2}I'' \tag{5.2}$$

由于电路中还存在着电阻，所以 i_{np} 要衰减，它按指数函数衰减的表达式为

$$i_{np} = i_{np(0)} e^{-t/\tau} \approx \sqrt{2} I'' e^{-t/\tau} \tag{5.3}$$

式中　τ——非周期分量衰减时间常数。

如果用 R_{Σ}、L_{Σ} 和 X_{Σ} 分别表示短路电路的总电阻、总电感和总电抗，则

$$\tau = \frac{L_{\Sigma}}{R_{\Sigma}} = \frac{X_{\Sigma}}{314 R_{\Sigma}} \tag{5.4}$$

3. 短路全电流

任一瞬间的短路全电流 i_k 为其周期分量 i_p 和非周期分量 i_{np} 之和，即

$$i_k = i_p + i_{np} \tag{5.5}$$

在无限大容量电源系统中，短路电流周期分量的幅值和有效值是始终不变的，习惯上将周期分量的有效值写作 I_k，即 $I_p = I_k$。

4. 短路冲击电流

从图5.3可以看出，短路后经过半个周期(0.01 s)短路电流瞬时值达到最大值，这一瞬时电流称为短路冲击电流 i_{sh}，即

$$i_{sh} = i_{p(0.01)} + i_{np(0.01)} \approx \sqrt{2} I'' (1 + e^{-\frac{0.01}{\tau}}) = K_{sh} \sqrt{2} I'' \tag{5.6}$$

式中　K_{sh}——短路电流冲击系数。

K_{sh} 可用下式确定：

$$K_{sh} = 1 + e^{-\frac{0.01}{\tau}} \tag{5.7}$$

短路冲击电流有效值 I_{sh} 为

$$I_{sh} = \sqrt{1 + 2(K_{sh} - 1)^2 I''} \tag{5.8}$$

在高压电路中发生三相短路时，一般可取 $K_{sh} = 1.8$，所以有

$$i_{sh} = 2.55 I'' \tag{5.9}$$

$$I_{sh} = 1.51 I'' \tag{5.10}$$

在1000 kV·A及以下的电力变压器二次侧及低压电路中发生三相短路时，一般可取 $K_{sh} = 1.3$，所以有

$$i_{sh} = 1.84 I'' \tag{5.11}$$

$$I_{sh} = 1.09 I'' \tag{5.12}$$

5. 短路稳态电流

短路电流非周期分量一般经过0.2 s就衰减完毕，短路电流达到稳定状态，这时的短路电流称为短路稳态电流 I_{∞}。

在无限大容量系统中，短路电流周期分量有效值在短路全过程中始终是恒定的，所以有

$$I'' = I_{\infty} = I_k = I_p \tag{5.13}$$

5.2.3　三相短路电流的计算

三相短路电流常用的计算方法有欧姆法和标幺制法两种。欧姆法是最基本的短路计算方法，适用于两个及两个以下电压等级的供电系统；而标幺制法适用于多个电压等级的供电系统。

短路计算中有关物理量一般采用以下单位：电流为“kA”(千安)；电压为“kV”(千伏)；短

路容量和断流容量为“MV · A”(兆伏安);设备容量为“kW”(千瓦)或“kV · A ”(千伏安);阻抗为“Ω”(欧姆)等。

5.2.3.1 欧姆法

1. 短路计算公式

欧姆法是因其短路计算中的阻抗都采用有名单位“欧姆”而得名。对无限大系统,三相短路电流周期分量有效值可按下式计算。

$$I_k^{(3)}=\frac{U_c}{\sqrt{3}|Z_\Sigma|}=\frac{U_c}{\sqrt{3}\sqrt{R_\Sigma^2+X_\Sigma^2}} \tag{5.14}$$

式中 U_c——短路点的计算电压。一般取 $U_c=105\%U_N$,按我国电压标准,U_c 有 0.4 kV、6.3 kV、10.5 kV、37 kV 等。

Z_Σ、R_Σ、X_Σ——分别为短路电路的总阻抗、总电阻和总电抗值。

在高压电路的短路计算中,通常总电抗远比总电阻大,所以一般只计电抗,不计电阻。

在低压电路的短路计算中,也只有当短路电路 $R_\Sigma>\frac{X_\Sigma}{3}$时才需要考虑电阻。

若不计电阻,三相短路周期分量有效值为:

$$I_k^{(3)}=\frac{U_c}{\sqrt{3}X_\Sigma} \tag{5.15}$$

三相短路容量为:

$$S_k^{(3)}=\sqrt{3}U_cI_k^{(3)} \tag{5.16}$$

2. 供电系统元件阻抗的计算

(1) 电力系统的阻抗

电力系统的电阻相对于电抗来说很小,可不计。其电抗可由变电站高压馈电线出口断路器的断流容量 S_{oc} 计算,即

$$X_s=\frac{U_c^2}{S_{oc}} \tag{5.17}$$

式中 U_c——高压馈电线的短路计算电压。为了便于短路电路总阻抗的计算,免去阻抗换算的麻烦,U_c 可以直接采用短路点的短路计算电压。

S_{oc}——系统出口断路器的断流容量,可查有关的手册、产品样本。

(2) 电力变压器的阻抗

① 变压器的电阻 R_T 可由变压器的短路损耗 ΔP_k 近似地求出,即

$$R_T\approx\Delta P_k\left(\frac{U_c}{S_N}\right)^2 \tag{5.18}$$

式中 U_c——短路点的短路计算电压;

S_N——变压器的额定容量;

ΔP_k——变压器的短路损耗,可以从有关手册和产品样本中查得。

② 变压器的电抗 X_T 可由变压器的短路电压 $U_k\%$近似地求出,即

$$X_T\approx\frac{U_k\%}{100}\cdot\frac{U_c^2}{S_N} \tag{5.19}$$

式中 $U_k\%$——变压器的短路电压百分数,可从有关手册和产品样本中查得。

(3) 电力线路的阻抗

① 线路的电阻 R_{WL} 可由线路长度 l 和已知截面的导线或电缆的单位长度电阻 R_0 求得，即

$$R_{WL} = R_0 l \tag{5.20}$$

② 线路的电抗 X_{WL} 可由线路长度 l 和导线或电缆的单位长度电抗 X_0 求得，即

$$X_{WL} = X_0 l \tag{5.21}$$

如果线路的数据不详时，对于 35 kV 以下高压线路，架空线取 $X_0 = 0.38\ \Omega/\text{km}$，电缆取 $X_0 = 0.08\ \Omega/\text{km}$；对于低压线路，架空线取 $X_0 = 0.32\ \Omega/\text{km}$，电缆取 $X_0 = 0.066\ \Omega/\text{km}$。

(4) 电抗器的阻抗

由于电抗器的电阻很小，故只需计算其电抗值。

$$X_R = \frac{X_R\%}{100} \cdot \frac{U_N}{\sqrt{3} I_N} \tag{5.22}$$

式中 $X_R\%$——电抗器的电抗百分数；

U_N——电抗器的额定电压；

I_N——电抗器的额定电流。

注意：在计算短路电路阻抗时，若电路中含有变压器，则各元件阻抗都应统一换算到短路点的短路计算电压中去，阻抗换算的公式为

$$\left.\begin{aligned} R' &= R(U_c'/U_c)^2 \\ X' &= X(U_c'/U_c)^2 \end{aligned}\right\} \tag{5.23}$$

式中 R, X, U_c——换算前元件电阻、电抗及元件所在处的短路计算电压；

R', X', U_c'——换算后元件电阻、电抗及元件所在处的短路计算电压。

短路计算中所考虑的几个元件的阻抗，只有电力线路和电抗器的阻抗需要换算。而电力系统和电力变压器的阻抗，由于它们的计算公式中均含有 U_c^2，因此计算阻抗时，公式中 U_c 直接代以短路点的计算电压就相当于阻抗已经换算到短路点这一侧了。

3. 欧姆法短路计算步骤

(1) 绘出计算电路图，将短路计算中各元件的额定参数都表示出来，并将各元件依次编号；确定短路计算点，短路计算点应选择在可能产生最大短路电流的地方。一般来说，高压侧选在高压母线位置，低压侧选在低压母线位置；系统中装有限流电抗器时，应选在电抗器之后。

(2) 按所选择的短路计算点绘出等效电路图，在图上将短路电流所流经的主要元件表示出来，并标明其序号。

(3) 计算电路中各主要元件的阻抗，并将计算结果标于等效电路元件序号下面分母的位置。

(4) 将等效电路化简，求系统总阻抗。对于供电系统来说，由于将电力系统当做无限大容量电源，而且短路电路也比较简单，因此一般只需采用阻抗串、并联的方法即可将电路化简，求出其等效总阻抗。

(5) 按照式(5.14)或式(5.15)计算短路电流 $I_k^{(3)}$，然后按式(5.9)～式(5.13)分别求出其他短路电流参数，最后按式(5.16)求出短路容量 $S_k^{(3)}$。

【例 5.1】 某供电系统如图 5.4 所示。已知电力系统出口断路器的断流容量为 500 MV·A，试计算变电所 10 kV 母线上 k-1 点短路和变压器低压母线上 k-2 点短路的三相短路电流和短路容量。

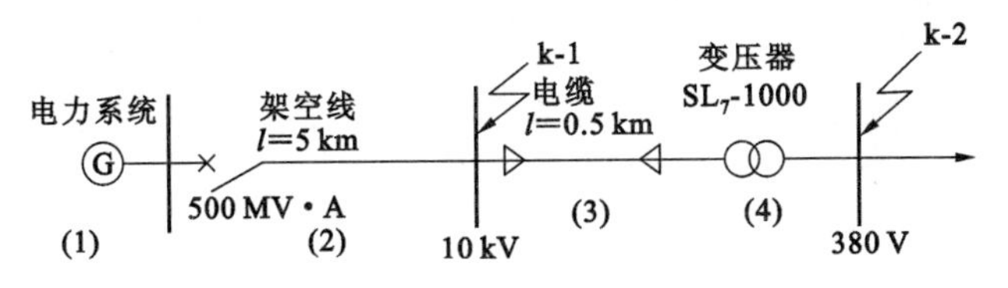

图 5.4　例 5.1 的短路计算电路图

【解】　(1) 求 k-1 点的三相短路电流和短路容量($U_{c1}=105\%U_N=105\%\times10=10.5$ kV)

① 计算短路电路中各元件的电抗及总电抗

电力系统电抗为：

$$X_1=\frac{U_{c1}^2}{S_{oc}}=\frac{10.5^2}{500}=0.22(\Omega)$$

架空线路电抗为：

$$X_2=X_0 l=0.38\times5=1.9(\Omega)$$

绘 k-1 点的等效电路图如图 5.5(a)所示。其总电抗为：

$$X_{\Sigma1}=X_1+X_2=0.22+1.9=2.12(\Omega)$$

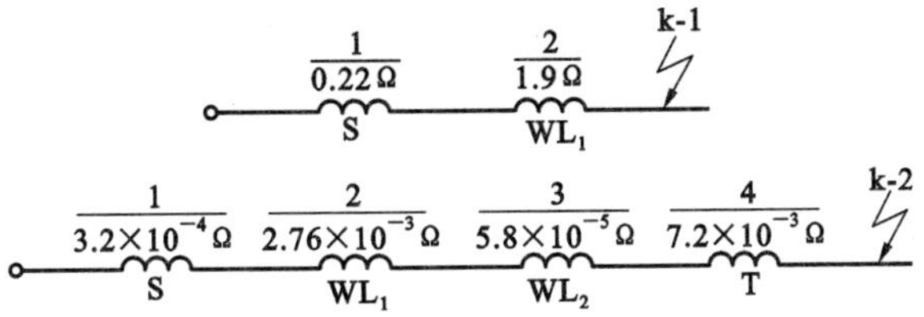

1　0.22 Ω　S　2　1.9 Ω　WL_1　k-1

1　3.2×10^{-4} Ω　S　2　2.76×10^{-3} Ω　WL_1　3　5.8×10^{-5} Ω　WL_2　4　7.2×10^{-3} Ω　T　k-2

图 5.5　例 5.1 的短路等效电路图

② 计算 k-1 点的三相短路电流和短路容量

三相短路电流周期分量的有效值为：

$$I_{k-1}^{(3)}=\frac{U_{c1}}{\sqrt{3}X_{\Sigma1}}=\frac{10.5}{\sqrt{3}\times2.12}=2.86(\text{kA})$$

三相次暂态短路电流及短路稳态电流为：

$$I''^{(3)}=I_{\infty}^{(3)}=I_{k-1}^{(3)}=2.86(\text{kA})$$

三相短路冲击电流为：

$$i_{sh}^{(3)}=2.55I''^{(3)}=2.55\times2.86=7.29(\text{kA})$$

三相短路容量为：

$$S_{k-1}^{(3)}=\sqrt{3}U_{c1}I_{k-1}^{(3)}=\sqrt{3}\times10.5\times2.86=52.0(\text{MV}\cdot\text{A})$$

(2) 求 k-2 点的短路电流和短路容量($U_{c2}=0.4$ kV)

① 计算短路电路中各元件的电抗及总电抗

电力系统电抗为：

$$X_1'=\frac{U_{c2}^2}{S_{oc}}=\frac{0.4^2}{500}=3.2\times10^{-4}(\Omega)$$

架空线路电抗为：

$$X_2'=X_0 l\left(\frac{U_{c2}}{U_{c1}}\right)^2=0.38\times5\times\left(\frac{0.4}{10.5}\right)^2=2.76\times10^{-3}(\Omega)$$

电缆线路电抗为：

$$X_3'=X_0 l\left(\frac{U_{c2}}{U_{c1}}\right)^2=0.08\times0.5\times(0.4/10.5)^2=5.8\times10^{-5}(\Omega)$$

电力变压器电抗（$S_N=1000$ kV·A=1 MV·A）为：

$$X_4'\approx\frac{U_k\%}{100}\frac{U_{c2}^2}{S_N}=\frac{4.5}{100}\times\frac{0.4^2}{1}=7.2\times10^{-3}(\Omega)$$

绘k-2点的等效电路图如图5.5(b)所示。其总电抗为：

$$X_{\Sigma2}=X_1'+X_2'+X_3'+X_4'$$
$$=3.2\times10^{-4}+2.76\times10^{-3}+5.8\times10^{-5}+7.2\times10^{-3}=0.01034(\Omega)$$

② 计算k-2点的三相短路电流和短路容量

三相短路电流周期分量的有效值为：

$$I_{k-2}^{(3)}=\frac{U_{c2}}{\sqrt{3}X_{\Sigma2}}=\frac{0.4}{\sqrt{3}\times0.01034}=22.3(\text{kA})$$

三相次暂态短路电流及短路稳态电流为：

$$I''^{(3)}=I_\infty^{(3)}=I_{k-2}^{(3)}=22.3(\text{kA})$$

三相短路冲击电流为：

$$i_{sh}^{(3)}=1.84I''^{(3)}=1.84\times22.3=41.0(\text{kA})$$

三相短路容量为：

$$S_{k-2}^{(3)}=\sqrt{3}U_{c2}I_{k-2}^{(3)}=\sqrt{3}\times0.4\times22.3=15.5(\text{MV}\cdot\text{A})$$

5.2.3.2 标幺制法

标幺制法是相对欧姆法来说的，因其短路计算中的有关物理量是采用标幺值而得名。

1. 标幺值的概念

任一物理量的标幺值是它的实际值与所选定的基准值的比值，它是一个相对量，没有单位。标幺值用上标[*]表示，基准值用下标[d]表示。

2. 基准值的选取

按标幺制法进行短路计算时，一般是先进行基准值的选取。

(1) 基准容量 S_d

基准容量在工程设计中通常取 $S_d=100$ MV·A。

(2) 基准电压

基准电压取各级的额定平均电压。根据线路一般允许有10%的电压损失，当线路末端电压维持在额定电压 U_n 时，线路首端电压为 $1.1U_n$，所以各电压等级线路的平均电压为 $1.05U_n$。

根据我国电网的电压等级，各电压等级电网的额定电压和额定平均电压值对照见表5.1。

表5.1 电网的额定电压和平均额定电压(kV)

额定电压	0.22	0.38	3	6	10	35	60	110	154	220	330	500
额定平均电压	0.23	0.40	3.15	6.30	10.5	37	63	115	162	230	345	525

基准电压通常取元件所在处的短路计算电压，即 $U_d=U_c$。

(3) 基准电流和基准电抗

基准电流和基准电抗按下式计算：

$$I_d = \frac{S_d}{\sqrt{3}U_d} \tag{5.24}$$

$$X_d = \frac{U_d}{\sqrt{3}I_d} = \frac{U_d^2}{S_d} \tag{5.25}$$

3. 电抗标幺值的计算

取 $S_d = 100\ \text{MV} \cdot \text{A}$，$U_d = U_c$，则

(1) 电力系统电抗标幺值

$$X_s^* = \frac{S_d}{S_{oc}} \tag{5.26}$$

(2) 电力变压器电抗标幺值

$$X_T^* = \frac{U_k\%}{100} \cdot \frac{S_d}{S_N} \tag{5.27}$$

(3) 电力线路电抗标幺值

$$X_{WL}^* = \frac{X_0 l S_d}{U_c^2} \tag{5.28}$$

(4) 电抗器电抗标幺值

$$X_R^* = \frac{X_R\%}{100}\frac{U_N}{I_N} \cdot \frac{S_d}{\sqrt{3}U_c^2} \tag{5.29}$$

短路电路中各主要元件的电抗标幺值求出以后，即可利用其等效电路图进行电路化简，计算其总电抗标幺值。由于各元件电抗均采用标幺值(即相对值)，与短路计算点的电压无关，因此无需进行电压换算，这也是标幺制法的优点。

4. 标幺制法短路计算公式

在无限大容量系统中，三相短路电流周期分量有效值的标幺值可按下式计算：

$$I_k^{(3)*} = \frac{I_k^{(3)}}{I_d} = \frac{U_c}{\sqrt{3}X_\Sigma I_d} = \frac{X_d}{X_\Sigma} = \frac{1}{X_\Sigma^*} \tag{5.30}$$

由此可求得三相短路电流周期分量有效值及三相短路容量的计算公式，即

$$I_k^{(3)} = I_k^{(3)*} I_d = \frac{I_d}{X_\Sigma^*} \tag{5.31}$$

$$S_k^{(3)} = \sqrt{3}U_c I_k^{(3)} = \frac{\sqrt{3}U_c I_d}{X_\Sigma^*} = \frac{S_d}{X_\Sigma^*} \tag{5.32}$$

求出 $I_k^{(3)}$ 后，可利用前面的公式求出其他短路电流。

5. 标幺制法短路计算步骤

(1) 绘制短路电路计算电路图，确定短路计算点。

(2) 确定标幺值基准，取 $S_d = 100\ \text{MV} \cdot \text{A}$ 和 $U_d = U_c$(有几个电压等级就取几个 U_d)，并求出所有短路计算点电压下的 I_d。

(3) 绘出短路电路等效电路图，并计算各元件的电抗标幺值，标示在图上。

(4) 根据不同的短路计算点分别求出各自的总电抗标幺值，再计算各短路电流和短路容量。

【例5.2】 试用标幺制法求例5.1所示的供电系统中k-1点及k-2点的短路电流及短路容量。

【解】 ① 选定基准值：$S_d=100$ MV·A，$U_{c1}=10.5$ kV，$U_{c2}=0.4$ kV

$$I_{d1}=\frac{S_d}{\sqrt{3}U_{c1}}=5.5(\text{kA})$$

$$I_{d2}=\frac{S_d}{\sqrt{3}U_{c2}}=144(\text{kA})$$

② 绘出等效电路图如图5.6所示，并求各元件电抗标幺值。

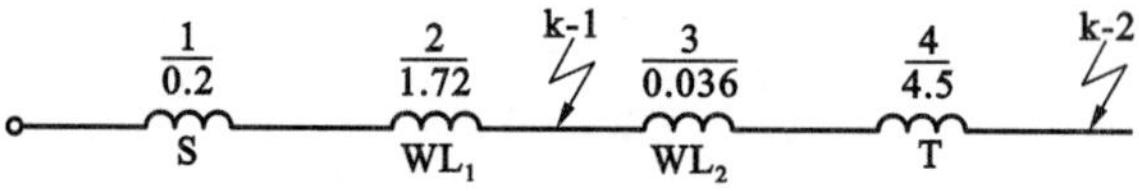

图5.6　例5.2的等效电路图

电力系统电抗标幺值为：

$$X_s^*=\frac{100}{S_{oc}}=\frac{100}{500}=0.2$$

架空线路电抗标幺值为：

$$X_{WL1}^*=X_0 l_1\frac{S_d}{U_c^2}=0.38\times5\times\frac{100}{10.5^2}=1.72$$

电缆线路电抗标幺值为：

$$X_{WL2}^*=X_0 l_2\frac{S_d}{U_c^2}=0.08\times0.5\times\frac{100}{10.5^2}=0.036$$

变压器电抗标幺值（$S_d=100$ MV·A$=100\times10^3$ kV·A）为：

$$X_T^*=\frac{U_k\%S_d}{100S_N}=\frac{4.5\times100\times10^3}{100\times1000}=4.5$$

③ 计算短路电流和短路容量

k-1点短路时总电抗标幺值为：

$$X_{\Sigma1}^*=X_s^*+X_{WL1}^*=0.2+1.72=1.92$$

k-1点短路时的三相短路电流和三相短路容量为：

$$I_{k-1}^{(3)}=\frac{I_{d1}}{X_{\Sigma1}^*}=\frac{5.5}{1.92}=2.86(\text{kA})$$

$$I''^{(3)}=I_\infty^{(3)}=I_{k-1}^{(3)}=2.86(\text{kA})$$

$$i_{sh}^{(3)}=2.55I''^{(3)}=2.55\times2.86=7.29(\text{kA})$$

$$S_{k-1}^{(3)}=\frac{S_d}{X_{\Sigma1}^*}=\frac{100}{1.92}=52.0(\text{MV·A})$$

k-2点短路时总电抗标幺值为：

$$X_{\Sigma2}^*=X_s^*+X_{WL1}^*+X_{WL2}^*+X_T^*=0.2+1.72+0.036+4.5=6.456$$

k-2点短路时的三相短路电流及三相短路容量为：

$$I_{k-2}^{(3)}=\frac{I_{d2}}{X_{\Sigma2}^*}=\frac{144}{6.456}=22.3(\text{kA})$$

$$I''^{(3)}=I_\infty^{(3)}=I_{k-2}^{(3)}=22.3(\text{kA})$$

$$i_{sh}^{(3)}=1.84I''^{(3)}=1.84\times22.3=41.0(\text{kA})$$

$$S_{k-2}^{(3)}=\frac{S_d}{X_{\Sigma2}^*}=\frac{100}{6.456}=15.5(\text{MV}\cdot\text{A})$$

可见,上述计算结果与例 5.1 完全相同。

5.2.4 两相及单相短路电流的计算

1. 无限大容量系统两相短路电流计算

在无限大容量系统中发生两相短路时,其短路电流可由下式求得:

$$I_k^{(2)}=\frac{U_c}{2|Z_\Sigma|} \tag{5.33}$$

如果只计电抗,则短路电流为:

$$I_k^{(2)}=\frac{U_c}{2Z_\Sigma}=\frac{\sqrt{3}}{2}\times\frac{U_c}{\sqrt{3}X_\Sigma} \tag{5.34}$$

将上式与式(5.15)对照,则两相短路电流可做如下计算:

$$I_k^{(2)}=\frac{\sqrt{3}}{2}I_k^{(3)}=0.866I_k^{(3)} \tag{5.35}$$

上式说明,无限大容量系统中同一地点的两相短路电流为三相短路电流的 0.866 倍,因此,无限大容量系统中的两相短路电流可由三相短路电流求出,其他两相短路电流均可按前面三相短路的对应短路电流公式计算。

2. 无限大容量系统单相短路电流计算

在大电流接地系统或三相四线制系统中发生单相短路时,根据对称分量法可知单相短路电流为:

$$I_k^{(1)}=\frac{\sqrt{3}\dot{U}_c}{Z_{1\Sigma}+Z_{2\Sigma}+Z_{0\Sigma}} \tag{5.36}$$

式中 $Z_{1\Sigma}$,$Z_{2\Sigma}$,$Z_{0\Sigma}$——分别为单相回路的正序、负序和零序总阻抗。

在工程设计中,经常用来计算低压配电系统单相短路电流的公式为:

$$\left.\begin{aligned}I_k^{(1)}&=\frac{U_\phi}{|Z_{\phi\text{-}N}|}\\I_k^{(1)}&=\frac{U_\phi}{|Z_{\phi\text{-PE}}|}\\I_k^{(1)}&=\frac{U_\phi}{|Z_{\phi\text{-PEN}}|}\end{aligned}\right\} \tag{5.37}$$

式中 U_ϕ—— 线路的相电压;

$Z_{\phi\text{-}N}$——相线与 N 线短路回路的阻抗;

$Z_{\phi\text{-PE}}$——相线与 PE 线短路回路的阻抗;

$Z_{\phi\text{-PEN}}$——相线与 PEN 线短路回路的阻抗。

在无限大容量系统中或远离发电机处短路时,两相短路电流和单相短路电流均较三相短路电流小,因此,用于选择电气设备和导体短路稳定度校验的短路电流应采用三相短路电流。

5.2.5 大容量电机短路电流计算

1. 大容量电机对短路电流的影响

当短路点附近接有大容量电动机时，应把电动机作为附加电源考虑，电动机会向短路点反馈短路电流。短路时，电动机受到迅速制动，反馈电流衰减得非常快，因此该反馈电流仅影响短路冲击电流，而且仅当单台电动机或电动机组容量大于 100 kW 时才考虑其影响。

由电动机提供的短路冲击电流可按下式计算：

$$i_{sh,M} = CK_{sh,M}I_{N,M} \tag{5.38}$$

式中　C——电动机反馈冲击倍数（感应电动机取 6.5，同步电动机取 7.8，同步补偿机取 10.6，综合性负荷取 3.2）；

$K_{sh,M}$——电动机短路电流冲击系数（对高压电动机可取1.4～1.7，对低压电动机可取 1）；

$I_{N,M}$——电动机额定电流。

计入电动机反馈冲击的影响后，短路点总短路冲击电流为：

$$i_{sh\Sigma} = i_{sh} + i_{sh,M} \tag{5.39}$$

2. 发电机供电系统短路电流计算

电力系统中的短路，在很多情况下，供电系统的线路电压是下降的，所以在计算短路电流时不能将短路回路的电源看成是无限大容量系统，而应看成是一个等值发电机，这个等值发电机容量为系统的总容量，阻抗为系统的总阻抗。

讨论发电机供电回路内短路时，计算条件与无限大容量电源系统相同，即短路前处于空载、某相电压过零时（$u=0$）发生三相短路，在此条件下研究该相的短路电流。短路后发电机的端电压或电势在整个短路的暂态过程中是一个变化值，由它所决定的短路电流周期分量幅值或有效值也随着变化，这是与无限大容量系统供电电路内发生短路的主要区别。

$$I''^{(3)} = \frac{KU_{GN}}{\sqrt{3}(X''_d + X_\omega)} = \frac{KU_{GN}}{\sqrt{3}X_\Sigma} \tag{5.40}$$

式中　U_{GN}——发电机额定电压；

X''_d——发电机次暂态电抗；

X_ω——从发电机端到短路点的外部电抗；

X_Σ——发电机供电回路总电抗；

K——比例系数。在实际计算中，汽轮发电机取 1，水轮发电机取 1～1.11。

三相短路冲击电流为：

$$i_{sh}^{(3)} = K_{sh}\sqrt{2}I''^{(3)} \tag{5.41}$$

对直接由发电机供电的母线短路时，取 $K_{sh}=1.9$，则

$$i_{sh}^{(3)} = 2.7I''^{(3)} \tag{5.42}$$

对发电厂内其他线路短路时，取 $K_{sh}=1.8$，则

$$i_{sh}^{(3)} = 2.55I''^{(3)} \tag{5.43}$$

5.3　短路电流的效应

通过短路计算可知，供电系统发生短路时短路电流是相当大的，如此大的短路电流通过电器和导体一方面要产生很高的温度（即热效应），另一方面要产生很大的电动力（即电动效应），这两类短路效应对电器和导体的安全运行威胁很大，必须充分注意。

5.3.1 短路电流的热效应

1. 短路时导体的发热过程与发热计算

发生短路故障时，巨大的短路电流通过导体，能在极短时间内将导体加热到很高的温度，造成电气设备的损坏。由于短路后线路的保护装置很快动作，将故障线路切除，所以短路电流通过导体的时间很短(一般不会超过 2～3 s)，其热量来不及向周围介质中散发，因此可以认为全部热量都用来升高导体的温度了。

根据导体的允许发热条件，导体在正常负荷和短路时最高允许温度如表 5.2 所示。如果导体和电器在短路时的发热温度不超过允许温度，则认为其短路热稳定满足要求。

表 5.2 导体在正常和短路时的最高允许温度及热稳定系数

导体种类和材料			最高允许温度(℃)		热稳定系数 C
			正常 θ_0	短路 θ_k	
母线	铜		70	300	171
	铜 (接触面有锡层时)		65	200	164
	铝		70	200	87
油浸纸绝缘电缆	铜芯	1～3 kV	80	250	148
		6 kV	65	220	145
		10 kV	60	220	148
	铝芯	1～3 kV	80	200	84
		6 kV	65	200	90
		10 kV	60	200	92
橡皮绝缘导线和电缆		铜芯	65	150	112
		铝芯	65	150	74
聚氯乙烯绝缘导线和电缆		铜芯	65	130	100
		铝芯	65	130	65
交联聚乙烯绝缘电缆		铜芯	80	230	140
		铝芯	80	200	84
有中间接头的电缆(不包括聚氯乙烯绝缘电缆)		铜芯		150	
		铝芯		150	

导体达到的最高发热温度与导体短路前的温度、短路电流的大小及通过短路电流的时间长短等因素有关。由于短路电流是一个变动的电流，而且含有非周期分量，因此要准确计算短路时导体产生的热量和达到的最高温度是非常困难的。

一般采用短路稳态电流来等效计算实际短路电流所产生的热量。由于通过导体的实际短路电流并不是短路稳态电流，因此需要假定一个时间，在此时间内，假定导体通过短路稳态电流时所产生的热量恰好与实际短路电流在实际短路时间内所产生的热量相等。这一假想时间称为短路发热的假想时间，用 t_{ima} 表示。

短路发热假想时间可用下式近似计算：

$$t_{ima} = t_k + 0.05 \tag{5.44}$$

当 $t_k > 1$ s 时，可以认为 $t_{ima} = t_k$。

短路时间 t_k 为短路保护装置实际最长的动作时间 t_{op} 与断路器的断路时间 t_{oc} 之和，即 $t_k = t_{oc} + t_{op}$。

对于一般高压油断路器，可取 $t_{oc}=0.2$ s；对于高速断路器，可取 $t_{oc}=0.1\sim0.15$ s。

实际短路电流通过导体在短路时间内产生的热量等效为：

$$Q_k = I_\infty^2 R t_{ima} \tag{5.45}$$

2. 短路热稳定度的校验

(1) 对于一般电器

$$I_t^2 t \geqslant I_\infty^{(3)^2} t_{ima} \tag{5.46}$$

式中 I_t——电器的热稳定试验电流(有效值)，可从产品样本中查得；

t——电器的热稳定试验时间，可从产品样本中查得。

(2) 对于母线及绝缘导线和电缆等导体

$$S \geqslant S_{\min} = \frac{I_\infty^{(3)}}{C}\sqrt{t_{ima}} \tag{5.47}$$

式中 C——导体的短路热稳定系数，可查表5.2；

$S_{\min}$——导体的最小热稳定截面积，mm^2。

【例5.3】 已知某车间变电所380 V侧采用80 mm×10 mm铝母线，其三相短路稳态电流为36.5 kA，短路保护动作时间为0.5 s，低压断路器的断路时间为0.05 s，试校验此母线的热稳定度。

【解】 查表5.2，$C=87$。

因为 $t_{ima}=t_k+0.05=t_{oc}+t_{op}+0.05=0.5+0.05+0.05=0.6(s)$

所以 $S_{\min}=\frac{I_\infty^{(3)}}{C}\sqrt{t_{ima}}=\frac{36500}{87}\times\sqrt{0.6}=325\ (mm^2)$

由于母线的实际截面为 $S=800\ mm^2$，大于 $S_{\min}=325\ mm^2$，因此该母线满足短路热稳定的要求。

5.3.2 短路电流的电动效应

电流通过载流导体时，导体相互之间会产生电动力的作用。在一般情况下，载流导体流过的是正常工作电流，电动力并不大。但供电系统短路时，短路电流特别是短路冲击电流将使相邻导体之间产生很大的电动力，有可能使电器和载流导体遭受严重破坏。为此，要使电路元件能承受短路时最大电动力的作用，电路元件必须具有足够的电动稳定度。

1. 短路时最大电动力

在短路电流中，三相短路冲击电流 $i_{sh}^{(3)}$ 为最大，且三相短路时 $i_{sh}^{(3)}$ 在导体中间相产生的电动力最大，其电动力 $F^{(3)}$ (N/A^2)可用下式表示：

$$F^{(3)} = \sqrt{3}\times i_{sh}^{(3)^2}\times\frac{L}{a}\times10^{-7} \tag{5.48}$$

式中 L——导体两支撑点间的距离，即挡距，m；

$i_{sh}^{(3)}$——三相短路冲击电流，A；

a——两导体间的轴线距离，m。

校验电器和载流导体的动稳定度时，通常采用 $i_{sh}^{(3)}$ 和 $F^{(3)}$。

2. 短路动稳定度的校验

电器和导体动稳定度的校验需根据校验对象的不同而应满足不同的校验条件。

(1) 对于一般电器

$$i_{max} \geqslant i_{sh}^{(3)} \tag{5.49}$$

或

$$I_{max} \geqslant I_{sh}^{(3)} \tag{5.50}$$

式中 i_{max}, I_{max}——电器极限通过电流的峰值和有效值,可由有关手册或产品样本查得。

(2) 对于绝缘子

$$F_{al} \geqslant F_c^{(3)} \tag{5.51}$$

式中 F_{al}——绝缘子的最大允许载荷,可由有关手册或产品样本查得;

$F_c^{(3)}$——短路时作用于绝缘子上的计算力。

如图 5.7 所示,母线在绝缘子上平放,则 $F_c^{(3)}=F^{(3)}$;母线在绝缘子上竖放,则 $F_c^{(3)}=1.4F^{(3)}$。

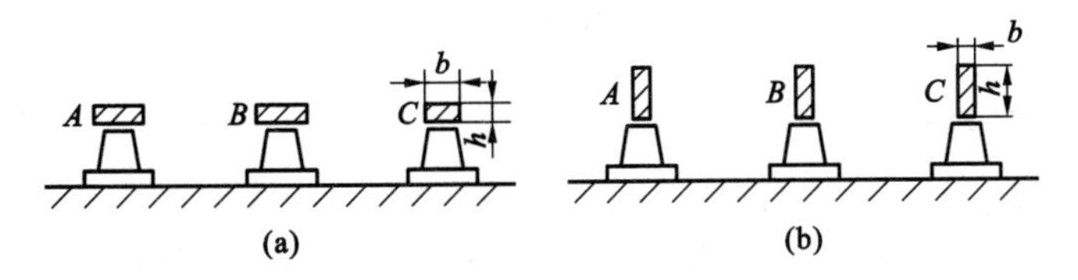

图 5.7 母线的放置方式

(a) 水平放置;(b) 竖直放置

(3) 对母线等硬导体

$$\sigma_{al} \geqslant \sigma_c \tag{5.52}$$

式中 σ_{al}——母线材料的最大允许应力,Pa(N/m^2),硬铜母线为 140 MPa,硬铝母线为 70 MPa;

σ_c——母线通过 $i_{sh}^{(3)}$ 所受到的最大计算应力。

$$\sigma_c = \frac{M}{W} \tag{5.53}$$

式中 M——母线通过三相短路冲击电流时所受到的弯曲力矩,N·m。当母线的挡数小于或等于 2 时,$M=F^{(3)}L/8$;当挡数大于 2 时,$M=F^{(3)}L/10$,其中 L 为导线的挡距,单位为 m。

W——母线截面系数,m^3,$W=b^2h/6$。

对于电缆,因其机械强度较高,可不必校验其短路动稳定度。

【例 5.4】 已知某车间变电所 380 V 侧采用 80 mm×10 mm 铝母线,水平放置,相邻两母线间的轴线距离为 $a=0.2$ m,挡距为 $L=0.9$ m,挡数大于 2,它上面接有一台 500 kW 的同步电动机,$\cos\varphi=1$ 时,$\eta=94\%$,母线的三相短路冲击电流为 67.2 kA。试校验此母线的动稳定度。

【解】 因 $C=7.8$,而 $K_{sh,M}=1$,则电动机反馈冲击电流为:

$$i_{sh,M}=CK_{sh,M}I_{N,M}=7.8\times1\times\frac{500}{\sqrt{3}\times1\times0.94\times380}=6.3(\text{kA})$$

母线在三相短路时承受的最大电动力为:

$$F^{(3)}=\sqrt{3}(i_{sh}^{(3)}+i_{sh,M})^2\frac{L}{a}\times 10^{-7}=\sqrt{3}\times(67.2\times 10^3+6.3\times 10^3)^2\times\frac{0.9}{0.2}\times 10^{-7}$$
$$=4210.6(\text{N/A}^2)$$

母线在 $F^{(3)}$ 作用下的弯曲力矩为：

$$M=\frac{F^{(3)}L}{10}=\frac{4210.6\times 0.9}{10}=379(\text{N}\cdot\text{m})$$

截面系数为：

$$W=\frac{b^2h}{6}=\frac{0.08^2\times 0.01}{6}=1.07\times 10^{-5}(\text{m}^3)$$

应力为：

$$\sigma_c=\frac{M}{W}=\frac{379}{1.07\times 10^{-5}}=35.4(\text{MPa})$$

而铝母线的允许应力为：$\sigma_{al}=70\ \text{MPa}>\sigma_c$，此母线的动稳定度满足要求。

小　　结

在供电系统中，造成短路的原因有多种，其主要原因是电气设备载流部分的绝缘损坏。

在三相系统中，短路的主要类型有三相短路、两相短路、两相接地短路和单相短路。其中三相短路电流最大，造成的危害也最严重；而单相短路发生的概率最大。

在供电系统中，需计算的短路参数有 I_k，I''，I_∞，i_{sh}，I_{sh} 和 S_k。常用的计算方法有欧姆法和标幺制法。

当供电系统发生短路时，巨大的短路电流将产生强烈的电动效应和热效应，可能使电气设备遭受严重破坏。因此，必须对相关的电气设备和载流导体进行动稳定和热稳定的校验。

思考题与习题

5.1　短路的原因有哪些？短路的类型有哪些？哪种短路对系统危害最严重？哪种短路发生的可能性最大？

5.2　如果线路中只有电阻时，短路电流将会如何变化？如果线路中只有电感时，短路电流又将如何变化？

5.3　与短路有关的物理量有哪些？它们之间有什么关系？

5.4　试比较欧姆法与标幺制法计算短路电流的优缺点。

5.5　什么是短路电流的热效应和电动效应？

技 能 训 练

实训项目 1:欧姆法和标幺制法计算短路电流

(1) 实训目的

通过对短路电流的计算，熟悉欧姆法和标幺制法计算短路电流的步骤。

(2) 实训已知条件

某区域变电所通过一条长为 8 km 的 10 kV 架空线路给某变电所供电，该变电所装有两台并列运行的 S9-1000 型变压器，区域变电所出口断路器的断流容量为 300 MV·A。试分别用欧姆法和标幺制法求该变电所高压侧和低压侧的短路电流和短路容量。

(3) 实训内容

1) 欧姆法短路计算步骤

① 绘出计算电路图，将短路计算中各元件的额定参数都表示出来，并将各元件依次编号；确定短路计算点。短路计算点应选择在可能产生最大短路电流的地方。一般来说，高压侧选在高压母线位置，低压侧选在低压母线位置；系统中装有限流电抗器时，应选在电抗器之后。

② 按所选择的短路计算点绘出等效电路图，在图上将短路电流所流经的主要元件表示出来，并标明其序号。

③ 计算电路中各主要元件的阻抗，并将计算结果标于等效电路元件序号下面分母的位置。

④ 将等效电路化简，求系统总阻抗。对于供电系统来说，由于将电力系统当做无限大容量电源，而且短路电路也比较简单，因此一般只需采用阻抗串、并联的方法即可将电路化简，求出其等效总阻抗。

⑤ 按照式(5.14)或式(5.15)计算短路电流 I_k，然后按式(5.9)～式(5.13)分别求出其他短路电流参数，最后按式(5.16)求出短路容量 $S_k^{(3)}$。

2) 标幺制法计算短路电流的步骤

① 绘制短路电路计算电路图，确定短路计算点。

② 确定标幺值基准，取 $S_d=100$ MV·A 和 $U_d=U_c$(有几个电压等级就取几个 U_d)，并求出所有短路计算点电压下的 I_d。

③ 绘出短路电路等效电路图，计算各元件的电抗标幺值，并标注在图上。

④ 根据不同的短路计算点分别求出各自的总电抗标幺值，再计算各短路电流和短路容量。

(4) 提交成果

① 进行短路电流计算所用到的相关数据及公式。

② 短路电流计算书。

实训项目 2:校验母线在三相短路时的动稳定度

(1) 实训目的

通过对母线等硬导体在三相短路时的动稳定度校验，熟悉动稳定校验的基本步骤。

(2) 实训已知条件

某车间变电所 380 V 母线上接有大型感应电动机组 250 kW，平均 $\cos\varphi=0.7$，效率 $\eta=0.75$。该母线采用截面为 100 mm×10 mm 的硬铝母线，水平放置，挡距为 0.9 m，挡数大于 2，相邻两母线的轴线距离为 0.16 m，电力系统提供的 $i_{sh}^{(3)}=41$ kA。

(3) 实训内容

对于母线等硬导体，动稳定度应满足于 $\sigma_{al}\geqslant\sigma_c$。

(4) 提交成果

① 进行动稳定度校验所用到的相关数据及公式。

② 计算书。

课题6　导线截面及高低压电器选择

【知识目标】

◆ 熟悉熔断器、隔离开关、负荷开关、断路器等高低压电器的构造、主要类型和主要用途；
◆ 了解电流互感器与电压互感器的结构、原理、接线以及运行时的注意事项；
◆ 了解高低压成套设备的构造；
◆ 熟悉电器选择的一般规定；
◆ 掌握高低压熔断器、高低压开关的选择与校验方法；
◆ 熟悉电流互感器、电压互感器的选择与校验方法；
◆ 掌握导线截面选择的条件、导线截面的选择与校验方法。

【能力目标】

◆ 具备确定电力系统中一次设备类型的能力；
◆ 具备查阅高低压电器产品样本的能力；
◆ 具备对高低压电器规格选择的能力；
◆ 具备导线截面选择与校验的能力。

6.1　高低压电器设备

6.1.1　概述

供配电系统中承担输送和分配电能任务的电路，称为一次回路。一次回路中所有的电气设备称为一次设备。常用的高、低压一次设备是指断路器、负荷开关、隔离开关、互感器、熔断器以及由以上开关电器及附属装置所组成的成套配电装置（高压开关柜和低压配电屏）等。下面分别介绍它们的结构与原理，以便正确、合理地选择和使用。

6.1.1.1　高低压熔断器

熔断器（外文符号为FU）是一种通过的电流超过规定值时使其熔体熔化而切断电路的保护电器，主要由金属熔体（铜、铅、铅锡合金、锌等材料制成）、熔管及支持熔体的触头组成。熔断器的功能主要是进行短路保护，但有的熔断器也具有过负荷保护的功能。

按限流作用，熔断器可分为限流式和非限流式两种。在短路电流未达到冲击值之前就完全熄灭电弧的属限流式熔断器；在熔体熔化后电弧电流继续存在，直到第一次过零或经过几个周期后电弧才熄灭的属非限流式熔断器。

按电压可分为高压熔断器和低压熔断器两种。供配电系统中常用的高压熔断器有户内型（RN系列）和户外型（RW系列）。常用的低压熔断器有RT0系列、RL系列、RM系列以及

NT 系列等。

1. 高压熔断器

高压熔断器是电网中广泛使用的电器，它是在电网中人为地设置的一个最薄弱的通流元件，当流过过电流时，元件本身发热而熔断，借灭弧介质的作用使电路断开，达到保护电网线路和电气设备的目的。高压熔断器一般可分为管式和跌落式两类。户内广泛采用管式，户外采用跌落式。由于管式熔断器在开断电路时无游离气体排出，因此户内广泛采用 RN1、RN2 型管式熔断器，而在户外则广泛采用 RW4 型跌落式熔断器。

户内高压熔断器的全型号格式及含义如下：

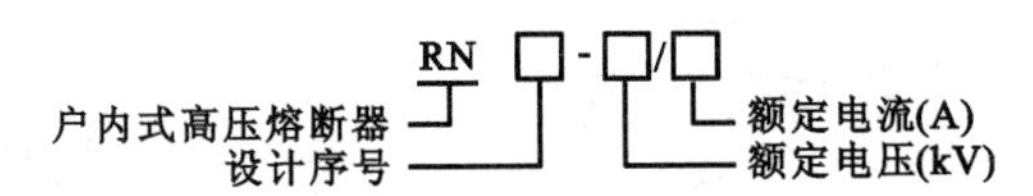

注：对于自爆式熔断器，其型号就是在 RN 前加字母 B，例如 BRN$_2^1$-10 型。

户外高压熔断器的全型号格式及含义如下：

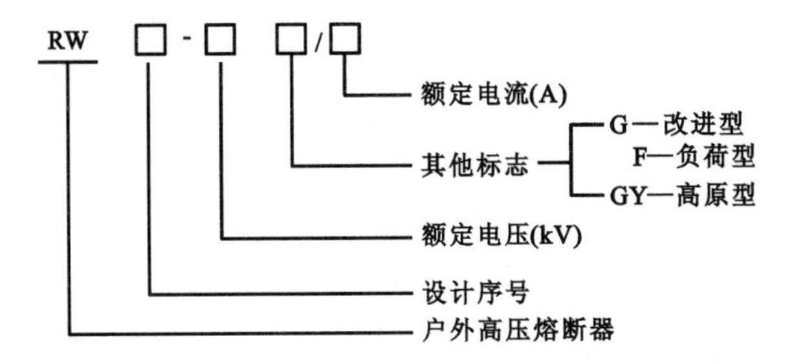

注：对于自爆式熔断器，也是在 RW 前加字母 B，例如 BRW-10 型；有的熔断器型号为 RXW，其中字母 X 表示"限流型"，例如 RXW-35 型(上海电瓷厂产品)；也有的户外限流型熔断器不加字母 X，例如 RW10-35 型(抚顺电瓷厂产品)。

(1) RN$_2^1$-10 型户内管式高压熔断器

RN1、RN2 型熔断器的结构基本相同，都是瓷质熔管内填充石英砂的密闭管式熔断器。其外形如图 6.1 所示，内部结构见图 6.2。RN1 型熔断器常用于电力线路及变压器的过载和短路保护，其熔体要通过主电路的短路电流，因此其结构尺寸较大，额定电流可达 100A。RN2 型熔断器则主要用于电压互感器一次侧的短路保护。由于电压互感器二次侧接近于空载状态，其一次侧电流很小，故其熔体额定电流一般为 0.5 A。

图 6.2 中熔断器的工作熔体(铜熔丝)上焊有小锡球。锡是低熔点金属，过负荷时包围铜熔丝的锡球受热首先熔化，铜锡互相渗透形成熔点较低的铜锡合金，使铜熔丝在较低的温度下熔断，即所谓的"冶金效应"，它使得熔断器能在较小的短路电流或不太大的过负荷电流时动作，提高了保护的灵敏度。熔体采用几根铜熔丝并联，并且熔管内填充了石英砂，是分别利用粗弧分细和狭沟灭弧法来加速电弧熄灭的。这种熔断器能在短路后不到半个周期即短路电流未达冲击值 i_{sh} 之前即能完全熄灭电弧、切断短路电流，因此这种熔断器属于限流式熔断器。

当短路电流或过负荷电流使得工作熔体熔断后，指示熔体也相继熔断，其红色的熔断指示器弹出，表示其熔体已经熔断。

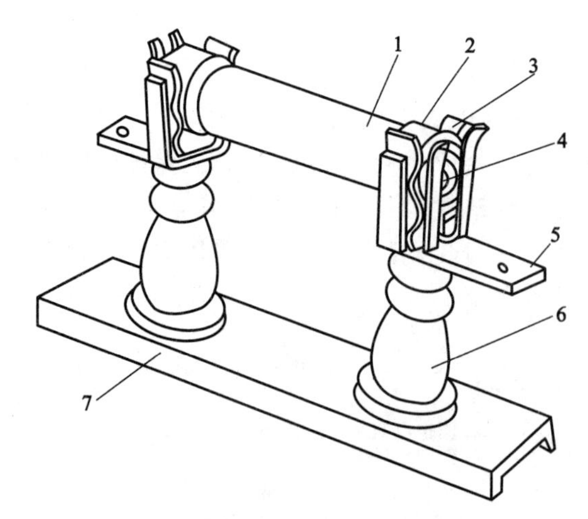

图 6.1　RN1、RN2 **型高压熔断器安装图**

1—磁熔管；2—金属管帽；3—弹性触座；

4—熔断指示器；5—接线端子；6—瓷绝缘子；7—底座

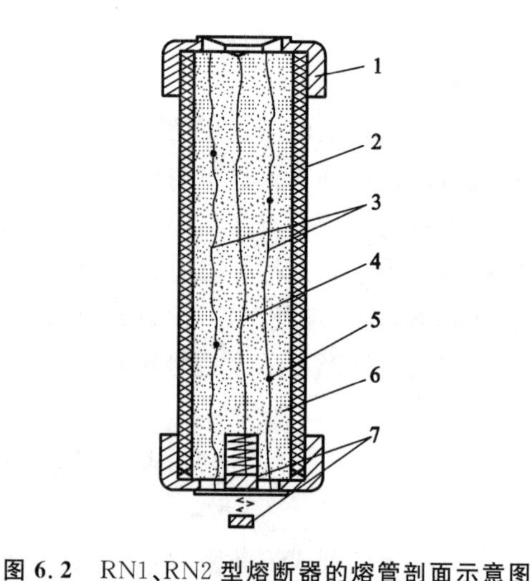

图 6.2　RN1、RN2 **型熔断器的熔管剖面示意图**

1—管帽；2—瓷管；3—工作熔体；

4—指示熔体；5—锡球；6—石英砂填料；

7—熔断指示器(虚线表示熔断指示器在熔体熔断时弹出)

(2) RW4 和 RW10(F)等型户外跌落式高压熔断器

跌落式熔断器广泛用于户外场所，既可作为 6～10 kV 线路和变压器的短路保护，又可在一定的条件下直接通断小容量的空载变压器、空载线路等，但不可直接通断正常的负荷电流。但负荷型跌落式熔断器(如 RW10-10(F)型)是在一般跌落式熔断器的静触头上加装简单的灭弧室，除了作为 6～10 kV 线路和变压器的短路保护外，还可直接带负荷操作。

一般跌落式熔断器在线路上发生短路时，短路电流使熔丝熔断，产生的电弧使纤维质灭弧管内壁烧灼而分解出大量气体，导致管内压力剧增，并沿管道形成强烈气流纵吹电弧，使电弧熄灭。熔丝熔断后，上动触头因失去熔丝的张力而下翻，使锁紧机构释放，熔管在触头弹力和熔管自重作用下回转跌开，形成明显可见的断开间隙。RW4-10(G)改进型户外跌落式熔断器结构见图 6.3。

大多数跌落式熔断器的熔管设计为逐级排气结构。在开断小短路电流时，由于上端被一薄膜封闭，形成单端(下端)排气，使管内保持较大的气压，以利于熄灭小电流短路电弧。在开断大短路电流时，由于管内分解的气体很多，气压很大，从而使上端薄膜被冲开，形成上下两端排气，以减小管内压力，防止熔管爆裂。

一般户外跌落式熔断器短路电流产生的电弧仅靠灭弧管内壁纤维物质被烧灼分解产生的气体来纵吹灭弧，其灭弧能力不强，灭弧速度不快，不能在 0.01 s 内灭弧，因而不能躲过短路冲击电流，所以户外跌落式熔断器属于非限流式熔断器。

负荷型跌落式熔断器(如 RW10-10F 型)的上触头上面装有灭弧罩，在带负荷断开熔管时，在上部的弧动触头与弧静触头之间产生电弧，由于回路电流的电动力作用，将电弧吹入灭弧罩，使之迅速熄灭，而无损于熔管内的熔丝。当熔管合上后，有短路电流通过时，熔管内的熔丝熔断，产生电弧，其灭弧过程与上述一般跌落式熔断器相同，而且具有逐级排气结构，解决了同一熔断器有效地开断大、小短路电流的矛盾。负荷型跌落式熔断器(RW10-10F 型)的外形结构见图 6.4。

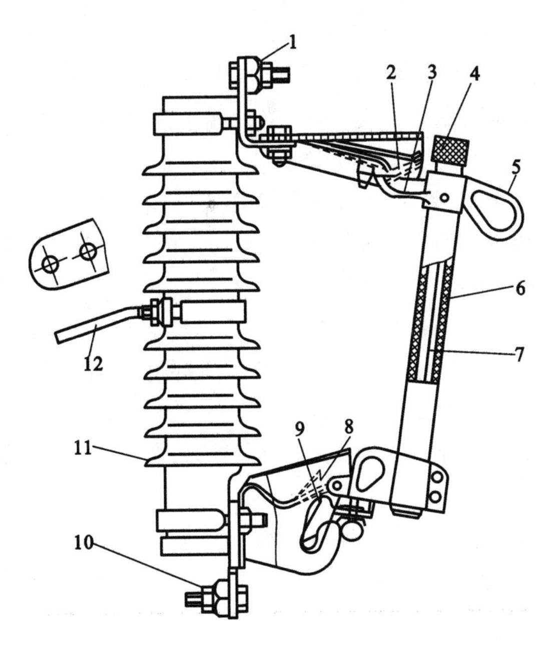

图 6.3 RW4-10(G)型户外跌落式熔断器

1—上接线端子；2—上静触头；3—上动触头；
4—管帽(带薄膜)；5—操作环；6—熔管(外层为酚醛纸管或环氧玻璃布管，内衬纤维质消弧管)；
7—铜熔丝；8—下动触头；9—下静触头；
10—下接线端子；11—绝缘子；12—固定安装板

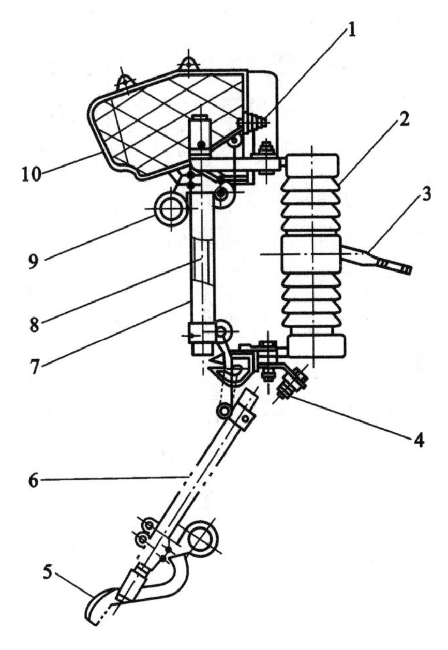

图 6.4 负荷型跌落式熔断器(RW10-10F 型)的外形结构

1—上接线端子；2—绝缘瓷瓶；3—固定安装板；
4—下接线端子；5—灭弧触头；
6—熔丝管(内层为纤维质灭弧管)，跌开位置；
7—熔丝管(同 6)，闭合位置；8—熔丝（铜丝）；
9—操作环；10—灭弧罩

限流型户外高压熔断器(如 RW10-35 型 ）的瓷质熔管内充有石英砂，其熔丝结构也与户内高压限流熔断器(如 RN1 等型)相似，因此它在过负荷和短路时的灭弧原理与户内高压限流熔断器相同，这种熔断器的熔管是用抱箍固定在棒形支柱绝缘子上，所以熔丝熔断后不能自动跌开，更无可见的断开间隙，因此无隔离开关的作用。户外高压限流熔断器(RW10-35 型)的外形结构见图 6.5。

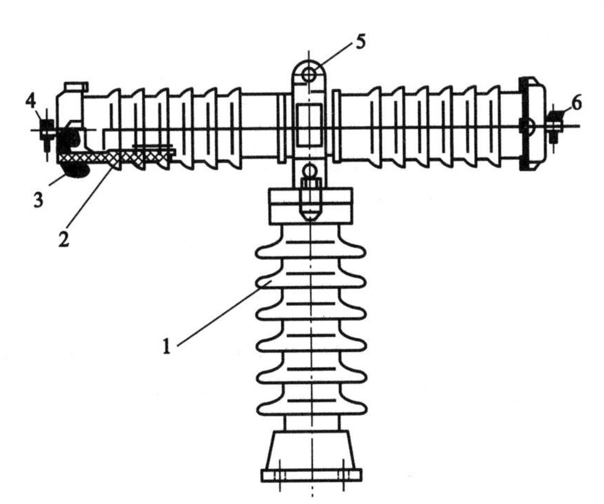

图 6.5 户外高压限流熔断器(RW10-35 型)的外形结构

1—棒形支柱绝缘子；2—瓷质熔管(内装特制熔体，并充满石英砂)；
3—铜管帽；4、6—接线端子；5—固定抱箍

2. 低压熔断器

低压熔断器是常用的一种简单的保护电器，与高压熔断器一样，主要用于短路保护，在一定条件下也可以起过负荷保护的作用。其工作原理同高压熔断器一样，当线路中出现故障时，通过的电流大于规定值，熔体产生过量的热而被熔断，电路由此被分断。

低压熔断器的种类很多，按结构形式来划分，有RM系列无填料密封管式熔断器、RT系列有填料密封管式熔断器、RC系列瓷插式熔断器和RL系列螺旋式熔断器，此外还有引进技术生产的有填料管式gF系列、αM系列以及高分断能力的NT系列等。

按保护性能可分为限流型和非限流型两大类。限流型熔断器的灭弧能力强，能在短路电流达到冲击值之前0.01 s内熄灭电弧，因此有限流作用。限流熔断器熔管内都充填有石英砂，如RT型、RL型和NT型等。非限流型熔断器的灭弧能力不强，不能躲过短路冲击电流，即其灭弧时间大于0.01 s，因此无限流作用。非限流熔断器熔管内未充填石英砂，如RM型和RC型等，但这类熔断器在熔体熔断后便于更换，比较经济。

瓷插式灭弧能力差，只是在故障电流较小的线路末端使用。其他几种类型的熔断器均有灭弧措施，分断电流能力比较强，密闭管式结构简单，螺旋式更换熔管时比较安全，填充料式的断流能力更强。

低压熔断器全型号表示及含义如下：

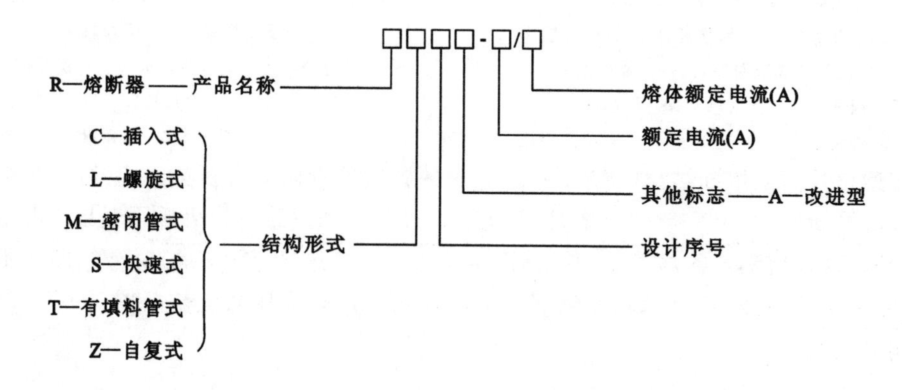

下面主要介绍供电系统中常用的国产低压熔断器的结构和原理。

(1) 瓷插式熔断器

瓷插式熔断器又称瓷插保险，是常见的一种低压熔断器。瓷质底座内装有静触头，和底座触头相连接的导线用螺丝固定在触头的螺丝孔内；瓷桥上的熔体(保险丝)用螺丝固定在触头上。瓷桥插入底座后触头相互接触，线路接通。瓷插式熔断器灭弧能力差，只适用于故障电流较小的三相380 V或单相220 V的线路末端，作为导线及电气设备的短路保护之用。常用的RC1A系列瓷插式熔断器的结构见图6.6，主要参数见表6.1。

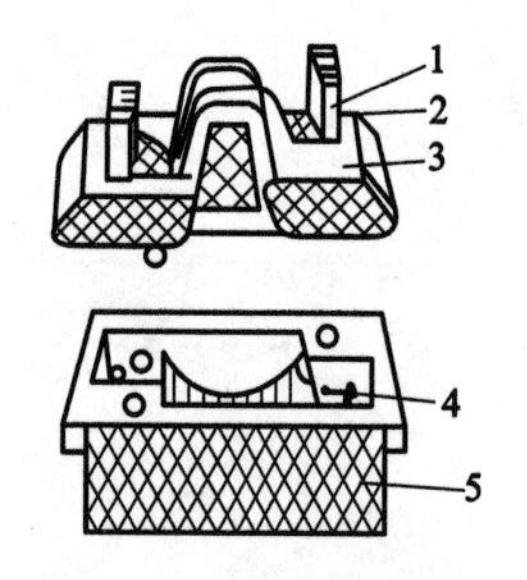

图6.6　瓷插式熔断器

1—动触点；2—熔体；3—瓷插件；4—静触点；5—瓷座

表 6.1 RC1A 系列瓷插式熔断器主要参数

额定电压(V)	额定电流(A)	可装熔体额定电流(A)	极限分断电流(A)	cosφ
220、380	5	1、2、3、5	300	0.4±0.05
	10	2、4、6、8、10	500	
	15	6、10、12、15		
	30	15、20、25、30	1500	
	60	30、40、50、60	3000	
	100	60、80、100		
	200	100、120、150、200		

(2) 密闭管式熔断器

密闭管式熔断器的结构也比较简单，主要由变截面的熔片或熔丝与套在外面的耐高温密闭保护管组成，适用于交流 50 Hz、额定电压到 380 V、660 V 或直流到 440 V 的电路中，作为企业配电设备的过载和短路保护之用。此种熔断器采用的变截面熔片在通过短路大电流时，熔片狭窄部分温度很快升高，熔片在狭窄部分熔断。熔片在几个狭窄部分同时熔断后全部下落，会造成较大的弧隙，这更有利于灭弧。

常见的密闭管式熔断器的熔管与熔片结构见图 6.7，RM10 系列密闭管式熔断器的技术参数见表 6.2。

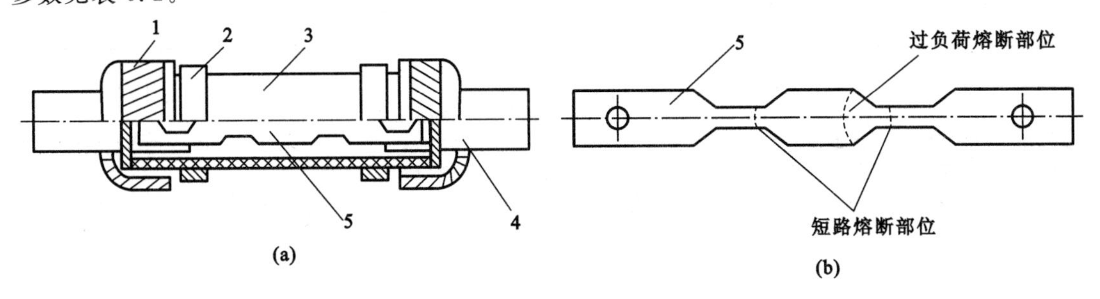

图 6.7 RM10 型低压熔断器

(a) 熔管；(b) 熔片

1—钢管帽；2—管夹；3—纤维熔管；4—触刀；5—变截面锌熔片

表 6.2 RM10 系列密闭管式熔断器技术参数

型 号	额 定 电 流(A)		交流极限分断能力(A)
	熔管	熔 体	
RM10-15	15	6、10、15	1.2
RM10-60	60	15、20、25、30、35、40、45、50、60	3.5(660 V 为 2.5)
RM10-100	100	60、80、100	10(660 V 为 7)
RM10-200	200	100、125、160、200	10(660 V 为 7)
RM10-350	350	200、225、260、300、350	10
RM10-600	600	350、430、500、600	10
RM10-1000	1000	600、700、850、1000	12

(3) 螺旋式熔断器

螺旋式熔断器由瓷质螺帽、熔断管和底座组成。熔断管由熔体和瓷质的外套管组成。熔断管内充有石英砂,可以增加灭弧能力;熔断管上还有一个与内部熔丝相连的色片作为熔体熔断的指示。底座装有上、下两个接线触头,分别与底座螺纹壳和底座触头相连。瓷质螺帽上有一个玻璃窗口,放入熔断管后可以透过玻璃窗口看到熔断指示的色片。放有熔断管的瓷质螺帽旋入底座螺纹壳后熔断器接通。

螺旋式熔断器的特点是在带电的情况下不用特殊工具就可换掉熔管,同时不会接触到带电部分。RL7 系列螺旋式熔断器的外形见图 6.8,技术参数见表 6.3,熔管参数见表 6.4。

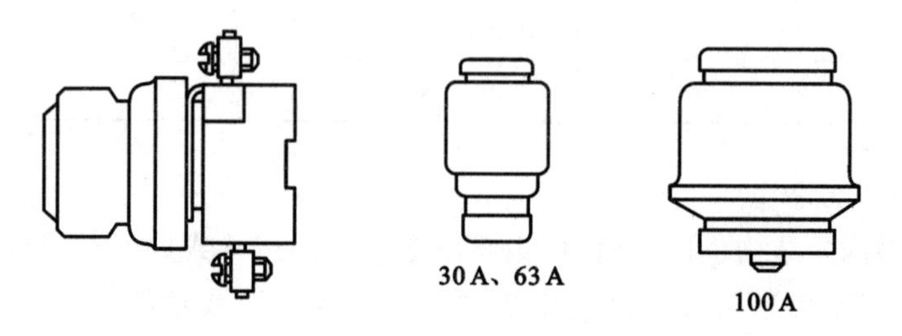

图 6.8　RL7 系列螺旋式熔断器及熔断管的外形

表 6.3　RL7 系列螺旋式熔断器的技术参数

<table>
<tr><th>额定电压(V)</th><th>熔断器额定电流(A)</th><th>熔断体额定电流(A)</th><th>额定分断能力(kA)</th><th>cosφ</th></tr>
<tr><td rowspan="3">660</td><td>25</td><td>2、4、6、10、16、20、25</td><td rowspan="3">25</td><td rowspan="3">0.1～0.2</td></tr>
<tr><td>63</td><td>35、50、63</td></tr>
<tr><td>100</td><td>80、100</td></tr>
</table>

表 6.4　RL7 系列螺旋式熔断器熔管参数

<table>
<tr><th>熔管额定电流(A)</th><th>高度(mm)</th><th>主直径(mm)</th><th>熔断指示器色别</th><th>熔管额定电流(A)</th><th>高度(mm)</th><th>主直径(mm)</th><th>熔断指示器色别</th></tr>
<tr><td>2</td><td rowspan="7">69</td><td rowspan="7">22.5</td><td>玫瑰</td><td>35</td><td rowspan="3">69</td><td rowspan="3">28</td><td>黑</td></tr>
<tr><td>4</td><td>棕</td><td>50</td><td>白</td></tr>
<tr><td>6</td><td>绿</td><td>63</td><td>铜</td></tr>
<tr><td>10</td><td>红</td><td>80</td><td rowspan="2">76</td><td rowspan="2">38.5</td><td>银</td></tr>
<tr><td>16</td><td>灰</td><td>100</td><td>红</td></tr>
<tr><td>20</td><td>蓝</td><td></td><td></td><td></td><td></td></tr>
<tr><td>25</td><td>黄</td><td></td><td></td><td></td><td></td></tr>
</table>

螺旋式熔断器有快速熔断式的,如 RLS1 系列、RLS2 系列等,可作为硅整流元件、晶闸管的保护之用。

(4) 填充料式熔断器

填充料式熔断器由熔断管、熔体和底座组成。熔断管是封闭的,里面充有石英砂。当熔断管内的熔体熔断产生电弧后,周围的石英砂吸收电弧的热量,而使电弧很快熄灭。所以,填充料式熔断器有较大的断流能力。常见的填充料式熔断器有 RT0 系列、RT12 系列、RT14 系列、RT15 系列、RT16 系列、RT17 系列、RT20 系列等。RT20 系列为填充料封闭管式刀形触头的熔断器，熔断管和底座的外形见图 6.9，其技术参数见表 6.5。

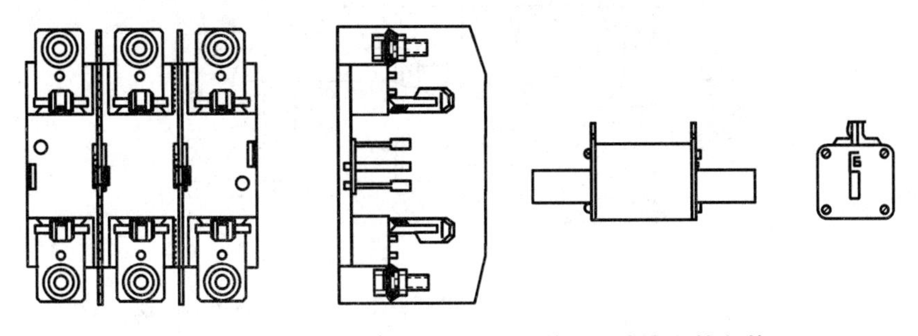

图 6.9 RT20 系列填充料式熔断器的三极底座和熔断管

表 6.5 RT20 系列填充料式熔断器技术参数

熔断体额定电压(V)		AC 500				
底座额定绝缘电压(V)		AC 660				
额定电流(A)	熔断管	4、6、10、16、20、25、32、40、50、63、80、100	125 160	80、100、125、160、200、(224)、250	125、160、200、(224)、250、315、(355)、400	315、(355)、400、(425)、500、630
	底座	(与 00 号通用)	160	250	400	600
额定分断能力	I_1(kA)	120				
	cosφ	0.1～0.2				
熔断体额定耗散功率(W)		7.5	12	21	32	45
额定底座接收功率(W)		—	12	32	45	60
熔断体过电流选择比		1∶1.6				

(5) αM 系列熔断器

αM 系列熔断器是引进技术生产的具有限流作用的熔断器，主要由底座和熔管组成。圆形的熔管中装有铜熔体和石英砂填料，除了有限流作用外，还有熔断指示作用。

(6) 自复式熔断器

传统的熔断器在熔体熔断后必须更换熔体才能继续供电，这会增加熔断器的运行代价，而且给使用带来不便；更换熔体造成的停电时间也较长，将给用户带来一定的损失。自复式熔断器克服了这个缺点，它既能切断短路电流，又能在故障排除后自动恢复供电。虽然叫做熔断器，但其工作原理和传统的熔断器并不相同，自复式熔断器实际上属于热敏性的非线性电阻。

自复式熔断器串联于电路当中，一般情况下电阻很小，电路正常供电。当通过故障的大电流时，自复式熔断器的电阻突然变得很大，限制故障电流至很小的数值从而保护设备的安全。在故障消除且电流回落后，自复式熔断器的电阻会恢复到初始值，电路又会正常供电，无需更换熔体，其结构如图 6.10 所示。如我国生产的 RZ1 型自复式熔断器采用金属钠作为熔体。在常温下金属钠的电阻很小，可以顺畅地流过工作电流；在通过故障的巨大电流时，钠迅速气化，电阻变得很大，故障电流被限制；限制电流的任务完成后，钠蒸气冷却，又恢复到固体钠。

自复式熔断器可与低压断路器配合使用组合为一种电器，我国生产的 DZ10-100R 型低压

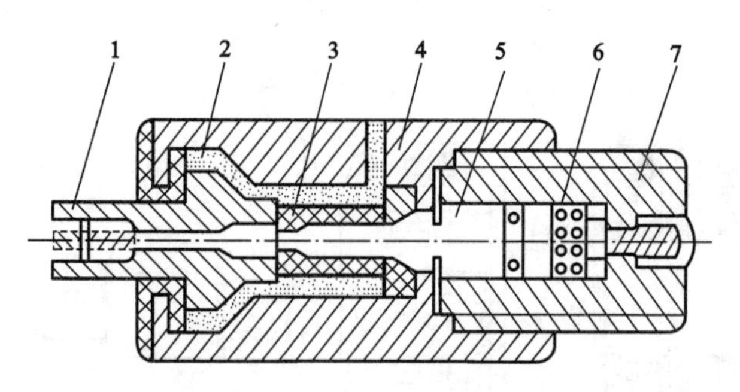

图 6.10 RZ1 型低压自复式熔断器

1—接线端子；2—云母玻璃；3—氧化铍瓷管；4—不锈钢外壳；5—钠熔体；6—氩气；7—接线端子

断路器就是 DZ10-100 型低压断路器与 RZ1-100 型自复式熔断器的组合，利用自复式熔断器来限制并切除短路电流，利用低压断路器来通、断电路和实现过负荷保护。可以预计，这种组合电器将会有广阔的应用前景。

6.1.1.2 高低压开关电器

1. 高压开关电器

(1) 高压断路器

高压断路器(外文符号为 QF)是高压供电系统中重要的电气设备之一。它能在有负荷的情况下接通和断开电路，当系统产生短路故障时，能迅速切断短路电流。它不仅能通断正常负荷电流，而且能通断一定的短路电流，还能在保护装置的作用下自动跳闸切除短路故障，恢复正常运行。高压断路器按其采用的灭弧介质可分为油断路器、六氟化硫(SF_6)断路器、真空断路器等类型。我国中小型工厂供电系统中目前主要采用油断路器和真空断路器。

高压断路器全型号表示及含义如下：

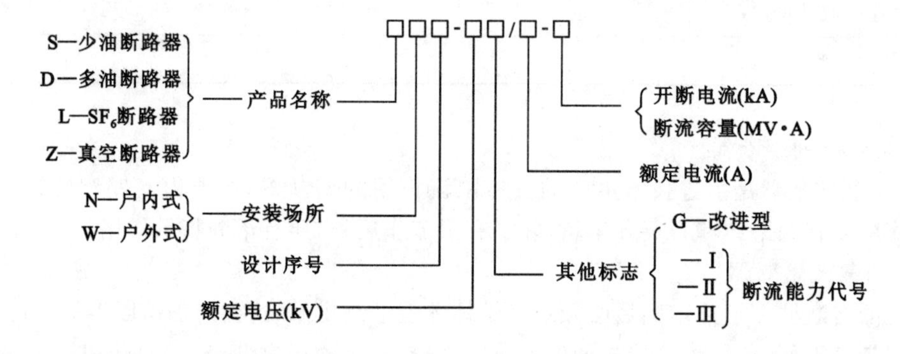

① 真空断路器

以真空作为灭弧和弧绝缘介质的断路器称为真空断路器。所谓真空是相对而言的，是指气体压力在 1.3×10^{-2} Pa 以下的空间。由于真空中几乎没有气体分子可供游离导电，且弧隙中少量导电粒子很容易向周围真空扩散，所以真空的绝缘强度比变压器油及一个大气压下的 SF_6 或空气的绝缘强度高得多。真空断路器的结构主要由真空灭弧室和触头构成，其类型有户内型(ZN 型)和户外型(ZW 型)。图 6.11 为户内型分离式真空断路器外形图。图 6.12 为真空断路器的真空灭弧室结构。

真空断路器的特点有：

● 开断能力强，可达 50 kA，开断后断口间介质恢复速度快，介质不需要更换。

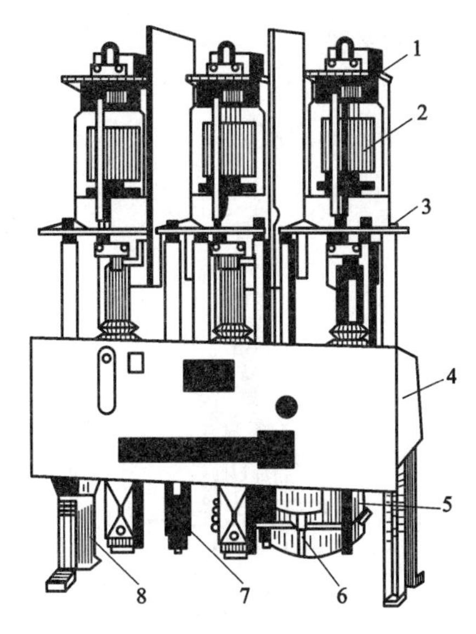

图 6.11 ZN3-10 型高压真空断路器外形

1—上接线端(后面出线);2—真空灭弧室(内有触头);3—下接线端(后面出线);4—操动机构箱;5—合闸电磁铁;6—分闸电磁铁;7—断路弹簧;8—底座

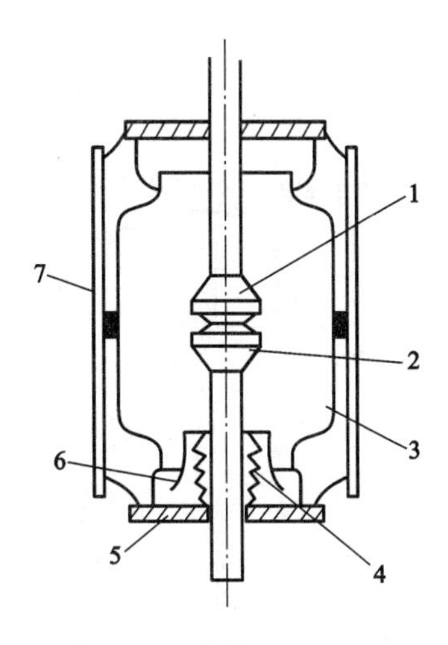

图 6.12 真空断路器的真空灭弧室结构

1—静触头;2—动触头;3—屏蔽罩;4—波纹管;5—与外壳封接的法兰盘;6—金属波纹管;7—玻壳

- 触头开距小,10 kV 级真空断路器的触头开距只有 10 mm 左右,所需的操作功率小,动作快,操作机构可以简化,寿命延长,一般可达 20 年左右不需检修。
- 熄弧时间短,弧压低,电弧能量小,触头损耗小,开断次数多。
- 动导杆的惯性小,适于频繁操作。
- 开关操作时动作噪音小,适合城区使用。
- 灭弧介质或绝缘介质不用油,没有火灾和爆炸的危险。
- 触头部分为完全密封结构,不会因潮气、灰尘、有害气体等影响而降低其性能。工作可靠,通断性能稳定。灭弧室作为独立的元件,安装调试简单方便。
- 在真空断路器的使用年限内,触头部分不需要维修、检查。即使维修检查,所需时间也很短。
- 在密封的容器中熄弧,电弧和炽热气体不外露。
- 具有多次重合闸功能,适合配电网中应用要求。

所以,真空断路器适用于频繁操作和要求高速开断的场合。

② SF_6 断路器

以 SF_6 气体作为灭弧和绝缘介质的断路器称为 SF_6 断路器。SF_6 是一种惰性气体,无色、无味、无毒,不燃烧,比密度是空气的 5.1 倍。SF_6 的特性是能在电弧间隙的游离气体中强烈地吸附自由电子,在分子直径很大的 SF_6 气体中,电子运动的自由行程不大,在同样的电场强度下产生碰撞游离的机会减少,这就使得 SF_6 有极好的绝缘和灭弧能力。与空气相比较,SF_6 的绝缘能力约高 3 倍,灭弧能力约高百倍。因此,SF_6 断路器可采用简单的灭弧结构以缩小断路器的外形尺寸,且具有较强的开断能力。此外,电弧在 SF_6 气体中燃烧时电弧电压特别低,燃弧时间短,所以断路器开断后触头烧损很轻微,不仅可以频繁操作,同时也延长了检修周期。

SF_6 气体是目前最理想的绝缘和灭弧介质,它比现在使用的变压器油、压缩空气乃至真空都具有无可比拟的优良特性。正因为如此,其应用越来越广,发展相当迅速,在中压、高压领域中广泛应用，特别在高压、超高压领域里更显示出其不可取代的地位。

SF_6 断路器根据其灭弧原理可分为双压式、单压式和旋弧式结构。图 6.13 为 LN2-10 型高压六氟化硫断路器外形图，图 6.14 为 SF_6 断路器灭弧室结构示意图。

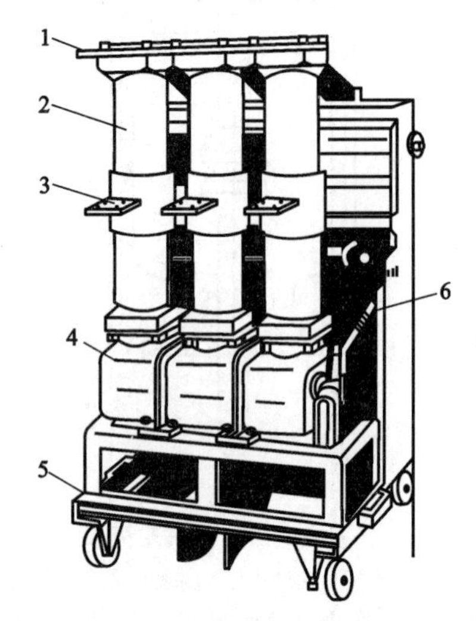

图 6.13 LN2-10 **型高压六氟化硫断路器**

1—上接线端子；2—绝缘筒(内为气缸及触头、灭弧系统)；3—下接线端子；4—操作机构箱；5—小车；6—断路弹簧

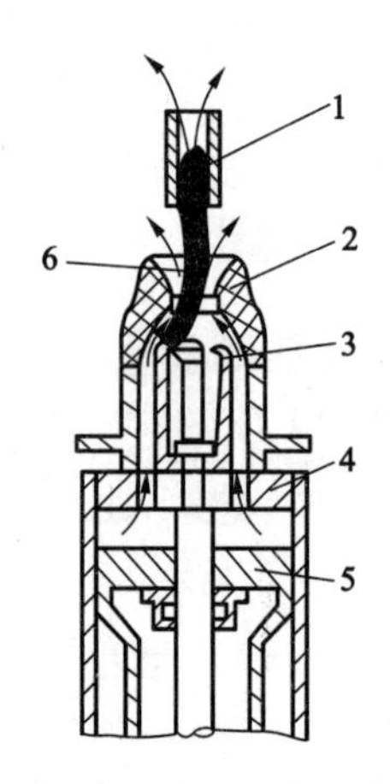

图 6.14 SF_6 **断路器灭弧室结构示意图**

1—静触头；2—绝缘喷嘴；3—动触头；4—气缸；5—压气活塞(固定)；6—电弧

SF_6 气体所具有的多方面的优点使得 SF_6 断路器设计得更加精巧、可靠，使用方便，适用于频繁操作及要求高速开断的场合，但不适用于高寒地区，其主要优点为：

- 绝缘性能好，使断路器结构设计更为紧凑，节省空间，而且操作功率小，噪音小。
- 由于带电及断口均被密封在金属容器内，金属外部接地，更好地防止意外接触带电部位和防止外部物体侵入设备内部，设备可靠。
- 无可燃性物质，避免了爆炸和燃烧，使变配电所的安全可靠性提高。
- SF_6 气体在低气压下使用能够保证电流在过零附近切断，电流截断趋势减至最小，避免截流而产生的操作过电压，降低了设备绝缘水平的要求，并在开断电容电流时不产生重燃。
- SF_6 气体密封条件好，能够保持装置内部干燥，不受外界潮气的影响。
- SF_6 气体良好的灭弧特性使得燃弧时间短，电流开断能力大，触头的烧损腐蚀小，触头可以在较高的温度下运行而不损坏。
- 燃弧后装置内没有碳的沉淀物，所以可以消除电磁痕，不发生绝缘的击穿。
- 由于 SF_6 气体具有良好的绝缘性能，故可以大大减少装置的电气距离。
- 由于 SF_6 开关装置是全封闭的，可以适用于户内、居民区、煤矿或其他有爆炸危险的场所。

SF_6 断路器加工精度要求很高，对其密封性能要求更严，因此价格比较昂贵。

SF_6 断路器(按灭弧方式分为单压式和双压式，按总体结构分为落地箱式和支柱瓷瓶式)用 SF_6 气体作绝缘和灭弧介质，具有良好的绝缘和电气性能，属免维护产品。但 SF_6 气体一旦泄漏，与周围介质生成有剧毒的氟化物，故须进行漏气监视和报警。

③ 少油断路器

油断路器按其油量多少和油的作用分为多油式和少油式两大类。多油断路器油量多，既作灭弧介质，又作绝缘介质。少油断路器是在多油断路器的基础上发展起来的，它的用油量很少(一般只几千克),油主要起灭弧作用,不承担触头与油箱间的绝缘,相对多油断路器而言,其结构简单,节省材料,使用维护方便,因此得到广泛应用。但相对真空断路器及 SF_6 断路器而言,少油断路器将会逐渐被取代。SN10-10 型高压少油断路器外形结构见图 6.15,其油箱内部结构剖面图见图 6.16。

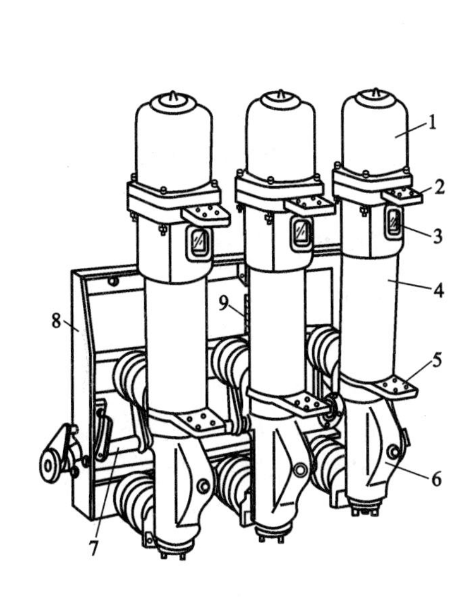

图 6.15　SN10-10 型高压少油断路器

1—铝帽;2—上接线端子;3—油标;4—绝缘筒;5—下接线端子;6—基座;7—主轴;8—框架;9—断路弹簧

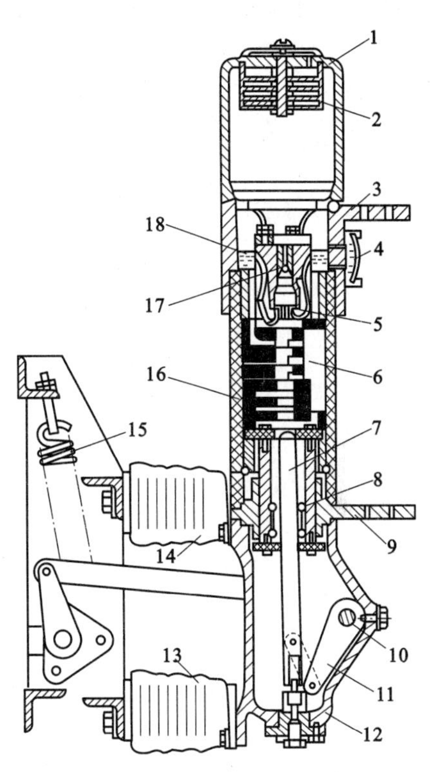

图 6.16　SN10-10 型高压少油断路器油箱内部结构

1—铝帽;2—油气分离器;3—上接线端子;4—油标;5—插座式静触头;6—灭弧室;7—动触头(导电杆);8—中间滚动触头;9—下接线端子;10—转轴;11—拐臂;12—基座;13—下支柱瓷瓶;14—上支柱瓷瓶;15—断路弹簧;16—绝缘筒;17—逆止阀;18—绝缘油

附录 1 列出了部分高压断路器的主要技术数据,以供学习时参考。

(2) 高压负荷开关

高压负荷开关(外文符号为 QL)主要用于配电系统中关合、承载、开断正常条件下(也包括规定的过载系数)的电流,并能通过规定的异常(如短路)电流的关合,也就是说,负荷开关可以合、分正常的负荷电流以及关合短路电流(但不能开断短路电流)。因此,负荷开关受到使用条件的限制,不能作为电路中的保护开关,通常负荷开关必须与具有开断短路电流能力的开关设备相配合使用,最常用的方式是负荷开关与高压熔断器相配合,正常的合、分负荷电流由负荷开关完成,故障电流由熔断器来完成开断。

由于负荷开关的特点,一般不作为直接的保护开关,主要用于较为频繁操作的场所和非重要的场合,尤其在小容量变压器保护中采用高压熔断器与负荷开关相配合,能体现出较为显著的优点。当变压器发生大电流故障时,由熔断器动作,切断电流,其动作时间在 20 ms 左右,这远比采用断路器保护要快得多,正常操作由负荷开关完成,提高了灵活性。在 10 kV 线路中采用负荷开关,以三相联动为主,当熔断器发生故障时,无论是三相或是单相故障,当有一相熔丝熔断后,能迅速脱扣三相联动机构,使三相负荷开关快速分断,避免造成三相不平衡和非全相运行。

高压负荷开关在配电网的应用已经得到了供电部门的认可,据有关资料介绍,高压负荷开关在国外使用数量已达到断路器的 5 倍,并有继续增长的趋势。近几年来,随着城市电网的改造,负荷开关的使用量越来越大,如环网开关柜,负荷开关配用熔断器作为高压设备保护已经越来越受到重视,并且结构简单,制造容易,且价格比较便宜,得到用户的认可。

高压负荷开关全型号表示及含义如下:

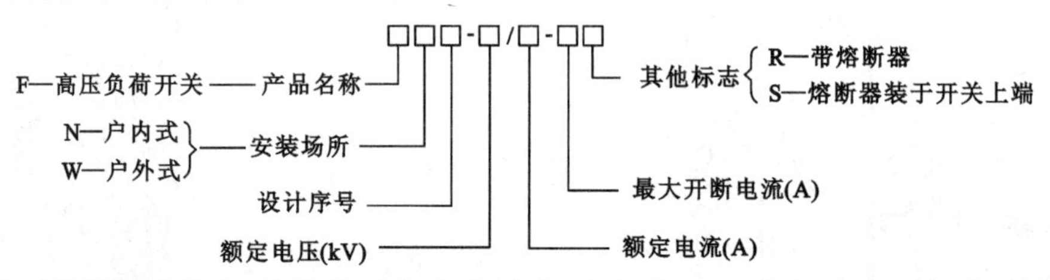

负荷开关的种类较多,按结构可分为油浸式、真空式、SF_6 产气式和压气式;按操作方式可分为手动型和电动型等。目前负荷开关的应用主要以产气式及压气式居多,这些产品以户内型为主,且使用范围广泛,集中在配电网中。随着真空开关技术及 SF_6 应用技术的发展,近几年真空式、SF_6 型负荷开关也得到了一定的应用。产气式和压气式负荷开关与真空式和 SF_6 负荷开关相比较,主要特征是采用了相应的产气型绝缘材料,在电路分断电弧的作用下,产气材料产生气压,气压按一定方向吹动改变电弧方向,使电弧拉长而熄灭,起到灭弧开断电流的作用。图 6.17 为压气式 SF_6 负荷开关示意图。

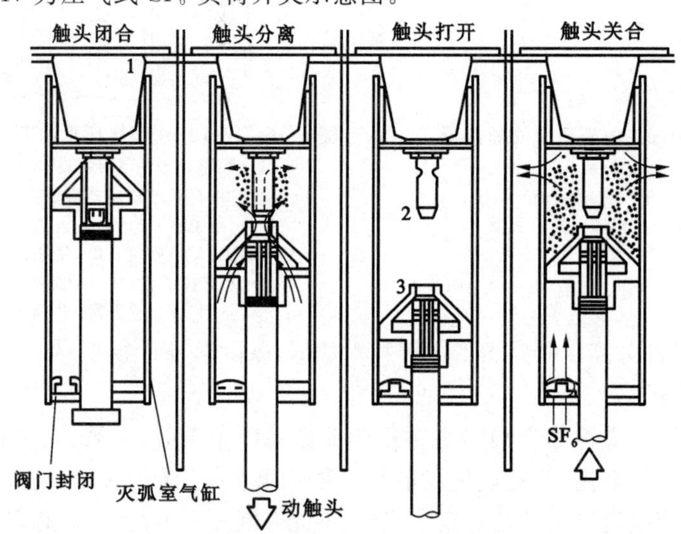

图 6.17　压气式 SF_6 负荷开关示意图

1—负荷开关套管;2—静触头;3—压气式活塞

附录 2 列出了部分高压负荷开关的主要技术数据,以供学习时参考。

(3) 高压隔离开关

高压隔离开关也称刀闸,是建筑供配电系统中使用最多的一种高压开关电器。隔离开关是一种没有灭弧装置的控制电器,因此严禁带负荷进行分、合闸操作。由于它在分闸后具有明显的断开点,因此在操作断路器停电后,将它拉开可以保证被检修的设备与带电部分可靠隔离，产生一个明显可见的断开点，借以缩小停电范围，又可保证人身安全。

高压隔离开关全型号表示及含义如下：

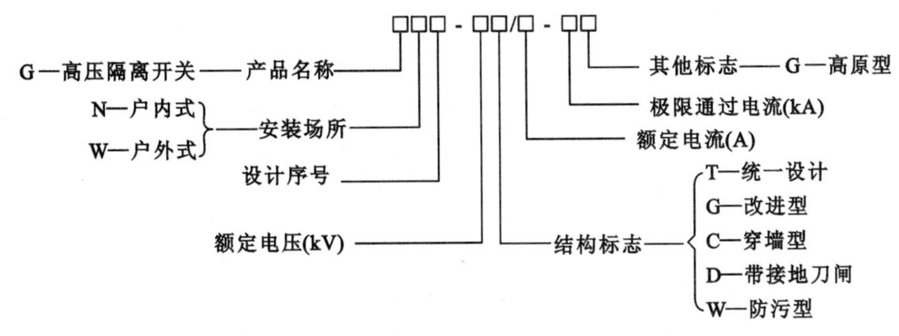

① 隔离开关的功能

● 隔离电源　将需要检修的线路或电气设备与电源隔离，以保证检修人员的安全。隔离开关的断口在任何状态下都不能发生火花放电，因此它的断口耐压一般比其对地绝缘的耐压高出10%～15%。必要时应在隔离开关上附设接地刀闸，供检修时接地用。

● 倒闸操作　根据运行需要换接线路，在断口两端有并联支路的情况下可进行分、合闸操作，变换母线接线方式等。

● 投、切小电流电路　可用隔离开关开断和关合某些小电流电路。例如电压互感器、避雷器回路；励磁电流不超过2 A的空载变压器和电容电流不超过5 A的空载线路；变压器中性点的接地线(当中性点上接有消弧线圈时，只有在系统没有接地故障时才可进行)等。

② 隔离开关的种类与结构

隔离开关种类很多，根据开关闸刀的运动方式可分为水平旋转式、垂直旋转式、摆动式和插入式等。

高压隔离开关是由一动触头(活动刀片)和一静触头(固定触头或刀嘴)所组成，动、静触头均由高压支撑绝缘子固定于底板上，底板用螺丝固定在构架或墙体上。

三相隔离开关是三相联动操作的，拉杆绝缘子的底部与传动杆相连，其上部与动触头相连，由传动机构带动拉杆绝缘子，再由拉杆绝缘子推动动触头的开、合动作。图6.18所示为建筑供配电系统中常见的隔离开关结构及外形图。

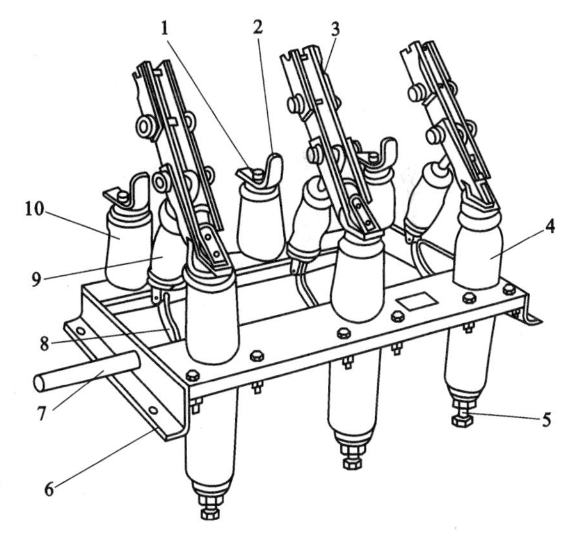

图6.18 GN8-10/600型高压隔离开关

1—上接线端子；2—静触头；3—闸刀；4—绝缘套管；5—下接线端子；6—框架；7—转轴；8—拐臂；9—升降瓷瓶；10—支柱瓷瓶

部分高压隔离开关的技术数据见附录3，以供学习时参考。

2. 低压开关电器

(1) 刀开关

刀开关是一种简单的手动操作电器，用于非频繁接通和切断容量不大的低压供电线路，并兼作电源隔离开关。刀开关的型号一般以H字母开头，种类规格繁多，并有多种衍生产品。

按工作原理和结构，刀开关可分为低压刀开关、胶盖闸刀开关、刀形转换开关、铁壳开关、熔断式刀开关、组合开关等。

低压刀开关的最大特点是有一个刀形动触头，基本组成部分是闸刀（动触头）、刀座（静触头）和底板，结构如图 6.19 所示。

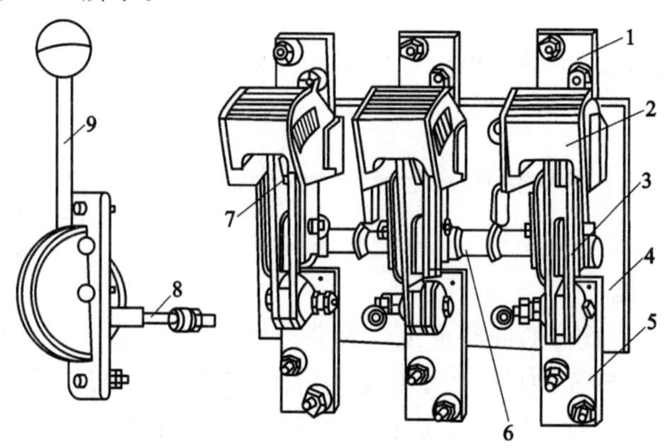

图 6.19　HD13 **型低压刀开关**

1—上接线端子；2—钢栅片灭弧罩；3—闸刀；

4—底座；5— 下接线端子；6—主轴；7—静触头；8—连杆；9—操作手柄

低压刀开关按操作方式可分为单投和双投开关；按极数可分为单极、双极和三极开关；按灭弧结构可分为带灭弧罩的和不带灭弧罩的等。

低压刀开关全型号表示及含义如下：

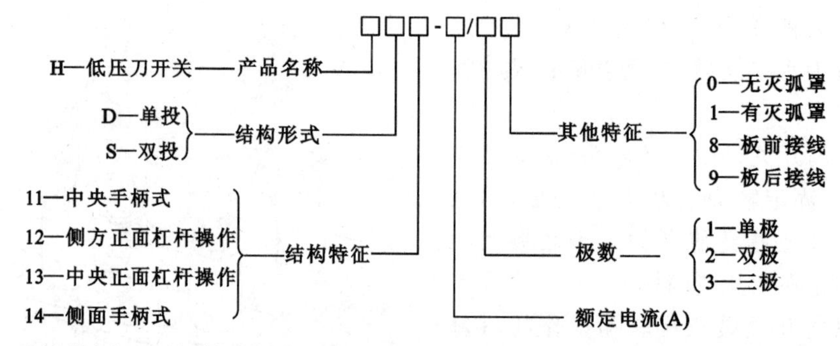

低压刀开关常用于不频繁地接通、切断交流和直流电路，刀开关装有灭弧罩时可以切断负荷电流。常用型号有 HD 和 HS 系列。低压刀开关的技术参数如表 6.6 所示。

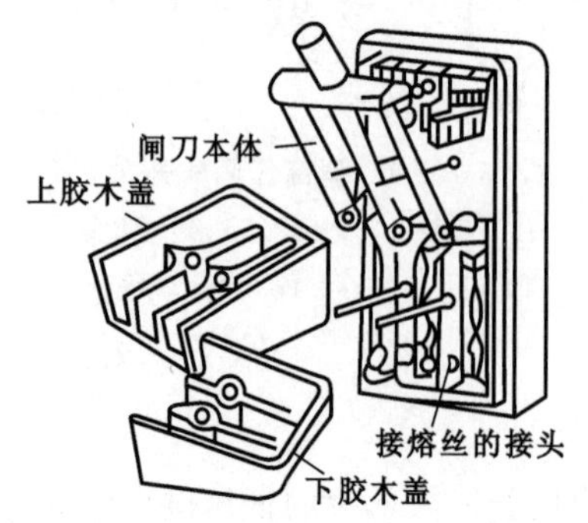

图 6.20　开启式负荷开关

胶盖闸刀开关是使用最广泛的一种刀开关，又称开启式负荷开关。闸刀装在瓷质底板上，每相附有保险丝、接线柱，用胶木罩壳盖住闸刀，以防止切断电源时电弧烧伤操作者。胶盖闸刀开关价格便宜、使用方便，在建筑中广泛使用。三相胶盖闸刀开关在小电流配电系统中用来接通和切断电路，也可用于小容量三相异步电动机的全压起动操作；单相双极刀开关用在照明电路或其他单相电路上，其中熔丝提供短路保护。胶盖闸刀开关外形如图6.20所示。常用的有 HK1、HK2 两种型号，技术资料见表 6.7。

表 6.6 低压刀开关的技术参数

额定电压(V)			AC380、DC220、440					
额定电流(A)			100	200	400	600	1000	1500
通断能力(A)	AC380 V、$\cos\varphi$=0.72～0.8		100	200	400	600	1000	1500
	DC T=0.01～0.011 s	220 V	100	200	400	600	1000	1500
		440 V	50	100	200	300	500	750
机械寿命(次)			10000			5000		
电寿命(次)			1000			500		
1 s 热稳定电流(kA)			6	10	20	25	30	40
动稳定电流峰值(kA)		杠杆操作式	20	30	40	50	60	80
		手柄式	15	20	30	40	50	—
操作力(N)			35	35	35	35	45	45

表 6.7 HK1、HK2 型闸刀开关规格

型　号	额定电压(V)	额定电流(A)	可控制的电动机功率(kW)	极　数
HK1	220	15	1.5	2
	220	30	3.0	2
	220	60	4.5	2
	380	15	2.2	3
	380	30	4.0	3
	380	60	5.5	3
HK2	220	15	1.1	2
	220	30	1.5	2
	220	60	3.0	2
	380	15	2.2	3
	380	30	4.0	3
	380	60	5.5	3

低压负荷开关全型号的表示及含义如下：

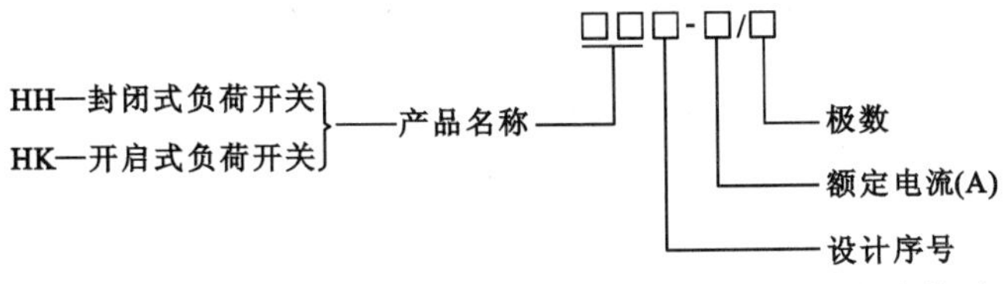

铁壳开关又称封闭式负荷开关，因其早期的产品都带有一个铸铁外壳，所以称铁壳开关，目前铸铁外壳早已被结构轻巧、强度又高的薄钢板冲压外壳所取代。

铁壳开关主要由触头及灭弧系统，熔断器以及操作机构三部分组成。其操作机构具有两个特点：一是采用贮能合闸方式，即利用一根弹簧的贮能作用，在切断操作的初始阶段，动、静触头并不离开，只是与动触头相连的弹簧被拉伸到一定限度时才借其弹力迅速拉开动触头(所以又称速断装置)，使得开关的闭合与分断速度都与操作速度无关，既有助于开关的分断能力，又使电弧的持续时间大为缩短。二是设有连锁机构，它可以保证开关合闸时不能打开箱盖，而

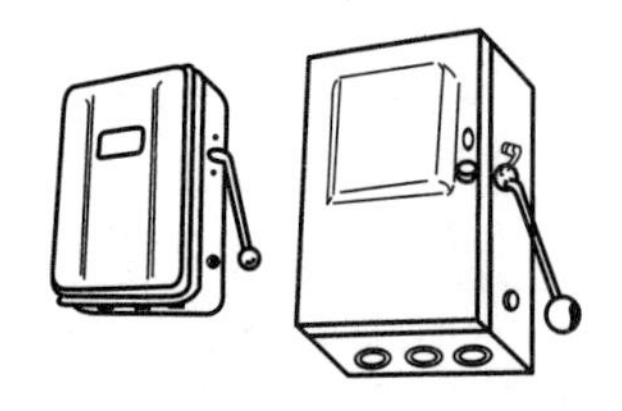

图 6.21　铁壳开关外形图

当箱盖未关闭时也不能使开关合闸，这样既保证了外壳防护作用的发挥，又保证了更换熔丝等操作的安全。

铁壳开关一般用于电气照明、电热器、电力排灌等线路的配电设备中，供不频繁手动接通和分断负荷电路之用，包括用做感应电动机的不频繁起动和分断。铁壳开关的型号主要有 HH3、HH4、HH12 等系列，其结构如图 6.21 所示，规格如表 6.8 所示。

表 6.8　铁壳开关常用规格

型号	额定电压(V)	额定电流(A)	极 数
HH3	250 440	10、15、20、30、60、100、200	2、3 或 3＋中性线座
HH4	380	15、30、60	2、3 或 3＋中性线座

熔断式刀开关也称刀熔开关，熔断器装于刀开关的动触片中间。它的结构紧凑，可代替分列的刀开关和熔断器，通常装于开关柜及电力配电箱内，主要型号有 HR3、HR5、HR6 和 HR11 系列。如图 6.22 所示。

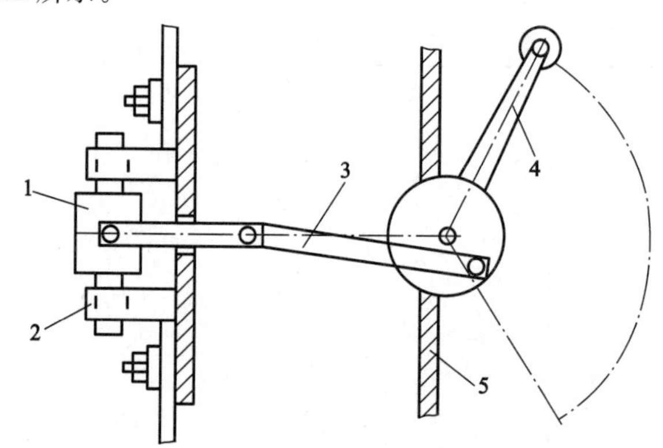

图 6.22　HR 型刀熔开关结构示意图

1—RT0 型熔断器的熔管；2—HD 型刀开关的弹性触座；3—连杆；4—操作手柄；5—配电装置面板

低压刀熔开关全型号的表示及含义如下：

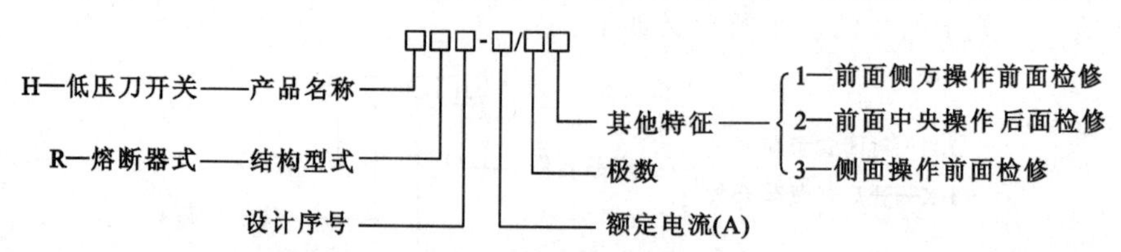

组合开关是一种多功能开关，可用来接通或分断电路，切换电源或负载，测量三相电压，控制小容量电动机正、反转等，但不能用做频繁操作的手动开关，主要型号有 HZ10 系列等。

除上述所介绍的各种形式的手动开关外，近几年来国内已有厂家从国外引进技术，生产出较为先进的新型隔离开关，如 PK 系列可拼装式隔离开关和 PG 系列熔断器式多极开关，它们的外壳采用陶瓷等材料制成，耐高温、抗老化、绝缘性能好。该产品体积小、质量轻，可采用导轨进行拼装，电寿命和机械寿命都较长，可代替前述的小型刀开关，广泛用于工矿企业、民用建筑等场所的低压配电电路和控制电路中。

PG 型熔断器式隔离器是一种带熔断器的隔离开关，也分为单极和多极两种，可用导轨进行拼装。PK 与 PG 系列隔离开关主要技术资料如表 6.9 所示。

表 6.9　PK 与 PG 系列隔离开关主要技术资料

<table>
<tr><td rowspan="3">PK 系列</td><td>额定电流(A)</td><td colspan="2">16</td><td colspan="2">32,63,100</td></tr>
<tr><td>额定电压(V)</td><td colspan="2">220</td><td colspan="2">380</td></tr>
<tr><td>极数 p</td><td colspan="4">1,2,3,4</td></tr>
<tr><td rowspan="5">PG 系列
(熔断器式)</td><td>额定电流(A)</td><td>10</td><td>16</td><td>20</td><td>32</td></tr>
<tr><td>配用熔断器额定电流(A)</td><td>2,4,6,10</td><td>6,10,16</td><td>0.5,2,4,6,8,
10,12,16,20</td><td>25,32</td></tr>
<tr><td>额定电压(V)</td><td colspan="2">220</td><td colspan="2">380</td></tr>
<tr><td>额定熔断短路电流(A)</td><td colspan="2">8000</td><td colspan="2">20000</td></tr>
<tr><td>极数 p</td><td colspan="4">1,2,3,4</td></tr>
</table>

(2) 低压断路器

低压断路器又称低压空气开关或自动空气开关，它具有良好的灭弧性能，能带负荷通断电路，可以用于电路的不频繁操作，同时又能提供短路、过负荷和失压保护，是低压供配电线路中重要的开关设备。断路器主要由触头系统、灭弧系统、脱扣器和操作机构等部分组成，它的操作机构比较复杂，主触头的通断可以手动，也可以电动。断路器的原理结构和接线如图 6.23 所示。

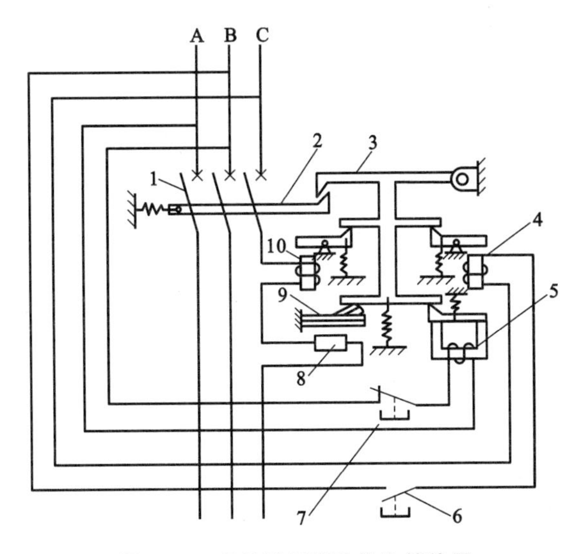

图 6.23　断路器原理结构和接线图

1—主触头；2—跳钩；3—锁扣；4—分励脱扣器；

5—失压脱扣器；6,7—脱扣按钮；8—加热电阻丝；9—热脱扣器；10—过流脱扣器

当手动合闸后，跳钩 2 和锁扣 3 扣住，开关的触头闭合，当电路出现短路故障时，过电流脱扣器 10 中线圈的电流会增加许多倍，其上部的衔铁逆时针方向转动推动锁扣向上，使其跳钩 2 脱钩，在弹簧弹力的作用下，开关自动打开，断开线路；当线路过负荷时，热元件 8 的发热量

会增加,使双金属片向上弯曲程度加大,托起锁扣3,最终使开关跳闸;当线路电压不足时,失压脱扣器5中线圈的电流会下降,铁心的电磁力下降,不能克服衔铁上弹簧的弹力,使衔铁上跳,锁扣3上跳,与跳钩2脱离,致使开关打开。按钮7起分励脱扣作用,当按下按钮时,开关的动作过程与线路失压时是相同的;按下按钮6时,使分励脱扣器线圈通电,最终使开关打开。

低压空气断路器有许多新的种类,结构和动作原理也不完全相同,前面所述的只是其中的一种。

低压断路器按灭弧介质可分为空气断路器和真空断路器等;按用途可分为配电用断路器、电动机用断路器、照明用断路器和漏电保护断路器等。

配电用低压断路器按保护性能可分为非选择型和选择型两类。非选择型断路器一般为瞬时动作,只作短路保护用;也有的为长延时动作,只作过负荷保护用。选择型断路器有两段保护、三段保护和智能化保护等。两段保护为瞬时或短延时与长延时特性两段。三段保护为瞬时、短延时与长延时特性三段,其中瞬时和短延时特性适用于短路保护,而长延时特性适用于过负荷保护。图6.24所示为低压断路器的三种保护特性曲线。而智能化保护的脱扣器为微机控制,保护功能更多,选择性更好,这种断路器通称智能型断路器。

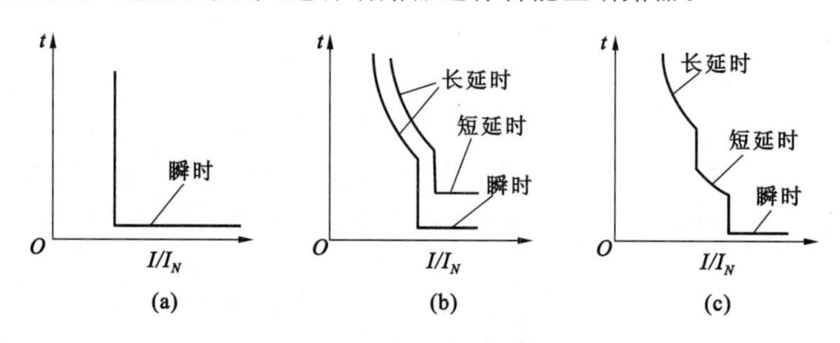

图6.24　保护特性曲线

(a) 瞬时动作特性;(b) 两段保护特性;(c) 三段保护特性

一般低压空气断路器在使用时要垂直安装,不能倾斜,以避免其内部机械部件运动迟缓。接线时要上端接电源线,下端接负载线。有些空气开关自动跳闸后需将手柄向下扳,然后再向上推才能合闸,若直接向上推则不能合闸。

国产低压空气断路器全型号的表示和含义如下:

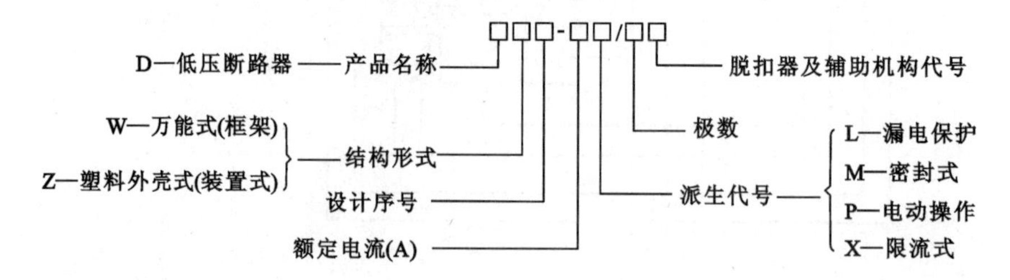

万能式空气断路器又称框架式自动空气开关,它可以带多种脱扣器和辅助触头,操作方式多样,装设地点灵活,故名"万能式"或"框架式"。目前常用的型号有AE(日本三菱)、DW12、DW15、ME(德国AEG)等系列。图6.25是一种DW型万能式低压断路器的外形结构图。

DW型断路器的合闸操作方式较多,除手柄操作外,还有杠杆操作、电磁操作和电动机操

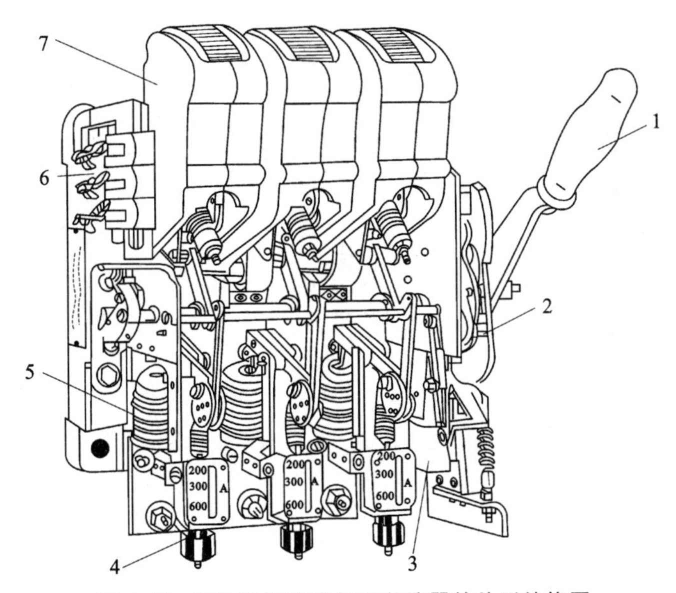

图 6.25 DW 型万能式低压断路器的外形结构图

1—操作手柄;2—自由脱扣机构;3—失压脱扣器;4—过电流脱扣器电流调节螺母;5—过电流脱扣器;6—辅助触点(连锁触点);7—灭弧罩

作等。

塑料外壳式断路器又称装置式自动空气开关,它的全部元件都封装在一个塑料外壳内,在壳盖中央露出操作手柄,用于手动操作,在民用低压配电中用量很大。常见的型号有DZ13、DZ15、DZ20、C45、C65 等系列,其种类繁多。

图 6.26 是一种 DZ 型塑料外壳式低压断路器的断面图,图 6.27 是该断路器操作机构的传动原理示意图。

低压断路器的操作机构一般采用四连杆机构,可自由脱扣。按操作方式分为手动和电动两种,手动操作是利用操作手柄或杠杆操作,电动操作是利用专门的电磁线圈或控制电动机操作。

低压断路器的操作手柄有三个位置:

① 合闸位置 如图 6.27(a)所示,手柄扳向上边,跳钩被锁扣扣住,触头维持在闭合状态。

② 自由脱扣位置 如图 6.27(b)所示,跳钩被释放(脱扣),手柄移至中间位置,触头断开。

③ 分闸和再扣位置 如图 6.27(c)所示,手柄扳向下边,跳钩又被锁扣扣住,从而完成“再扣”操作,为下次合闸做好准备。如果断路

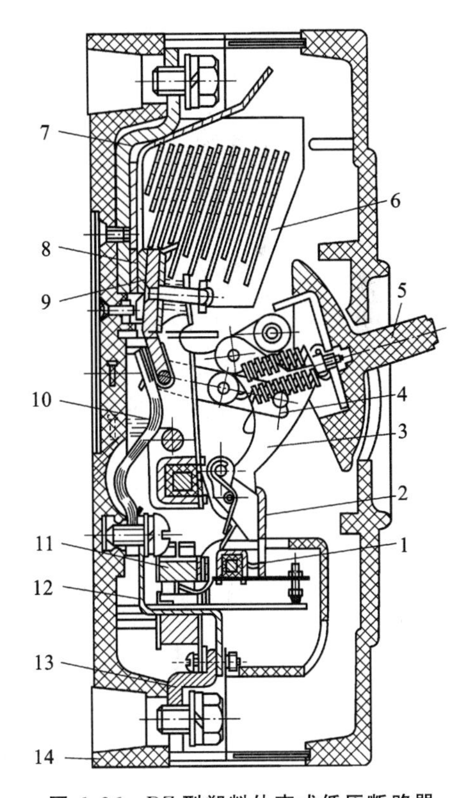

图 6.26 DZ 型塑料外壳式低压断路器

1—牵引杆;2—锁扣;3—跳钩;4—连杆;5—操作手柄;6—灭弧室;7—引入线和接线端子;8—静触头;9—动触头;10—可挠连接条;11—电磁脱扣器;12—热脱扣器;13—引出线和接线端子;14—塑料底座

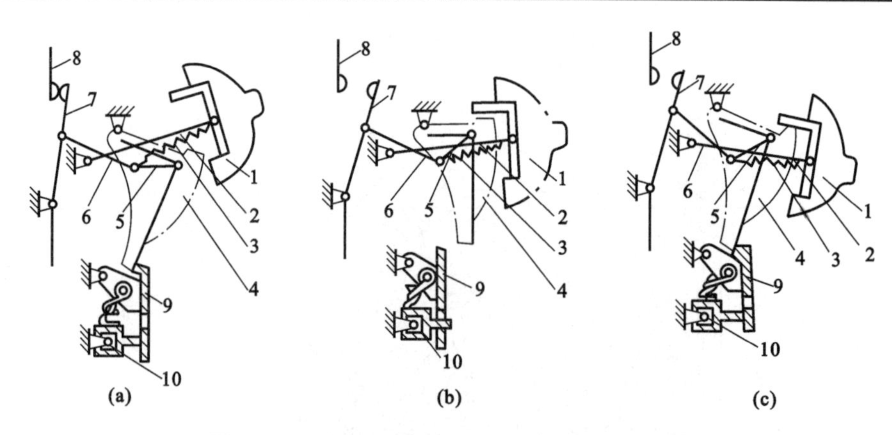

图 6.27　DZ 型断路器操作机构传动原理示意图

(a) 合闸位置；(b) 自由脱扣位置；(c) 分闸和再扣位置

1—操作手柄；2—操作杆；3—弹簧；4—跳钩；5—上连杆；

6—下连杆；7—动触头；8—静触头；9—锁扣；10—牵引杆

器自动跳闸后不将手柄扳向再扣位置(即分闸位置)，想直接合闸是合不上的。这不只是塑料外壳式断路器如此，万能式断路器也是这样。

DZ 型断路器可根据工作要求装设以下脱扣器：

- 复式脱扣器，可同时实现过负荷保护和短路保护；
- 电磁脱扣器，只做短路保护；
- 热脱扣器，为双金属片，只做过负荷保护。

(3)剩余电流断路器

在低压电网中安装剩余电流动作保护器(residual current operated protective device，简称为 RCD，以下简称剩余电流保护器，是漏电保护器的一种形式)是防止人身触电、电气火灾及电气设备损坏的一种有效的防护措施。

剩余电流保护器 RCD 结构原理图如图 6.28 所示，其铁芯包绕了一电气回路的全部载流导体，在磁芯内产生的磁通在同一瞬间都与这些导体电流的代数和有关；一个方向流过的电流假设为正(I_1)，则相反方向流过的电流就为负(I_2)。

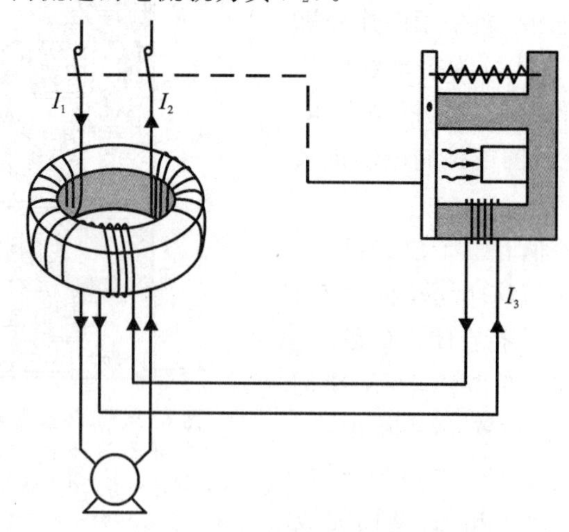

图 6.28　剩余电流保护器 RCD 结构原理图

在无故障的正常回路中 $I_1+I_2=0$，在磁芯内没有磁通，线圈内的电动势为零。接地故障电流 I_d 穿过磁芯流向故障点，但却经大地或经 TN 系统的保护线返回电源。穿过磁芯的诸导体的电流因此不再平衡，电流差在磁芯内产生了磁通。此电流被称为“剩余”电流，这一原理也被称作“剩余电流”原理。

剩余电流保护器检测到的是剩余电流，即被保护电路内相线和中性线电流瞬时值的代数和(其中包括中性线的三相不平衡电流和谐波电流)，此电流即为正常时的泄露电流和故障时的接地故障电流。故剩余电流保护器的整定值，也就是它的额定剩余动作电流 I_n，仅需躲过正常泄露电流值即可。

剩余电流保护器额定电流一般较小，仅有剩余电流(漏电)跳闸的功能，用以对低压电网直接触电和间接触电进行有效保护，也可以作为三相电动机的缺相保护，它有单相的，也有三相的。

剩余电流断路器主要由四个基本环节组成，即信号检测、信号处理、执行机构和试验装置。剩余电流断路器将剩余电流保护器安装在线路中，一次线圈与电网的线路相连接，二次线圈与剩余电流保护器中的脱扣器连接。当用电设备正常运行时，线路中电流呈平衡状态，互感器中电流矢量之和为零。由于一次线圈中没有剩余电流，所以不会感应二次线圈，剩余电流保护器的开关装置处于闭合状态运行。当设备外壳发生漏电并有人触及时，则在故障点产生分流，此漏电电流经人体、大地、工作接地，返回变压器中性点，致使互感器中流入、流出的电流出现了不平衡，一次线圈中产生剩余电流。因此，便会感应二次线圈，当这个电流值达到该剩余电流保护器限定的动作电流值时，自动开关脱扣，切断电源。剩余电流断路器结构原理图如图 6.29 所示。

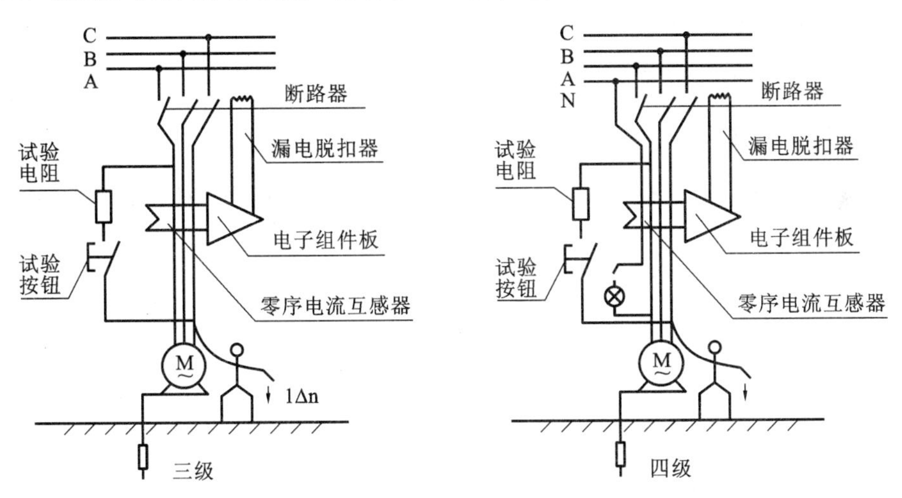

图 6.29 剩余电流断路器结构原理图

剩余电流断路器电流一般较大，把检测剩余电流的功能和断开主电路的功能组合在一起，同时对线路进行过载和短路保护，有的还有过压保护功能。这样不仅缩小装置的体积，降低制造成本，而且大大提高电网的保护水平。剩余电流断路器是在规定条件下，当被保护电路中剩余电流超过设定值时，能自动断开电路或发出报警信号。在直接接触防护中作为防止电击危险的基本保护措施的附加保护；在间接接触防护中作为防止因接地故障使电气设备外露导电部分带有危险电压而引发电击危害或电气火灾危险的有效保护。

目前，国内生产的带过电流保护的剩余电流动作断路器型号有：C45Vigi、DPNVigi、

DS250S、GS250S、FAZ－L、DZL118、DZ126L、DZ12L、DZ47L、KL、E4EB/M、E4CBEL、E4EL及BCL32系列等。主要技术指标：额定电压220V和380V，额定电流绝大部分为63A及以下，有些系列可达到125A，额定剩余动作电流多数为30mA及以下，分断时间不大于0.1s。带过载和短路保护，短路分断能力为3kA/4kA/6kA/10kA。有的产品还带有过电压保护，动作值一般为380V±10%。极数有1P＋N、2P、3P和4P等。其中C45Vigi、DS250S、DZ47L、FAZ－L、E4EB/M、E4CBEL、E4EL和KL等系列剩余电流断路器，由小型断路器和剩余电流保护附件拼装而成的剩余电流动作断路器。分断能力高，外形美观。宽度尺寸模数化，模数为18mm。剩余电流保护附件和小型断路器的拼装可以在工厂完成，也可以在现场拼装，可以根据需要灵活地与小型断路器组合安装在配电箱中，特别适合于在终端电器配电箱及城乡居民住宅配电箱中使用。

在使用剩余电流保护器RCD时，应注意以下事项：

①剩余电流保护器既能起保护人身安全的作用，还能监督低压系统或设备的对地绝缘状况。但不要以为安装了剩余电流动作保护器后，就可以万无一失而麻痹大意，应仍以预防为主(因它仅是基本保护措施中的一种附加保护)。只有认真做好安全用电的管理、宣传和教育工作，落实好有关各项安全技术措施，才是实现安全用电的根本保证。

②剩余电流保护器是在人体发生单相触电事故时，才能起到保护作用。如果人体对地处于绝缘状态，一旦触及了两根相线或一根相线与一根中性线时，保护器并不会动作，即此时它起不到保护作用。

③剩余电流保护器安装点以后的线路应是对地绝缘的。若对地绝缘降低，剩余电流超过某一定值(通常为15mA左右)时，保护器便会动作并切断电源。所以要求线路的对地绝缘必须良好，否则将会经常发生误动作，影响正常用电。

④低压电网实行分级保护时，上级保护应选用延时型剩余电流保护器，其分断时间应比下级保护器的动作时间增加0.1～0.2s以上。

⑤安装在总保护和末级保护之间的剩余电流保护器，其额定剩余动作电流值应介于上、下级剩余电流保护器的额定剩余动作电流值之间，且其级差通常应达1.2～2.5倍。

⑥总保护的额定剩余动作电流最大值分别不应超过75～100mA(非阴雨季节)及200～300mA(阴雨季节)；家用剩余电流保护器应实现直接接触保护，其动作电流值不应大于30mA；移动式电力设备及临时用电设备的剩余电流保护器动作电流值为30mA。

⑦低压电网总保护采用电流型剩余电流保护器时，变压器中性点应直接接地；电网的中性线不得有重复接地，并应保持与相线一样的良好绝缘；剩余电流保护器安装点后的中性线与相线，均不得与其他回路共用。

⑧照明以及其他单相用电负荷要均匀分配到三相电源线上，偏差大时要进行调整，力求使各相剩余电流大致相等；当低压线路为地埋线时，三相的长度宜相近。

附录10列出了部分低压断路器的主要技术数据，供学习时参考。

6.1.2 电流互感器与电压互感器

互感器是一种特殊变压器，可分为电流互感器(外文符号为TA)和电压互感器(外文符号为TV)两类。互感器的功能有两个：

(1) 安全绝缘

采用互感器作一次电路与二次电路之间的中间元件，既可避免一次电路的高电压直接引入仪表、继电器等二次设备，又可避免二次电路故障影响一次电路，提高了两方面工作的安全性和可靠性，特别是保障了人身安全。

(2) 扩大测量范围

采用互感器，就相当于扩大了仪表、继电器的使用范围。例如用一只 5 A 的电流表，通过不同变流比的电流互感器就可测量任意大的电流。同样，用一只 100 V 的电压表，通过不同变压比的电压互感器就可测量任意高的电压。

由于采用互感器可使二次电路的仪表、继电器等的电流、电压规格统一，有利于大规模生产。另外，采用互感器还可以获得多种形式的接线方案。

6.1.2.1 电流互感器

1. 基本结构和原理

电流互感器的基本结构原理如图 6.30 所示。它的结构特点是：一次绕组的匝数很少(有的利用一次导体穿过其铁芯，只有一匝)，导体相当粗，串联接入一次电路中；而其二次绕组匝数多，导线细，与仪表、继电器等的电流线圈串联，形成一个闭合回路。由于二次仪表、继电器等的电流线圈阻抗很小，所以电流互感器工作时二次回路接近于短路状态。二次绕组的额定电流一般为 5 A 。

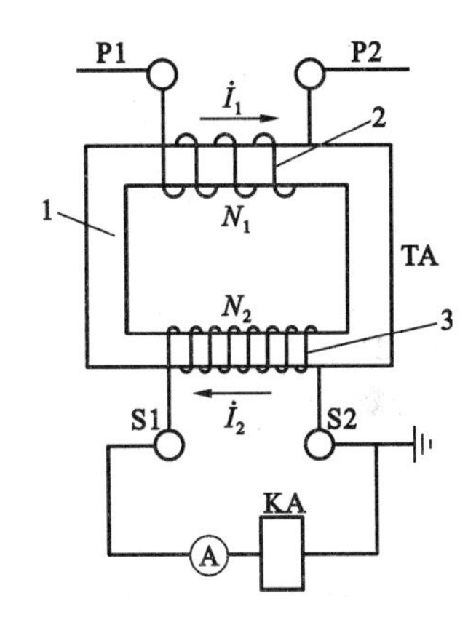

图 6.30 电流互感器的基本结构原理图

1—铁芯；2—电流互感器一次绕组；3—二次绕组

电流互感器的一次电流 I_1 与其二次电流 I_2 之间有下列关系：

$$I_1 \approx \frac{N_2}{N_1} I_2 = K_i I_2$$

式中 N_1，N_2——电流互感器一次和二次绕组的匝数；

K_i——电流互感器的变流比，一般定义为 I_{1N}/I_{2N}，例如 200/5。

2. 常用接线方案

电流互感器在三相电路中常用的接线方案有：

(1) 一相式接线[图 6.31(a)] 电流线圈通过的电流反映一次电路对应相的电流，通常用在负荷平衡的三相电路中测量电流，或在继电保护中作为过负荷保护接线。

(2) 两相 V 形接线[图 6.31(b)] 也称为两相不完全 Y 形接线，这种接线的三个电流线圈分别反映三相电流，其中最右边的电流线圈是接在互感器二次侧的公共线上，反映的是两个互感器二次电流的相量和，正好是未接互感器那一相的二次电流(其一次电流换算值)。因此这种接线广泛用于中性点不接地的三相三线制电路中，供测量三个相电流之用，也可用来接三相功率表和电度表。这种接线特别广泛地用于继电保护装置中，称为两相继电器接线。

(3) 两相电流差接线[图 6.31(c)] 也称为两相交叉接线。其二次侧公共线流过的电流为相电流的$\sqrt{3}$倍。这种接线也广泛用于继电保护装置中，称为两相一继电器接线。

(4) 三相 Y 形接线[图 6.31(d)] 这种接线的三个电流线圈正好反映各相电流，因此广泛用于中性点直接接地的三相三线制特别是三相四线制电路中，用于测量或继电保护。

3. 电流互感器的类型

电流互感器的类型很多，按一次绕组的匝数分，有单匝式(包括母线式、心柱式、套管式)和

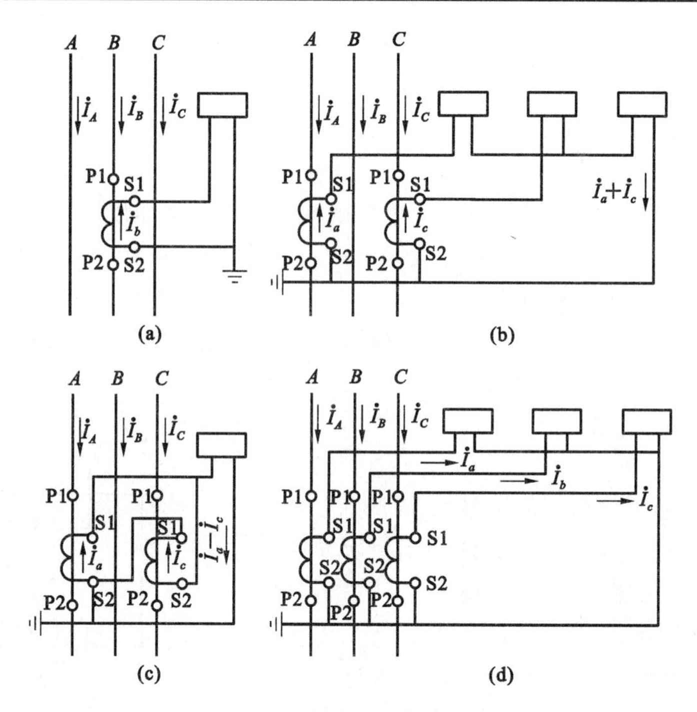

图 6.31　电流互感器的接线方案

(a) 一相式；(b) 两相 V 形；(c) 两相电流差；(d) 三相 Y 形

多匝式(包括线圈式、线环式、串级式)；按一次电压高低分，有高压和低压两大类；按用途分，有测量用和保护用两大类；按准确度等级分，测量用电流互感器有 0.1、0.2、0.5 、1、3、5 六个等级，保护用电流互感器有 5P 和 10P 两级。

电流互感器全型号的表示及含义：

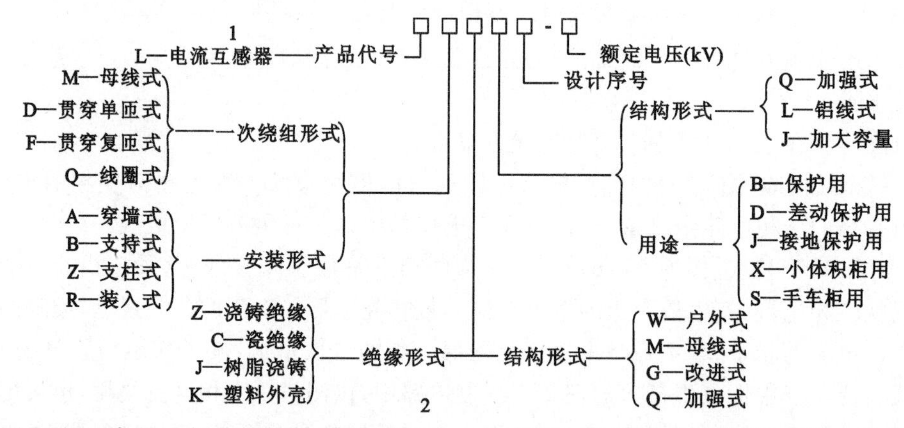

高压电流互感器一般制成两个铁芯和两个二次绕组，其中准确度等级高的二次绕组接测量仪表，准确度等级低的二次绕组接继电器。

图 6.32 为户内低压 500V 的 LMZJ1-0.5 型(500-800/5)母线式电流互感器的外形图。它本身没有一次绕组，母线从中孔穿过，母线就是其一次绕组(1 匝)。

图 6.33 为户内高压 10kV 的 LQJ-10 型线圈式电流互感器的外形图，其主要技术指标见表 6.10。它的一次绕组绕在两个铁芯上，每个铁芯都有一个二次绕组，分别为 0.5 级和 3 级，0.5 级接测量仪表，3 级接继电保护。低压的线圈式电流互感器 LQG-0.5 型(G 为改进型)则

只有一个铁芯和一个二次绕组,其一、二次绕组均绕在同一铁芯上。

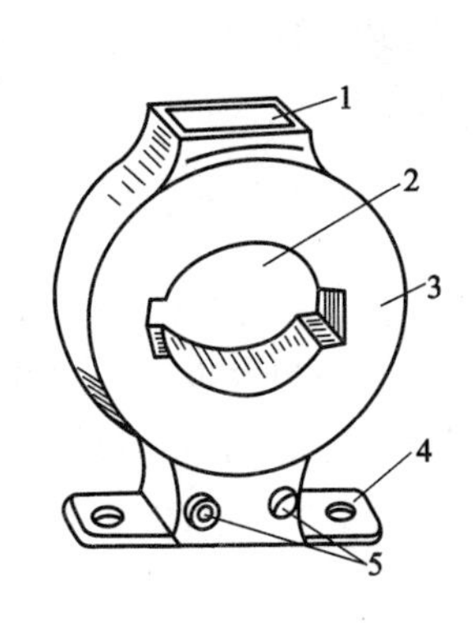

图 6.32　LMZJ1-0.5 **型电流互感器**

1—铭牌;2—次母线穿孔;
3—铁芯(外绕二次绕组,环氧树脂浇注);
4—安装板(底座);5—二次接线端子

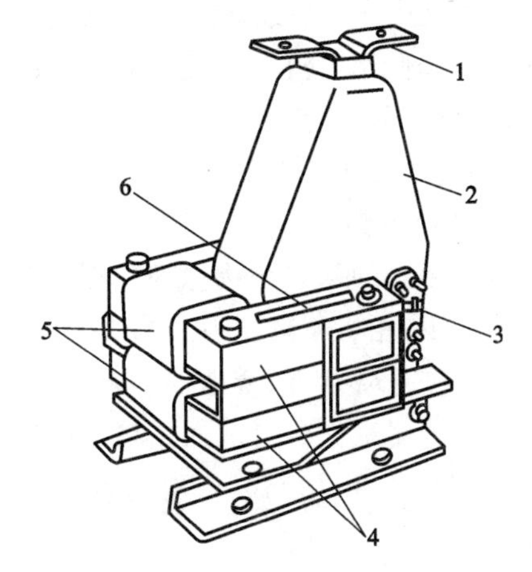

图 6.33　LQJ-10 **型电流互感器**

1——次接线端子;2——次绕组(环氧树脂浇注);
3—二次接线端子;4—铁芯(两个);5—二次绕组(两个);
6—警告牌(上写“二次侧不得开路”等字样)

表 6.10　LQJ-10 **型电流互感器的主要技术数据**

1. 额定二次负荷						
铁芯代号	额定二次负荷					
	0.5 级		1 级		3 级	
	Ω	V·A	Ω	V·A	Ω	V·A
0.5	0.4	10	0.6	15	—	—
3	—	—	—	—	1.2	30

2. 热稳定度和动稳定度		
额定一次电流(A)	1 s 热稳定倍数	动稳定倍数
5,10,15,20,30,40,50,60,75,100	90	225
160(150),200,315(300),400	75	160

以上两种电流互感器都是环氧树脂浇注绝缘的,较之老式的油浸式和干式电流互感器的尺寸小,性能好,因此在目前生产的高低压成套配电装置中广泛应用。

4. 电流互感器使用注意事项

(1) 电流互感器工作时其二次侧不得开路

根据电磁平衡方程 $\dot{I}_1 N_1 - \dot{I}_2 N_2 = \dot{I}_0 N_1$ 知(电流方向参看图 6.28),当 $I_2 = 0$ 时,$I_1 N_1 - I_2 N_2 = I_0 N_1$,即 $I_0 = I_1$,由于 I_1 是一次电路负荷电流,只决定于一次侧负荷,不因互感器二次侧负荷变化而变化,有可能会使铁芯过热,烧毁互感器,因为二次绕组匝数远比一次绕组匝数多,还会在二次侧感应出危险高电压。

(2) 电流互感器的二次侧有一端必须接地

为了防止其一、二次绕组间绝缘击穿时一次侧的高电压窜入二次侧而危及人身和设备安全，电流互感器的二次侧有一端必须接地。

(3) 电流互感器在连接时要注意其端子的极性

在安装和使用电流互感器时，一定要注意端子的极性，否则其二次侧所接仪表、继电器中流过的电流就不是预想的电流，从而影响正确测量，甚至引起事故。

6.1.2.2　电压互感器

1. 基本结构原理

电压互感器的基本结构原理如图6.34所示。它的结构特点是：一次绕组匝数很多，而二次绕组匝数较少，相当于降压变压器。它接入电路的方式是：其一次绕组并联在一次电路中；而其二次绕组则并联仪表、继电器的电压线圈。由于二次仪表、继电器等的电压线圈阻抗很大，所以电压互感器工作时二次回路接近于空载状态。二次绕组的额定电压一般为 100 V。电压互感器的一次电压 U_1 与其二次电压 U_2 之间有下列关系：

$$U_1 \approx \frac{N_1}{N_2} U_2 \approx K_U U_2$$

式中　N_1，N_2——电压互感器一次和二次绕组的匝数；

K_U——电压互感器的变压比，一般定义为 U_{1N}/U_{2N}，例如 10/0.1。

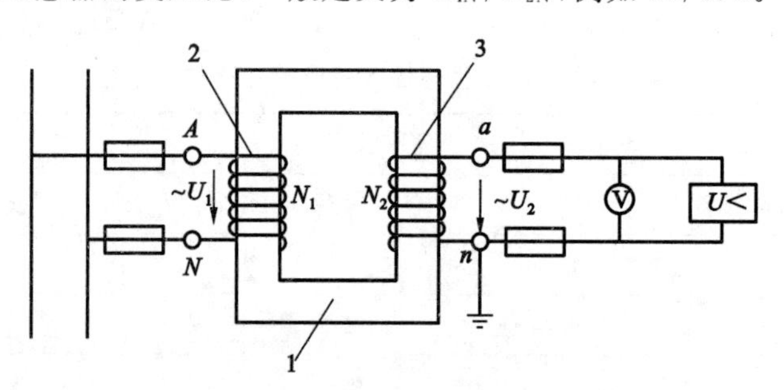

图 6.34　电压互感器的基本结构原理图

1— 铁芯；2 — 一次绕组；3— 二次绕组

2. 常用接线方案

电压互感器在三相电路中常用的接线方案有：

(1) 一个单相电压互感器的接线　如图 6.35(a)所示，供仪表、继电器接于一个线电压。

(2) 两个单相电压互感器接成 V/V 形　如图 6.35(b)所示，适用于变配电所的 6～10 kV 高压配电装置中，供仪表、继电器测量和监视三相三线制系统中的各个线电压。

(3) 三个单相电压互感器接成 Y_0/Y_0 形　如图 6.35(c)所示，供仪表、继电器测量和监视三相三线制系统中的线电压和相电压。由于小电流接地系统在一次侧发生单相接地时另两相电压要升高到线电压，所以绝缘监察电压表应按线电压选择，否则在发生单相接地时电压表可能被烧毁。

(4) 三相单相三绕组电压互感器或一个三相五芯柱三绕组电压互感器 $Y_0/Y_0/$⌴形　如图 6.35(d)所示，其接成 Y_0 的二次绕组与图 6.35(c)相同，辅助二次绕组接成开口三角形。系统正常运行时，由于三个相电压对称，因此开口三角形两端的电压接近于零。当某一相接地时，开口三角形两端将出现近 100 V 的零序电压，使电压继电器 KV 动作，发出单相接地信号。

3. 电压互感器的分类及型号

电压互感器按相数分，有单相、三相三芯柱和三相五芯柱式；按绕组分，有双绕组式和三绕

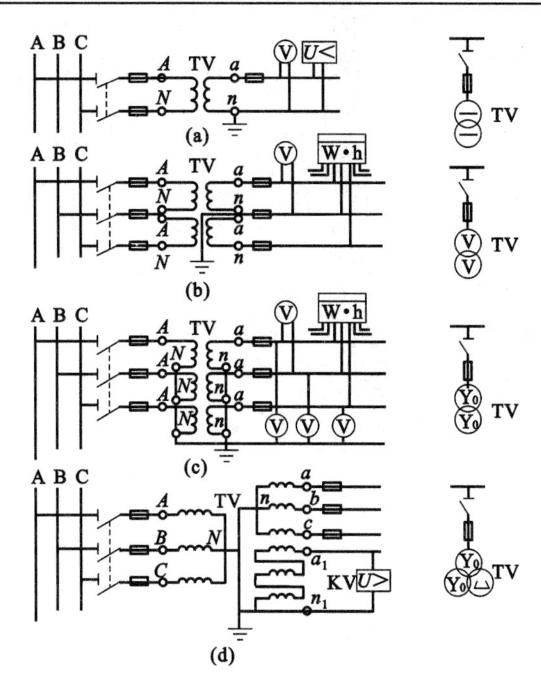

图 6.35 电压互感器的接线方案

(a) 一个单相电压互感器;(b) 两个单相接成 V/V 形;(c) 三个单相接成 Y_0/Y_0 形;

(d) 三个单相三绕组或一个三相五芯柱三绕组电压互感器接成 $Y_0/Y_0/$⌴(开口三角)形

组式;按绝缘与其冷却方式分,有干式(含环氧树脂浇注式)、油浸式和充气式(SF_6);按安装地点分,有户内式和户外式。

电压互感器全型号的表示及含义如下:

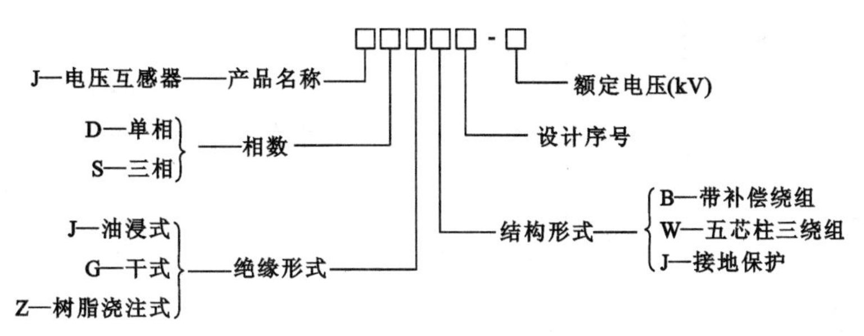

图 6.36 为应用广泛的单相三绕组、户内 JDZJ-10 型电压互感器外形图。三个 JDZJ-10 型电压互感器接成图 6.35(d)所示 $Y_0/Y_0/$⌴的接线形式,供小电流接地系统中作电压、电能测量及绝缘监测之用。

4. 电压互感器使用注意事项

(1) 电压互感器在工作时其二次侧不得短路

由于电压互感器一、二次侧都是在并联状态下工作的,发生短路时将产生很大的短路电流,有可能烧毁互感器,甚至影响一次电路的安全运行,因此电压互感器的一、二次侧都必须装设熔断器进行短路保护,熔断器的额定电流一般为 0.5 A。

(2) 电压互感器的二次侧有一端必须接地

这与电流互感器二次侧接地的目的相同,也是为了防止一、二次绕组绝缘击穿时一次侧的高电压窜入二次侧而危及人身和设备的安全。

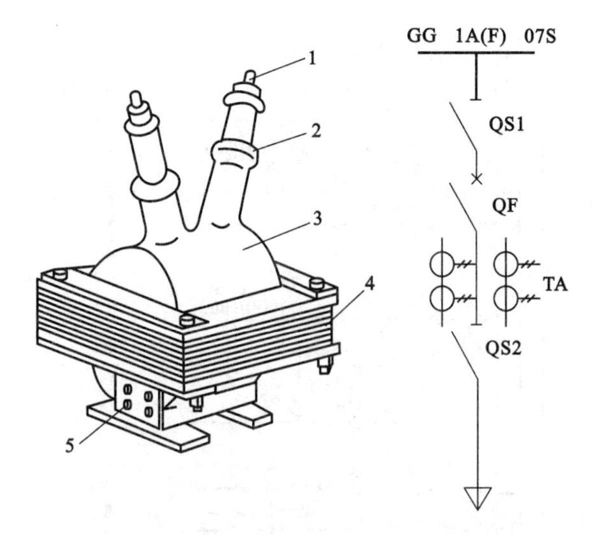

图 6.36　JDZJ-10 **型电压互感器**

1—一次接线端子；2—高压绝缘套管；3—一、二次绕组，环氧树脂浇注；
4—铁芯；5—二次接线端子

(3) 电压互感器在连接时要注意其端子的极性

电压互感器在连接时一定要注意端子的极性，否则其二次侧所接仪表、继电器中的电压就不是预想的电压而影响正确测量，乃至引起保护装置的误动作。

6.1.3　高低压成套设备

6.1.3.1　高压成套设备

高压成套配电装置指高压开关柜，是按一定的线路方案将有关一、二次设备组装而成的一种高压成套装置，在发电厂和变配电所中作为控制和保护发电机、变压器和高压线路之用，也可作为大型高压交流电动机的起动和保护之用，其中安装有高压开关电器、保护设备、监测仪表和母线、绝缘子等。

高压开关柜按其主要设备元件的安装方式可分为固定式和手车式（移开式）两大类；按开关柜隔室的构成形式可分为铠装型、间隔型、箱型和半封闭型等；按其母线系统可分为单母线、单母线带旁路母线和双母线等形式。

国产老系列高压开关柜的全型号格式和含义如下：

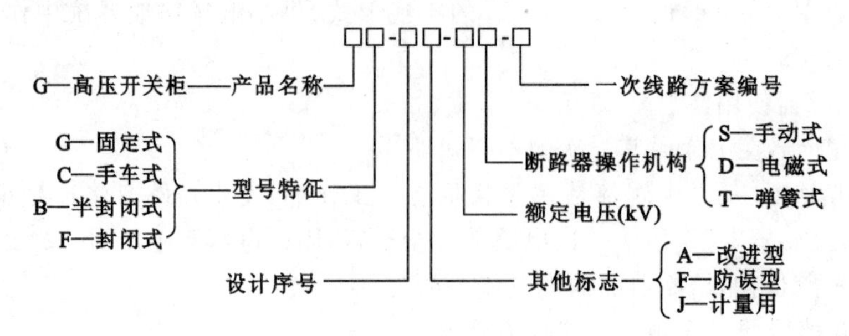

国产新系列高压开关柜的全型号格式和含义如下：

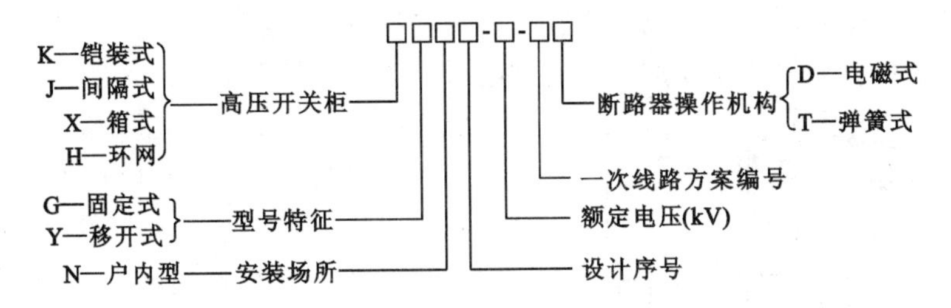

1. 固定式高压开关柜

其主要设备(包括断路器、互感器和避雷器)及其他设备都是固定安装的，如 GG-1A(F)、KGN、XGN 等型开关柜。图 6.37 为 GG-1A(F)型开关柜外形结构图。

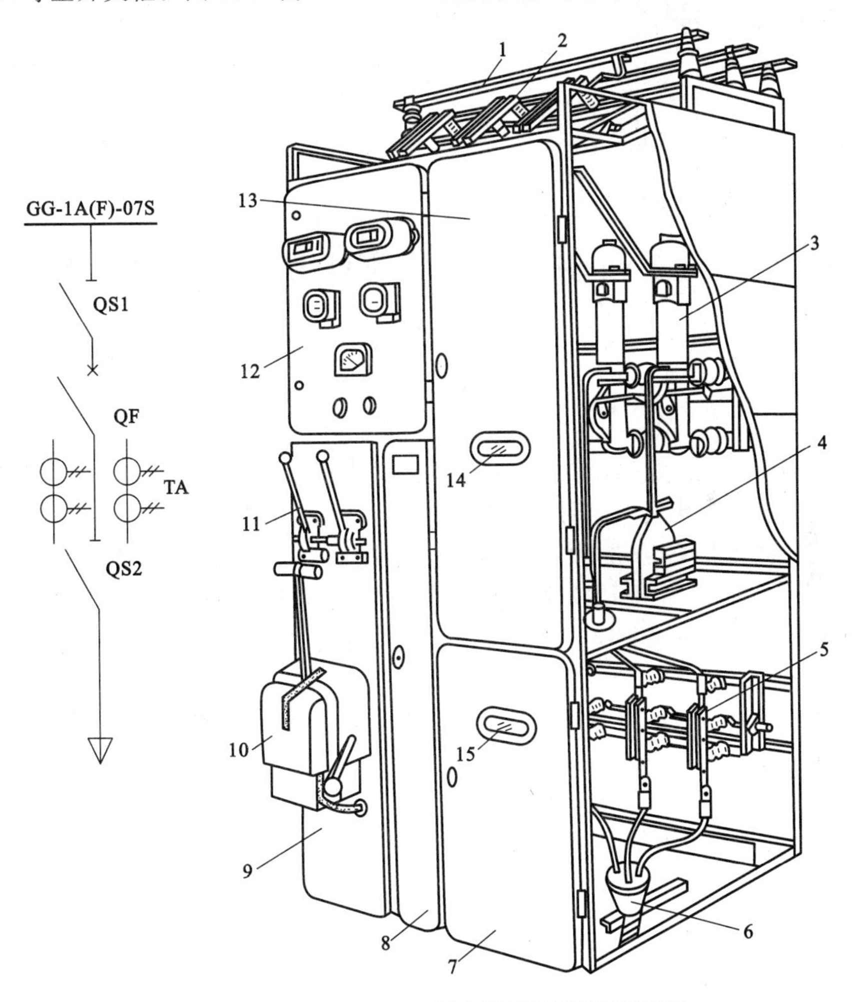

图 6.37 GG-1A(F)-07S 型高压开关柜(断路器柜)

1—母线；2—母线侧隔离开关(GN8-10 型)；
3—少油断路器(SN10-10 型)；4—电流互感器(LQJ-10 型)；
5—线路侧隔离开关(GN6-10 型)；6—电缆头；7—下检修门
8—端子箱门；9—操作板；10—断路器的手力操动机构(CS2 型)；
11—隔离开关的操作手柄(CS6 型)；12—仪表继电器屏；13—上检修门；14，15—观察窗固定式开关柜具有结构比较简单、制造成本较低的优点。但主要设备如断路器发生故障或需要检修试验时则必须中断供电，直到故障消除或检修试验完成后才能恢复供电，因此这类固定式高压开关柜主要用在企业的中小变配电所及负荷不是很重要的场所。

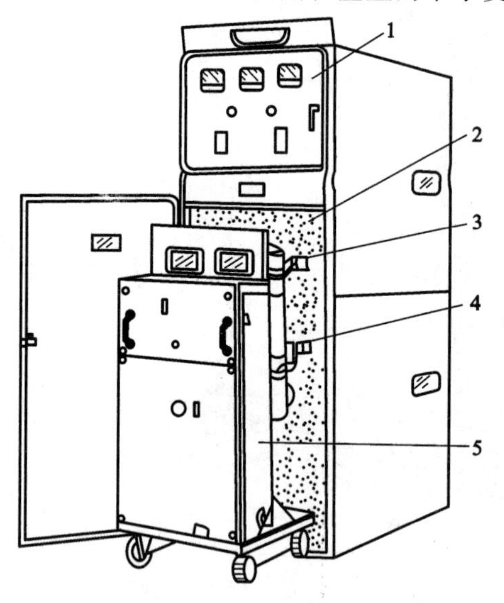

图 6.38 GC-10(F)型高压开关柜

1—仪表继电器屏；2—手车室；
3—上触头(兼起隔离开关作用)；
4—下触头(兼起隔离开关作用)；
5—SN10-10 型断路器手车

2. 手车式(移开式)高压开关柜

其主要设备如断路器、电压互感器、避雷器等装设在可以拉出和推入开关柜的手车上，这些设备如发生故障或需要检修试验时可随时将其手车拉出，再推入同类备用手车即可恢复供电，停电时间很短，大大提高了供电可靠性。手车式开关柜较之固定式开关柜具有检修安全、供电可靠性高等优点，但制造成本较高，主要用于大中型变配电所及负荷比较重要、要求供电可靠性高的场所。常用的手车式开关柜有 GC、JYN 等型。图 6.38 中所示为 GC-10(F)型手车式开关柜的外形结构图。

3. 环网高压开关柜

环网高压开关柜一般由三个间隔组成，其中一个电缆进线间隔，一个电缆出线间隔，还有一个为变压器回路间隔。

环网柜的主要电气元件有高压负荷开关、熔断器、隔离开关、接地开关、电流互感器、电压互感器、避雷器等。

环网柜具有可靠的防误操作设施，达到了规定的“五防”(对高压开关柜结构的安全要求)，在我国城市电网改造和建设中得到了广泛的应用。

“五防”是对高压开关柜结构的安全要求，包括：① 防止误分、误合断路器；② 防止带负荷分、合隔离开关；③ 防止带电挂接接地线；④ 防止带接地线合隔离开关；⑤ 防止人员误入开关柜的带电间隙。有的开关柜型号末尾加注有“(F)”的，即为达到“五防”的防误型开关柜。

6.1.3.2 低压配电装置

低压配电装置包括低压配电屏(柜)和配电箱，是按一定的线路方案将有关一、二次设备组装而成的一种低压成套装置，在低压配电系统中作为控制、保护和计量之用。

1. 低压配电屏(柜)

国产老系列低压配电屏的全型号格式和含义如下：

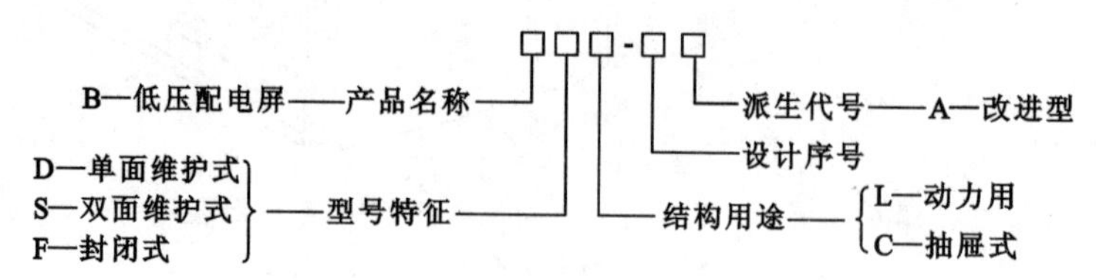

国产新系列低压配电屏的全型号格式和含义如下：

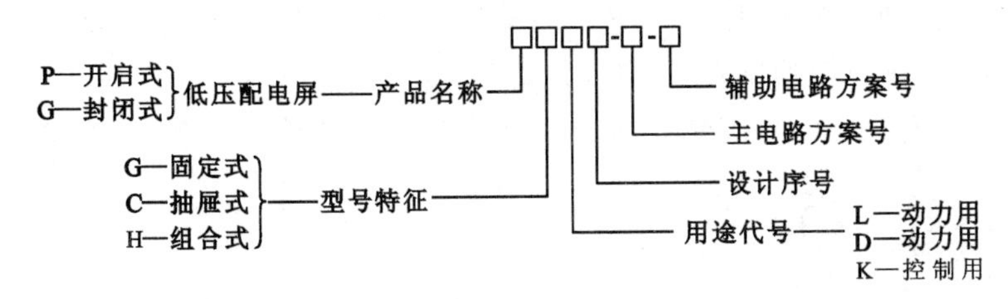

(1) 固定式低压配电屏(柜)

其中的电器元件均为固定安装和固定接线,目前使用较广的固定式配电屏有 PGL、GGL、GGD 等型号,其中 GGD 型是较新的国产产品,全部采用新型电器元件,具有分断能力强、热稳定性好、接线方案灵活、组合方便、结构新颖及外壳防护等级高等优点,是国家推广应用的一种新产品。固定式低压配电屏适用于发电厂、变电所及工矿企业等电力用户作动力和照明配电之用。

(2) 抽屉式低压配电屏(柜)

其安装方式为抽屉式(或称抽出式),每个抽屉为一个功能单元,按一、二次线路方案要求将有关功能单元的抽屉叠装安装在封闭的金属柜体内。常用的抽屉式配电屏(柜)有 BFC、GCL 和 GCK 等型号,适用于三相交流系统中作为负荷或电动机控制中心的配电和控制装置。引进国外技术生产的多米诺(DOMINO)动力配电柜是动力配电箱的一种新产品,具有体积小、结构新颖美观、易于安装维护和安全可靠等优点,适用于工矿企业和高层建筑作低压动力和照明配电之用。

(3) 混合式低压配电屏(柜):其安装方式为固定和插入混合安装,有 GHL 等型号,其中 GHL-1 型配电屏采用了先进新型电器,如 NT 系列熔断器、ME 系列断路器及 CJ20 系列接触器等,集动力配电与控制于一体,兼有固定式和抽屉式的优点,可取代 PGL 型低压配电屏和 XL 型动力配电箱,并兼有 BFC 型抽屉式配电屏的优点。

2. 配电箱

配电箱的全型号格式和含义如下:

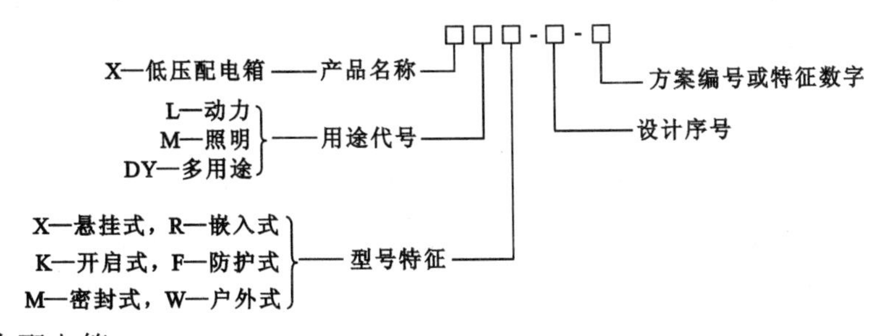

(1) 动力配电箱

通常具有配电和控制两种功能,主要用于动力配电与控制,但也可供照明配电与控制。常用的有 XL、XL-2、XF-10、XLCK、BGL-1、SGL1、BGM-1 等多种型号,其中 BGL-1、BGM-1 型号多用于高层住宅建筑的照明和动力配电。

(2) 照明配电箱

主要用于照明配电,但也能对一些小容量的动力设备配电。照明配电箱的品种繁多,其中 X_M^XM-□系列照明配电箱适用于工业和民用建筑作照明配电之用,也可作小容量动力线路的漏电、过负荷和短路保护之用。

按安装方式分，动力和照明配电箱均有靠墙式、悬挂式、嵌入式等。靠墙式是配电箱靠墙落地安装；悬挂式是配电箱挂墙明装；嵌入式是配电箱嵌墙暗装。

用户也可根据对供电的具体要求与空间位置定制非标准的动力和照明配电箱。

6.2　电气设备的选择与校验

电气设备的选择是供配电系统设计的主要内容之一，是保证电网安全、经济运行的重要条件。在供配电系统中尽管电气设备的作用不一样，具体选择的方法也不同，但其基本要求是相同的。为保证电气设备安全、可靠地运行，必须按需依据正常工作条件、环境条件及安装条件进行选择，部分设备还需依据短路情况下的短路电流进行动、热稳定度的校验，同时要求工作安全可靠，运行维护方便，投资经济合理。

6.2.1　电气设备选择的一般规定

6.2.1.1　按正常工作条件选择电气设备

为了保证电气设备在正常运行情况下可靠地工作，必须按照正常运行条件选择电气设备。正常运行条件是指电气设备正常运行时的工作电压及工作电流。

1. 按工作电压选择电气设备

电气设备所在电网的运行电压因调压或负荷的变化有时会高于电网的额定电压，故所选择电气设备允许的最高工作电压不得低于所接电网的最高运行电压。通常规定一般电气设备允许的最高工作电压为设备额定电压的 1.1～1.15 倍，而电气设备所在电网的运行电压波动一般不超过电网额定电压的 1.15 倍。因此，在选择电气设备时，一般可按照电气设备的额定电压 U_N 不低于设备安装地点电网额定电压 U_{NS} 的条件选择，即

$$U_N \geqslant U_{NS} \tag{6.1}$$

2. 按工作电流选择电气设备

电气设备的额定电流 I_N 是指在规定的环境温度下，设备的长期允许通过电流 I_{al}。I_N 不应小于该回路的最大持续工作电流 $I_{\max}$，即

$$I_N(I_{al}) \geqslant I_{\max} \tag{6.2}$$

由于发电机和变压器在电压降低 5%时出力保持不变，故其相应回路的 $I_{\max}$ 应为发电机和变压器额定电流的 1.05 倍；若变压器有可能过负荷运行时，$I_{\max}$ 应按过负荷确定；出线回路的 $I_{\max}$ 除考虑正常负荷电流外，还应考虑事故时由其他回路转移过来的负荷。

当周围环境温度 θ 与导体（或电器）规定环境温度不等时，其长期允许电流 I_{al} 可按式(6.3)修正。

$$I_{al\theta} = I_{al}\sqrt{\frac{\theta_{al}-\theta}{\theta_{al}-\theta_0}} = KI_{al} \tag{6.3}$$

式中　K ——修正系数，$K=\sqrt{\frac{\theta_{al}-\theta}{\theta_{al}-\theta_0}}$；

θ_{al}——导体或电气设备正常发热允许最高温度，一般可取 $\theta_{al}=70$ ℃。

我国生产的电气设备的额定环境温度 $\theta_0=40$ ℃，如环境温度高于 40 ℃（但小于或等于 60 ℃）时，其允许电流一般可按每增高 1 ℃额定电流减少 1.8%进行修正；当环境温度低于

40 ℃时，环境温度每降低 1 ℃额定电流可增加 0.5%，但增加幅度最多不得超过原额定电流的 20%。

我国生产的裸导体的额定环境温度为 25 ℃，当装置地点环境温度在－5～50 ℃范围内变化时，导体中允许通过的电流可按式(6.3)修正。

3. 按环境条件选择

按环境条件选择是指按照设备的装置地点、使用条件、检修和运行等要求选择导体、电器的种类和形式。例如选户外或户内设备，防爆型或普通型设备。

环境条件指电器的使用场所(户外或户内)、环境温度、海拔高度以及有无防尘、防火、防腐、防爆等要求。

电力船舶电器有特别的三防要求，即防霉、防潮、防水。

6.2.1.2 *按短路电流校验设备的热稳定度和动稳定度*

1. 短路热稳定度的校验条件

导体或电器通过短路电流时，各部分的温度(或发热效应)应不超过允许值。电器和载流部分的热稳定度校验依校验对象的不同而采用不同的条件。

对一般电器，热稳定度校验条件为：

$$I_t^2 t \geqslant {I_\infty^{(3)}}^2 t_{ima} \tag{6.4}$$

式中 I_t——电器的热稳定试验电流，由电器产品样本查得；

t——电器的热稳定试验时间，由电器产品样本查得；

$I_\infty^{(3)}$，t_{ima}——短路电流的稳态值及短路电流的假想时间。

对母线、绝缘导线和电缆等导体，可按下列条件校验其热稳定度：

$$\theta_{kal} \geqslant \theta_k \tag{6.5}$$

式中 θ_{kal}——导体在短路时的最高允许温度，可查附录 4；

θ_k——导体短路时产生的最高温度。

要确定 θ_k 比较麻烦，因此也可根据短路热稳定度的要求来确定其最小允许截面 $A_{\min}$。

$$A_{\min} = \frac{I_\infty^{(3)} \sqrt{t_{ima}}}{C} \tag{6.6}$$

式中 $A_{\min}$——导体的最小热稳定截面积，mm^2；

$I_\infty^{(3)}$——三相短路稳态电流，A；

C——导体的短路热稳定系数，可查附录 4。

导体的热稳定度校验条件转换成导体的截面积校验条件时，应满足：

$$A \geqslant A_{\min} \tag{6.7}$$

2. 短路动稳定度的校验条件

动稳定即导体和电器承受短路电流机械效应的能力。动稳定应满足的条件为：

$$i_{\max} \geqslant i_{sh}^{(3)} \quad 或 \quad I_{\max} \geqslant I_{sh}^{(3)} \tag{6.8}$$

式中 $i_{\max}$，$I_{\max}$——电器的极限通过电流峰值和有效值，由电器产品样本查得；

$i_{sh}^{(3)}$，$I_{sh}^{(3)}$——三相短路冲击电流峰值和有效值。

由于回路的特殊性，对下列几种情况可不校验热稳定或动稳定：

(1) 用熔断器保护的电器，其热稳定由熔体的熔断时间保证，故可不校验热稳定；

(2) 采用限流熔断器保护的设备可不校验动稳定，电缆因有足够的强度也可不校验动稳定；

(3) 装设在电压互感器回路中的裸导体和电器可不校验动、热稳定。

3. 短路电流计算条件

为使所选导体和电器具有足够的可靠性、经济性和合理性，并在一定时期内适应系统发展的需要，作校验用的短路电流应按下列条件确定：

(1) 容量和接线　容量应按工程设计的最终容量，并适当考虑电力系统运行发展规划(一般为 5～10 年)，其接线应采用可能发生最大短路电流的正常接线方式。

(2) 短路种类　一般按三相短路验算。若其他种类的短路电流较三相短路电流大时，则应按最严重情况验算。

(3) 短路计算点　应将通过导体和电器的短路电流最大的点作为短路计算点。

6.2.1.3　环境条件

在选择电器时还要考虑电器安装地点的环境条件，一般电器的使用条件如不能满足当地风速、温度、污染程度、海拔高度、地震强度和覆冰厚度等环境条件时，应向制造部门提出要求或采取相应的措施。

6.2.2　高低压电器的选择与校验

电气设备按正常工作条件进行选择，就是要考虑电气设备装设的环境条件和电气要求。环境条件是指电气设备所处的位置(户内或户外)、环境温度、海拔高度以及有无防尘、防腐、防火、防爆等要求；电气要求是反映电气设备对电压、电流、频率等方面的要求，对开关类电气设备还应考虑其断流能力。

电气设备按短路故障条件下进行校验，就是要按最大可能的短路电流校验设备的动、热稳定度，以保证电气设备在短路故障时不致损坏。

表 6.11 是各种高低压电气设备选择校验的项目及条件。

表 6.11　高低压电气设备选择校验的项目及条件

电气设备名称	正常工作条件选择			短路电流校验	
	电压(kV)	电流(A)	断流能力(kA)	动稳定度	热稳定度
高低压熔断器	√	√	√	×	×
高压隔离开关	√	√	×	√	√
低压刀开关	√	√	√	—	—
高压负荷开关	√	√	√	×	×
低压负荷开关	√	√	√	√	√
高压断路器	√	√	√	√	√
低压断路器	√	√	√	—	—
电流互感器	√	√	×	√	√
电压互感器	√	×	×	×	×
电容器	√	×	×	×	×
母线	×	√	×	√	√

续表 6.11

电气设备名称	正常工作条件选择			短路电流校验	
	电压(kV)	电流(A)	断流能力(kA)	动稳定度	热稳定度
电缆、绝缘导线	√	√	×	×	√
支柱绝缘子	√	×	×	√	×
套管绝缘子	√	√	×	√	√
选择校验的条件	电气设备的额定电压应大于安装地点的额定电压	电气设备的额定电流应大于通过设备的计算电流	开关设备的开断电流(或功率)应大于设备安装地点可能的最大开断电流(或功率)	按三相短路冲击电流值校验	按三相短路稳态电流值校验

注:表中“√”表示必须校验,“×”表示不必校验,“—”表示可不校验。

选择变电所高压侧的电气设备时,应取变压器高压侧额定电流。

对高压负荷开关,最大开断电流应大于它可能开断的最大过负荷电流;对高压断路器,其开断电流(或功率)应大于设备安装地点可能的最大短路电流周期分量(或功率);对熔断器的断流能力亦依据熔断器的具体类型而定;对互感器应考虑准确度等级;对补偿电容器应按照无功容量选择。

另外,高压开关柜与低压配电屏的选择应满足变配电所一次电路供电方案的要求,依据技术经济指标选择合适的形式及一次线路方案编号,并确定其中所有一、二次设备的型号规格。在向开关电器厂订购设备时,还应向厂家提供一、二次电路图纸及有关技术资料。

6.2.2.1 高低压熔断器的选择与校验

1. 高压熔断器的选择与校验

在 3~35 kV 的电站和变电所常用的高压熔断器有两大类:一类是户内高压限流熔断器,最高额定电压能达 40.5 kV,常用的型号有 RN1、RN3、RN5、XRN M1、XRN T1、XRN T2、XRN T3 型(主要用于保护电力线路、电力变压器和电力电容器等设备的过载和短路)及 RN2、RN4 型(额定电流均为 0.5 A,为保护电压互感器的专用熔断器)。另一类是户外高压喷射式熔断器,此类熔断器在熔体熔断产生电弧时需要等待电流过零时才能开断电路,无限流作用,常用的型号有 RW3、RW4、RW7、RW9、RW10、RW11、RW12、RW13 型等(其作用除与 RN1 型相同外,在一定条件下还可以分断和关合空载架空线路、空载变压器和小负荷电流),RW10-35/0.5 型为保护 35 kV 电压互感器专用的户外产品。所以应根据熔断器的形式和不同的保护对象来选择。

(1) 按额定电压选择

对于一般高压熔断器,其额定电压必须大于或等于电网的额定电压。对于填充石英砂的熔断器,则只能用在等于其额定电压的电网中。因为这类熔断器在电流达到最大值之前就将电流截断,致使熔断器熔断时产生过电压。过电压倍数与电路的参数及熔体长度有关,一般在等于额定电压的电网中,此类熔断器熔断产生的最大过电压倍数限制在规定的 2.5 倍相电压之内,此值并未超过同一电压等级电器的绝缘水平。如果此类熔断器使用在工作电压低于其额定电压的电网中，因熔体较长，过电压倍数可高达3.5～4倍相电压，将会损坏电网中的电气设备。

(2) 按额定电流选择

熔断器的额定电流选择包括熔断器熔管的额定电流和熔体的额定电流的选择。熔管额定电流是指熔断器外壳载流部分和接触部分设计时所依据的电流。熔体额定电流是指熔体本身设计时所依据的电流，即不同材料、不同截面熔体所允许通过的最大电流。在同样的熔断器熔管内，通常可分别装入不同额定电流的熔体。为了保证熔断器外壳不致损坏，熔管的额定电流 $I_{N,FE,t}$ 应大于或等于熔体的额定电流 $I_{N,FE}$，即

$$I_{N,FE,t} \geqslant I_{N,FE} \tag{6.9}$$

选择熔体额定电流应满足下列条件：

① 熔体的额定电流 $I_{N,FE}$ 应不小于回路的最大工作电流 $I_{l\max}$，即

$$I_{N,FE} \geqslant I_{l\max} \tag{6.10}$$

② 保护35 kV以下电力变压器的高压熔断器，为了防止熔体在通过变压器励磁涌流和保护范围以外的短路及电动机自起动等冲击电流时误动作，其熔体的额定电流可按下式选择：

$$I_{N,FE} = K_1 I_{l\max} \tag{6.11}$$

式中　K_1——可靠系数(不计电动机自起动时 $K_1=1.1\sim1.3$；考虑电动机自起动时 $K_1=1.5\sim2$)。

③ 用于保护电力电容器的高压熔断器，当系统电压升高或波形畸变引起回路电流增大或运行过程中产生涌流时不应误动作，其熔体额定电流可按下式选择：

$$I_{N,FE} = K_2 I_{NC} \tag{6.12}$$

式中　K_2——可靠系数(对限流式高压熔断器，当为一台电力电容器时 $K_2=1.5\sim2.0$；当为一组电力电容器时 $K_2=1.3\sim1.8$)；

I_{NC}——电力电容器回路的额定电流，A。

(3) 熔断器开断电流校验

$$I_{N,OC} \geqslant I_{sh} \tag{6.13}$$

对于非限流熔断器，选择时用冲击电流的有效值 I_{sh} 进行校验；对于限流熔断器，在电流达到最大值之前电路已切断，可不计非周期分量的影响，而采用 I''_k 进行校验。

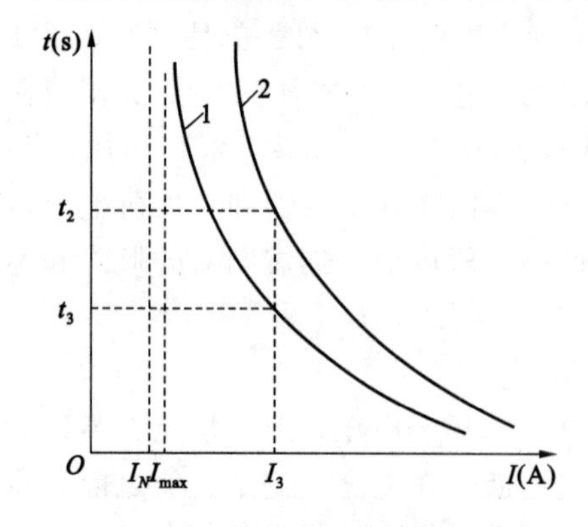

图6.39　熔断器的安秒特性曲线

1—熔体1特性曲线；2—熔体2特性曲线

(4) 熔断器选择性校验

为了保证前后两级熔断器之间保护动作的选择性，应进行熔体选择性校验。熔体的选择性校验应根据制造厂提供的熔体的安秒特性进行。安秒特性是熔体的熔断时间与通过电流的关系。图6.39所示为两个不同熔体的安秒特性曲线($I_{N,FE1}<I_{N,FE2}$)，同一电流同时通过此两熔体时，熔体1先熔断。所以，为了保证保护动作的选择性，前一级熔断器应采用熔体1，后一级熔断器应选用熔体2。

对于保护电压互感器用的高压熔断器，只需按额定电压及开断电流两项来选择。

2. 低压熔路器的选择与校验

熔体电流的选择如下所述。

① 对保护电力线路和电气设备的熔断器，其熔体电流的选择可按以下条件进行：

● 熔断器熔体电流应不小于线路正常运行时的计算电流，即

$$I_{N,FE} \geqslant I_{30} \tag{6.14}$$

● 熔断器熔体电流还应躲过由于电动机起动所引起的尖峰电流，以使线路出现正常的尖峰电流而不致熔断，所以

$$I_{N,FE} \geqslant kI_{pk} \tag{6.15}$$

式中 k——选择熔体时用的计算系数。k 值应根据熔体的特性和电动机的拖动情况来决定。设计规范提供的数据如下：轻负荷起动时，起动时间在 3 s 以下者，$k=0.25\sim0.4$；重负荷起动时，起动时间在 3～8 s 者，$k=0.35\sim0.5$；超过 8 s 的重负荷起动或频繁起动、反接制动等，$k=0.5\sim0.6$。

I_{pk}——尖峰电流。对一台电动机，$I_{pk}=k_{st,M}I_{N,M}$；对多台电动机，$I_{pk}=I_{30}+(k_{st,M,\max}-1)I_{N,M,\max}$。其中 $k_{st,M,\max}$ 为起动电流最大的一台电动机的起动电流倍数。$I_{N,M,\max}$ 为起动电流最大的一台电动机的额定电流。

● 为使熔断器可靠地保护导线和电缆，避免因线路短路或过负荷损坏甚至起燃，熔断器的熔体额定电流 $I_{N,FE}$ 必须和导线或电缆的允许电流 I_{al} 相配合，因此要求：

$$I_{N,FE} < k_{OL}I_{al} \tag{6.16}$$

式中 k_{OL}——熔断器熔体额定电流与被保护线路的允许电流的比例系数。对电缆或穿管绝缘导线，$k_{OL}=2.5$；对明敷绝缘导线，$k_{OL}=1.5$；对于已装设有其他过负荷保护的绝缘导线、电缆线路而又要求用熔断器进行短路保护时，$k_{OL}=1.25$。

② 对于保护电力变压器的熔断器，其熔体电流可按下式选定：

$$I_{N,T} = (1.4 \sim 2)I_{N,T} \tag{6.17}$$

式中 $I_{N,T}$——变压器的额定一次电流。熔断器装设在哪一侧，就选用哪侧的额定值。

③ 用于保护电压互感器的熔断器，其熔体额定电流可选用 0.5 A，熔管可选用 RN2 型。

3. 熔断器保护灵敏度校验

为了保证熔断器在其保护范围内发生最轻微的短路故障时能可靠地熔断，熔断器保护的灵敏度必须满足下列条件：

$$S_P = \frac{I_{k,\min}}{I_{N,FE}} \geqslant 4 \tag{6.18}$$

式中 S_P——熔断器的灵敏系数。

$I_{k,\min}$——熔断器保护线路末端在系统最小运行方式下的短路电流。对中性点不接地系统，取两相短路电流；对中性点直接接地系统，取单相短路电流；对于保护降压变压器的高压熔断器来说，应取低压母线的两相短路电流换算到高压之值。

$I_{N,FE}$——熔断器熔体的额定电流。

4. 上下级熔断器之间的选择性配合

上下级熔断器之间的选择性配合，就是在线路发生故障时，靠近故障点的熔断器最先熔断，切除故障部分，从而使系统的其他部分迅速恢复正常运行。

上下级熔断器的选择性配合，宜按它们的保护特性曲线（安秒特性曲线），一般使上、下级

熔断器的额定值相差 2 个等级即能满足动作选择性的要求。

6.2.2.2　高低压开关设备的选择

1. 高压断路器的选择

高压断路器的选择、校验条件如表 6.11 所示。在选择时还应注意以下几点：

（1）短路关合电流的选择

为了保证断路器在关合短路时的安全，断路器的短路关合电流不应小于短路电流的最大冲击值，即

$$i_{Nd} \geqslant i_{sh} \tag{6.19}$$

式中　i_{Nd}——高压断路器的额定关合电流，由产品样本查得；

i_{sh}——最大短路电流的冲击电流。

（2）按开断电流选择

高压断路器的额定开断电流应满足下式：

$$I_{Nk} \geqslant I_k \tag{6.20}$$

式中　I_k——高压断路器触头实际开断瞬间的短路电流周期分量有效值；

I_{Nk}——高压断路器的额定开断电流，由产品样本查得。

高压断路器的操动机构大多数是由制造厂配套供应，仅部分少油断路器有电磁式、弹簧式或液压式等几种形式的操动机构可供选择。一般电磁式操动机构虽需配有专用的直流合闸电源，但其结构简单可靠；弹簧式的结构比较复杂，调整要求较高；液压操动机构加工精度要求较高。操动机构的形式可根据安装调试方便和运行可靠性进行选择。

【例 6.1】　试选择图 6.40 中 10 kV 高压进线侧断路器的型号规格。已知该进线的计算电流为 400 A，10 kV 母线的三相短路电流周期分量有效值为 6.3 kA，继电保护的动作时间为 1.2 s。

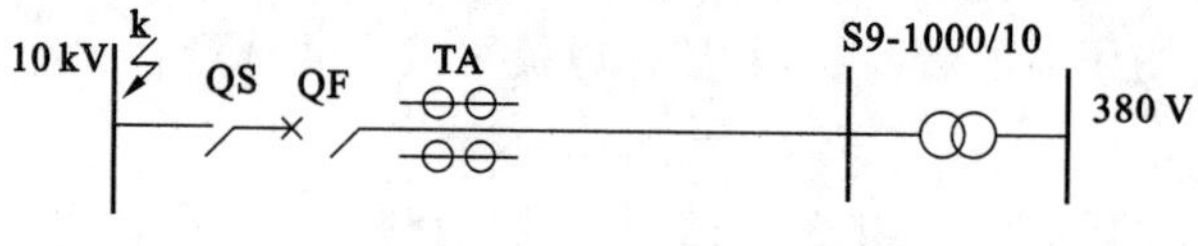

图 6.40　例 6.1 供电系统图

【解】　根据 $U_N=10$ kV 和 $I_{30}=I_{max}=400$ A，查附录 1，可初选 SN10-10Ⅰ/630-300 型高压户内少油断路器，其开断时间 $t_{oc}=0.2$ s。又按题给 $I_k=6.3$ kA 及 $t_{op}=1.2$ s 进行校验，其选择和校验表如表 6.12 所示。

表 6.12　高压断路器的选择校验表

序号	装置地点的电气条件		SN10-10Ⅰ/630-300 型断路器		
	项目	数　据	项目	技术参数	校验结论
1	U_N	100 kV	U_N	10 kV	合格
2	I_{30}	400 A	I_N	630 A	合格
3	$I_k^{(3)}$	6.3 kA	$I_{N.k}$	16 kA	合格
4	$i_{sh}^{(3)}$	2.55×6.3=16.1(kA)	i_{max}	40 kA	合格
5	$I_\infty^{(3)2} t_{ima}$	$6.32^2\times(1.2+0.2)=55.6$(kA)	$I_t^2 t$	$16^2\times2=512$	合格

2. 低压断路器的选择

配电用低压断路器分为选择型和非选择型两种，所配备的过电流脱扣器有以下三种：

(1) 具有反时限特性的长延时电磁脱扣器，动作时间可以不小于 10 s。

(2) 延时时限分别为 0.2 s、0.4 s、0.6 s 的短延时脱扣器。

(3) 动作时限小于 0.1 s 的瞬时脱扣器。

对于选择型低压断路器，必须装有第(2)种短延时脱扣器，而非选择型低压断路器只有第(1)和(3)两种脱扣器，其中长延时电磁脱扣器用作过负荷保护，短延时或瞬时脱扣器均用于短路故障保护。我国目前普遍应用的是非选择型低压断路器，保护特性以瞬时动作方式为主。

低压断路器各种脱扣器的电流整定如下：

(1) 长延时过电流脱扣器(即热脱扣器)的整定。这种脱扣器主要用于线路过负荷保护，故其整定值比线路计算电流稍大即可，即

$$I_{op(1)} \geqslant 1.1 I_{30} \tag{6.21}$$

式中 $I_{op(1)}$——长延时脱扣器(即热脱扣器)的整定动作电流。

(2) 瞬时或短延时过电流脱扣器的整定。瞬时或短延时脱扣器的整定电流应躲开线路的尖峰电流 I_{pk}，即

$$I_{op(2)} \geqslant k_{rel} I_{pk} \tag{6.22}$$

式中 $I_{op(2)}$——瞬时或短延时过电流脱扣器的整定电流值。短延时过电流脱扣器整定电流的调节范围对于容量在 2500 A 及以上的断路器为 3～6 倍脱扣器的额定值，对 2500 A 以下为 3～10 倍。瞬时脱扣器整定电流调节范围对 2500 A 及以上的选择型自动开关为 7～10 倍，对 2500 A 以下则为 10～20 倍；对非选择型开关为 3～10 倍。

k_{rel}——可靠系数。对动作时间 $t_{op} \geqslant 0.4$ s 的 DW 型断路器，取 $k_{rel}=1.35$；对动作时间 $t_{op} \leqslant 0.2$ s 的 DZ 型断路器，$k_{rel}=1.7～2$；对有多台设备的干线，可取 $k_{rel}=1.3$。

(3) 灵敏系数

$$S_P = \frac{I_{k,\min}}{I_{op(2)}} \geqslant 1.5 \tag{6.23}$$

式中 $I_{k,\min}$——线路末端最小短路电流；

$I_{op(2)}$——瞬时或短延时脱扣器的动作电流。

(4) 低压断路器过流脱扣器整定值与导线允许电流 I_{al} 的配合要使低压断路器在线路过负荷或短路时，能够可靠地保护导线不致过热而损坏，因此要满足

$$I_{op(1)} < I_{al} \tag{6.24}$$

或

$$I_{op(2)} < 4.5 I_{al} \tag{6.25}$$

3. 隔离开关的选择

隔离开关因无切断故障电流的要求，所以它只根据一般条件进行选择，并按照短路条件下作动力稳定和热稳定的校验，如表 6.11 所示。

4. 负荷开关选择

负荷开关可按表 6.11 所列各项进行选择和校验。

35 kV 及以下通用型负荷开关应具有以下开断和关合能力：

(1) 开断有功负荷电流和闭环电流，其值等于负荷开关的额定电流；

(2) 开断不大于 10 A 电缆电容电流或限定长度的架空线的充电电流；

(3) 开断 1250 kV·A 配电变压器的空载电流；

(4) 能关合额定的“短路关合电流”。

6.2.3 互感器的选择与校验

6.2.3.1 电流互感器的选择与校验

1. 电流互感器的选择

(1) 电流互感器的额定电压应大于或等于所接电网的额定电压。

(2) 电流互感器的额定电流应大于或等于所接线路的额定电流。

(3) 电流互感器的类型和结构与实际安装地点的安装条件、环境条件相适应。

(4) 电流互感器应满足准确度等级的要求。

为满足电流互感器准确度等级的要求，其二次侧所接负荷容量不得大于规定准确度等级所对应的额定二次容量 S_{2N}，即

$$S_{2N} \geqslant S_2 \tag{6.26}$$

式中，S_2 由互感器二次侧的阻抗$|Z_2|$来决定，而$|Z_2|$为其二次回路所有串联的仪表、继电器电流线圈的阻抗 $\sum|Z_i|$、连接导线阻抗$|Z_{WL}|$和二次回路接头的接触电阻 R_{XC}（可近似地取为 0.1 Ω）之和，即

$$S_2 = I_{2N}^2|Z_2| \approx I_{2N}^2(\sum|Z_i| + |Z_{WL}| + R_{XC}) \tag{6.27}$$

由式(6.27)可以看出，在互感器准确度等级一定时，其二次侧负荷阻抗 Z_2 与二次电流（或一次电流）的平方成反比。互感器在出厂时均已给出电流互感器误差为10%时的一次电流倍数 K_1（即一次电流 I_1 与一次额定电流 I_{1N}的比值）与最大允许的二次负荷阻抗 $Z_{2,al}$ 的关系曲线（简称10%倍数曲线），用户可根据短路时一次电流倍数 K_1 查出相应的允许二次负荷阻抗 $Z_{2,al}$。因此，保护用电流互感器满足保护准确度等级要求的条件为

$$|Z_{2,al}| \geqslant |Z_2| \tag{6.28}$$

2. 短路动稳定度的校验

电流互感器常以允许通过一次额定电流最大值的倍数来表示其内部动稳定能力，所以内部动稳定可用下式校验：

$$K_{es} \times \sqrt{2} I_{N1} \geqslant i_{sh} \tag{6.29}$$

式中 K_{es}——电流互感器动稳定电流倍数（查表6.10）；

I_{N1}——电流互感器的一次额定电流；

i_{sh}——短路冲击电流。

3. 短路热稳定度的校验

电流互感器热稳定能力常以1 s允许通过一次额定电流 I_{N1}的倍数来表示，故热稳定应按下式来校验：

$$(K_t I_{N1})^2 t \geqslant I_{\infty}^{(3)^2} t_{ima} \tag{6.30}$$

式中 K_t——电流互感器热稳定倍数（查表6.10）；

t——热稳定试验时间；

$I_{\infty}^{(3)}$——通过电流互感器的三相短路稳态电流有效值；

t_{ima}——短路发热假想时间。

如果电流互感器不能满足式(6.26)、式(6.28)、式(6.29)、式(6.30)的要求，则应改选较大变流比或具有较大的 S_{2N} 或 $|Z_{2,al}|$ 的互感器，或者加大二次侧导线的截面。

【例 6.2】 试选择例 6.1 中的电流互感器 TA，要求满足测量与保护的要求。已知电流互感器的接线为两相不完全星形(V/V 接线)，其二次侧连接导线电阻 $R_{WL}=0.052\ \Omega$，所接仪表及参数如图 6.41 所示。

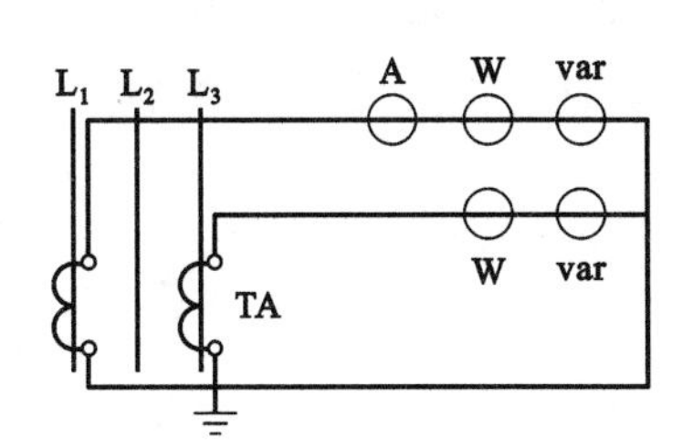

表计及其他	型号	线圈电阻
电流表	1T1-A	0.12
功率表	1D1-W	0.058
无功表	1D1-var	0.058
接触电阻	—	0.1

图 6.41 例 6.2 图及技术参数

【解】 ① 选择电流互感器

根据线路工作电流 $I_{30}=57.5$ A，选择 0.5/3 级的 LQJ-10-75/5-0.5/3 型电流互感器，其额定电压 10 kV，额定电流 75 A。两个二次线圈中，0.5 级供测量仪表用，3 级供继电保护用。

② 校验电流互感器的准确度等级

由图 6.39 可知，L_1 相的负荷最大，故选 L_1 相进行校验。

仪表线圈阻抗为 $\sum|Z_i|=0.12+0.058+0.058=0.236(\Omega)$

接触电阻：$R_{XC}=0.1\ \Omega$

二次侧总阻抗：$Z_2=0.236+0.1+0.052=0.388(\Omega)$

而该电流互感器二次侧额定负荷 $Z_{2,al}=0.4\ \Omega$，由式(6.28)知，满足准确度要求。

③ 校验电流互感器的动、热稳定度

查表 6.10 知，LQJ-10-75/5 型电流互感器的动稳定倍数 $K_{es}=225$，1 s 热稳定倍数 $K_t=90$。

根据式(6.29)得：

$$\sqrt{2}K_{es}I_{N1}=\sqrt{2}\times225\times75=23.861(\text{kA})>i_{sh}=13.515(\text{kA})$$

满足动稳定要求。

根据式(6.30)得：

$$(K_tI_{N1})^2\cdot t=(90\times75)^2\times1=45.56(\text{kA})>I_{\infty}^{(3)^2}t_{ima}=5.3^2\times1.2=33.7(\text{kA})$$

满足热稳定要求。

6.2.3.2 电压互感器的选择与校验

电压互感器应按以下条件选择：

(1) 电压互感器的额定电压应大于或等于所接电网的额定电压。

(2) 电压互感器的类型应与实际安装地点的工作条件及环境条件(户内、户外，单相、三相)相适应。

(3) 电压互感器应满足准确度等级的要求。

为满足电压互感器准确度等级的要求，其二次侧所接负荷容量 S_2 不得大于规定准确度等级所对应的额定二次容量 S_{2N}，即

$$S_{2N} \geqslant S_2 \tag{6.31}$$

其中

$$S_2 = \sqrt{\left(\sum P_u\right)^2 + \left(\sum Q_u\right)^2}$$

式中　$\sum P_u$—— 所接测量仪表和继电器电压线圈消耗的有功功率之和；

$\sum Q_u$—— 所接测量仪表和继电器电压线圈消耗的无功功率之和。

由于电压互感器一、二次侧均有熔断器保护，因此不需校验动、热稳定度。

6.3　导线截面的选择与校验

6.3.1　导线截面选择的条件

导线(包括裸导线、绝缘导线、电缆和母线，下同)是供电系统中输送和分配电能的主要设备，需要消耗大量的有色金属，因此在选择时要保证供电系统安全、可靠运行，充分利用导线的载荷能力，节约有色金属，降低综合投资。

导线的选择必须满足下列条件：

(1) 发热条件　导线通过正常计算电流(I_{30})时，其发热所产生的温升不应超过正常运行时的最高允许温度，以防止因过热引起导线绝缘损坏或加速老化。

(2) 电压损失　导线在通过正常计算电流时产生的电压损失应小于正常运行时的允许电压损失，以保证供电质量。

(3) 经济电流密度　对高电压、长距离输电线路和大电流低压线路，其导线的截面宜按经济电流密度选择，以使线路的年综合运行费用最小，节约电能和有色金属。

(4) 机械强度　正常工作时，导线应有足够的机械强度，以防断线。通常所选截面应不小于该种导线在相应敷设方式下的最小允许截面，附录 5 和附录 6 给出了不同类型的导线在不同敷设方式下的最小允许截面。由于电缆具有高强度内外护套，机械强度很高，因此不必校验其机械强度，但需校验其短路热稳定度。

此外，对于绝缘导线和电缆，还应满足工作电压的要求；对于硬母线，还应校验短路时的动、热稳定度。

6.3.2　导线截面的选择与校验

在工程设计中，应根据技术经济的综合要求选择导线。一般 6～10 kV 及以下高压配电线路及低压动力线路的电流较大，线路较短，可先按发热条件选择截面，再校验其电压损失和机械强度；低压照明线路对电压水平要求较高，故通常先按允许电压损失进行选择，再校验其发热条件和机械强度；对 35 kV 及以上的高压输电线路和 6～10 kV 的长距离大电流线路，则可先按经济电流密度确定经济截面，再校验发热条件、电压损失和机械强度。

6.3.2.1　按发热条件选择

供电系统中导线的相线、中性线和保护线对截面的要求不同，在选择时应分别考虑。

1. 相线截面的选择

电流通过导线时会产生电能损耗，使导线发热。如果通过导线的电流超过其允许值时，会使绝缘导线和电缆的温度过高，加速绝缘老化，甚至烧毁；裸导线接头处因温度过高而氧化加剧，增大接触电阻，使之进一步氧化甚至烧断。为保证导线发热所产生的温升不超过正常运行时的最高允许值，按发热条件选择导线相线截面时可按下式进行：

$$I_{al} \geqslant I_{30} \tag{6.32}$$

式中，I_{30}为线路的计算电流。对降压变压器高压侧的导线，I_{30}取变压器额定一次电流$I_{1N.T}$；对电容器的引入线，考虑电容器充电时有较大的涌流，I_{30}应取电容器额定电流$I_{N.C}$的1.35倍。

I_{al}为导线的允许载流量。即在规定的环境温度条件下，导线长期连续运行所达到的稳定温升温度不超过允许值的最大电流。如果导线敷设地点的环境温度与导线允许载流量所采用的环境温度不同时，则导线的实际载流时可用允许载流量I_{al}乘以温度校正系数K_θ进行校正，即

$$K_\theta = \sqrt{\frac{\theta_{al} - \theta_0'}{\theta_{al} - \theta_0}} \tag{6.33}$$

式中　θ_{al}——导线通过允许载流量时的最高允许温度；

θ_0——导线允许载流时所采用的环境温度；

θ_0'——导线敷设地点实际的环境温度。户外取当地最热月平均最高气温，户内可取当地最热月平均最高气温加5 ℃；对土中直埋的电缆，取电缆埋深处最热月土壤的平均温度，亦可近似地取当地最热月平均气温。

各种导线的允许载流量可查有关设计手册或本书附录7。铜芯导线的允许载流量为相同类型、相同截面铝芯导线的1.29倍。

必须注意，按发热条件选择的导线和电缆截面还必须用式(6.16)、式(6.24)或式(6.25)来校验它是否满足与相应的保护装置的配合要求。

2. 中性线和保护线截面的选择

(1) 中性线(N线)截面的选择

在三相四线制系统(TN或TT系统)中，正常情况下中性线通过的电流仅为三相不平衡电流、零序电流及三次谐波电流，通常都很小，因此中性线的截面可按以下条件选择：

① 一般三相四线制线路的中性线截面S_N应不小于相线截面S_φ的50%，即

$$S_N \geqslant 0.5S_\varphi \tag{6.34}$$

② 由三相四线制线路分支的两相三线线路和单相双线线路，由于其中性线电流与相线电流相等，因此它们的中性线截面S_N应与相线截面S_φ相同，即

$$S_N = S_\varphi \tag{6.35}$$

③ 三次谐波电流突出的三相四线制线路(供整流设备的线路)，由于各相的三次谐波电流都要通过中性线，将使得中性线电流接近甚至超过相线电流，因此其中性线截面S_N宜大于或等于相线截面S_φ，即

$$S_N \geqslant S_\varphi \tag{6.36}$$

(2) 保护线(PE线)截面的选择

正常情况下，保护线不通过负荷电流，但当三相系统发生单相接地时，短路故障电流要通

过保护线，因此保护线要考虑单相短路电流通过时的短路热稳定度。按有关规定，保护线的截面 S_{PE} 可按以下条件选择：

① 当 $S_\varphi \leqslant 16\ \text{mm}^2$ 时

$$S_{PE} \geqslant S_\varphi \tag{6.37}$$

② 当 $16\ \text{mm}^2 < S_\varphi \leqslant 35\ \text{mm}^2$ 时

$$S_{PE} \geqslant 16\ \text{mm}^2 \tag{6.38}$$

③ 当 $S_\varphi > 35\ \text{mm}^2$ 时

$$S_{PE} \geqslant 0.5 S_\varphi \tag{6.39}$$

(3) 保护中性线(PEN 线)截面的选择

保护中性线兼有保护线和中性线的双重功能，其截面选择应同时满足上述二者的要求，并取其中较大的截面作为保护中性线截面 S_{PEN}。

【例 6.3】 有一条采用 BV-500 型铜芯塑料线明敷的 220/380 V 的 TN-S 线路，计算电流为 140 A，当地最热月平均最高气温为 30 ℃。试按发热条件选择此线路的导线截面。

【解】 TN-S 线路为含有 N 线和 PE 线的三相四线制线路，因此除选择相线外，还要选择 N 线和 PE 线。

① 相线截面的选择

查附录 7.1 可知，环境温度为 30 ℃时，35 mm² 的 BV-500 型明敷铜芯塑料线 $I_{al}=156$ A，满足发热条件，故相线截面 $S_\varphi=35\ \text{mm}^2$。

② N 线截面的选择

由于负荷主要为三相电动机，可按式(6.34)选择 N 线截面为 $S_N=25\ \text{mm}^2$。

③ PE 线截面的选择

PE 线截面按式(6.38)规定，选为 25 mm²。

选择结果：BV-500(3×35+2×25)。

6.3.2.2　按经济电流密度选择

当沿电力线路传送电能时，会产生功率损耗和电能损耗。这些损耗的大小及其费用都与导线或电缆的截面大小有关，截面越细，损耗越大，所耗费用也越大。增大截面虽然使损耗和费用减小，但增大了线路的投资，可见，在此中间总可以找到一个最为理想的截面，使年运行费用最小，这个理想截面称为经济截面 S_{ec}，根据这个截面推导出来的电流密度称为经济电流密度 J_{ec}。

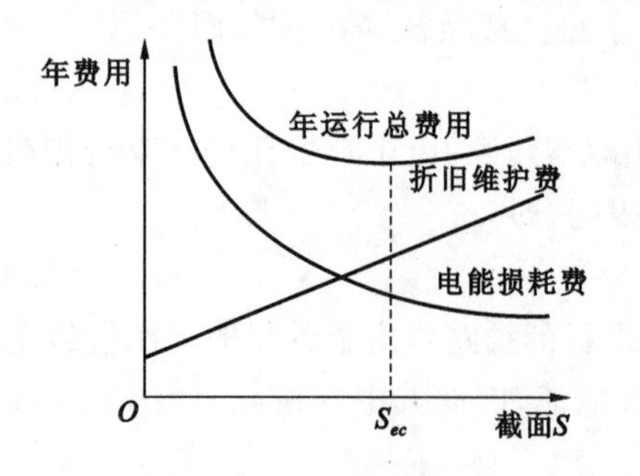

图 6.42　年运行费用与导线截面的关系曲线

年运行费用包括线路年电能损耗费用、年折旧维护费和年管理费用(所占比重较小，通常可忽略)，如图 6.42 所示。

(1) 年电能损耗费

年电能损耗费＝线路的年电能损耗×电度电价

(2) 年折旧维护费

年折旧费＝线路建设总投资×年折旧率

年维修费＝线路建设总投资×年维修率

(3) 年管理费

包括人员工资、奖金、劳动防护用品等。

经济电流密度 J_{ec} 与年最大负荷利用小时数有关，年最大负荷利用小时数越大，负荷越平稳,损耗越大,经济截面因而也就越大,经济电流密度就会变小。我国现行的经济电流密度如表 6.13 所示。

表 6.13 各种导线的经济电流密度值 J_{ec}(A/mm²)

线路类别	导线材料	年最大负荷利用小时数 T_{max}(h)		
		3000 以下	3000～5000	5000 以上
架空线路和母线	铜	3.00	2.25	1.75
	铝	1.65	1.15	0.90
电缆线路	铜	2.50	2.25	2.00
	铝	1.92	1.73	1.54

注:绝缘导线一般不按经济电流密度选择,故未列出。

按经济电流密度计算经济截面 S_{ec} 的公式为

$$S_{ec} = \frac{I_{30}}{J_{ec}} \tag{6.40}$$

根据上式计算出截面后,从手册或附录 8 中选取一种与该值最接近(可稍小)的标准截面,再校验其他条件即可。

【例 6.4】 一条长 25 km 的 35 kV 架空线路,在 15 km 处有负荷 2600 kW,末端处有负荷 2000 kW,$\cos\varphi$ 同为 0.85,两处负荷的 T_{max} 均为 5200 h,当地最热月平均气温 30 ℃。试根据经济电流密度选择 LJ 型铝绞线,并校验其发热条件和机械强度。

【解】 ① 选择经济截面

线路的计算电流为

$$I_{30} = \frac{P_{30}}{\sqrt{3}U_N\cos\varphi} = \frac{4600}{\sqrt{3}\times 35\times 0.85} = 89.3(\text{A})$$

由表 6.13 查得 $J_{ec}=0.9\ \text{A/mm}^2$,因此可得

$$S_{ec} = \frac{89.3}{0.90} = 99.2(\text{mm}^2)$$

选标准截面 95 mm²,即选 LJ-95 型铝绞线。

② 校验发热条件

查附录 8 得,LJ-95 的允许载流量(30 ℃时)$I_{al}=306\ \text{A}>89.3\ \text{A}$,满足发热条件。

③ 校验机械强度

查附录 5 得,35 kV 铝绞线的最小截面 $S_{min}=35\ \text{mm}^2<S=95\ \text{mm}^2$,因此所选的 LJ-95 型铝绞线满足机械强度要求。

综合考虑,最终确定选择 LJ-95。

6.3.2.3 按电压损失选择

1. 电压损失

由于线路阻抗的存在,当电流通过线路时就会产生电压损失(又称电压损耗)。所谓电压损失,是指线路首末端线电压的代数差,即

$$\Delta U = U_1 - U_2 \tag{6.41}$$

如以百分值表示,则

$$\Delta U\% = \frac{U_1 - U_2}{U_N} \times 100\% \tag{6.42}$$

为保证供电质量，高低压输配电线路电压损失一般不超过线路额定电压的5%（即$\Delta U_{al}\% \leqslant 5\%$）；对视觉要求较高的照明线路，$\Delta U_{al}\% \leqslant 2\%$。如果线路的电压损耗值超过了允许值，应适当加大导线的截面，减小配电线路的电压降，以满足用电设备的要求。

2. 电压损失的计算

（1）一个集中负荷线路电压损失的计算

设三相功率为P，线电流为I，功率因数为$\cos\varphi$，线路电阻为R，电抗为X，线路首端的相电压为$U_{\varphi1}$，末端的相电压为$U_{\varphi2}$。以末端电压为参考轴作出的相量图如图6.43所示，则线路的线电流为

$$I = \frac{P}{\sqrt{3}U_N\cos\varphi}$$

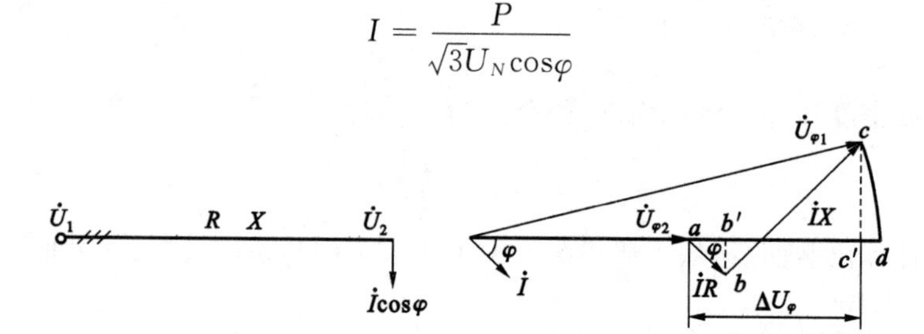

图6.43 终端接有一个集中负荷的三相线路及电压相量图

由相量图可知，线路的相电压损失为

$$\Delta U_\varphi \approx ac' = ab' + b'c' = IR\cos\varphi + IX\sin\varphi = I(R\cos\varphi + X\sin\varphi) \tag{6.43}$$

把电流的表达式代入式(6.43)，换算成线电压损失为

$$\Delta U = \sqrt{3}\Delta U_\varphi = \sqrt{3}I(R\cos\varphi + X\sin\varphi) = \sqrt{3}\frac{P}{\sqrt{3}U_N\cos\varphi}(R\cos\varphi + X\sin\varphi)$$

$$= \frac{PR + QX}{U_N} \tag{6.44}$$

若以百分值表示，则为

$$\Delta U\% = \frac{\Delta U}{1000U_N} \times 100 = \frac{PR + QX}{10U_N^2} \tag{6.45}$$

式中 P——负荷的三相有功功率，kW；

Q——负荷的三相无功功率，kvar；

U_N——线路的额定电压，kV；

ΔU——线路的电压损失，V；

R——线路的电阻，Ω；

X——线路的电抗，Ω。

（2）多个集中负荷线路电压损失的计算

如果一条线路带有多个集中负荷，并已知每段线路的负荷及阻抗，则可根据式(6.44)分别求出各段线路的电压损失，线路总的电压损失即为各段线路电压损失之和。下面以带两个集中负荷的三相线路为例，说明多个集中负荷电压损失的求法。

在图6.44中，以P_1、Q_1、P_2、Q_2表示通过各段线路的有功功率和无功功率，p_1、q_1、p_2、q_2表示各个负荷的有功功率和无功功率，r_1、x_1、r_2、x_2表示各段线路的电阻和电抗。

因此，对第一段线路有

$$P_1 = P_1 + P_2$$

$$Q_1 = q_1 + q_2$$

对第二段线路有

$$P_2 = p_2$$

$$Q_2 = q_2$$

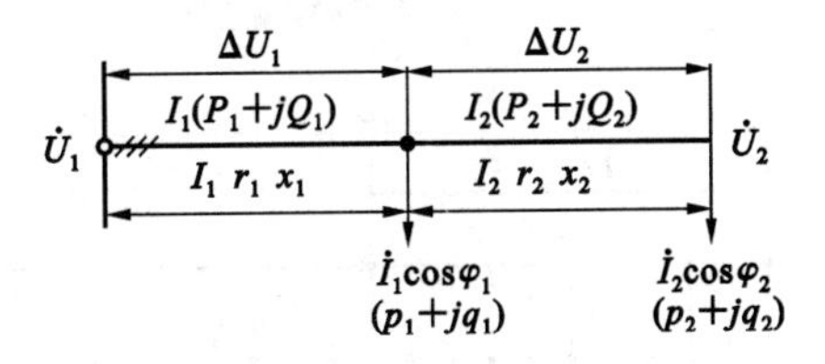

图 6.44　带有两个集中负荷的三相线路

各段线路的电压损失分别为

$$\Delta U_1 = \frac{P_1 r_1 + Q_1 x_1}{U_N} \qquad \Delta U_2 = \frac{P_2 r_2 + Q_2 x_2}{U_N}$$

线路总的电压损失为

$$\Delta U = \Delta U_1 + \Delta U_2 = \frac{P_1 r_1 + P_2 r_2 + Q_1 x_1 + Q_2 x_2}{U_N} = \frac{\sum (P_i r_i + Q_i x_i)}{U_N}$$

电压损失百分值为

$$\Delta U\% = \frac{\sum (P_i r_i + Q_i x_i)}{10U_N^2} \tag{6.46}$$

式中　P_i——各段线路的有功功率，kW；

Q_i——各段线路的无功功率，kvar；

r_i——各段线路的电阻，Ω；

x_i——各段线路的电抗，Ω；

U_N——线路的额定电压，kV。

【例 6.5】　试校验例 6.4 所选线路的电压损失，要求电压损失的百分值不超过 5%。已知线路为等距三角形架设，线间距离为 1 m。

【解】　例 6.4 中线路导线截面为 LJ-95，依据已知条件查附录 9 得，$r_0 = 0.36\ \Omega/\text{km}$，$x_0 = 0.34\ \Omega/\text{km}$。

由 $p_1 = 2600$ kW，$p_2 = 2000$ kW，可求得：$q_1 = 1618$ kvar，$q_2 = 1240$ kvar。

第一段线路参数　$P_1 = p_1 + p_2 = 2600 + 2000 = 4600(\text{kW})$

$Q_1 = q_1 + q_2 = 1618 + 1240 = 2858(\text{kvar})$

$r_1 = 0.36 \times 15 = 5.4(\Omega)$

$x_1 = 0.34 \times 15 = 5.1(\Omega)$

第二段线路参数　$P_2 = p_2 = 2000(\text{kW})$

$Q_2 = q_2 = 1240(\text{kvar})$

$r_2 = 0.36 \times 10 = 3.6(\Omega)$

$x_2 = 0.34 \times 10 = 3.4(\Omega)$

由式(6.46)求出线路的电压损失为

$$\Delta U\% = \frac{4600 \times 5.4 + 2858 \times 5.1 + 2000 \times 3.6 + 1240 \times 3.4}{10 \times 35^2} = 4.15\% < 5\%$$

满足电压损失要求。

(3) 分布负荷线路电压损失的计算

如图 6.45 所示，对于均匀分布负荷的线路，单位长度线路上的负荷电流为 i_0，均匀分布负

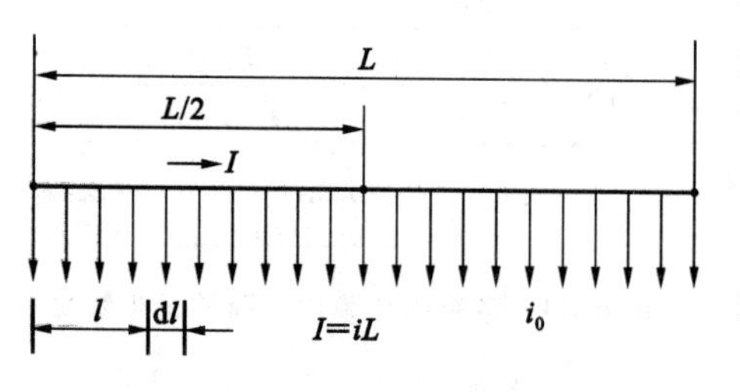

图 6.45　均匀分布负荷线路的电压损失计算图

荷产生的电压损失相当于全部负荷集中线路中点(即均匀分布负荷等效的集中负荷)时的电压损失,可用下式计算

$$\Delta U=\sqrt{3}Ir_0\frac{L}{2}=\frac{Pr_0}{U_N}\cdot\frac{L}{2} \tag{6.47}$$

式中　r_0——导线单位长度的电阻,Ω/km;

L——均匀分布线路的长度,km。

上式说明,带有均匀分布负荷的线路,在计算其电损失时,可将分布负荷集中于分布线路的中点,按集中负荷考虑。

3. 按允许电压损失选择导线截面

按允许电压损失选择导线截面分两种情况,一是各段线路截面相同,二是各段线路截面不同。

(1) 各段线路截面相同

一般情况下,当供电线路较短时常采用统一截面的导线,由式(6.46)得

$$\Delta U\%=\frac{\sum P_i r_i}{10U_N^2}+\frac{\sum Q_i x_i}{10U_N^2}=\Delta U_p\%+\Delta U_q\% \tag{6.48}$$

式中　$\Delta U_p\%$——由有功负荷及电阻引起的电压损失百分值;

$\Delta U_q\%$——由无功负荷及电抗引起的电压损失百分值。

① “均一无感”线路

即全线截面一致,且不计感抗的影响,则电压损失为

$$\Delta U\%=\Delta U_p\%=\frac{\sum P_i l_i}{10\gamma U_N^2 S}=\frac{\sum M}{CS} \tag{6.49}$$

式中　P_i——各段线路的有功功率,kW;

l_i——各段线路的长度,m;

γ——线路导线的电导[铜线 $\gamma=53$ m/(mm^2 · Ω),铝线 $\gamma=32$ m/(mm^2 · Ω)];

S——导线的截面积,mm^2;

U_N——电网额定电压,kV;

M——各段线路的功率矩,kW · m,$M=Pl$;

C——计算系数($10\gamma U_N^2$),当电网电压及导体材料一定时为常数,见表 6.14。

表 6.14　计算系数 C

线路类别	线路额定电压(V)	计算系数(kW · m · mm^{-2})	
		铝导线	铜导线
三相四线或三相三线	380	46.2	76.5
两相三线		20.5	34.0
单相或直流	220	7.74	12.8
	110	1.94	3.21

注:低压线路接线方式较多,上表给出了计算系数 C 值。对高压线路,可按 $C=10\gamma U_N^2$ 计算。

如果已知线路的允许电压损失($\Delta U_{al}\%$),则该线路的导线截面为

$$S=\frac{\sum M}{C\Delta U_{al}\%}$$

据此计算截面即可选出相应的标准截面,再校验发热条件和机械强度。式(6.49)常用于照明线路导线截面的选择。

② "有感"线路

如果供电线路不符合无感线路的条件,则在按电压损失选择导线的截面时,不但要考虑有功负荷及电阻引起的电压损失 $\Delta U_p\%$,还应考虑无功负荷或电抗引起的电压损失 $\Delta U_q\%$。具体步骤如下:

- 确定导线的平均单位电抗值。一般 6～10 kV 的高压架空线路 $x_0=0.35\sim0.4\ \Omega/\text{km}$;6～10 kV的电缆线路 $x_0=0.07\sim0.08\ \Omega/\text{km}$。
- 根据下式计算无功负荷或电抗引起的电压损失,即

$$\Delta U_q\%=\frac{\sum Q_i x_i}{10U_N^2} \tag{6.50}$$

- 计算有功负荷及电阻引起的电压损失,即

$$\Delta U_p\%=\Delta U_{al}\%-\Delta U_q\%$$

根据式(6.49)计算出导线的截面 S,据此选出标准截面。根据所选截面校验电压损失、发热条件和机械强度。如不能满足要求,可适当加大所选截面,直到满足以上条件为止。

(2) 各段线路截面不同

当供电线路较长,为尽可能节约有色金属,常将线路依据负荷情况分成截面不同的几段。由前面的分析可知,影响导线截面的主要因素为导线的电阻值(同种类型不同截面的导线电抗值变化不大)。因此在确定各段导线截面时,首先用线路的平均电抗 x_0(根据导线类型)计算各段线路由无功负荷引起的电压主损失,其次依据全线允许电压损失确定有功负荷及电阻引起的电压损失($\Delta U_p\%=\Delta U_{al}\%-\Delta U_q\%$),最后根据有色金属消耗最少的原则,逐级确定每段线路的截面。这种方法比较繁琐,故这里只给出各段线路截面的计算公式,有兴趣的读者可自己查阅相关手册。

设全线由 n 段线路组成,则第 j(j 为整数,$1\leqslant j\leqslant n$)段线路的截面由下式确定:

$$S_j=\frac{\sqrt{P_j}}{10\gamma\Delta U_p\%U_N^2}\sum\sqrt{P_i}l_i \tag{6.51}$$

如果各段线路的导线类型与材质相同,只是截面不同,则可按下式计算:

$$S_j=\frac{\sqrt{P_j}}{C\Delta U_p\%}\sum\sqrt{P_i}l_i \tag{6.52}$$

式中 P_j——第 j 段线路的有功功率。

【例 6.6】 某大型化肥厂一条 6 kV 架空线路供电给两个车间,负荷资料如图 6.46 所示。导线采用 LJ 型铝绞线,等距三角形排列,线距 1 m,环境温度为 30 ℃,全线允许电压损失 $\Delta U_{al}\%=5\%$,试按电压损失选择导线截面。

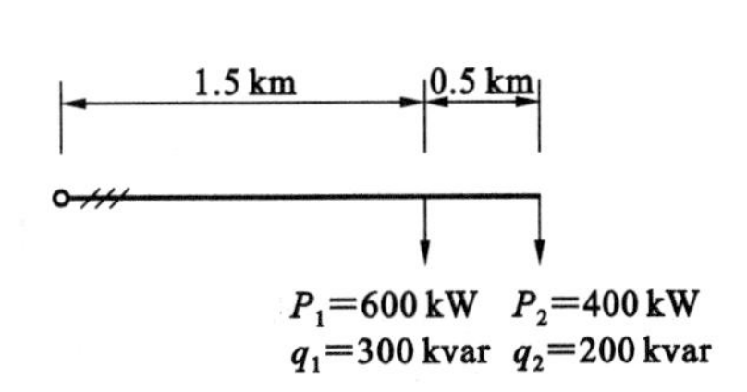

图 6.46 例 6.5 的线路图

【解】 ① 选择导线截面

设架空线路的单位电抗 $x_0=0.4\ \Omega/\text{km}$,由式(6.50)得

无功负荷及电抗引起的电压损失为

$$\Delta U_q\% = \frac{\sum Q_i x_i}{100U_N^2} = \frac{500\times0.4\times1.5+200\times0.4\times0.5}{10\times6^2} = 0.944\%$$

所以
$$\Delta U_p\% = \Delta U_{al}\% - \Delta U_q\% = 5\% - 0.944\% = 4.056\%$$

由式(6.49)计算导线截面为

$$S = \frac{\sum P_i l_i}{10\gamma U_N^2 \Delta U_p\%} = \frac{1000\times1500+400\times500}{10\times32\times6^2\times4.056} = 36.38(\text{mm}^2)$$

查附录9，选取LJ-50型铝绞线，其$r_0=0.66\ \Omega/\text{km}$，$x_0=0.36\ \Omega/\text{km}$。

② 校验电压损失

第一段线路参数：

$$P_1=p_1+p_2=600+400=1000(\text{kW})$$
$$Q_1=q_1+q_2=300+200=500(\text{kvar})$$
$$r_1=0.66\times1.5=0.99(\Omega)$$
$$x_1=0.36\times1.5=0.54(\Omega)$$

第二段线路参数：

$$P_2=p_2=400(\text{kW})$$
$$Q_2=q_2=200(\text{kvar})$$
$$r_2=0.66\times0.5=0.33(\Omega)$$
$$x_2=0.36\times0.5=0.18(\Omega)$$

由式(6.46)求出线路实际电压损失为

$$\Delta U\% = \frac{1000\times0.99+500\times0.54+400\times0.33+200\times0.18}{10\times6^2}L$$
$$= 3.967\% < 5\%$$

满足要求。

③ 校验发热条件及机械强度

查附录8，LJ-50型导线在环境温度为30 ℃时的载流量为202 A，而线路的计算电流为

$$I_{30} = \frac{\sqrt{P_1^2+Q_1^2}}{\sqrt{3}U_N} = \frac{\sqrt{1000^2+500^2}}{\sqrt{3}\times6} = 107(\text{A})$$

满足发热条件。

查附录5，6 kV架空线路在非居民区的最小截面为25 m^2，因此满足机械强度。

小　结

工厂常用的电器设备有高低压熔断器、高压隔离开关、高压负荷开关、高压断路器、低压刀开关、低压断路器、互感器、高低压成套设备(高低压开关柜)等。

高低压电器设备都是以电压、电流条件来初选型号，然后再校验断流能力、短路的动稳定度和热稳定度。

导线截面的选择有三种方法：按发热条件、按电压损失条件和按经济电流密度条件，同时要考虑导线的机械强度。对于绝缘导线和电缆，还应满足工作电压的要求。

在工程设计中，对 6～10 kV 及以下高压配电线路和低压动力线路，电流较大，线路较短，可先按发热条件选择截面，再校验其电压损失和机械强度；低压照明线路对电压水平要求较高，故通常先按允许电压损失进行选择，再校验其发热条件和机械强度；对 35 kV及以上的高压输电线路和 6～10 kV 的长距离大电流线路，则可先按经济电流密度确定经济截面，再校验发热条件、电压损失和机械强度。

思考题与习题

6.1 熔断器有哪些功能？其主要功能是什么？什么叫"冶金效应"？铜熔丝上焊锡球的目的是什么？

6.2 什么叫"限流"熔断器和"非限流"熔断器？高低压熔断器中有哪些是限流型的？

6.3 高压负荷开关有哪些功能？在什么情况下可自动跳闸？在装设高压负荷开关的电路中采取什么措施来保护短路？

6.4 高压隔离开关有哪些功能？它为什么不能带负荷操作？它为什么能作为隔离电器来保护安全措施？

6.5 高压断路器有哪些类型和功能？类型不同的高压断路器，其灭弧介质与灭弧方法有何不同？

6.6 带灭弧罩和不带灭弧罩的低压刀开关各有何操作要求？低压刀熔开关有何结构特点和功能？

6.7 什么叫非选择型断路器和选择型断路器？万能式断路器和塑料外壳式断路器各有何结构特点和动作特性？

6.8 电流互感器有哪些功能？常用接线方案有哪些？为什么电流互感器工作时二次侧不得开路？电压互感器有哪些功能？常用接线方案有哪些？为什么电压互感器二次侧必须有一端接地？

6.9 什么是高压开关柜的"五防"？固定式开关柜和手车式开关柜各有哪些缺点？低压配电屏与动力或照明配电箱有何区别？

6.10 选择导线的截面时，一般应满足什么条件？对于动力线路和照明线路，先按什么原则选择？再按什么原则校验？为什么？

6.11 某线路的计算电流为 56 A，尖峰电流为 230 A。该线路首端的三相短路电流 $I_k=2.1$ kA，试选择该线路所装 RT0 型低压熔断器及其熔体的规格。

6.12 某企业的有功计算负荷为 3000 kW，$\cos\varphi=0.92$。该企业 10 kV 进线上拟装设一台 SN10-10 型高压熔断器，其主保护动作时间为 0.9 s，断路器断路时间为 0.2 s，该企业 10 kV 母线上的 $I_k=20$ kA。试选择此高压断路器的规格。

6.13 有一条用 LGJ 型钢芯铝绞线架设的 35 kV 架空线路，线路长度 14 km，计算负荷为 4300 kW，$\cos\varphi=0.78$，$T_{\max}=5200$ h。试选择其经济截面，并校验发热条件、电压损失和机械强度。

6.14 试按发热条件选择 220/380 V 的 TN-S 线路中的相线、N 线和 PE 线的导线（均采用 BLV-500 型）截面以及埋地敷设的穿线硬塑料管（VG）的内径。已知线路的计算电流为 140 A，敷设地点环境温度为 30 ℃。

6.15 有一条 10 kV 架空线路，全长 2.5 km，在距首端 1.5 km 处接有计算负荷 $p_1=670$ kW，$\cos\varphi_1=0.7$，末端接有计算负荷 $p_2=1450$ kW，$\cos\varphi_2=0.8$。全线截面一致，采用 LJ 型铝绞线，线路为水平等距排列，线距 1 m，当地最热月平均日最高气温为 30 ℃，线路允许电压损耗为 5%。试按发热条件选择导线截面，并校验机械强度和电压损耗条件。

技 能 训 练

实训项目:拆装电器设备与电器和导线的选择

(1) 实训目的

在掌握供配电系统组成的基础上,熟悉高低压电器设备工作原理,验算系统中各电器设备选用的参数,掌握常用设备与导线的选择。

(2) 实训准备

各类型电器设备、螺丝刀、计算器、变(配)电所的电气系统图图纸;所在宿舍的电气施工图图纸。

(3) 实训内容

① 拆装电器设备。

② 写出所拆装电器设备结构组成、作用及特性;

③ 根据已有的电气施工图,查阅相关产品的品牌及产品样本;

④ 根据已有的电气施工图,验算图纸中电器设备类型与参数选择是否合理。

⑤ 根据已有的电气施工图,验算图纸中电缆及电线类型与截面的选择是否合理。

(4) 提交成果

① 所拆装电器设备结构组成、作用及特性。

② 所查阅的产品样本摘录。

③ 电器设备类型与参数选择的计算书。

④ 电缆、电线类型与截面选择的计算书。

课题 7　继电保护及二次系统

【知识目标】

◆ 理解供配电系统继电保护的基本任务和对继电保护的基本要求，理解继电保护的基本原理、继电器的分类和表示方法；

◆ 掌握供电线路继电保护的接线方式、整定计算和灵敏系数校验；

◆ 理解电力变压器的瓦斯保护、纵差动保护的原理，掌握电力变压器电流速断保护和过电流保护的原理、整定计算以及灵敏系数校验；

◆ 掌握 6～10 kV 配电系统中配电变压器与线路的保护装置与整定计算，了解母线、电力电容器的保护装置与整定计算；

◆ 掌握工厂供配电系统二次接线的原理接线图与安装接线图，掌握断路器控制回路的展开接线图；

◆ 理解中央事故信号与预告信号的作用，了解测量仪表及其接线；

◆ 了解供电系统的备用电源自动投入装置的原理和作用。

【能力目标】

◆ 具备对供电线路继电保护的接线方式、整定计算和灵敏系数校验分析和计算的能力；

◆ 具备对电力变压器电流速断保护和过电流保护的分析、整定计算以及灵敏系数校验的能力；

◆ 具备分析供配电系统二次接线原理图的能力。

7.1　继电保护的基本知识

7.1.1　继电保护的任务及要求

1. 继电保护的任务

为保证供配电系统的安全运行，避免过负荷和短路引起的过电流对系统的影响，在供配电系统中要装有不同类型的过电流保护装置。常用的过电流保护装置有熔断器保护、低压断路器保护和继电保护。其中继电保护广泛应用于高压供配电系统中，其保护功能很多，而且是实现供配电自动化的基础。

继电保护装置是指能反映供配电系统中电气设备发生的故障或不正常工作状态，并能动作于断路器跳闸或起动信号装置发出预报信号的一种自动装置。

继电保护的主要任务如下：

(1) 自动、迅速、有选择性地将故障元件从供配电系统切除，使其他非故障部分迅速恢复正常供电；

(2) 能正确反映电气设备的不正常运行状态，发出预报信号，以便操作人员采取措施，恢复电气设备正常工作；

(3) 与供配电系统的自动装置(如自动重合闸装置、备用电源自动投入装置等)配合，提高供电系统的运行可靠性。

建筑供配电系统继电保护的特点是简单、有效、可靠，且有较强的抗干扰能力。

2. 对继电保护的基本要求

继电保护的设计应以合理的运行方式和可能的故障类型为依据，并应满足选择性、速动性、可靠性、灵敏性四项基本要求。

(1) 选择性

选择性是指首先由故障设备或线路本身的保护切除故障。当供电系统发生短路故障时，继电保护装置动作，只切除故障元件，并使停电范围最小，以减小故障停电造成的影响。保护装置这种能挑选故障元件的能力称为保护的选择性。

(2) 速动性

为了减小由于故障引起的损失，减少用户在故障时低电压下的工作时间，以及提高电力系统运行的稳定性，要求继电保护装置在发生故障时尽快动作并将故障切除。快速地切除故障部分可以防止故障扩大，减轻故障电流对电气设备的损坏程度，加快供电系统电压的恢复，提高供电系统运行的可靠性。

由于既要满足选择性，又要满足速动性，所以建筑供电系统的继电保护允许带一定时限，以满足保护的选择性而牺牲一点速动性。对供电系统，允许延时切除故障的时间一般为0.5～2.0 s。

(3) 可靠性

可靠性是指保护装置应该动作时动作，不应该动作时不动作。为保证可靠性，宜选用尽可能简单的保护方式，采用可靠的元件和尽可能简单的回路构成性能良好的装置，并应有必要的检测、闭锁和双重化等措施。保护装置应便于整定、调试和运行维护。

(4) 灵敏性

灵敏性是指继电保护在其保护范围内对发生故障或不正常工作状态时的反应能力。

过电流保护的灵敏度 S_P 用其保护区内在电力系统为最小运行方式时的最小短路电流 $I_{k,\min}$ 与保护装置一次动作电流(即保护装置动作电流换算到一次电路的值) $I_{OP,1}$ 的比值来表示，即

$$S_P = \frac{I_{k,\min}}{I_{OP,1}} \tag{7.1}$$

对不同作用的保护装置和被保护设备，所要求的灵敏度是不同的，在《电力装置的继电保护和自动装置设计规范》(GB/T 50062—2008)中都有规定。

另外，上述介绍的四项基本要求对于一个具体的保护装置不一定都是同等重要的，而应有所侧重。例如，电力变压器是供配电系统中最关键的设备，对其保护装置的灵敏度要求较高；而对一般电力线路的保护装置，就要求其选择性较高。

7.1.2 继电保护的基本原理

电力系统发生故障时会引起电流的增加、电压的降低以及电流与电压间相位的变化，因

此，电力系统中所采用的各种继电保护大多数是利用故障时物理量与正常运行时物理量的差别来构成的，例如，反映电流增大的过电流保护、反映电压降低（或升高）的低电压（或过电压）保护等。继电保护原理结构方框图如图 7.1 所示。它由三部分组成：(1) 测量部分——用来测量被保护设备输入的有关信号（电流、电压）等，并和已给定的整定值进行比较判断是否应该起动；(2) 逻辑部分——根据测量部分各输出量的大小、性质及其组合或输出顺序，使保护装置按照一定的逻辑程序工作，并将信号传输给执行部分；(3) 执行部分——根据逻辑部分传输的信号，最后完成保护装置所负担的任务，给出跳闸或信号脉冲。

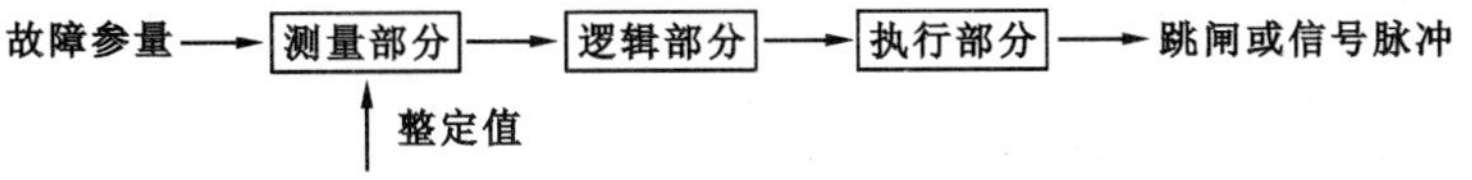

故障参量 → 测量部分 → 逻辑部分 → 执行部分 → 跳闸或信号脉冲
　　　　　↑ 整定值

图 7.1　继电保护原理结构方框图

图 7.2 为线路过电流保护基本原理示意图，用以说明继电保护的组成和基本原理。在图 7.2 中，电流继电器 KA 的线圈接于被保护线路电流互感器 TA 的二次回路，即保护的测量回路，它监视被保护线路的运行状态，测量线路中电流的大小。在正常运行情况下，当线路中通过最大负荷电流时，继电器不动作；当被保护线路 K 点发生短路时，线路上的电流突然增大，电流互感器 TA 二次侧的电流也按变比相应增大，当通过电流继电器 KA 的电流大于其整定值时，继电器立即动作，触点闭合，接通逻辑电路中时间继电器 KT 的线圈回路，时间继电器起动并根据短路故障持续的时间作出保护动作的逻辑判断，时间继电器 KT 动作，其延时触点闭合，接通执行回路中的信号继电器 KS 和断路器 QF 的跳闸线圈回路，使断路器跳闸，切除短路故障。

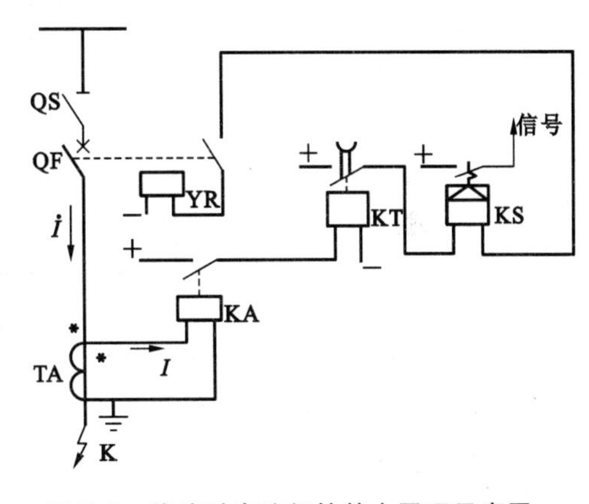

图 7.2　线路过电流保护基本原理示意图

7.1.3　继电器的构成和分类

1. 继电器的作用

继电器是一种在其输入的物理量（电气量或非电气量）达到规定值时，其电气输出电路被接通或分断的自动电器。

继电器一般由感受元件、比较元件和执行元件三个主要部分组成。

(1) 感受元件　将感受到的物理量（如电流、电压）的变化情况综合后送到比较元件。

(2) 比较元件　将感受元件送来的物理量与预先给定的物理量（整定值）相比较，根据比较的结果向执行元件发出指令。

(3) 执行元件　根据来自比较元件的指令自动完成继电器所担负的任务，例如向断路器发出跳闸脉冲或进行其他操作。

2. 继电器的分类

继电器的种类很多，目前一般分类方法如下：

(1) 按继电器动作和构成原理可分为电磁型、感应型、整流型、极化型、半导体型、热力型等继电器。

(2) 按照继电器反映物理量的性质可分为电流、电压、时间、信号、功率、方向、阻抗、频率等继电器。

继电器又可分为反映电气量增加和反映电气量减少两大类。前者为过量继电器，如过电流继电器等；后者为欠量继电器，如欠电压继电器等。

除此之外，还有一类反映非电气量参数而动作的继电器，如气体（瓦斯）继电器、温度继电器等。

3. 继电器的表示方法

我国继电器型号的编制是以汉语拼音字母表示的，由动作原理代号、主要功能代号、设计序号及主要规格代号所组成，其表示形式如下：

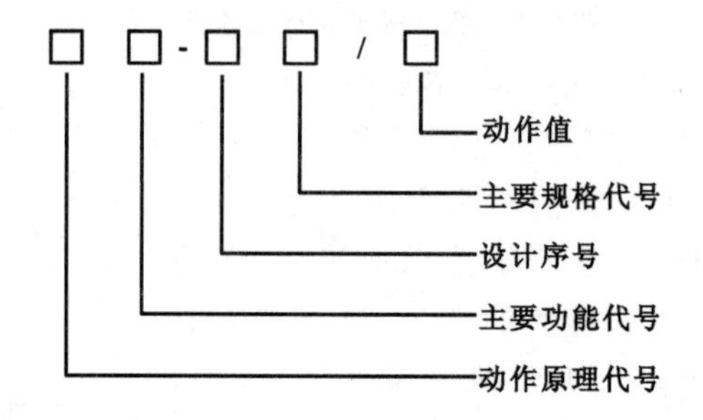

继电器的动作原理和主要功能代号如表7.1所示。设计序号及主要规格用阿拉伯数字表示，继电器的主要规格代号常用来表示触点的形式及数量。例如，DL-11/10表示电磁型电流继电器，其中第一个数字"1"表示设计序号(10系列)，第二个"1"表示有一对动合触点，"10"表示最大动作电流为10 A。

表7.1 常用继电器型号表示法

动作原理代号（第一位）		主要功能代号（第二或第二、三位）			
代　号	代表意义	代　号	代表意义	代　号	代表意义
B	变压器型 晶体管型	L	电流	D	接地
D	电磁型	J、Y	电压	CH、CD	差动
G	感应型	Z	中间	C	冲击
J	极化型	S	时间	H	极化
L	整流型	X	信号	N	逆流
M	电动机型	G	功率	T	同步
S	数字型	P	平衡	H	重合闸
F	附件	Z	阻抗	ZC	综合重合闸
Z	组合型	ZB	中间（防跳）	ZS	中间延时

4. 常用继电器

35 kV及以下电力网中的电力线路和电气设备继电保护装置（包括供电系统），除了日渐推广的微机保护外，仍大量采用电磁型和感应型继电器。下面重点介绍几种反映单一电气量的电磁型继电器的结构、原理及特性。

(1) 电磁式电流继电器

电磁式电流继电器在继电保护装置中作为起动元件，图 7.3 为 DL 系列电磁式电流继电器的内部结构和内部接线图。

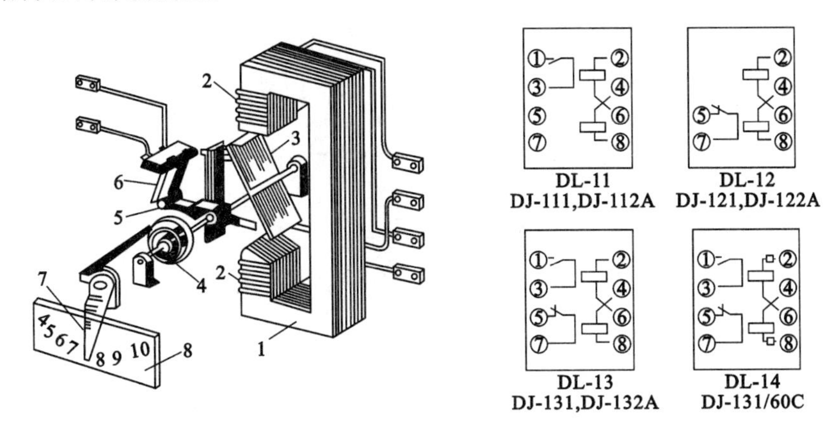

图 7.3 DL 系列电磁式电流继电器的内部结构和内部接线图

(a) 内部结构图；(b) 内部接线图

1—铁芯；2—线圈；3—可动舌片；4—反作用弹簧；5—可动触点；6—静触点；7—调节杆；8—刻度盘

电磁式电流继电器的工作原理如下：当线圈 2 通过电流 I_{KA} 时，电磁力矩 M_1 试图使可动舌片 3 向顺时针方向旋转。在正常工作时，由于 I_{KA} 较小，其所产生的电磁力矩不足以克服弹簧 4 的反抗力矩 M_2，故舌片 3 不会转动，不会带动可动触点 5 与静触点 6 闭合；在短路故障时，I_{KA} 将大大增加，$M_1>M_2$，使舌片 3 转动，带动可动触点 5 与静触点 6 接触而使其闭合。

能使过电流继电器刚好动作并使触点闭合的电流 I_{KA} 值称为该继电器的动作电流，用 I_{OP} 表示。在继电器动作后，逐渐减小 I_{KA}。当继电器刚好返回到原始位置时所对应的 I_{KA} 值称为返回电流，用 I_{re} 表示。上述定义还可以说成，使继电器常开接点闭合的最小电流称为动作电流 I_{OP}；使继电器闭合的常开接点断开的最大电流称为返回电流 I_{re}。继电器的返回电流 I_{re} 与其动作电流 I_{OP} 的比值称为返回系数 K_{re}（其值一般小于 1），即

$$K_{re}=\frac{I_{re}}{I_{OP}} \tag{7.2}$$

(2) 电磁式电压继电器

电磁式电压继电器的结构、工作原理与电磁式电流继电器基本相同。不同之处是：电压继电器的线圈是电压线圈，其匝数多而线径细；而电流继电器的线圈为电流线圈，其匝数少而线径粗。

电磁式电压继电器有过电压和欠电压两大类，其中欠电压继电器在工厂供电系统应用较多。

类似过电流继电器，欠电压继电器的动作电压 U_{OP} 是使其动作的最大电压，而它的返回电压 U_{re} 是使其返回的最小电压，返回系数 $K_{re}=U_{re}/U_{OP}$。由于欠电压继电器的返回电压 U_{re} 大于动作电压 U_{OP}，所以其返回系数 $K_{re}>1$，一般为1～1.2。

(3) 电磁式时间继电器

时间继电器在保护装置中起延时作用，以保证保护装置动作的选择性。

DS 系列电磁式时间继电器的内部结构如图 7.4 所示，主要由电磁机构和钟表延时机构两部分组成，电磁机构主要起锁住和释放钟表延时机构作用，钟表延时机构起准确延时作用。时间继电器的线圈按短时工作设计。

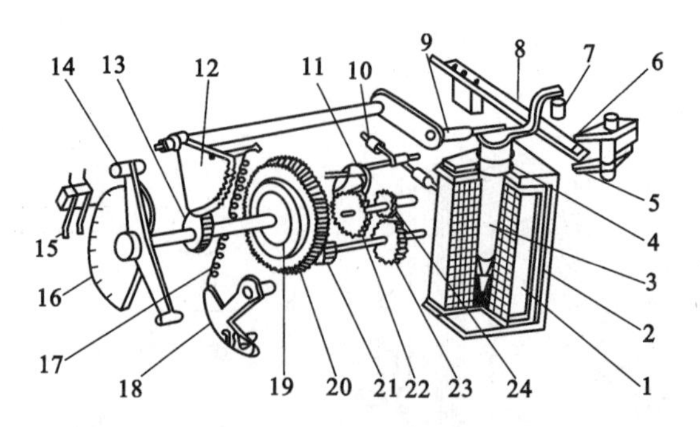

图 7.4　DS-100 系列时间继电器的内部结构图

1—线圈；2—电磁铁；3—可动铁芯；4—返回弹簧；
5、6—固定瞬时触点；7—绝缘件；8—可动瞬时触点；9—压杆；10—平衡锤；11—摆动卡片；
12—扇形齿轮；13—传动齿轮；14—动主触点；15—静主触点；16—标度盘；17—拉引弹簧；
18—弹簧拉动调节器；19—摩擦离合器；20—主齿轮；21—小齿轮；22、23、24—钟表机构的传动齿轮

(4) 电磁式中间继电器

中间继电器的作用是为了扩充保护装置出口继电器的接点数量和容量，也可以使触点闭合或断开时带有不大的延时(0.4～0.8 s)，或者通过继电器的自保持以适应保护装置的需要。

中间继电器的工作原理一般按电磁原理构成，图 7.5 为 DZ 系列电磁式中间继电器结构图。

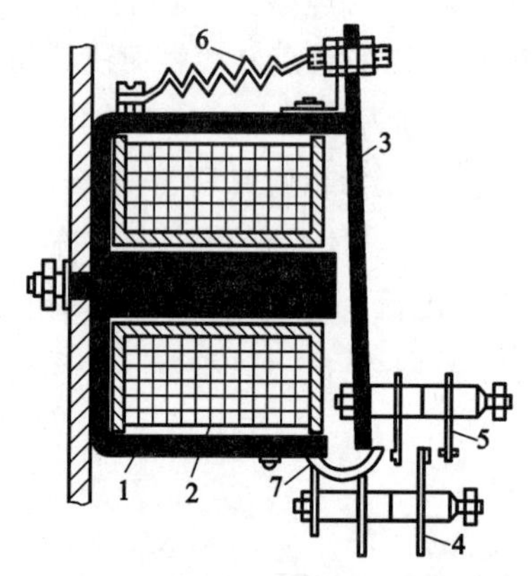

图 7.5　DZ-10 系列中间继电器结构图

1—电磁铁；2—线圈；3—衔铁；4—静触点；
5—动触点；6—反作用弹簧；7—衔铁行程限制器

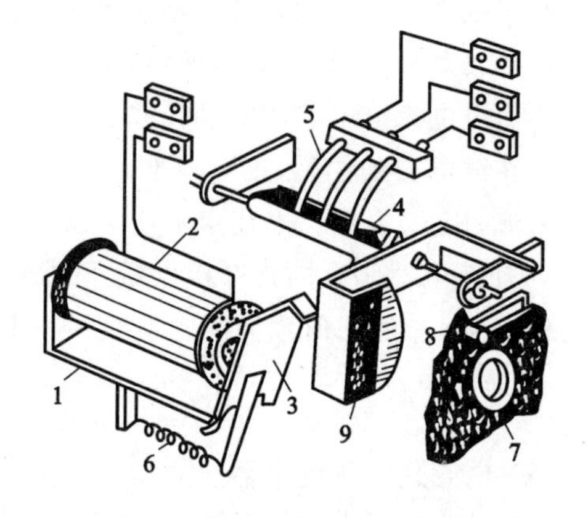

图 7.6　DX-11 型信号继电器的结构图

1—电磁铁；2—线圈；3—衔铁；
4—动触点；5—静触点；6—弹簧；
7—看信号牌小窗；8—手动复归旋钮；9—信号牌

(5) 电磁式信号继电器

信号继电器用于各保护装置回路中，作为保护动作的指示器。信号继电器一般按电磁原理构成，继电器的电磁起动机构采用吸引衔铁式，由直流电源供电。DX 系列信号继电器的结构如图 7.6 所示。在正常情况下，继电器线圈中没有电流通过，信号继电器在正常位置。当继电器线圈中有电流流过时，信号牌落下或凸出，指示信号继电器掉牌。为了便于分析故障的原

因,要求信号指示不能随电气量的消失而消失。因此,信号继电器须设计为手动复归式。

信号继电器可分为串联信号继电器(电流信号继电器)和并联信号继电器(电压信号继电器),其接线方式如图 7.7 所示。实际使用时,一般采用电流型信号继电器。

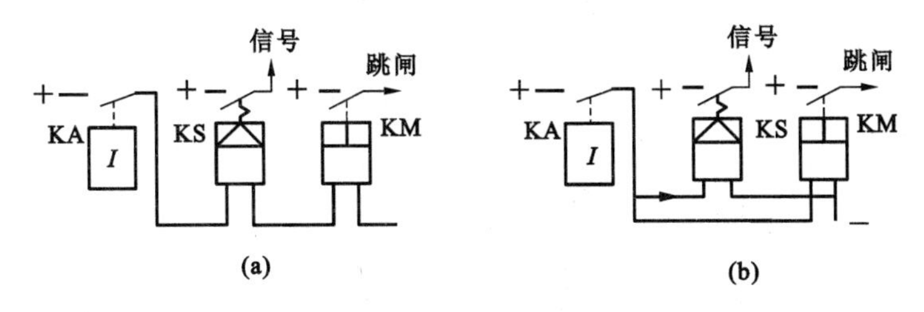

图 7.7 信号继电器的接线方式

(a) 串联信号继电器;(b) 并联信号继电器

7.2 线路的继电保护

在供电线路上发生短路故障时,其重要特征是电流增加和电压降低,根据这两个特征可以构成电流、电压保护。反映电流突然增大使继电器动作而构成的保护装置称为过电流保护,主要包括带时限过电流保护和电流速断保护。电压保护主要是低电压保护,当发生短路时,保护装置安装处母线残余电压低于低电压保护的整定值时发出保护动作。电压保护一般很少单独采用,多数情况下是与电流保护配合使用,例如低电压闭锁过电流保护。

7.2.1 继电保护的接线方式

继电保护的接线方式是指保护装置中继电器与电流互感器二次线圈之间的连接方式。常见的接线方式有以下几种:

1. 三相完全星形接线

三相完全星形接线方式又称三相三继电器式接线,如图 7.8(a)所示。它是用三只电流互感器与三只继电器对应连接的,这样,不论发生任何类型的短路故障,流过继电器线圈中的电流 $\dot{I}_u$、$\dot{I}_v$、$\dot{I}_w$ 总是与电流互感器一次 $\dot{I}_U$、$\dot{I}_V$、$\dot{I}_W$ 电流成比例。

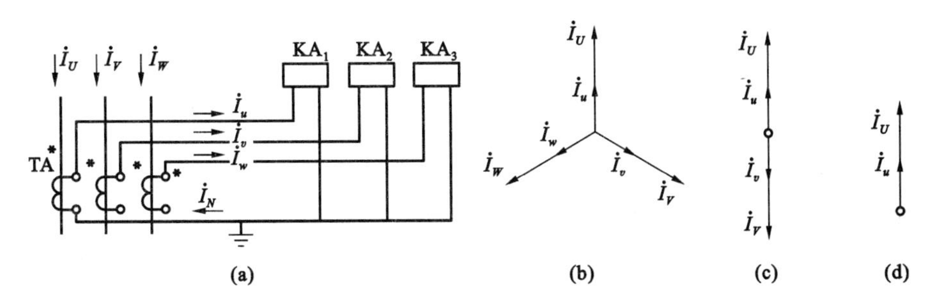

图 7.8 完全星形接线及各种短路时电流相量图

(a) 完全星形接线;(b) 三相短路;(c) U、V 两相短路;(d) U 相接地短路

三相完全星形接线方式对各种短路故障如三相短路、两相短路、单相接地短路都能起到保护作用,而且具有相同的灵敏度。在各种短路时电流相量如图 7.8(b)、(c)、(d)所示。当发生三相短路时,各相电流互感器二次侧通过二次变换的短路电流分别通过三只电流继电器的线

圈，使之动作；而当两相或单相接地短路时，与短路相对应的两只或一只电流继电器动作。

为了表征流入继电器的电流 I_{KA} 与电流互感器二次侧电流 I_{TA} 之间的关系，在这里引入接线系数 K_W 的概念。所谓接线系数，是指流入继电器的电流 I_{KA} 与电流互感器二次电流 I_{TA} 的比值，即

$$K_W = \frac{I_{KA}}{I_{TA}} \tag{7.3}$$

很明显，三相完全星形接线方式的接线系数在任何情况下均为 1。

2. 两相不完全星形接线

两相不完全星形接线方式又称两相两继电器式接线，如图 7.9 所示。它是在 U、W 两相装有电流互感器，分别与两只电流继电器相连接。与三相完全星形接线方式的差别是在 V 相上没有装电流互感器和继电器。

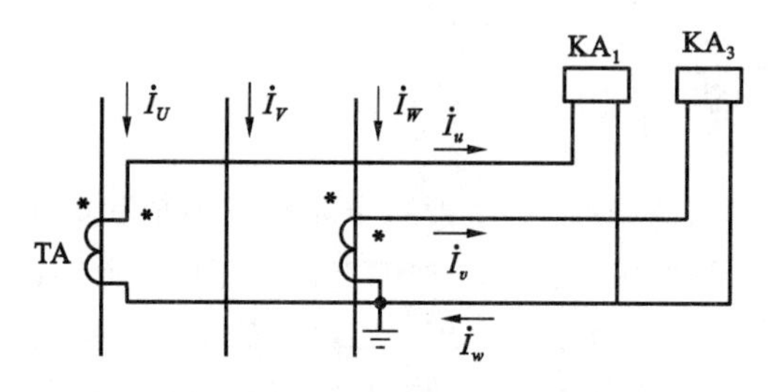

图 7.9　不完全星形接线

两相不完全星形接线方式对各种相间短路都能起到保护作用，但 V 相接地短路故障时不反应。因此，该接线方式不能用于单相接地保护装置，适用于 6～10 kV 中性点不接地的供电系统中作为相间短路保护装置的接线。该接线方式的接线系数在正常工作和相间短路时均为 1。

3. 两相电流差接线

两相电流差接线方式又称两相一继电器式接线，如图 7.10(a)所示。它由两只电流互感器和一只电流继电器组成。正常工作时，流入继电器的电流 I_{KA} 为

$$|\dot{I}_{KA}| = |\dot{I}_U - \dot{I}_W| = \sqrt{3}I_U = \sqrt{3}I_W \tag{7.4}$$

即流入继电器的电流是 U 相和 W 相电流的相量差，其数值是电流互感器二次电流的$\sqrt{3}$倍。

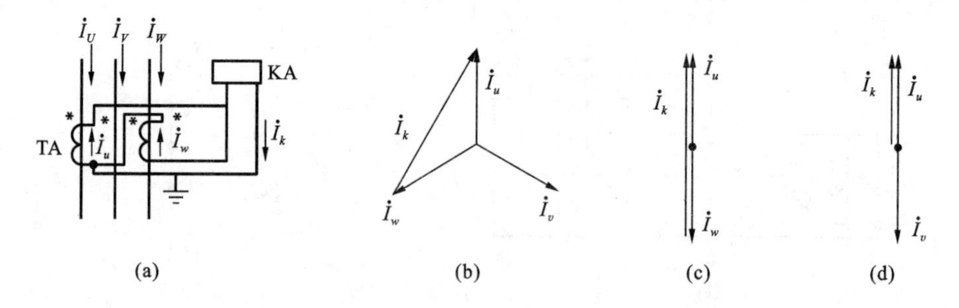

图 7.10　两相电流差接线及各种短路时电流相量图

(a) 接线电路图；(b) 三相短路；(c) U、V 两相短路；(d) U 相接地短路

两相电流差接线方式能够反映各种相间短路。发生各种类型的相间短路时，短路电流的相量如图 7.10(b)、(c)、(d)所示。由相量图可知，不同的相间短路流入继电器的电流与电流互感器二次侧电流的比值是不相同的，即其接线系数 K_W 是不一样的，因而其灵敏度也是不一

样的。

(1) 发生三相短路时，流入继电器 KA 的电流 I_{KA} 是 I_{TA} 的$\sqrt{3}$倍，即 $K_W^{(3)}=\sqrt{3}$。

(2) 当 U、W 两相(均装有 TA)短路时，由于两相短路电流大小相等，相位差 180°，所以 I_{KA} 是 I_{TA} 的 2 倍，即 $K_W^{(U,W)}=2$。

(3) 当 U、V 两相或 V、W 两相(V 相未装 TA)短路时，由于只有 U 相或 W 相 TA 反映短路电流，而且直接流入 KA，因此 $K_W^{(U,V)}=K_W^{(V,W)}=1$。

从以上电流互感器三种基本接线方式分析可知，采用三相完全星形接线的保护装置可以反映各种短路故障，其缺点是需要三个电流互感器与三个继电器，因而不够经济。此种接线方式主要用于大电流接地系统中，作为相间短路和单相接地短路保护用。两相不完全星形接线方式的保护动作可靠性不如前一种接线，当 U、V 或 V、W 相间短路时，只有一个继电器反映故障，而 C 相发生单相接地短路时，保护装置不反应。但它比前一种接线经济，常用于 6～10 kV小电流接地系统作为短路保护。两相电流差接线最经济，但由于对不同类型短路故障反应的灵敏度和接线系数不同，因此只用在 10 kV 及以下小电流接地系统中，作为小容量设备和高压电动机保护接线。

7.2.2 带时限的过电流保护

在供电系统中，当被保护线路发生短路时，继电保护装置动作，并以动作时间来保证选择性，带时限过电流保护就是这样的保护装置。带时限过电流保护，按其动作时间特性分为定时限过电流保护和反时限过电流保护两种。所谓定时限，是指保护装置的动作时间是恒定的，与短路电流大小无关。所谓反时限，是指保护装置的动作时间与短路电流大小(反映到继电器中的电流)成反比关系。

1. 定时限过电流保护的动作原理

图 7.11 为单端供电线路的定时限过电流保护配置示意图。

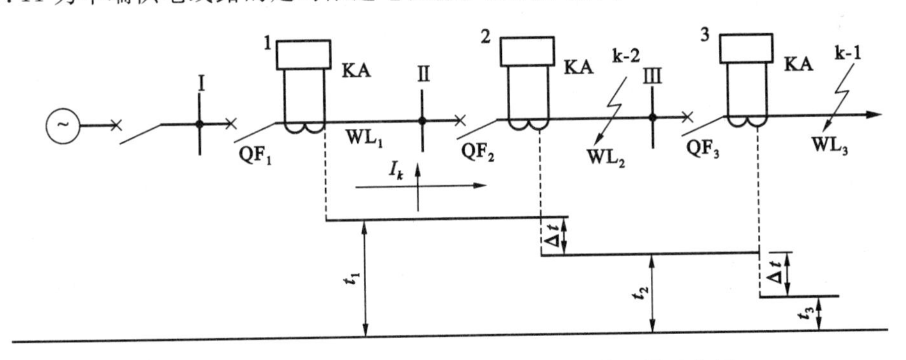

图 7.11 单端供电线路的定时限过电流保护配置示意图

图中过电流保护装置 1、2、3 分别装设在线路 WL_1、WL_2、WL_3 的电源侧，每套保护装置主要保护本段线路和由该段线路直接供电的变电所母线。假设在线路 WL_3 上的 k-1 点发生相间短路，短路电流将由电源经过线路 WL_1、WL_2、WL_3 流到短路点 k-1。如果短路电流大于保护装置 1、2、3 的动作电流时，则三套保护将同时起动。根据选择性的要求，应该是距离故障点 k-1 最近的保护装置 3 动作，使断路器 QF_3 跳闸。为此，需经延时来保证选择性，也就是使保护装置 3 的动作时间 t_3 小于保护装置 2 和保护装置 1 的动作时间 t_2 和 t_1，这样，当 k-1 点短路时，保护装置3首先以较短的延时 t_3 动作于 QF_3 跳闸。QF_3 跳闸后，短路电流消失，保护装置2和1还来不及使 QF_2 和 QF_1 跳闸就返回到正常位置。同理，当线路 WL_2 上的k-2点发生相间短路时，为了保证选择性，保护装置2的动作时间 t_2 应小于保护装置1的动作时间 t_1。因此，为了保证单端供电线路过电流保护动作的选择性，保护装置的动作时间必须满足以下条件：

$$\left.\begin{aligned} &t_1 > t_2 > t_3 \\ &t_2 = t_3 + \Delta t \\ &t_1 = t_2 + \Delta t = t_3 + 2\Delta t \end{aligned}\right\} \tag{7.5}$$

这种选择保护装置动作时间的方法称为时间阶梯原则。

2. 定时限过电流保护的组成接线

定时限过电流保护一般是由两个主要元件组成的，即起动元件和延时元件。起动元件即电流继电器，当被保护线路发生短路故障，短路电流增加到电流继电器的动作电流时，电流继电器立即起动。延时元件即时间继电器，用以建立适当的延时，保证保护动作的选择性。

图7.12为两相两继电器式定时限过电流保护原理电路图。在正常情况下电流继电器 KA_1、KA_2 和时间继电器KT的触点是断开的。当k-1点发生短路故障时，短路电流经电流互感器TA流入电流继电器 KA_1、KA_2，如果短路电流大于其整定值时便起动，并通过其触点将时间继电器KT的线圈回路接通，时间继电器开始动作。经过整定的延时后，其触点闭合，并起动信号继电器KS发出信号，出口中间继电器KM接通断路器跳闸线圈YR，使QF断路器跳闸，切除短路故障。由上述动作过程可知，保护装置的动作时间是恒定的，因此，称这种保护装置为定时限过电流保护。

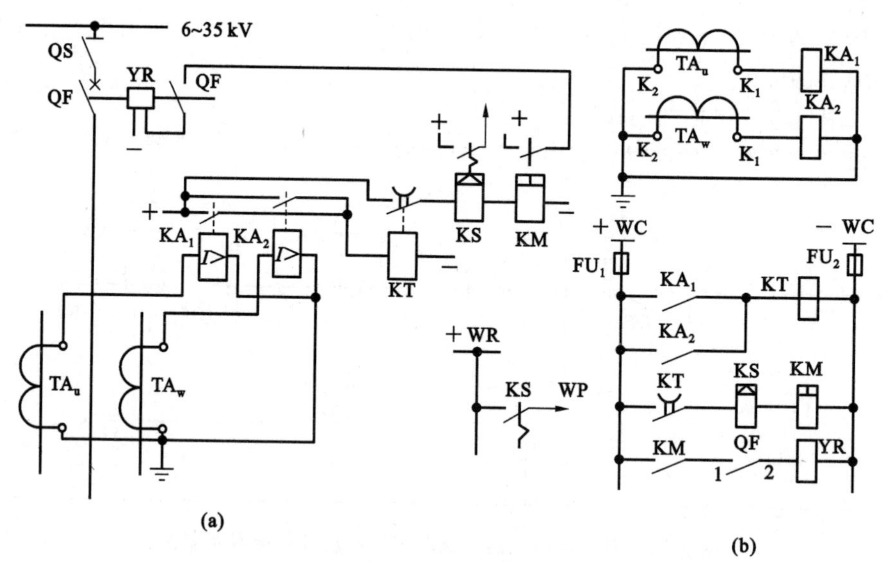

图7.12　两相两继电器式定时限过电流保护装置电路图

(a) 集中表示(总归式)电路图；(b) 分开表示(展开式)电路图

3. 定时限过电流保护的整定原则

以图7.13为例来说明定时限过电流保护的整定原则。

(1) 动作电流整定

保护相间短路的定时限过电流保护，动作电流整定必须满足以下两个条件：

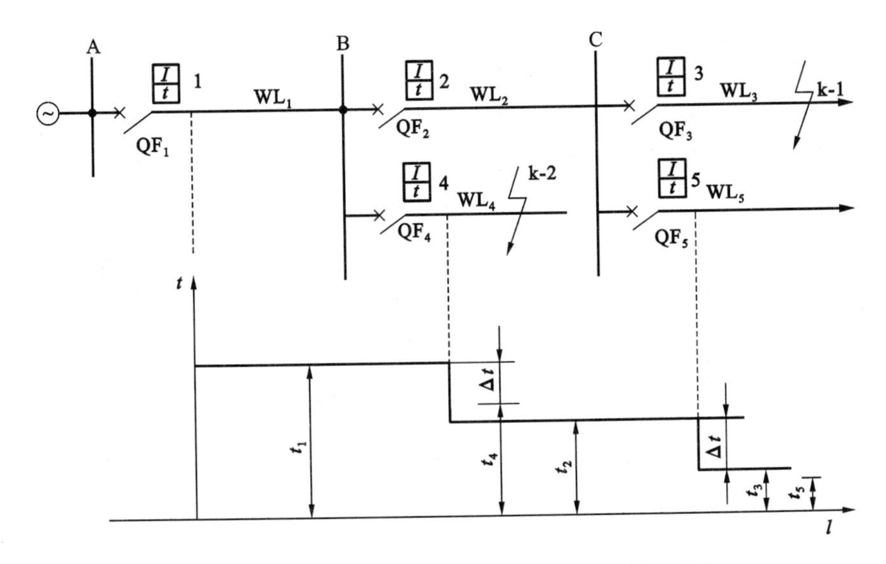

图 7.13　单侧电源放射形网络定时限过电流保护的时限配合

① 线路输送最大负荷电流时保护装置不应起动，动作电流必须躲过(大于)最大负荷电流，以免在最大负荷电流通过时保护装置误动作，即

$$I_{OP(1)} > I_{L,\max} \tag{7.6}$$

式中　$I_{OP(1)}$——保护装置的一次动作电流；

$I_{L,\max}$——线路最大负荷电流。考虑线路实际可能的情况，取 $I_{L,\max}=(1.5\sim3)I_{30}$。

② 保护装置在外部短路被切除后，应能可靠地返回。如图 7.13 所示，当 k-1 点发生短路时，保护装置 1 和 2 的电流继电器都动作，根据选择性的要求，保护装置 2 的时限比保护装置 1 的小，所以保护装置 2 首先动作于断路器，使之跳闸。这时，短路电流消失，但线路 WL_1 上仍接有负荷，保护装置 1 仍通过较大的负荷电流。此时要求保护装置 1 已动作的电流继电器可靠返回(触点断开)，因此，保护装置 1 的返回电流应大于最大负荷电流，即

$$I_{re(1)} > I_{L,\max} \tag{7.7}$$

式中　$I_{re(1)}$——保护装置的一次返回电流。

由于保护装置的返回电流小于动作电流，所以其返回系数 $K_{re}<1$，即

$$K_{re}=\frac{I_{re(1)}}{I_{OP(1)}}<1 \tag{7.8}$$

因此动作电流应按第二个条件来整定，即

$$I_{re(1)}=K_{CO}I_{L,\max} \tag{7.9}$$

式中　K_{CO}——可靠系数。考虑保护装置的整定误差及负荷电流计算的不准确因素，一般取 1.15～1.25。

将式(7.9)代入式(7.8)，得保护装置一次侧动作过电流为

$$I_{OP(1)}=\frac{K_{CO}I_{L,\max}}{K_{re}} \tag{7.10}$$

考虑了接线系数 K_W 和电流互感器的变比 K_{TA} 以后，过电流保护装置的二次动作电流为

$$I_{OP}=\frac{K_{CO}K_W}{K_{re}K_{TA}}I_{L,\max} \tag{7.11}$$

式中　K_{re}——返回系数。对 DL-10 型电流继电器一般取 0.85～0.9；对 GL-10 型电流继电器

一般取 0.8。

（2）灵敏度校验

按式(7.11)确定的动作电流，在线路出现最大负荷电流时不会发生误动作。但当线路发生各种短路故障时，保护装置都必须准确动作，即要求流过保护装置的最小短路电流必须大于其动作电流。能否满足这项要求，需要进行灵敏度校验。具体校验方法分两种情况进行：

① 过电流保护作为本段线路的近后备保护时，灵敏度校验点设在被保护线路末端，其灵敏度应满足

$$S_P = \frac{K_W}{K_{TA} I_{OP}} I_{k,\min}^{(2)} \geqslant 1.5 \tag{7.12}$$

式中　$I_{k,\min}^{(2)}$——被保护线路末端在系统最小运行方式下的两相短路电流，即

$$I_{k,\min}^{(2)} = \frac{\sqrt{3}}{2} I_k^{(3)}$$

② 过电流保护作为相间线路的远后备保护时，其校验点设在相间线路末端，其灵敏度应满足

$$S_P = \frac{K_W}{K_{TA} I_{OP}} I_{k,\min}^{(2)} \geqslant 1.2 \tag{7.13}$$

（3）动作时限的整定

在图 7.13 中，设被保护线路 WL_1、WL_2、WL_3、WL_4、WL_5 上分别装有定时限过电流保护。

当 k-1 点发生短路时，短路电流由电源经 WL_1、WL_2、WL_3 流向短路点 k-1；当 k-2 点发生短路时，短路电流由电源经 WL_1、WL_4 流向短路点 k-2。为了保证选择性，继电保护应该作用于距短路点最近的断路器跳闸，为此，其时限的配合应从距电源最远的保护装置开始，即在图 7.13 中应从变电所 C 的保护装置 3 和 5 开始。在通常情况下，这些保护装置都有一定的延时 t_3 和 t_5，以保证用电设备发生故障时有选择性地动作。装在变电所 B 的保护装置 2，其延时应比变电所 C 的保护装置 3 和保护装置 5 的延时 t_3 和 t_5 大一个时限级差 Δt，假定 $t_3 > t_5$，则 $t_2 > t_3 + \Delta t$；同理，变电所 A 的保护装置 1，其延时 t_1 也应比变电所 B 各出线的最大延时大一个时限级差 Δt。如 $t_4 > t_2$，则 $t_1 > t_4 + \Delta t$。

总之，定时限过电流保护的动作时限，应该比下一段母线各条线路上的过电流保护中最大的动作时限大一个时限级差 Δt。所以，在一般情况下，对 n 段线路保护的延时可按下式选择：

$$t_{n-1} = t_{n,\max} + \Delta t \tag{7.14}$$

Δt 不能取得太小，其值应保证电力网任一段线路短路时，上一段线路的保护不应误动作；然而，为了降低整个电力网的时限水平，Δt 应尽量取小，否则靠近电源侧的保护动作时限太长。考虑上述两个因素，一般情况下 DL 型继电器取 $\Delta t = 0.5$ s，GL 型继电器取 $\Delta t = 0.6 \sim 0.7$ s。

由图 7.13 可见，放射式电力网定时限过电流保护的动作时限是按照从负荷侧向电源侧逐级增加的整定原则，恰似阶梯一样，故称为时限阶梯原则。

【例 7.1】 在图 7.14 所示的无限大容量供电系统中，6 kV 线路 L-1 上的最大负荷电流为 298 A，电流互感器 TA 的变比为 400/5。k-1、k-2 点三相短路时归算至 6.3 kV 侧的最小短路电流分别为 930 A、2600 A。变压器 T-1 上设置的定时限过电流保护装置 1 的动作时限为 0.6 s，拟在线路 L-1 上设置定时限过电流保护装置 2，试进行整定计算。

【解】 采用两相不完全星形接线的保护装置，其原理接线图如图 7.12 所示。

A. 动作电流的整定

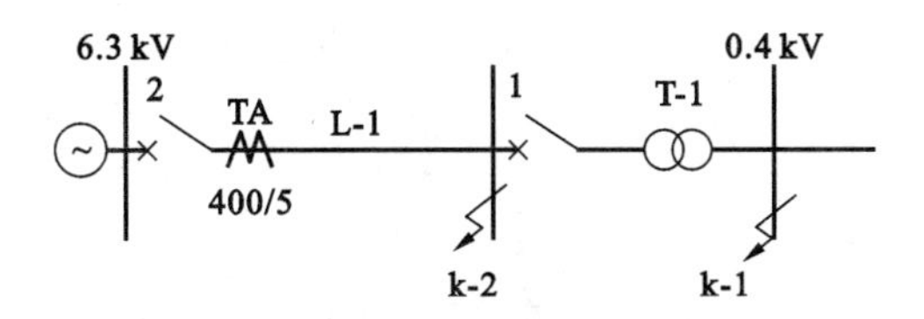

图 7.14 无限大容量供电系统示意图

取 $K_{CO}=1.2$,$K_W=1$,$K_{re}=0.85$,则过电流继电器的动作电流由式(7.11)求得。

$$I_{OP}=\frac{K_{CO}K_W}{K_{re}K_{TA}}I_{L,\max}=\frac{1.2\times1}{0.85\times400/5}\times298=5.26(\mathrm{A})$$

选 DL-21/10 型电流继电器两只,并整定为 $I_{OP}=6$ A。则保护装置一次侧动作电流为

$$I_{OP(1)}=\frac{K_{TA}}{K_W}I_{OP}=\frac{400/5}{1}\times6=480(\mathrm{A})$$

B. 灵敏度校验

a. 作为线路 L-1 主保护的近后备保护时,由式(7.12)得

$$S_P=\frac{K_WI_{K2,\min}^{(2)}}{K_{TA}I_{OP}}=\frac{K_W}{K_{TA}I_{OP}}\frac{\sqrt{3}}{2}I_{K2,\min}^{(3)}=\frac{1}{(400/5)\times6}\times\frac{\sqrt{3}}{2}\times2660=4.8>1.5$$

b. 作为线路 L-1 主保护的远后备保护时,由式(7.13)得

$$S_P=\frac{K_WI_{K1,\min}^{(2)}}{K_{TA}I_{OP}}=\frac{K_W}{K_{TA}I_{OP}}\frac{\sqrt{3}}{2}I_{K1,\min}^{(3)}=\frac{1}{(400/5)\times6}\times\frac{\sqrt{3}}{2}\times930=1.68>1.2$$

均满足要求。

C. 动作时间整定

由时限阶梯原则,动作时限应比下一级大一个时限阶梯,则

$$t_{L-1}=t_{T-1}+\Delta t=0.6+0.5=1.1(\mathrm{s})$$

选 DS-21 型时间继电器,时间整定范围为 0.2~1.5 s。

通过上述分析,定时限过电流保护的动作电流是按最大负荷电流整定的,它的保护范围总是延伸到相邻的下一级线路,其选择性是靠动作时间保证的。这样,如线路段数越多,则越靠近电源的保护,动作时间越长,不能满足动作迅速的要求,这是定时限过电流保护在原理上存在的缺点。因此,定时限过电流保护一般作为线路的后备保护,只有当动作时限较短时可作为线路的主保护。为了克服定时限过电流保护时限长的缺点,可采用反时限过电流保护。

4. 反时限过电流保护

动作时间与短路电流成反比而改变的过电流保护称为反时限过电流保护。反时限过电流保护由 GL-10 系列感应式继电器组成。

(1) GL-10 系列感应式继电器

GL-10 系列感应式继电器的结构如图 7.15 所示,它由带延时动作的感应系统与瞬时动作的电磁系统两部分组成。

感应系统主要由带有短路环 2 的电磁铁芯和圆形铝盘 3 组成,圆盘的另一侧装有阻尼磁铁 6,圆盘的转轴 18 放在活动框架 4 的轴承内,活动框架可绕轴转动一个小角度,正常未启动时框架被弹簧拉向挡板 17 的位置。

电磁系统由装在电磁铁上侧的衔铁 10 构成,衔铁左端有横担 9,通过它可瞬时闭合接点 12。正常时衔铁左端重于右端而偏落于左边位置,接点不闭合。

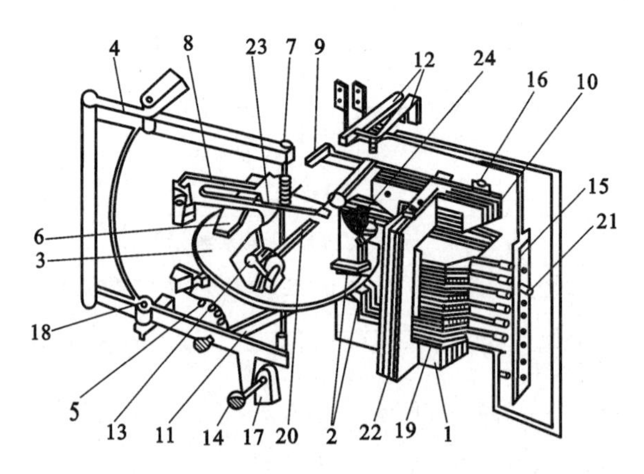

图 7.15　GL-10 系列感应型电流继电器结构图

1—电磁铁；2—短路环；3—圆形铝盘；4—框架；5—弹簧；6—阻尼磁铁；7—螺杆；8—扇形齿轮；9—横担；10—瞬动衔铁；11—钢片；12—接点；13—时限调整螺钉；14—螺钉；15—插座板；16—电流调整螺钉；17、20—挡板；18—轴；19—线圈；21—插销；22—分路铁芯；23—顶杆；24—信号掉牌

当继电器通入电流时，在铝盘上产生旋转转矩为

$$M = K'\Phi_1\Phi_2\sin\theta = KI_K^2\sin\theta$$

式中　θ——Φ_1 与 Φ_2 之间的相位差。

显然，通入继电器的电流 I_K 越大，转矩 M 越大，铝盘转速越快。当通入的电流为整定值的 30%～40%时，圆形铝盘就会慢慢转动，但这时不能称为起动。当通入继电器线圈中的电流大于整定值时，框架向轴移动，使轴上蜗杆与扇形齿片相咬合，此时圆形铝盘继续转动并带动扇形齿片上升，直到扇形齿片尾部托起横担，使衔铁被电磁铁芯吸下，将接点闭合。从轴上蜗杆与扇形齿片相咬合起到接点闭合这一段时间称为继电器的动作时间。

通入继电器的电流越大，铝盘转速越快，动作时间就越短，这种特性称为反时限特性。当通入的电流大到一定程度，使铁芯饱和，铝盘的转速再也不随电流的增大而加快时，继电器的动作时间便成为定值。图 7.15 中，将动作时限调整螺钉 13 调整在某一位置(即某一固定动作电流)，改变通入继电器的电流，测出其相应的动作时间，即可绘出图 7.16 所示曲线(曲线上的时间数字均为 10 倍动作电流整定值时的动作时间)。

感应系统的动作电流是指继电器铝盘轴上蜗杆与扇形齿片相咬合时，线圈所需要通入的最小电流。感应系统的返回电流是指扇形齿片脱离蜗杆返回到原来位置时的最大电流。继电器线圈有 7 个抽头，通过插孔板拧入螺钉来改变线圈的匝数，用来调整动作电流的整定值。

当通入继电器线圈的电流增大到整定值的若干倍数时，未等感应系统动作，衔铁右端瞬时被吸下，接点立即闭合，即构成电磁系统的速断特性。速断部分的动作电流值通过改变衔铁与电磁铁芯之间气隙来调整，其速断动作电流调整范围是感应系统整定电流值的 2～8 倍。GL-10型继电器本身带有信号掉牌，而且接点容量又较大，所以组成反时限过电流保护时，无需再接入其他继电器。

(2) 反时限过电流保护的接线与工作原理

反时限过电流保护装置可以采用两台 GL-10 系列感应式继电器和两台电流互感器组成的不完全星形接线，也可以采用两相电流差接线方式，如图 7.17 所示。

图 7.17(a)为直流操作电源、两相式反时限过电流保护装置原理电路图。正常运行时继

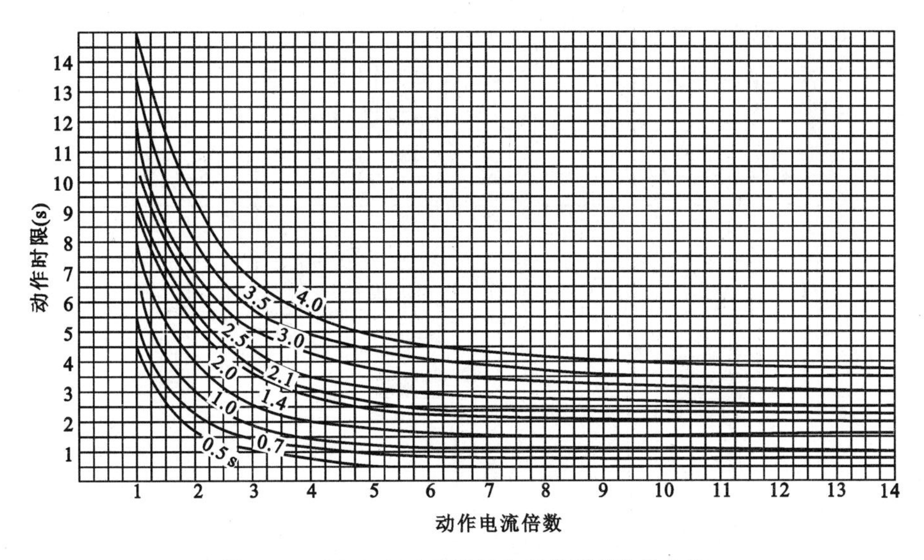

图 7.16 GL-10(20)系列继电器的时限特性曲线

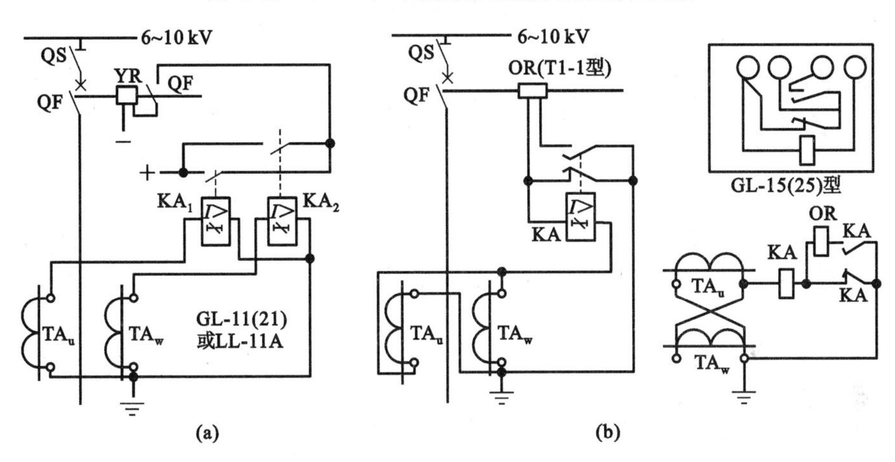

图 7.17 反时限过电流保护装置原理电路图

(a) 采用两相式接线直流操作电源;(b) 采用两相差式接线交流操作电源

电器不动作。当主电路发生短路,流经继电器的电流超过其整定值时,继电器铝盘轴上蜗杆与扇形齿片立即咬合起动,经反时限延时,接点闭合,使断路器跳闸。同时,继电器中的信号牌掉牌,指示保护动作。

图 7.17(b)为交流操作电源、两相电流差式反时限过电流保护装置原理电路图。其中继电器 KA 采用 GL-15 型感应式电流继电器,正常时常开接点断开,交流瞬时脱扣器 OR 无电流通过,不能跳闸。当主回路发生短路时,电流经继电器本身常闭接点流过其线圈,如果电流超过整定值,则经反时限延时,其接点立即闭合,常开接点接通,常闭接点断开,将瞬时电流脱扣器串入电流互感器二次侧,利用短路电流的能量使断路器跳闸。一旦跳闸,短路电流被切除,保护装置返回原来状态。这种交流操作方式对 6～10 kV 以下的小型变电所或高压电动机是很适用的。

(3) 反时限过电流保护的整定计算

反时限过电流保护装置动作电流的整定和灵敏度校验方法与定时限过电流保护完全一

样，在此不再重复。以下介绍动作时限的整定方法。

由于反时限过电流保护的动作时限与流过的电流值有关，因此其动作时限并非定值，现以图 7.18 两段线路装设反时限过电流保护装置为例，说明其动作时限特性与相互配合关系。

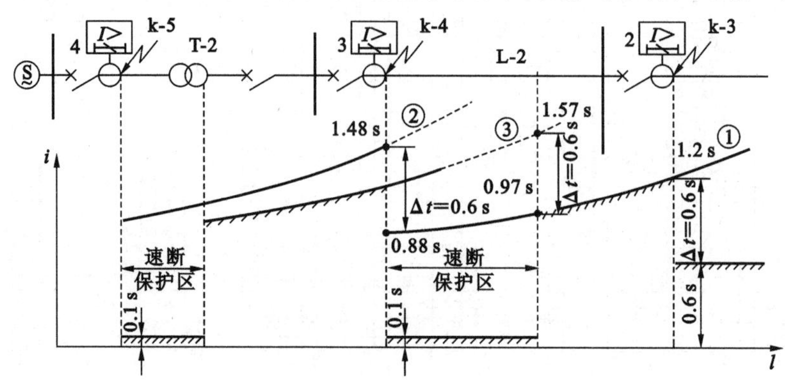

图 7.18 反时限过电流保护装置的时限特性与配合

在图 7.18 中，对于保护装置 3，当被保护线路 L-2 末端 k-3 点短路时，动作时间为 1.2 s，如线路 L-2 中间某一点短路时，其动作时间必然要小于 1.2 s；若 k-4 点短路时，短路电流则更大，动作时间还要小。如果同样多取几点，并将不同点短路时的动作时间在坐标上绘出来，就可以得到保护装置 3 的反时限特性曲线，如图 7.18 中的曲线①。同理，对于保护装置 4，也可以得到动作时限特性曲线②。显然，曲线②应高于曲线①。为了满足选择性要求，且保护装置 4 又要作为保护装置 3 的后备保护，两条时限曲线之间必须有足够大的时限差才能保证线路 L-2 短路时由保护装置 3 先动作，切除故障。从图 7.18 中还可以看出，短路点越靠近线路始端，保护装置的动作时间就越短，可见，这种反时限过电流保护装置可以自动缩短电源侧短路时的动作时间。

【例 7.2】 图 7.18 所示供电系统中，已知线路 L-2 的最大负荷电流为 298 A，k-3、k-4 点短路电流分别为 $I_{k3,\max}^{(3)}=1627$ A，$I_{k3,\min}^{(3)}=1450$A，$I_{k4,\max}^{(3)}=7500$ A，$I_{k4,\min}^{(3)}=6900$ A。拟在线路 L-2的始端装设反时限过电流保护装置 3，电流互感器的变比是 400/5，采用两相电流差接线。保护装置 2 在 k-3 点短路时动作时限为 $t_2=0.6$ s。试对保护装置 3 进行整定计算。

【解】 ① 求动作电流

取 $K_{CO}=1.2$，$K_W=\sqrt{3}$，$K_{re}=0.8$，则由式(7.11)得继电器的动作电流为

$$I_{OP}=\frac{K_{CO}K_W}{K_{re}K_{TA}}I_{L,\max}=\frac{1.2\times\sqrt{3}}{0.8\times 400/5}\times 298=9.68(\text{A})$$

选取 GL-21/10 型感应式继电器一只，I_{OP} 整定为 10 A，则保护装置 3 的一次动作电流为

$$I_{OP(1)}=\frac{K_{TA}}{K_W}I_{OP}=\frac{400/5}{\sqrt{3}}\times 10=462(\text{A})$$

② 灵敏度校验

作为本段线路的后备保护时，由式(7.12)得

$$S_P=\frac{K_W}{K_{TA}I_{OP}}I_{k3,\min}^{(3)}=\frac{\sqrt{3}}{400/5\times 10}\times\frac{\sqrt{3}}{2}\times 1450=2.7>1.5 \qquad \text{合格}$$

③ 动作时限的整定

由时限阶梯原则，k-3 点短路时，保护装置 3 的动作时限 t_3 应比保护装置 2 的动作时限 t_2 大一个时限阶梯 Δt，取 $\Delta t=0.6$ s，则当保护装置 3 流过短路电流 $I_{k3,\max}^{(3)}=1627$ A(相当于动作电流 462 A 的 3.5 倍)时，动作时限应为 $t_3=t_2+\Delta t=0.6+0.6=1.2$ s。

取动作电流倍数 $n=1627/462\approx3.5$，$t_3=1.2$ s，查图 7.16 的时限特性曲线，可得保护装置 3 的 10 倍动作电流时的动作时限为 $t_3'=0.7$ s。

当求出不同动作电流倍数的动作时限后，就可绘出线路 L-2 的时限特性曲线，如图 7.18 中的曲线。

总结以上两种带时限的过电流保护，可以得到以下结论：

① 定时限过电流保护的优点是简单、经济、可靠、便于维护，用在单端电源供电系统中，可以保证选择性，且一般情况下灵敏度较高。其缺点是接线较复杂，且需直流操作电源；靠近电源处的保护装置动作时限较长。

② 定时限过电流保护装置广泛用于 10 kV 及以下供电系统中作主保护，在 35 kV 及以上系统中作后备保护。

③ 反时限过电流保护装置的优点是继电器数量大为减少，只需一种 GL 型电流继电器，而且可使用交流操作电源，又可同时实现电流速断保护，因此投资少、接线简单。其缺点是动作时间整定较麻烦，而且误差较大；当短路电流较小时，其动作时限较长，延长了故障持续时间。

反时限过电流保护装置广泛应用于高压电动机或某些小容量车间变压器的主保护。

7.2.3 电流速断保护

在带时限过电流保护中，保护装置的动作电流都是按照线路最大负荷电流的原则整定的，因此，为了保证保护装置动作的选择性，就必须采用逐级增加的阶梯形时限特性。这就造成了短路点越靠近电源，保护装置动作时限越长，短路危害也越严重。为了克服这一缺点，同时又保证动作的选择性，一般采用提高电流整定值以限制保护动作范围的方法，减小保护动作时限，这就构成了电流速断保护。我国规定，当过电流保护的动作时间超过 1 s 时，应装设电流速断保护装置。

电流速断保护分为无时限电流速断保护和限时电流速断保护两种情况。

1. 无时限电流速断保护

(1) 无时限电流速断保护的构成

无时限电流速断保护又称瞬时电流速断保护。在小电流接地系统中，保护相间短路的无时限电流速断保护一般都采用不完全星形接线方式。

采用 DL 型电流继电器组成的无时限电流速断保护相当于把定时限过电流保护中的时间继电器去掉。图 7.19 是被保护线路上同时装有定时限过电流保护和电流速断保护的电路图。其中，KA_3、KA_4、KT、KS_2 与 KM 组成定时限过电流保护，而 KA_1、KA_2、KS_1 与 KM 组成电流速断保护，后者比前者只少了时间继电器 KT。

采用 GL 型电流继电器组成的电流速断保护可直接利用 GL 型电流继电器的电磁系统来实现无时限电流速断保护，而其感应系统又可用作反时限过电流保护。

(2) 速断电流的整定

为了保证选择性，无时限电流速断保护的动作范围不能超过被保护线路的末端，速断保护的动作电流(即速断电流)应躲过被保护线路末端最大可能的短路电流。

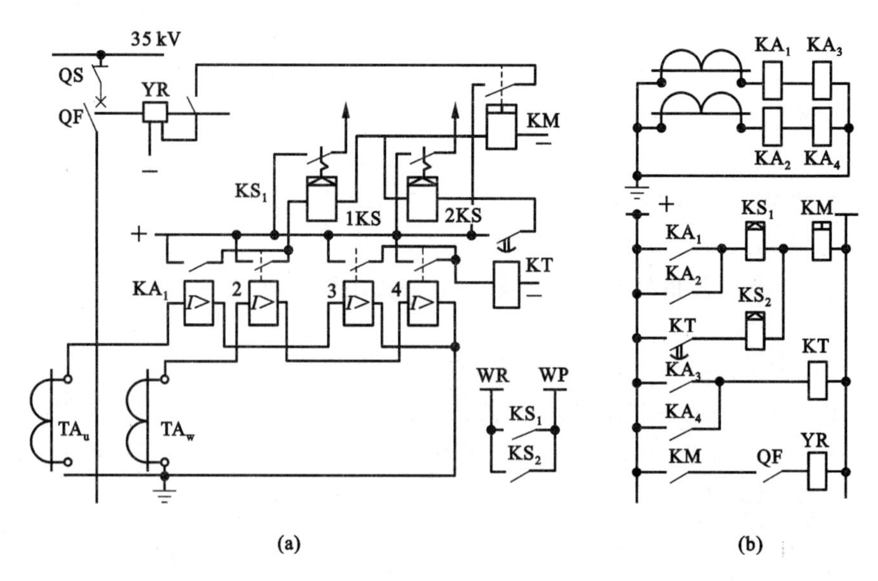

图 7.19　无时限电流速断与定时限过电流保护配合的原理电路图

(a) 综合图；(b) 展开图

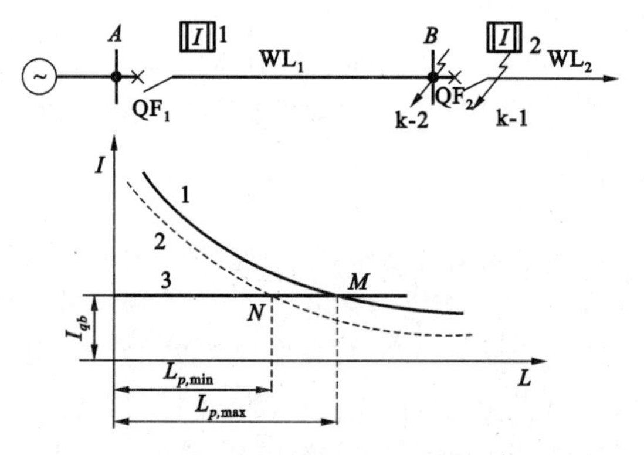

图 7.20　电流速断保护的整定计算

在图 7.20 所示的线路中，设在线路 WL_1 和 WL_2 装有电流速断保护 1 和 2，当线路 WL_2 的始端 k-1 点短路时，应该由保护 2 动作于 QF_2 而跳闸，将故障线路 WL_2 切除，而保护 1 不应误动作。为此必须使保护装置 1 的动作电流躲过(即大于)线路 WL_2 的始端 k-1 点的短路电流 I_{k1}。实际上 I_{k1} 与其前一段线路 WL_1 末端点的短路电流 I_{k2} 几乎是相等的，因为 k-1 点和 k-2点相距很近，线路阻抗很小，因此无时限电流速断保护装置 1 的动作电流(速断电流)为

$$I_{qb(0)} = \frac{K_{CO}K_W}{K_{TA}} I_{k,\max}^{(3)} \tag{7.15}$$

式中　$I_{qb(0)}$——无时限电流速断保护装置的速断电流；

K_{CO}——可靠系数，对 DL 型继电器取 1.2～1.3，对 GL 型继电器取 1.4～1.5；

$I_{k,\max}^{(3)}$——被保护线路末端的最大三相短路电流。

由于无时限电流速断保护的动作电流躲过了被保护线路末端的最大短路电流，因此在靠近末端的一段线路上发生的不一定是最大的短路电流(例如两相短路电流)时，电流速断保护就不可能动作，也就是电流速断保护实际上不能保护线路的全长。这种保护装置不能保护的区域称为“保护死区”。

图 7.20 中的曲线 1 表示最大运行方式下流过保护装置的三相短路电流与保护安装处至短路点的距离 L 的关系，曲线 2 表示最小运行方式下流过保护装置的两相短路电流与 L 的关系，直线 3 表示保护装置的速断电流 I_{qb}，直线 3 分别与曲线 1 和 2 交于 M 点和 N 点。由图可知，当短路电流值在直线 3 以下时，保护装置就不动作。M 点至保护安装处的距离 $L_{p,\max}$ 为最大运行方式下三相短路时的保护范围；N 点至保护安装处的距离 $L_{p,\min}$ 为最小运行方式下两相短路时的保护范围。

无时限电流速断保护的保护范围是用保护范围长度(L_P)与被保护线路全长(L)的百分比表示的，即

$$L_p = \frac{L_P}{L} \times 100\% \tag{7.16}$$

(3) 灵敏度校验

按照灵敏度的定义，无时限电流速断保护的灵敏度应按其安装处(即线路首端)在系统最小运行方式下的两相短路电流来校验。

无时限电流速断保护作为辅助保护时，要求它的最小保护范围一般不小于线路全长的 15%～20%；作为主保护时，灵敏度应按下式校验：

$$S_p = \frac{K_W}{K_{TA} I_{qb(0)}} I_{k,\min}^{(2)} \geqslant 1.5 \tag{7.17}$$

式中 $I_{k,\min}^{(2)}$——线路首端在系统最小运行方式下的两相短路电流。

2. 限时电流速断保护

无时限电流速断保护不能保护线路全长，存在保护死区。为弥补此缺陷，须增设一套带时限电流速断保护装置，以切除无时限电流速断保护范围以外(即保护死区)的短路故障，这样既保护了线路全长，又可作为无时限电流速断保护的后备保护。因此，保护范围必然要延伸到下一级线路，当下一级线路发生故障时，它有可能起动。为保证选择性，须带有一定的延时，故称为限时电流速断保护。

(1) 限时电流速断保护的构成

限时电流速断保护装置的原理接线图与定时限过电流保护相同，即与图 7.12 相同，只是图中各继电器的整定值不同。

(2) 动作电流和动作时间的整定

限时电流速断保护的整定计算如图 7.21 所示。在图 7.21 中，WL_2 为无时限电流速断保护，WL_1 为限时电流速断保护Ⅱ，动作电流分别为 $I_{qb(0)}$、$I_{qb(t)}$。现分析装设于变电所 A 处线路 WL_1 的限时电流速断保护，由于要求它保护线路 WL_1 的全长，所以其保护范围必延伸到线路 WL_2，为了满足选择性的要求，且又要尽量缩短动作时间，其动作电流应大于相邻线路的电流速断的动作电流，这样其保护范围不超出相邻线路的电流速断的保护范围。因此，限时电流速断保护Ⅱ的动作电流和动作时间分别为

$$I_{qb(t)} = \frac{K_{CO} K_W}{K_{TA}} I_{qb(0)} \tag{7.18}$$

$$t_1 = t_2 + \Delta t \tag{7.19}$$

式中 K_{CO}——可靠系数，取 1.1～1.2；

$I_{qb(t)}$——线路 WL_1 的限时电流速断保护动作电流；

$I_{qb(0)}$——线路 WL_2 无时限电流速断保护的动作电流；

t_1——线路 WL_1 限时电流速断保护的动作时限；

t_2——线路 WL_2 无时限电流速断保护的固有动作时间(在整定计算时,取 0 s)。

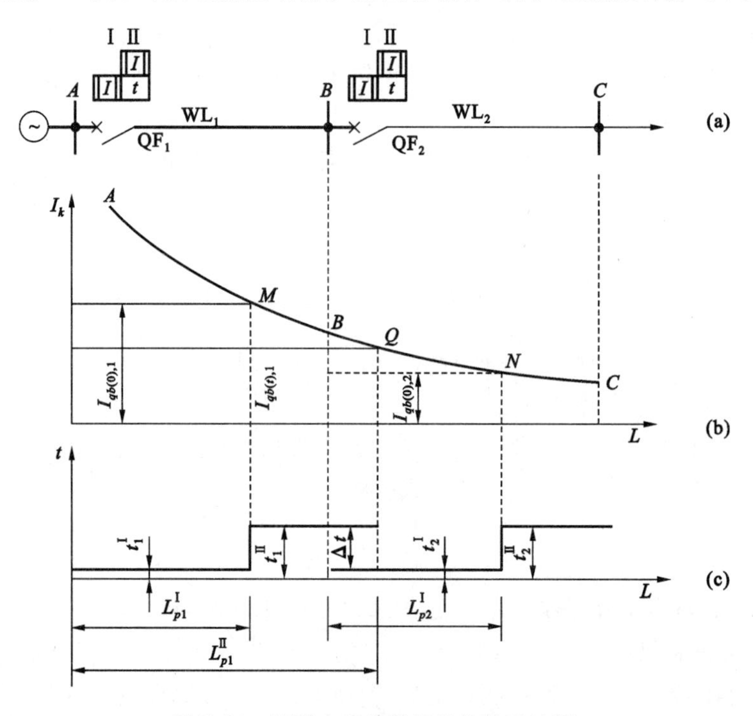

图 7.21　限时电流速断保护的整定计算

(a) 网络图;(b) 短路电流曲线;(c) 时限特性

(3) 灵敏度校验

为了保护线路全长,限时电流速断保护必须在系统最小运行方式下,当线路末端两相短路时,其灵敏度不小于 1.25,即

$$S_p = \frac{K_W}{K_{TA} I_{qb(t)}} I_{k,\min}^{(2)} \geqslant 1.25 \tag{7.20}$$

式中　$I_{k,\min}^{(2)}$——线路末端在系统最小运行方式下的两相短路电流。

当灵敏度不能满足要求时,可以降低其动作电流,其动作电流应按躲过相邻下一级线路限时电流速断保护的动作电流来整定。为了保证选择性,其动作和时限应比相邻下一级线路的限时电流速断保护的动作时限大一个 Δt。

3. 三段式电流保护

所谓三段式电流保护,就是将无时限电流速断保护、限时电流速断保护和定时限过电流保护相配合,构成一套完整的三段式电流保护。

图 7.22 为三段式电流保护的配合和动作时间示意图。

无时限电流速断保护作为第Ⅰ段保护,它只能保护线路的一部分。限时电流速断保护作为第Ⅱ段保护,它虽然能保护线路全长,但不能作为下一段线路的后备保护。因此,还必须采用定时限过电流保护作为本段线路和下段线路的后备保护,称为第Ⅲ段保护。

在某些情况下,为了简化保护,也可以用两段式电流保护,即用第Ⅰ段加上第Ⅱ段或第Ⅱ段加上第Ⅲ段。

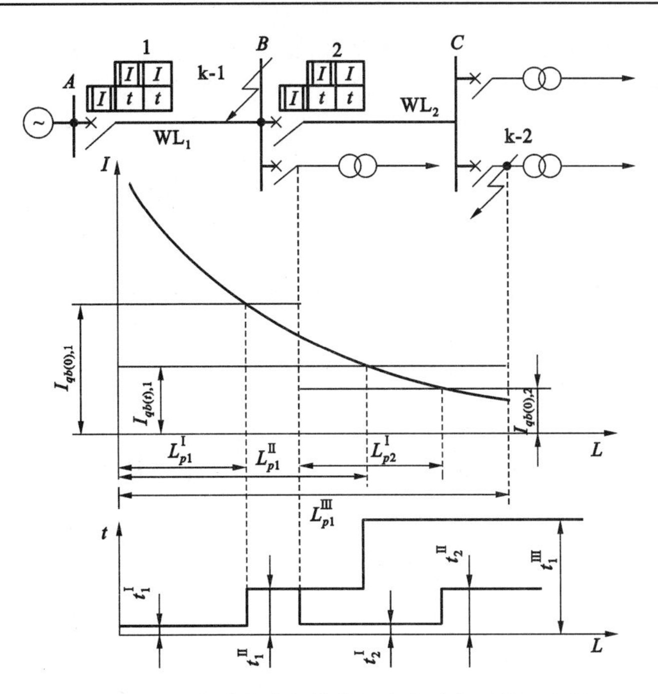

图 7.22 三段式电流保护的配合和动作时间示意图

三段式电流保护的主要优点是,在供电系统中所有各段上的短路都能较快地切除。其主要缺点是,在许多情况下,第Ⅰ、Ⅱ段保护的灵敏度不够,保护范围的大小与系统运行方式和短路类型有关,而且只有用于单电源放射式供电系统中才能保证动作的选择性。这种保护在35 kV及以下的供电系统中,广泛地用来作为线路的相间短路保护。

三段式电流保护的构成如图 7.23 所示。现以例 7.3 来说明三段式电流保护的整定计算方法。

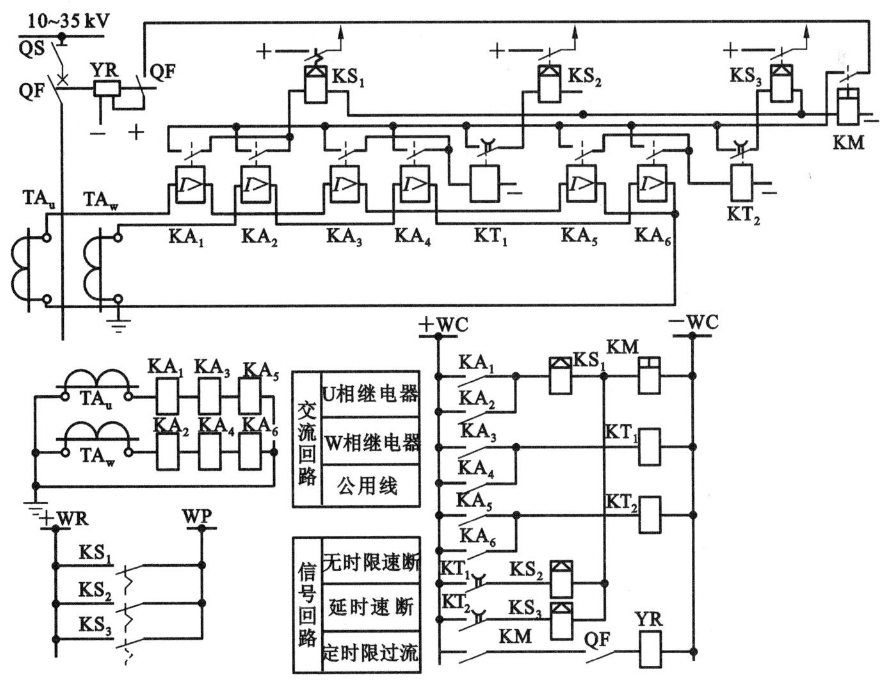

图 7.23 三段式电流保护的构成及其原理电路图

【例 7.3】 图 7.24 为无限大容量系统供电的 35 kV 放射式线路，已知线路 WL_2 的负荷电流为 110 A，最大过负荷倍数为 2，线路 WL_2 上的电流互感器变比为 300/5，线路 WL_1 上定时限过电流保护的动作时限为 2.5 s。在最大和最小运行方式下，k-1、k-2、k-3 各点的三相短路电流如下：

短路点	k-1	k-2	k-3
最大运行方式下三相短路电流(A)	3400	1310	520
最小运行方式下三相短路电流(A)	2980	1150	490

拟在线路 WL_2 上装设两相不完全星形接线的三段式电流保护，试计算各段保护的动作电流、动作时限，选出主要继电器并作灵敏度校验。

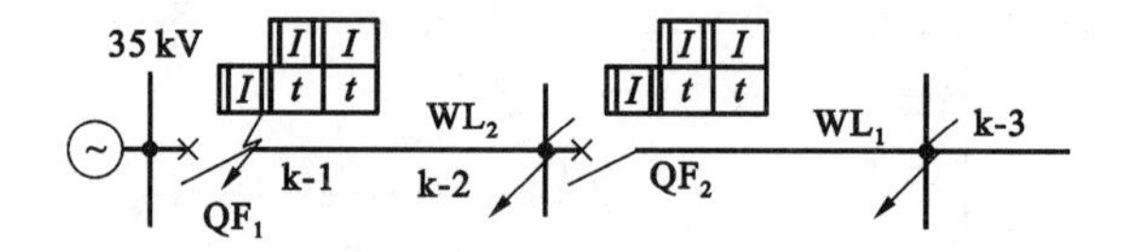

图 7.24　三段式电流保护计算实例示意图

【解】 ① 线路 WL_2 的无时限速断保护

按式(7.15)求得速断电流为

$$I''_{qb(0)} = \frac{K_{CO}K_W}{K_{TA}}I^{(2)}_{k2,\max} = \frac{1.3\times 1}{300/5}\times 1310 = 28.4(\text{A})$$

选取动作电流整定范围为 12.5～50 A 的 DL-21/50 型电流继电器。

由于题中并未给出线路长度，其灵敏度校验可按式(7.17)计算。

$$S_p = \frac{K_W}{K_{TA}I''_{qb(0)}}I^{(2)}_{k1,\min} = \frac{1}{(300/5)\times 28.4}\times 2980\times\frac{\sqrt{3}}{2} = 1.51 > 1.5 \qquad 合格$$

② 线路 WL_2 的限时电流速断保护

首先计算出线路 WL_1 无时限速断保护一次侧的速断电流为

$$I'_{qb(0)} = K_{CO}I^{(3)}_{k3,\max} = 1.3\times 520 = 676(\text{A})$$

而线路 WL_2 的限时电流速断保护的动作电流可按式(7.18)求得，即

$$I''_{qb(t)} = \frac{K_{CO}K_W}{K_{TA}}I'_{qb(0)} = \frac{1.1\times 1}{300/5}\times 676 = 12.4(\text{A})$$

选取整定电流范围为 5～20 A 的 DL-21C/20 型电流继电器。

限时电流速断保护的动作时限应与 WL_1 的无时限电流速断相配合，即 $t_2 = t_1 + \Delta t$。如果取Ⅰ段的动作时限 $t_1 = 0.1$ s，$\Delta t = 0.5$ s，则Ⅱ段的动作时限 $t_2 = 0.6$ s。选取时限整定范围为 0.15～1.5 s 的 BS-11 型时间继电器。

线路 WL_2 限时电流速断保护的灵敏度应按式(7.20)进行校验。

$$S_p = \frac{K_W}{K_{TA}I''_{qb(t)}}I^{(2)}_{k2,\min} = \frac{1}{(300/5)\times 12.4}\times 1150\times\frac{\sqrt{3}}{2} = 1.34 > 1.25 \qquad 合格$$

③ 线路 WL_2 的定时限过电流保护

定时限过电流保护继电器的动作电流可按式(7.11)计算，即

$$I_{OP} = \frac{K_{CO}K_W}{K_{re}K_{TA}}I_{L,\max} = \frac{1.2\times 1}{0.85\times 300/5}\times 2\times 110 = 5.2(\text{A})$$

选取电流整定范围为 2.5～10 A 的 DL-21C/10 型电流继电器。其动作时限应与线路

WL_1 定时限过电流保护时限相配合，由于线路 WL_1 定时限过电流保护的动作时限 $t_1'=2.5$ s，则线路 WL_2 定时限过电流保护的动作时限为

$$t_2' = t_1' + \Delta t = 2.5 + 0.5 = 3(\text{s})$$

查产品技术数据，选取时间整定范围为 1.2～5 s 的 DS-22 型时间继电器。

线路 WL_2 定时限过电流保护的灵敏度应按系统在最小运行方式下该线路末端 k-2 点两相短路电流进行校验，由式(7.12)得

$$S_p = \frac{K_W}{K_{TA}I_{OP}}I_{k2,\min}^{(2)} = \frac{1}{(300/5)\times 5.2}\times\frac{\sqrt{3}}{2}\times 1150 = 3.2 > 1.5 \qquad \text{合格}$$

线路 WL_2 定时限过电流保护作为下段线路 WL_1 的后备保护时，灵敏度应按下段线路 WL_1 末端 k-3 点两相短路电流进行校验，由式(7.13)得

$$S_p = \frac{K_W}{K_{TA}I_{OP}}I_{k3,\min}^{(2)} = \frac{1}{(300/5)\times 5.2}\times\frac{\sqrt{3}}{2}\times 490 = 1.36 > 1.2 \qquad \text{亦合格}$$

此例题三段式过电流保护原理电路图如图 7.23 所示。

需要指出，如果线路比较短，运行方式变化大，或所连变压器容量大，采用无时限电流速断时灵敏度往往不够。此时，可采用无时限电流闭锁电压速断保护，以提高保护的灵敏度，该保护的测量起动元件由电流继电器和电压继电器组成，它们的接点接成串联回路。只有当两个继电器都动作时，才能动作于断路器而跳闸。对于电压速断保护，在此不作详述，需要时可查阅有关资料。

7.3 电力变压器的继电保护

7.3.1 电力变压器的继电保护类型

在供配电系统中，变压器占有很重要的地位，因此，提高变压器工作的可靠性对保证安全供电具有非常重要的意义。在考虑装设保护装置时，应充分估计变压器可能发生的故障和不正常运行方式，并根据变压器的容量和重要程度装设专用的保护装置。

变压器的故障可分为内部故障和外部故障两类。内部故障主要是变压器绕组的相间短路、匝间短路和中性点接地侧单相接地短路。内部故障是很危险的，因为短路电流产生的电弧不仅会破坏绕组的绝缘，烧毁铁芯，而且由于绝缘材料和变压器油受热分解产生大量的气体，可能引起变压器油箱的爆炸。变压器最常见的外部故障是引出线绝缘套管的故障，它可能引起引出线相间短路或接地(对变压器外壳)短路。

变压器的不正常工作情况包括由于外部短路或过负荷引起的过电流、油面的降低和温度升高等。

根据上述可能发生的故障及不正常工作情况，变压器一般应装设下列保护装置：

(1) 瓦斯保护　用来防御变压器的内部故障。当变压器内部发生故障，油受热分解产生气体或当变压器油面降低时，瓦斯保护应动作。容量在 800 kV · A 及以上的油浸式变压器和 400 kV · A 及以上的车间内变压器一般都应装设瓦斯保护。其中轻瓦斯动作于预告信号，重瓦斯动作于跳开各电源侧断路器。

(2) 纵联差动保护　用来防御变压器内部故障及引出线套管的故障。容量在 10000 kV · A

及以上单台运行的变压器和容量在 6300 kV·A 及以上并列运行的变压器，都应装设纵联差动保护。

（3）电流速断保护　用来防御变压器内部故障及引出线套管的故障。容量在 10000 kV·A 以下单台运行的变压器和容量在 6300 kV·A 以下并列运行的变压器，一般装设电流速断保护来代替纵联差动保护。对容量在 2000 kV·A 以上的变压器，当灵敏度不能满足要求时，应改为装设纵联差动保护。

（4）过电流保护　用来防御变压器内部和外部故障，作为纵联差动保护或电流速断保护的后备保护，带时限动作于跳开各电源侧断路器。

（5）过负荷保护　用来防御变压器因过负荷而引起的过电流。保护装置只接在某一相的电路中，一般延时动作于信号，也可以延时跳闸，或延时自动减负荷（无人值守变电所）。

（6）单相接地保护　对低压侧为中性点直接接地系统（三相四线制），当高压侧的保护灵敏度不能满足要求时，应装设专门的零序电流保护。

7.3.2　变压器的继电保护

1. 变压器的瓦斯保护

瓦斯保护又称为气体继电保护，是防御油浸式电力变压器内部故障的一种基本保护装置。瓦斯保护可以很好地反映变压器的内部故障，如变压器绕组的匝间短路，将在短路的线匝内产生环流，局部过热，损坏绝缘，并可能发展成为单相接地故障或相间短路故障。这些故障在变压器外电路中的电流值还不足以使变压器的差动保护或过电流保护动作，但瓦斯保护却能动作并发出信号，使运行人员及时处理，从而避免事故的扩大。因此，瓦斯保护是反映变压器内部故障最有效、最灵敏的保护装置。

瓦斯保护的主要元件是瓦斯继电器，它装设在变压器的油箱与油枕之间的连通管上，如图 7.25 所示。为了使油箱内产生的气体能够顺畅地通过瓦斯继电器排往油枕，变压器安装时应取 1%～1.5%的倾斜度；而变压器在制造时，连通管对油箱顶盖也有 2%～4%的倾斜度。

目前，我国采用的瓦斯继电器主要有浮筒式和开口杯式两种形式。目前广泛采用的是开口杯式。图 7.26 是 FJ3-80 型开口杯式瓦斯继电器的结构示意图。

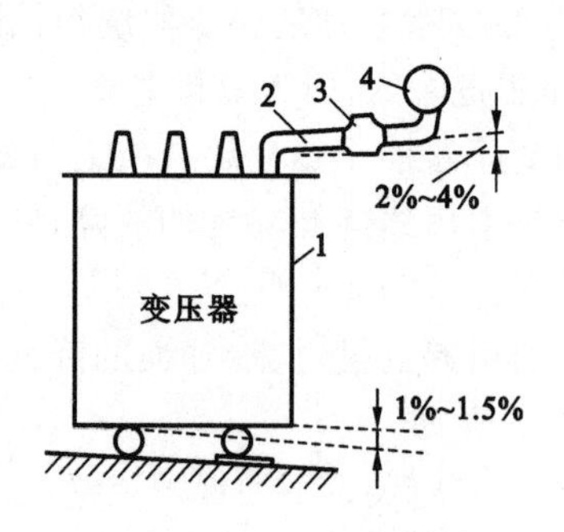

图 7.25　瓦斯继电器在变压器上的安装

1—变压器油箱；2—连通管；
3—气体继电器；4—油枕

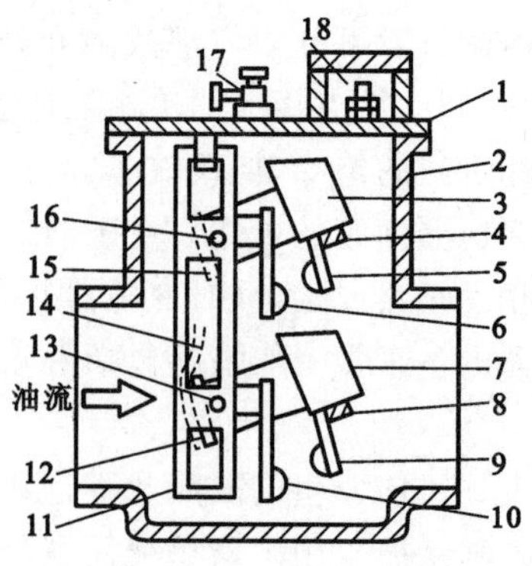

图 7.26　FJ 3-80 型瓦斯继电器结构示意图

1—盖；2—容器；3—上油杯；4，8—永久磁铁；5—上动触点；6—上静触点；7—下油杯；9—下动触点；10—下静触点；11—支架；12—下油杯平衡锤；13—下油杯转轴；14—挡板；15—上油杯平衡锤；16—上油杯转轴；17—放气阀；18—接线盒

在变压器正常工作时，瓦斯继电器的上、下油杯中都是充满油的，油杯因其平衡锤的作用使其上、下触点都是断开的。

当变压器油箱内部发生轻微故障致使油面下降时，上油杯因其中盛有剩余的油使其力矩大于平衡锤的力矩而下降，从而使上触点接通，发出报警信号，这就是轻瓦斯动作。

当变压器油箱内部发生严重故障时，由故障产生的大量气体冲击挡板，使下油杯降落，从而使下触点接通，直接动作于跳闸，这就是重瓦斯动作。

如果变压器出现漏油，将会引起瓦斯继电器内的油慢慢流尽。先是上油杯降落，接通上触点，发出报警信号；当油面继续下降时，会使下油杯降落，下触点接通，从而使断路器跳闸，切除变压器。

瓦斯保护只能反映变压器油箱内部的故障，而对变压器外部端子上的故障情况则无法反映。因此，除了设置瓦斯保护外，还需设置过流、速断或差动等保护。

瓦斯保护的原理接线图如图 7.27 所示。当变压器内部发生轻微故障时，瓦斯继电器 KG 的上触点 1、2 闭合，作用于预告（轻瓦斯动作）信号；当变压器内部发生严重故障时，KG 的下触点 3、4 闭合，经中间继电器 KM 作用于断路器 QF 的跳闸机构 YR，使 QF 跳闸。同时通过信号继电器 KS 发出跳闸（重瓦斯动作）信号。为了防止由于其他原因发生瓦斯保护的误动作，可以利用切换片 XB 切换，使 KS 线圈串接限流电阻 R，动作于报警器信号。

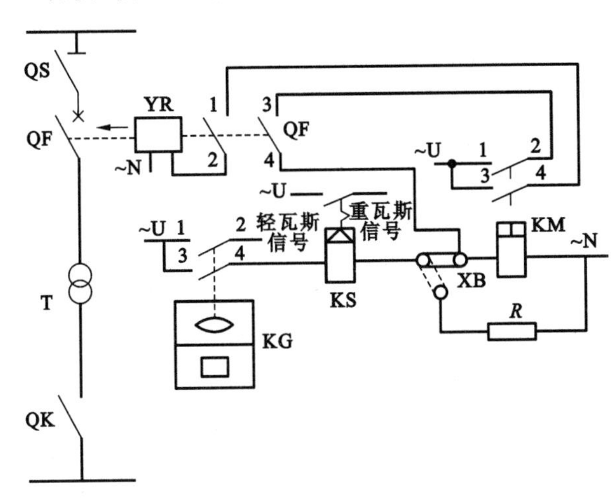

图 7.27 变压器瓦斯保护的接线示意图

T—电力变压器；KG—气体继电器；KS—信号继电器；

KM—中间继电器；QF—断路器；YR—跳闸线圈；XB—切换片

需要指出，变压器保护的出口中间继电器 KM 必须是自保持中间继电器，因为重瓦斯是靠油流的冲击而动作的，但变压器内部发生严重故障时油流的速度往往很不稳定，所以重瓦斯动作后 KG 的下触点 3、4 可能有“抖动”（接触不稳定）现象，因此为使断路器有足够的时间可靠地跳闸，利用中间继电器 KM 的上触点 $KM_{1\text{-}2}$ 作“自保持”触点。只要瓦斯继电器 KG 的下触点 3、4 一闭合，KM 就动作，$KM_{3\text{-}4}$ 接通断路器 QF 跳闸回路，使其跳闸，而后断路器辅助触点 $QF_{1\text{-}2}$ 返回，切断跳闸回路，$QF_{3\text{-}4}$ 返回，切断中间继电器 KM 自保持回路，使中间继电器返回。

2. 变压器的过电流保护

变压器的过电流保护用来保护变压器外部短路时引起的过电流，同时又可作为变压器内部短路时瓦斯保护和差动保护的后备保护。为此,保护装置应装在电源侧。过电流保护动作以后,断开变压器两侧的断路器。

工厂供电系统的变电所,其电压等级一般都是35/(6～10) kV,以下着重介绍35 kV电力变压器的过电流保护,其原理也适用于其他电压等级。

变压器的过电流保护采用三相完全星形接线方式或两相三继电器不完全星形接线方式,这样可以提高灵敏度。因为35 kV的变压器一般是采用Y,d11(即Y/△-11)接线,当变压器低压侧两相短路时,由图7.28可知,高压侧(Y侧)U相及W相中的电流只有V相中的一半,所以三相完全星形接线灵敏度比两相两继电器不完全星形接线高一倍。因此,Y,d11接线的变压器过电流保护一般不采用两相两继电器不完全星形接线,更不能采用两相电流差接线。

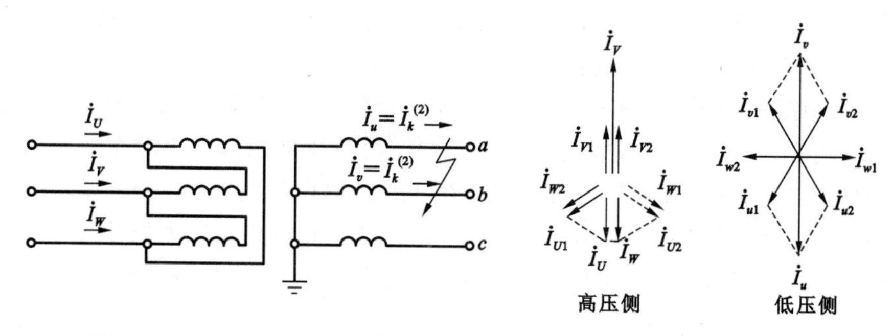

图7.28　D,yn11 **接线变压器低压侧** U、V **相间短路电流分布及相量图**

变压器过电流保护和线路过电流保护一样,变压器动作电流的整定应按照躲过最严重工作情况下流经保护装置安装处的最大负荷电流来决定,即

$$I_{OP(1)} = \frac{K_{CO} I_{L,\max}}{K_{re}} \tag{7.21}$$

或

$$I_{OP} = \frac{K_{CO} K_W}{K_{re} K_{TA}} I_{L,\max} = \frac{K_{CO} K_W}{K_{re} K_{TA}} K_{OL} I_{NT} \tag{7.22}$$

式中　$I_{OP(1)}$——变压器过电流保护装置一次侧动作电流;

I_{OP}——变压器过电流保护装置中间继电器动作电流;

K_{CO},K_{re}——可靠系数与返回系数,采用DL型电流继电器时取$K_{CO}=1.2$,$K_{re}=0.85$,采用GL型继电器时取$K_{CO}=1.3$,$K_{re}=0.8$;

K_{TA},K_W——电流互感器的变比与接线系数;

I_{NT}——变压器装设过电流保护一侧的额定电流;

K_{OL}——变压器的过负荷倍数,一般可近似取$K_{OL}=2～3$,对综合性负载可近似地取$K_{OL}=1.5～2.5$。

按式(7.21)和式(7.22)整定的动作电流,还应按变压器二次侧母线上发生两相短路时进行灵敏度校验,即要求

$$S_p = \frac{K_W}{K_{TA} I_{OP}} I_{k,\min}^{(2)} \geqslant 1.5 \tag{7.23}$$

式中　$I_{k,\min}^{(2)}$——在系统最小运行方式下,变压器二次侧母线上发生两相短路时,换算到变压器一次侧的两相最小短路电流。

如果变压器的过电流保护还用作下一级各引出线的远后备保护时,则要求$S_p \geqslant 1.2$。

变压器过电流保护的动作时限仍按阶梯原则整定，应比下一级各引出线过电流保护动作时限最长者大一个时限级差，即

$$t_T = t_{L,\max} + \Delta t \tag{7.24}$$

需要指出的是，对于中小型工厂或车间变电所(6～10)/0.4 kV 终端变电所，变压器过电流保护的动作时限可整定为最小值 0.5 s。

3. 变压器的电流速断保护

变压器的电流速断保护通常选择无时限的速断保护装置。为了保证选择性，其动作电流必须大于变压器二次侧母线上发生短路时流经保护装置的三相最大短路电流次暂态值，以免短路时二次侧母线各引出线错误地断开变压器。因此，变压器电流速断保护装置的速断电流可按下式决定：

$$I_{qb(1)} = K_{CO} I''^{(3)}_{k,\max} \tag{7.25}$$

速断保护电流继电器的速断电流为

$$I_{qb} = \frac{K_{CO} K_W}{K_{TA}} I''^{(3)}_{k,\max} \tag{7.26}$$

式中 K_W，K_{CO}——接线系数与可靠系数。采用 DL-10 系列继电器时通常取 $K_{CO}=1.3$～1.4，采用 GL-10 系列继电器时取 $K_{CO}=1.5$～1.6。

$I''^{(3)}_{k,\max}$——在系统最大运行方式下，变压器二次侧母线发生三相短路时，流过变压器一次侧最大三相短路电流的次暂态值。

必须指出，变压器在空载投入或短路切除后电压突然恢复时，将有励磁涌流流入变压器一次绕组，其初始值可达变压器额定电流的 6～8 倍，但衰减很快，其稳定值只占额定电流的 2%～10%。显然，当流入励磁涌流时，速断保护装置不应误动作。通常在变压器开始运行时，应将变压器空载投入几次，以检验按式(7.25)整定的速断保护装置是否动作，如果动作，应将速断保护的动作电流适当增大，直到使速断保护不动作。运行经验证实，速断保护的动作电流只要大于变压器一次额定电流的 3～5 倍，即可避免流过励磁涌流时错误地断开变压器。

变压器电流速断保护的灵敏度应根据变压器一次侧两相短路条件进行校验，即

$$S_p = \frac{K_W}{K_{TA} I_{qb}} I''^{(2)}_{k,\min} \geqslant 2 \tag{7.27}$$

式中 $I''^{(2)}_{k,\min}$——系统在最小运行方式下，保护装置安装处(变压器一次侧)两相短路时最小短路电流的次暂态值。

在供电系统中变压器的阻抗一般较大，灵敏度通常是足够的。若灵敏度不能满足要求时，应改装差动保护。变压器无时限电流速断保护装置虽然结构简单、动作迅速，但保护范围仅限于变压器原绕组和部分副绕组到保护装置安装处，且有死区。因此，它必须和过电流保护装置配合使用。

4. 变压器的纵联差动保护

(1) 纵联差动保护的工作原理

变压器纵联差动保护是反映变压器一、二次侧电流差值的一种快速动作的保护装置，用来保护变压器内部以及引出线和绝缘套管的相间短路，并且也可用来保护变压器的匝间短路，其保护区在变压器一、二次侧所装电流互感器之间。

变压器纵联差动保护的单相原理接线图如图 7.29 所示。在变压器的两侧装有电流互感

器，两侧电流互感器同极性端子相连接，电流继电器接在差流回路内。将变压器看成是一个节点（将两侧电流归算至同一个电压等级），设一次侧的电流为 I_1' 和 I_2'，二次侧的电流为 I_1'' 和 I_2''，流入电流继电器的电流为 I_{KA}。在正常运行和外部 k-1 点短路时，如果 TA_1 的二次电流 I_1'' 和 TA_2 的二次电流 I_2'' 相等（可相差极小），则流入继电器 KA 的电流为 $I_{KA}=I_1''-I_2''=0$（或差流值极小），继电器 KA 不动作。而在差动保护的保护区内 k-2 点短路时，对于单端供电的变压器来说 $I_2''=0$，所以 $I_{KA}=I_1''$，超过继电器 KA 所整定的动作电流 I_{OP}，使 KA 瞬时动作，然后通过出口继电器 KM 使两侧断路器 QF_1 和 QF_2 跳闸，切除故障变压器，同时由信号继电器 KS_1 和 KS_2 发出信号。

（2）变压器差动保护中的不平衡电流及其减少措施

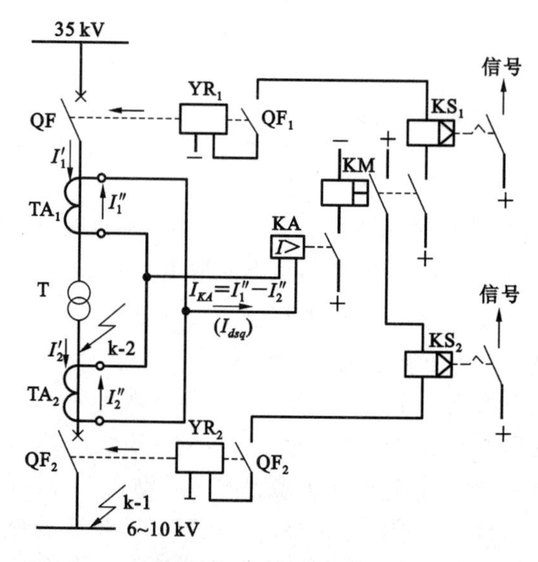

图 7.29　变压器纵联差动保护的单相原理电路图

变压器差动保护是利用保护区内发生短路故障时变压器两侧电流在差动回路中引起的不平衡电流而动作的一种保护，该不平衡电流用 I_{UN} 表示，$I_{UN}=I_1'-I_2'$。在正常运行和外部 k-1 点短路时，希望 I_{UN} 尽可能地小，理想情况下 $I_{UN}=0$，但这几乎是不可能的，I_{UN} 不仅与变压器和电流互感器的接线方式及结构性能等因素有关，而且与变压器的运行方式有关，因此只能设法使之尽可能地减少。下面简述不平衡电流产生的原因及其减少或消除的措施。

① 由于变压器一、二次侧接线不同引起的不平衡电流　工厂总降压变电所采用 Y，d11 接线的变压器，其高、低压侧线电流之间就有 30°的相位差。因此，即使高、低压侧电流互感器二次侧电流做到大小相等，其差也不会为零，因而出现由相位差引起的不平衡电流。

为了消除这一不平衡电流，必须消除上述 30°的相位差。为此，将变压器 Y 形接线侧的电流互感器接成 d 形接线，而 d 形接线侧电流互感器接成 Y 形接线，从而可以使电流互感器二次连接臂（差动臂）上的每相电流相位一致，如图 7.30 所示，这样即可消除因变压器高、低压侧电流相位不同而引起的不平衡电流。

② 由两侧电流互感器变比的计算值与标准值不同引起的不平衡电流　采用上述方法可以使 Y，d11 变压器的差动保护连接臂上电流相位一致，但还没做到其大小相等，这样两者的差仍然不为零。如果变压器两侧电流互感器选的变比与计算结果完全一样，则不平衡电流 $I_{UN}=0$。但实际所选电流互感器变比不可能与计算值完全相同，而只能选择与计算值接近的

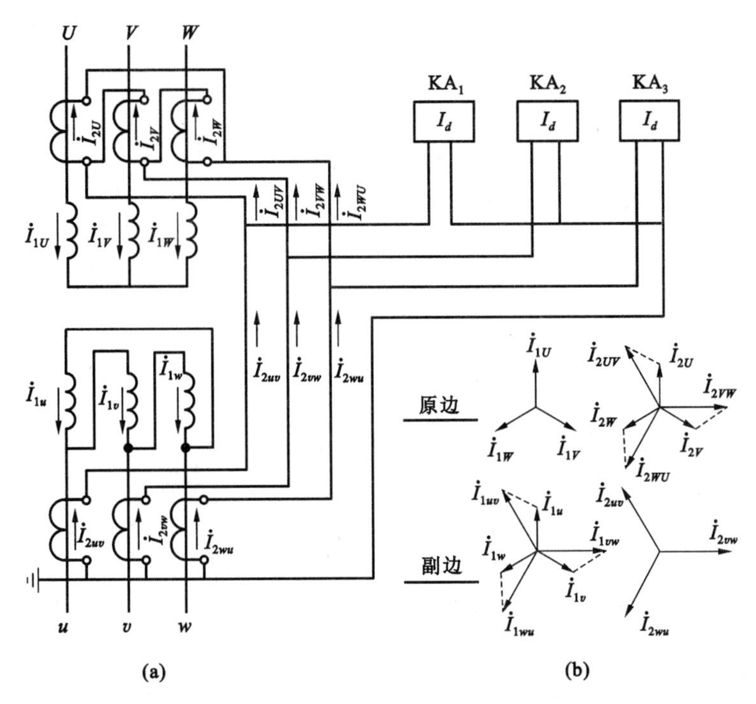

图 7.30 Y,d11 **联接变压器的纵联差动保护接线**

(a) 两侧电流互感器的接线;(b) 电流相量分析

标准变比,故两联接臂上还是存在不平衡电流。为了消除这一不平衡电流,可以在电流互感器二次回路接入自耦电流互感器来进行平衡,或利用专门的差动继电器中的平衡线圈来进行补偿,消除不平衡电流。

③ 各侧电流互感器型号和特性不同引起的不平衡电流　当变压器两侧电流互感器的型号和特性不同时,其饱和特性也不同(即使型号相同,其特性也不会完全相同)。在变压器差动保护范围外发生短路时,各侧电流互感器在短路电流作用下其饱和程度相差更大,因此出现的不平衡电流也就更大,这个不平衡电流可采用提高保护动作电流躲过。

④ 由于变压器分接头改变引起的不平衡电流　变压器在运行时往往采用改变分接头位置(即改变高压绕组的匝数)进行调压。因为分接头的改变就是变压器变比的改变,因此电流互感器二次侧电流将改变,引起新的不平衡电流。也可采用提高保护动作电流的措施躲过。

⑤ 由于变压器励磁涌流引起的不平衡电流　变压器的励磁电流仅流过变压器电源侧,因此本身就是不平衡电流。在正常运行及外部故障时,此电流很小,引起的不平衡电流可以忽略不计。但在变压器空载投入和外部故障切除后电压恢复时,则可能有很大的励磁电流(即励磁涌流)。

励磁涌流产生的原因是由于变压器铁芯中磁通不能突变引起暂态过程产生的,因此,在变压器差动保护中减小励磁涌流影响的方法如下:

- 采用具有速饱和铁芯的差动继电器。
- 采用比较波形间断角来鉴别内部故障和励磁涌流的差动保护。
- 利用二次谐波制动而躲开励磁涌流。

在常规保护中普遍使用的是 BCH-2 型(DCD-2 型、DCD-2M 型)带速饱和变流器和短路线圈的差动继电器。

综合上述分析可知，变压器差动保护中的不平衡电流要完全消除是不可能的，但采取措施减小其影响，用以提高差动保护灵敏度是可能的。

5. BCH-2 型差动继电器构成的差动保护

BCH-2 型差动继电器的原理结构图和内部电路图分别如图 7.31、图 7.32 所示。BCH-2 型差动继电器包括速饱和变流器，一个差动线圈（一次线圈）W_d，两个平衡线圈 W_{bI}、W_{bII}，短路线圈 W_K'、W_K''，一个二次线圈 W_2 和 DL-11 型电流继电器。其中速饱和变流器和短路线圈均是用来消除励磁涌流产生的不平衡电流，平衡线圈用来消除电流互感器计算变比和标准变比不同引起的不平衡电流。

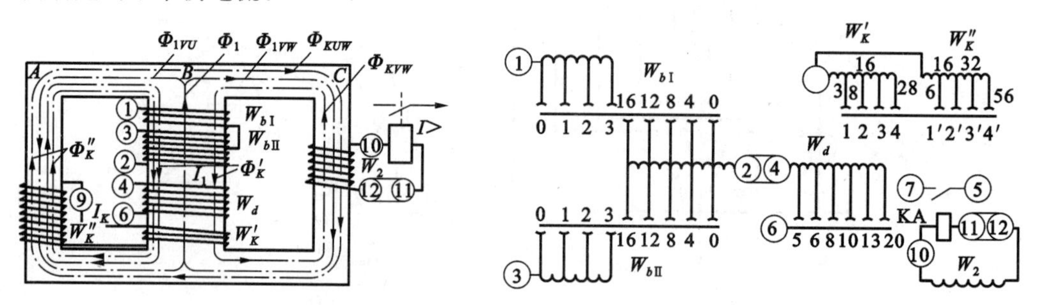

图 7.31　BCH-2 型差动继电器原理结构图　　图 7.32　BCH-2 型差动继电器内部电路图

以下结合例题说明由 BCH-2 型差动继电器构成差动保护的整定计算方法，如图 7.33 所示。

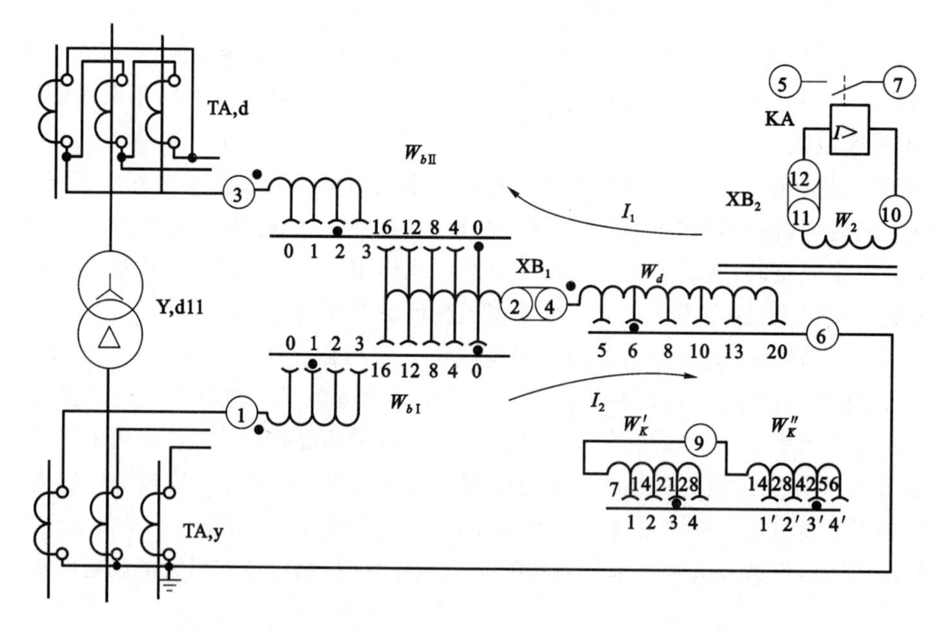

图 7.33　BCH-2 型差动继电器用于双绕组变压器的单相原理电路图

【例 7.4】　某工厂总降压变电所由无限大容量系统供电，其中主变压器的参数为 SFL_1-10000/60 型，60/10.5 kV，Y，d11 接线，$U_k\%=9$。已知 10.5 kV 母线上三相短路电流在最大、最小运行方式下分别为 $I_{k,\max}^{(3)}=3950$ A 和 $I_{k,\min}^{(3)}=3200$ A，归算到 60 kV 分别为 691 A 与 560 A；10 kV 侧最大负荷电流为 $I_{L,\max}=450$ A，归算到 60 kV 侧为 78.75 A。拟采用 BCH-2 型差动继电器构成变压器纵联差动保护，试进行整定计算。

【解】 ① 计算变压器一、二次侧额定电流，选出电流互感器的变比，计算电流互感器二次联接臂中的电流。其计算结果列于表7.2。

表7.2 变压器高低压侧有关数据

数据名称	变压器高低压侧数据	
	60 kV	10.5 kV
变压器的额定电流	$I_{NTY}=\dfrac{S_{NT}}{\sqrt{3}U_{N1}}=\dfrac{10000}{\sqrt{3}\times 60}=96.2(\text{A})$	$I_{NTd}=\dfrac{S_{NT}}{\sqrt{3}U_{N2}}=\dfrac{10000}{\sqrt{3}\times 10.5}=550(\text{A})$
电流互感器的接线方式	△	Y
电流互感器变比的计算值	$K_{TAd}=\sqrt{3}\dfrac{S_{NTY}}{5}=\sqrt{3}\times\dfrac{96.2}{5}=\dfrac{166.6}{5}$	$K_{TAY}=\dfrac{I_{NTd}}{5}=\dfrac{550}{5}$
选择电流互感器标准变比	$K_{TA1}=200/5$	$K_{TA2}=600/5$
电流互感器二次联接臂电流	$I_1=\sqrt{3}\dfrac{I_{NTY}}{K_{TA1}}=\sqrt{3}\times\dfrac{96.2}{200/5}=4.165(\text{A})$	$I_2=\dfrac{I_{NTd}}{K_{TA2}}=\dfrac{550}{600/5}=4.583(\text{A})$

从表7.2可以看出，$I_2=4.583>4.165\ \text{A}=I_1$，故选大者10.5 kV侧为基本侧。平衡线圈$W_{b\text{I}}$接于10.5 kV的基本侧，平衡线圈$W_{b\text{II}}$接于60 kV侧。

② 计算差动保护装置基本侧的动作电流，在整定一次动作电流时应满足下列三个条件。

躲过变压器励磁涌流的条件：

$$I_{OP(1)}=K_{CO}I_{NTd}=1.3\times 550=715(\text{A})$$

躲过电流互感器二次断线不应误动作的条件：

$$I_{OP(1)}=K_{CO}I_{L,\max}=1.3\times 450=585(\text{A})$$

躲过外部穿越短路最大不平衡电流的条件：

$$\begin{aligned}I_{OP(1)}&=K_{CO}(K_{sm}f_i+\Delta U+\Delta f_s)I_{k,\max}^{(3)}\\&=1.3\times(1\times 0.1+0.05+0.05)\times 3950=1027(\text{A})\end{aligned}$$

其中 K_{CO},K_{sm},f_i——可靠系数、电流互感器的同型系数与电流互感器的误差；

$I_{NTd},I_{L,\max}$——变压器在基本侧的额定电流与最大负荷电流；

$\Delta U,\Delta f_s$——改变变压器分接头调压引起的相对误差与整定匝数不同于计算匝数引起的相对误差；

$I_{k,\max}^{(3)}$——在最大运行方式下，变压器二次母线上短路，归算于基本侧的三相短路电流。

选取上述三个条件计算值中最大的作为基本侧的一次动作电流，即取$I_{OP(1)}=1027$ A，则差动继电器于基本侧的动作电流为

$$I_{OP}=\frac{I_{OP(1)}}{K_{TAY}}K_W=\frac{1027\times 1}{600/5}=8.56(\text{A})$$

其中 K_{TAY},K_W——基本侧的电流互感器变比与其接线系数。

③ 确定BCH-2型差动继电器各线圈的匝数。该继电器在保护时其动作安匝值$AN=60\pm 4$，则继电器于基本侧的动作匝数为

$$W_{OP}=\frac{AN}{I_{OP}}=\frac{60\pm 4}{8.56}=7(\text{匝})$$

为了平衡得更精确，使不平衡电流影响更小，可将接于基本侧的平衡线圈作为基本侧动作匝数的一部分，即选取差动线圈 W_d 与平衡线圈 $W_{b\mathrm{I}}$ 的整定匝数 $W_{ds}=6$ 匝，$W_{b\mathrm{I}s}=1$ 匝，即

$$W_{OPS}=W_{ds}+W_{b\mathrm{I}}=6+1=7(\text{匝})$$

确定非基本侧平衡线圈的匝数，即

$$W_{b\mathrm{II}}=\frac{I_2}{I_1}(W_{ds}+W_{b\mathrm{I}s})-W_{ds}=\frac{4.583}{4.165}\times(6+1)-6=1.7(\text{匝})$$

选取 $W_{b\mathrm{II}}$ 的整数匝为 2 匝，此时相对误差为

$$\Delta f_s=\frac{W_{b\mathrm{II}}-W_{b\mathrm{II}s}}{W_{b\mathrm{II}}+W_{ds}}=\frac{1.7-2}{1.7+6}=-0.0395$$

可见 $|\Delta f_s|<0.05$，可不必再重新计算动作电流。

确定短路线圈匝数，即确定短路线圈的抽头点的插孔。它有四组插孔，见图 7.32。从直流励磁特性可知，短路线圈匝数越多，躲过励磁涌流的性能越好，但当内部故障电流中有较大的非周期分量时，BCH-2 型继电器的动作时间就要延长。因此，对励磁涌流倍数大的中、小容量变压器，当内部故障时短路电流以非周期分时衰减较快，对保护动作时间要求又较低，故多选用插孔 3—3′或 4—4′。另外，还应考虑电流互感器的形式、励磁阻抗小的电流互感器，如套管式，吸收非周期分量较多，短路线圈应选用较多匝数的插孔。所选插孔是否合适应通过变压器空投试验来确定。本例题宜选用插孔 3—3，拧入螺钉，接通短路线圈。

④ 灵敏度校验。本例题为单电源供电，应以最小运行方式下 10 kV 侧两相短路反映到电源侧进行校验，10 kV 母线两相短路归算到 60 kV 侧流入继电器的电流为

$$I_{KA}=\frac{K_W}{K_{TAd}}\times\frac{\sqrt{3}}{2}I_{k,\min}^{(3)}=\frac{\sqrt{3}}{200/5}\times\frac{\sqrt{3}}{2}\times560=21(\text{A})$$

而 60 kV 电源侧继电器的动作电流为

$$I_{OP}=\frac{AN}{W_{ds}+W_{b\mathrm{II}s}}=\frac{60}{6+2}=7.5(\text{A})$$

则差动保护装置的灵敏度为

$$S_p=\frac{I_{KA}}{I_{OP}}=\frac{21}{7.5}=2.8>2$$

可见灵敏度满足要求。

6. 变压器的过负荷保护

过负荷保护的动作电流应躲过变压器的一次额定电流，故过负荷保护电流继电器的动作电流为

$$I_{OP}=\frac{K_{CO}}{K_{re}K_{TA}}I_{1NT} \tag{7.28}$$

式中 K_{re}，K_{CO}——返回系数与可靠系数，K_{re} 取 0.85，考虑到变压器可允许 20%～25%的正常过负荷，取 $K_{CO}=1.2\sim1.25$；

K_{TA}——电流互感器的变比；

I_{1NT}——变压器安装过负荷保护一次侧的额定电流。

过负荷保护的动作时限应躲过电动机的自起动时间，通常取 10～15 s。

7. 变压器的单相接地保护

变压器单相接地保护又称零序过流保护。根据变压器运行规程要求，Y，yn 接线的变压

器二次侧单相不平衡负荷不得超过额定容量的25%。因此,变压器二次侧单相接地保护的动作电流应按下式整定:

$$I_{OP}^{(1)} = K_{CO} \frac{0.25 I_{2NT}}{K_{TA}} \tag{7.29}$$

式中 K_{CO}——可靠系数,取 $K_{CO}=1.2$;

I_{2NT}——变压器二次侧额定电流。

单相接地保护的灵敏度校验应满足下式要求:

$$S_p^{(1)} = \frac{I_{k,\min}^{(1)}}{K_{TA}^{(1)} I_{OP}^{(1)}} \geqslant 1.25 \sim 1.5 \tag{7.30}$$

式中 $I_{k,\min}^{(1)}$——系统最小运行方式下,变压器二次侧干线末端单相接地最小短路电流;

$K_{TA}^{(1)}$——零序电流互感器的变比。

对电缆出线,$S_p^{(1)}$ 取1.25;对架空出线,$S_p^{(1)}$ 取1.5。

单相接地保护的动作时限应比下一级分支线保护设备最长的时限大一个时限级差,通常整定为0.5~0.7 s。

7.4 二次系统接线图

7.4.1 原理接线图和安装接线图

变电所的电气设备通常可分为一次设备和二次设备两大类。二次设备是指计量和测量表计、控制及信号、继电保护装置、自动装置、远动装置等,这些设备构成了变电所的二次系统。根据测量、控制、保护和信号显示的要求,表示二次设备互相连接关系的电路称为二次回路或二次接线。二次回路按电源的性质可分为交流回路和直流回路。交流回路是由电流互感器、电压互感器和所用变压器供电的全部回路;直流回路是由直流电源(硅整流、蓄电池组、电容储能放电等)的正极到负极的全部回路。二次回路按用途可分为操作电源回路、测量表计(及计量表计)回路、断路器控制和信号回路、中央信号回路、继电保护和自动装置回路等。

为了便于了解二次回路的工作原理,便于安装、接线、查线、试验以及运行维护,通常需要借助于二次回路接线图。二次回路接线图按用途可分为归总式原理接线图、展开式原理接线图和安装接线图。对继电保护,通常三种接线图都要有;对控制、测量、信号等回路,一般只需要展开式原理接线图和安装接线图。

1. 原理接线图

(1) 归总式原理接线图

归总式原理接线图是用来表示继电保护、测量表计、控制信号和自动装置等工作原理的二次接线图,简称原理图。原理图采用的是集中表示方法,即在原理图中各元件是用整体的形式与一次接线有关元件画在一起,使全套装置构成一个整体的概念,可清楚地表示各元件之间的电气联系和动作原理。例如图7.12(a)中继电器的图形符号采用一个方框,上面用附有该继电器所控制的触点表示。对于电磁型继电器,方框代表它的线圈。原理图的不足之处是当元件较多时,接线有时要相互交叉,显得零乱,不容易表示清楚,而且元件端子及连接又无标号,实际使用时常感不便,因此仅在解释动作原理时才使用这种图形。在进行维修和安装布线时,还必须与展开式接线图及安装接线图配合使用。

(2) 展开式原理接线图

展开式原理接线图简称展开图，其特点是将每套装置的交流电流回路、交流电压回路和直流回路分开来表示，这样，同一元件的电流线圈、电压线圈和触点就经常可能被拆开，分别画在不同的回路里。例如图 7.12(b)中的电流继电器 KA_1、KA_2，其电流线圈接在交流电流回路中，而它们的触点则接在直流回路中，为了避免混淆，将同一元件的线圈和触点采用相同的外文符号表示。

展开图的表示方式是将电路分成交流电流回路、交流电压回路、直流操作回路和信号回路分别进行绘制，对同一回路内的线圈和触点则按电流通过的路径自左至右排列，交流回路按 U、V、W 的相序自上至下排列，直流回路按动作顺序自上至下排列。在每一行中各元件的线圈和触点是按实际连接顺序排列的。在每一回路的右侧附有文字说明，以便阅读。

展开图的特点是条理清晰，易于阅读，能逐条地分析和检查。对复杂的二次回路，展开图的特点更显得突出，因此，在实际工作中展开图用得最多。

2. 安装接线图

根据电气施工安装的要求，表示二次设备的具体位置和布线方式的图形称为安装接线图，简称安装图。安装图包括屏面布置图、端子排接线图和屏后接线图。

(1) 屏面布置图

变电所常用的控制屏、继电保护屏、仪表屏和直流屏等，其屏面布置图应满足下列要求：

① 屏中凡需经常监视的仪表和继电器都不应布置得太高；

② 屏中的操作元件，如控制开关、调节手轮、按钮等的高度要适中，以保证操作调节方便，它们之间应保持一定的距离，操作时不致影响相邻的设备；

③ 屏中经常要检查和试验的设备应布置在屏的中部，而且同一类型的设备应布置在一起，便于检查和试验。此外，应力求布置紧凑和美观。

(2) 端子排接线图

屏内设备和屏外设备相连接时，都要通过一些专用的接线端子和电缆来实现，这些接线端子组合起来称为端子排。一般控制屏和保护屏的端子排是垂直排列的，并分列于屏的左右两侧。

端子排的一般形式如图 7.34 所示，最上面标出安装单位名称、端子排代号和安装项目代号。下面的端子在图上画成三格，中间一格注明端子排和顺序号，一侧列出屏内设备的代号及其端子号，另一侧标明引至设备的代号和端子号。

图 7.34 中端子 1、2、3 为试验端子，端子 11、12 为连接端子，其余端子为一般端子和终端端子。当端子排垂直排列时，自上而下依次为交流电流回路、交流电压回路、信号回路、控制回路、其他回路和转接回路，这样排列既可节省导线，又利于查线和安装。

(3) 屏后接线图

屏后接线图是配合现场安装施工时使用的，图中所有设备都按顺序编号，设备接线柱上也加标号，同时还注有明确的去向，以使施工安装人员便于安装和检查。一般标出项目(如元件、器件、单元、组件或成套设备等)的相对位置、代号、端子号、导线号、类型、截面等内容。看得见的项目用实线表示，看不见的项目用点画线表示其外部轮廓。

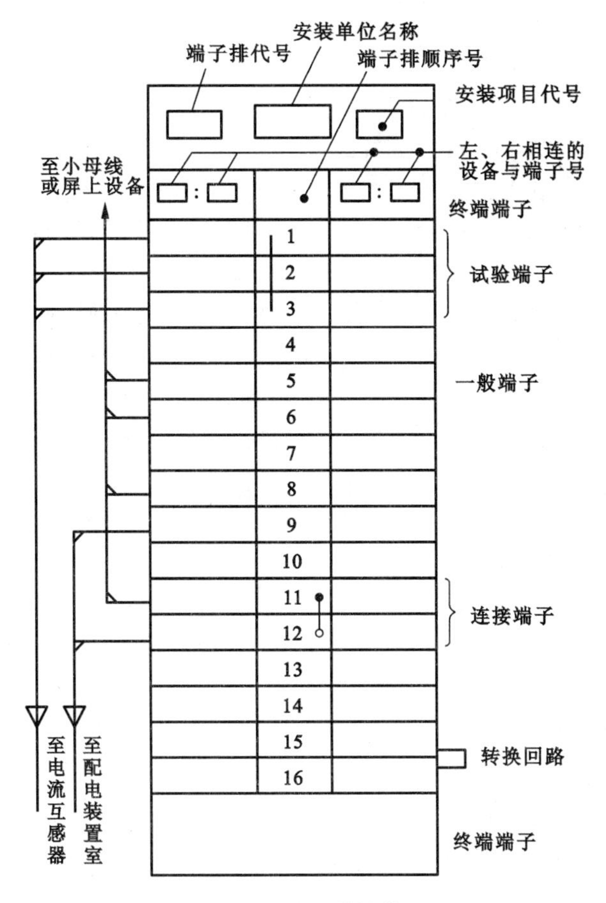

图 7.34 端子排接线图

7.4.2 二次接线图案例

图 7.35 所示为某供电线路定时限过电流保护综合图，供练习读图使用。

原理图和展开图前几节已分别介绍过，在此重点介绍安装图的阅读。

阅读安装图(屏后接线图或端子排接线图)时，应对照展开图，根据展开图阅读顺序从上到下、每行从左到右进行。

(1) 对照展开图了解接线图由哪些设备组成

从图 7.35(d)端子排接线图中左上方的设备符号可以了解到，此图为Ⅰ号安装单位；从图 7.35(c)屏后接线图可知，屏上装有六个设备，即 KA_1、KA_2、KT、KM、KS 和 XB；屏顶装有四条小母线，即 WC+、WC−、WS+、WS−以及两个熔断器 FU_1、FU_2。

(2) 看交流回路

图 7.35(b)中，电流互感器 TA_1、TA_2 和中性线 N 通过控制电缆 112# 三根总线连接到端子排 1#、2#、3# 试验端子，再分别接到屏上 KA_1 的接线柱②和 KA_2 的接线柱②，构成继电保护交流回路。

(3) 看直流回路

图 7.35(c)、(d)中，控制电源从屏顶直流控制小母线 WC+、WC−，经熔断器 FU_1 和 FU_2

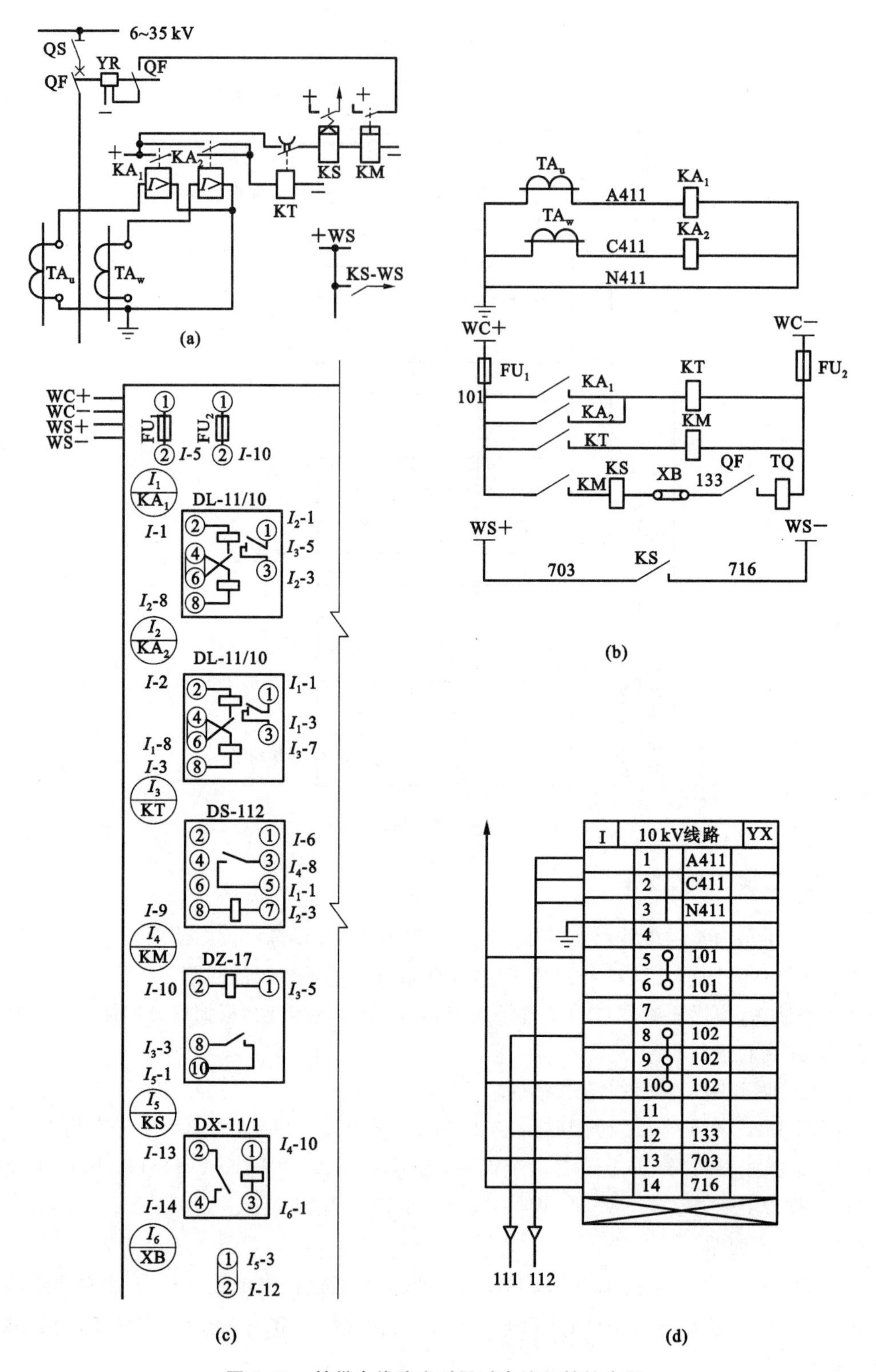

图 7.35　某供电线路定时限过电流保护综合图

(a) 原理图；(b) 展开图；(c) 屏后接线图；(d) 端子排接线图

分别引到端子排的5#、10#连接端子，5#端子与屏上KA_1接线柱①连接，在屏上通过KA_1接线柱①与KA_2接线柱①连接。在图7.35(c)中可以看到KA_1接线柱①标以I_2-1，即KA_2接线柱①的标号；而KA_2的接线柱①标以I_1-1，即KA_1接线柱①的标号，从图7.35(b)展开图上看，KA_2、KA_1的一端并联后与KT连接，即在屏后接线图中，KA_1接线柱③上标出I_2-3，在KA_2接线柱③上标I_1-3，然后由KA_2接线柱③标I_3-7与KT接线柱⑦相连接；KT接线柱⑧与端子排9#端子连接，8#、9#、10#为连接型端子，所以KT的接线柱⑧接通了控制小母线WC－。

端子排的5#、6#端子亦为连接型端子，由6#端子与屏上的KT接线柱③连接，并通过此接线柱与KM接线柱⑧连接，KM接线柱②与端子排的10#端子相连，使得KM线圈接通了WC－。

KM接线柱⑧与KT接线柱③相连接，正电源WC＋及KM接线柱⑩与KS接线柱①相连。KS接线柱③与XB接线柱①相连，XB接线柱②与端子排12#端子相连，经111#电缆引到断路器辅助触点QF。8#端子经111#电缆引到跳闸线圈YR，使YR得负电源WC－。以上构成继电保护的直流回路。

(4) 看信号回路

图7.35(c)中，屏顶信号小母线WS＋和WS－引到端子排13#、14#端子，这两个端子分别在屏上KS接线柱②、④连接，构成信号回路。

7.5 断路器控制回路及信号系统

7.5.1 断路器控制回路和信号系统的构成

断路器是变电所中主要的开关设备，每台高压断路器都附有相应的操作机构，用以驱动断路器的分、合闸，并保持在分、合状态。按其控制地点来分，有就地控制和集中控制，一般10 kV及以下的断路器多采用就地控制，而35 kV及以上的断路器多采用集中控制。集中控制是运行人员在距设备几十米或几百米以外的控制室内用控制开关(或按钮)通过控制回路进行断路器的分、合闸操作。

断路器控制回路和信号系统由控制元件和操作机构两部分组成。

(1)控制元件

运行人员按下按钮或转动控制开关等控制元件发出合、跳闸命令。一般因按钮的触点数量太少而不能满足控制和信号回路的需要，所以目前多采用带有转动手柄的控制开关，操作断路器合闸或跳闸。

目前常用的控制元件是LW2系列或LW5系列控制开关，其外形结构如图7.36所示。该开关的触点盒共有14种，一般采用1a、4、6a、20、40五种类型。每一触点盒都有两个固定位置和两个复归位置。固定位置就是当手柄转到该位置后，能够自保持，触点盒内的触点也就相应停留在该位置；而复归位置则不同，手柄

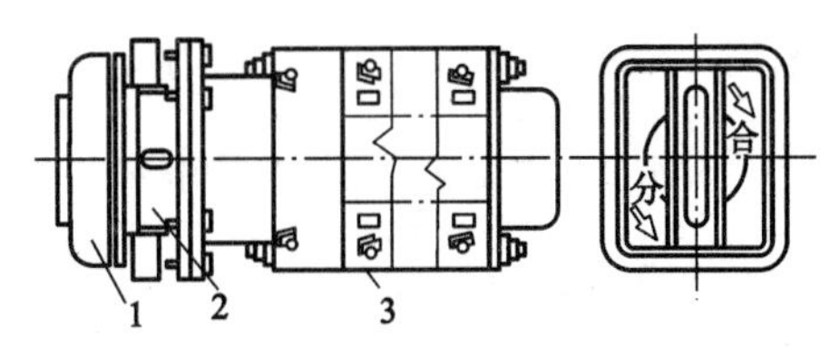

图7.36 LW2系列控制开关结构图
1—操作手柄；2—信号灯；3—触点盒

转到该位置时，手柄和触点只是暂时保持在该位置，当运行人员放开手柄，在弹簧的作用下，手柄和触点都将复归到原来的位置。

供配电系统常用的控制开关有 LW2-Z 型和 LW2-YZ 型。前一种手柄内无信号灯，用于灯光监视的断路器控制回路；后一种手柄内有信号灯，用于音响监视的断路器控制回路。此类控制开关有六个操作位置，即跳闸后、预备合闸、合闸、合闸后、预备跳闸、跳闸。其触点图表分别表示于图 7.37 和图 7.38。图表中“×”表示触点是闭合状态。

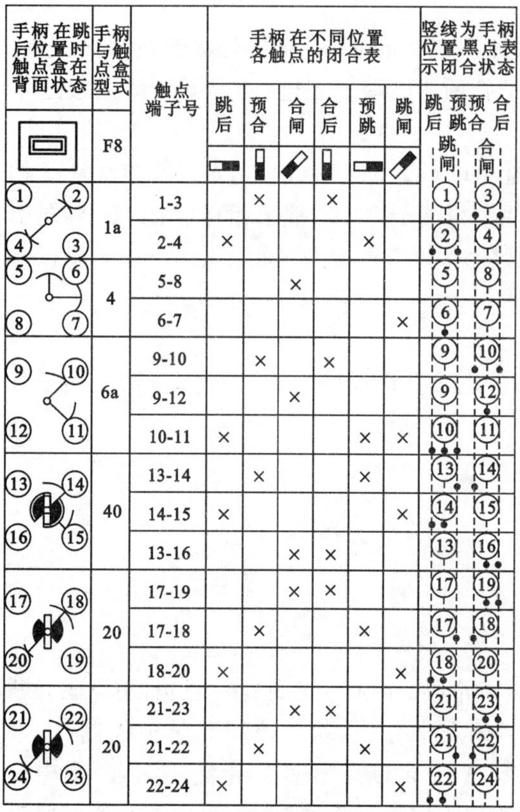

手柄在跳后位置时触点盒在背面状态	手柄与触点盒型式	触点端子号	手柄在不同位置各触点的闭合表						竖线为手柄位置，黑点表示闭合状态
	F8		跳后	预合	合闸	合后	预跳	跳闸	跳后 预跳 跳闸 预合 合后 合闸
	1a	1-3		×		×			
		2-4	×				×		
	4	5-8			×				
		6-7						×	
	6a	9-10		×		×			
		9-12			×				
		10-11	×				×	×	
	40	13-14		×			×		
		14-15	×					×	
		13-16			×	×			
	20	17-19			×	×			
		17-18		×			×		
		18-20	×					×	
	20	21-23			×	×			
		21-22		×			×		
		22-24	×					×	

图 7.37　LW2-Z/F8 型控制开关触点图表

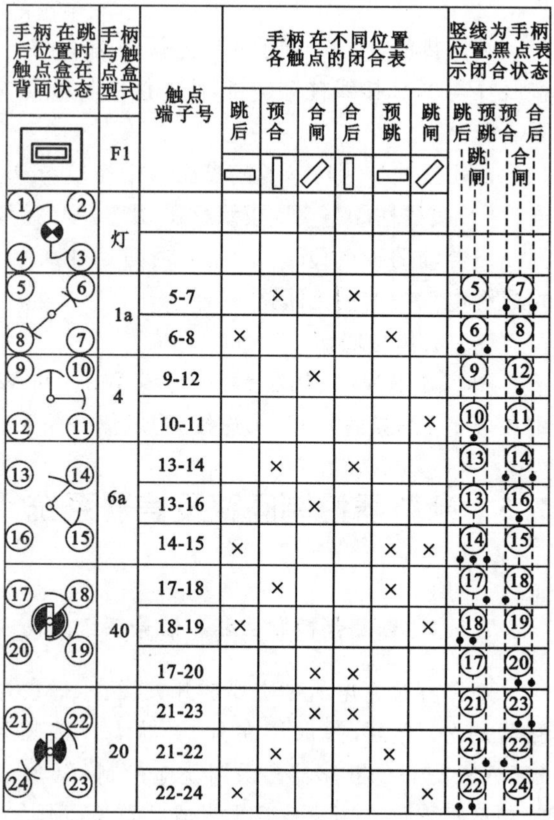

手柄在跳后位置时触点盒在背面状态	手柄与触点盒型式	触点端子号	手柄在不同位置各触点的闭合表						竖线为手柄位置，黑点表示闭合状态
	F1		跳后	预合	合闸	合后	预跳	跳闸	跳后 预跳 跳闸 预合 合后 合闸
	灯								
	1a	5-7		×		×			
		6-8	×				×		
	4	9-12			×				
		10-11						×	
	6a	13-14		×		×			
		13-16			×				
		14-15	×				×	×	
	40	17-18		×			×		
		18-19	×					×	
		17-20			×	×			
	20	21-23			×	×			
		21-22		×			×		
		22-24	×					×	

图 7.38　LW2-YZ/F1 型控制开关触点图表

(2) 操作机构

操作机构是高压断路器本身附带的跳、合闸传动装置。变电所中常用的操作机构有手动式（CS 型）、电磁式（CD 型）、弹簧式（CT 型）和液压式（CY 型）。上述操作机构中除手动操作机构外，都具有合闸线圈，但需要的合闸电流相差较大，弹簧式和液压式合闸电流一般不大于 5 A，而电磁式操动机构的合闸电流可达几十安到几百安；所有操作机构的跳闸线圈，其跳闸电流一般都不大，当操作电压为 110～220 V 时直流为 0.5～5 A。

7.5.2　对断路器控制回路和信号系统的基本要求

为确保断路器在各种情况下可靠动作，并便于运行人员监视，对控制回路提出以下基本要求：

(1) 断路器的合闸和跳闸回路是按短时通电设计的，所以操作完成后应迅速自动断开合闸或跳闸回路，以免烧坏线圈。

(2) 断路器既能在远方由控制开关进行手动合闸和跳闸，又能在自动装置和继电保护作用下自动合闸或跳闸。

(3) 控制回路应具有反映断路器处于合闸和跳闸的位置状态信号。

(4) 具有防止断路器多次合、跳闸的“防跳”装置。

(5) 应能监视控制回路及其电源是否完好。

(6) 控制回路应力求简单可靠，使用电缆芯线最少。

断路器控制回路的接线方式较多，按监视方式可分为灯光监视的控制回路与音响监视的控制回路。前者多用于中、小型变电所，后者常用于大型变电所。

7.5.3　灯光、音响监视断路器控制回路和信号系统

1. 灯光监视断路器控制回路和信号系统

所谓灯光监视断路器控制回路和信号系统，是指利用指示灯的工作状态(发出平光或发出闪光)来监视断路器控制回路和信号系统的工作状态。下面以工厂供电系统常见的几种操作系统加以分析和说明。

(1) 手动操作系统

断路器手动操作机构普遍采用 CS2 型。断路器采用手动操作机构时只能就地控制。图 7.39 所示为手动操作的断路器控制和信号回路，该控制回路采用交流操作电源。

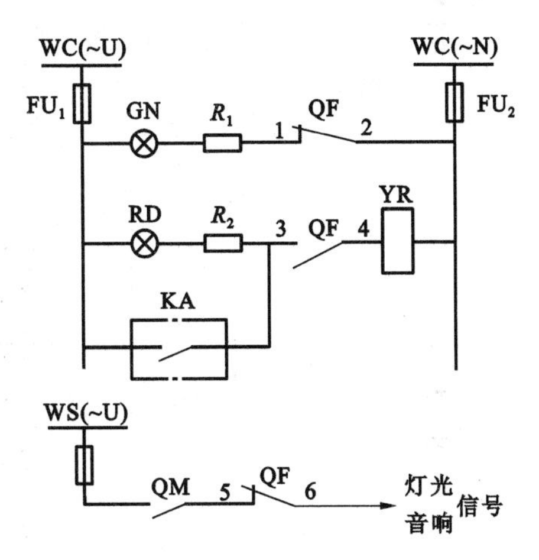

图 7.39　手动操作的断路器控制和信号回路

WC—控制母线；WS—信号小母线；
GN—绿色指示灯；RD—红色指示灯；
R_1，R_2—限流电阻；YR—跳闸线圈(脱扣器)；
KA—继电保护触点；
QF_{1-6}—断路器 QF 的辅助触点；
QM—手动操作机构辅助触点

断路器合闸时，推上操作机构手柄。此时断路器的辅助常开触点 $QF_{3\text{-}4}$ 闭合，红灯 RD 亮，指示断路器处于合闸位置。由于有限流电阻 R_2，跳闸线圈 YR 只有很小电流流过，不会动作。同时，红灯 RD 亮还表示跳闸回路中跳闸线圈 YR 和控制回路熔断器 FU_1、FU_2 是完好的(即红灯 RD 亮还起着监视跳闸回路完好性的作用)。另外，在 $QF_{3\text{-}4}$ 闭合的同时，$QF_{1\text{-}2}$ 断开，绿灯 GN 灭。

断路器分闸时，扳下操作机构手柄。此时断路器的辅助常开触点 $QF_{3\text{-}4}$ 断开，红灯 RD 灭，并切断跳闸回路；同时，断路器辅助常闭触点 $QF_{1\text{-}2}$ 闭合，绿灯 GN 亮，指示断路器处于分闸位置。绿灯 GN 亮还表示控制回路熔断器 FU_1、FU_2 是完好的(即绿灯 GN 亮还起着监视交流操作电源回路完好性的作用)。

信号回路中 QM 为操作机构辅助常开触点，当操作手柄在合闸位置时闭合，在分闸位置时断开；而断路器辅助常闭触点 $QF_{5\text{-}6}$ 则在断路器分闸时闭合，合闸时断开。因此，在断路器正常操作合、分闸时，由于 QM 与 $QF_{5\text{-}6}$ 总是同时切换，所以事故信号回路总是不通，不会误发事故信号。但当一次电路发生短路故障时，继电保护装置动作，其出口触点 KA 闭合，通过已闭合的 $QF_{3\text{-}4}$ 接通跳闸线圈 YR，使断路器跳闸；而这时操作手柄仍在合闸位置时，表示断路器是

自动跳闸（不是人为手动操作分闸），信号回路接通，发出事故音响和灯光信号。这种操作机构辅助常开触点与断路器辅助常闭触点构成“不对应”关系的电路称为不对应起动回路。

（2）电磁操作系统

图 7.40 所示为采用直流操作电源的电磁操作机构的断路器控制回路及信号系统。采用电磁操作机构可以对断路器远距离集中控制，即电磁操作机构随断路器安装在一处，集中控制的控制开关则安装在控制室内的控制屏上，实现远距离控制。

灯光监视断路器控制回路和信号系统中，断路器及控制回路的工作状态是用灯光来监视的。只要控制回路完好，总会有一个信号灯点亮，若所有信号灯都不亮，则说明控制回路失电或有其他故障（如断路器辅助点 QF 接触不良等）。

当绿灯 GN 发出平光时，既表示断路器处于正常分闸位置，又表示下一步操作的合闸回路和控制电源正常。

当红灯 RD 发出平光时，既表示断路器处于正常位置，又表示下一步操作的跳闸回路和控制电源正常。

当绿灯 GN 发出闪光时，既表示断路器已处于自动跳闸位置，又表示下一步操作的合闸回路和控制电源正常。

当红灯 RD 发出闪光时，既表示断路器已处于自动合闸位置，又表示下一步操作的跳闸回路和控制电源正常。

下面分不同情况说明图 7.40 所示系统的工作过程。该控制回路采用 LW5 型控制开关。

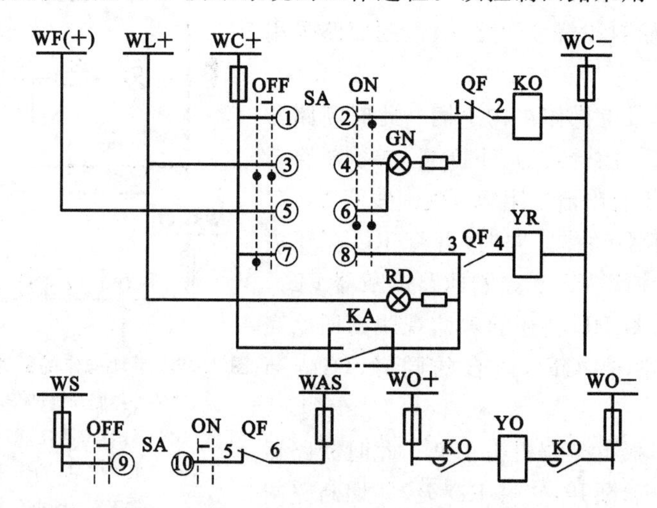

图 7.40　采用电磁操作机构的断路器控制回路及其信号系统

WC—控制小母线；WL—灯光指示小母线；WF—闪光信号小母线；

WS—信号小母线；WAS—事故音响小母线；WO—合闸小母线；SA—控制开关；

KO—合闸接触器；YO—电磁合闸线圈；YR—跳闸线圈；KA—保护装置出口继电器触点；

QF_{1-6}—断路器辅助触点；GN—绿色指示灯；RD—红色指示灯；ON—合闸操作方向；OFF—分闸操作方向

① 操作断路器合闸时，将控制开关 SA 手柄顺时针扳转 45°，这时其触点①～②接通，合闸接触器 KO 通电（其中 $QF_{1\text{-}2}$ 原已闭合），其主触点闭合，使电磁合闸线圈 YO 通电，断路器合闸。合闸完成后，控制开关 SA 自动返回零位，其触点①～②断开，断路器辅助触点 $QF_{1\text{-}2}$ 也断开，绿灯 GN 灭，并切断合闸电源；同时 $QF_{3\text{-}4}$ 闭合，红灯 RD 亮（发出平光），指示断路器在合闸位置，并监视着跳闸回路的完好性。

② 操作断路器分闸时，将控制开关 SA 反时针扳转 45°，这时其触点⑦～⑧接通，跳闸线圈 YR 通电（QF_{3-4}原已闭合），使断路器分闸。分闸完成后，SA 自动返回零位，其触点⑦～⑧断开，断路器辅助触点 QF_{3-4}也断开，红灯 RD 灭，并切断合闸电源；同时 SA 的触点③～④闭合，QF_{1-2}也闭合，绿灯 GN 亮（发出平光），指示断路器在分闸位置，并监视着合闸回路的完好性。

由于红绿指示灯兼起监视分、合闸回路完好性的作用，长时间投入工作，耗电较多，为了减少控制小母线 WC 的过多消耗，因此这种回路设有灯光指示小母线 WL 和闪光信号小母线 WF，专门作为红绿指示灯平光指示和闪光指示。

③ 当一次电路发生短路故障时，继电保护装置动作，其出口继电器触点 KA 闭合，接通跳闸线圈 YR 回路（QF_{3-4}原已闭合），使断路器跳闸，随后 QF_{3-4}断开，红灯 RD 灭，并切断跳闸电源；同时 QF_{1-2}闭合，而 SA 在合闸原位置，其触点⑤～⑥也闭合，因而接通闪光电源 WF(＋)，使绿灯 GN 闪光，表示断路器已自动跳闸。由于断路器自动跳闸，SA 仍在合闸后位置，其触点⑨～⑩闭合，而断路器已跳闸，其触点 QF_{5-6}也闭合，因此接通事故音响信号回路，又发出事故跳闸的音响信号。值班员得知此信号后，可将控制开关 SA 手柄扳向分闸位置（顺时针扳转 45°后松开自动返回零位），使 SA 的触点与 QF 的辅助触点恢复"对应"关系，全部事故信号立即解除。

④ 当手动合闸于故障线路时，断路器在继电保护作用下会立即跳闸，如这时控制开关仍处于合闸位置（手还未松开），则断路器跳闸后立即又合闸，合闸后又被继电保护跳开……这种多次的合、跳闸现象称为断路器的"跳跃"。"跳跃"对断路器的使用寿命影响极大，其防止的办法是在控制回路中增加防跳继电器，分别设在控制回路的合闸和跳闸回路中。有了防跳继电器后，当断路器合闸于故障线路时，就可防止断路器的跳跃现象。

(3) 弹簧储能操作系统

图 7.41 所示为采用 CT8 型弹簧储能操作机构的断路器控制回路。弹簧操作机构是靠弹簧所储存的能量来驱动断路器合闸的。弹簧的储能既可以手动也可以电动，电动储能采用 450 W 单相交流两用串激式整流电动机。弹簧储能电动操作机构的出现为变配电所采用交流操作创造了条件，目前正广泛应用。

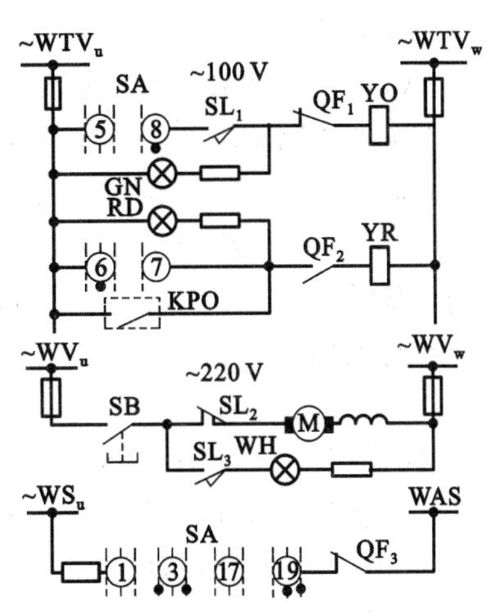

图 7.41 弹簧储能操作机构的断路器控制回路

图 7.41 中控制开关 SA 采用 LW5 型，SL_1、SL_3 和 SL_2 分别是电动机行程开关的常开限位接点和常闭限位接点。弹簧储能电动机 M 由按钮 SB 控制。红、绿信号灯 RD、GN 分别接入跳、合闸回路，用以监视熔断器和跳、合闸回路的完好性。控制开关 SA 的接点 SA_{1-3}和 SA_{17-19}以及断路器常闭接点 QF_3 组成不对应接线的起动事故音响回路，以实现正常合闸后自动跳闸时发出事故音响信号。

下面简要分析该控制回路的工作过程。

① 弹簧电动储能

当弹簧释放能量以后，其常闭行程限位接点 SL_2 闭合，按下按钮 SB 接通储能电动机 M，使弹簧再次储能。当储能结束后，SL_2 自动断开，切断电动机储能回路；同时，常开限位接点

SL_3 闭合，白灯 WH 亮，表示储能结束；另外，常开限位接点 SL_1 闭合，为正常合闸做好准备，保证在弹簧储能完毕才能合闸。

② 操作断路器正常合闸

将控制开关 SA 手柄扳到合闸位置，其接点 $SA_{5\text{-}8}$ 接通，合闸电磁铁 YO 通电，其衔铁动作，使储能弹簧在释放能量的过程中将断路器合闸。合闸完成后，SA 自动返回零位，其接点 $SA_{5\text{-}8}$ 断开，断路器辅助触点 QF_1 也断开，绿灯 GN 灭，并切断合闸电磁铁电源；同时 QF_2 闭合，红灯 RD 亮，指示断路器在合闸位置，并监视跳闸回路的完好性。

操作断路器分闸及一次电路发生短路故障时的工作过程与电磁操作的断路器控制回路和信号系统工作过程相似，读者可自行分析。

灯光监视断路器控制回路和信号系统的优点是结构简单，红绿灯指示断路器合、跳闸位置明显，适用于中、小型工厂变电所和发电厂。当用于大型工厂变电所和发电厂时，由于信号灯太多，某一控制回路失电灯光全暗而不易被发现。为此，在大型工厂变电所和发电厂内常用音响监视的断路器控制回路和信号系统。

2. 音响监视断路器控制回路和信号系统

所谓音响监视断路器控制回路和信号系统，是指利用音响（电铃、电笛、蜂鸣器等）发出预告信号，结合灯光指示信号来监视断路器控制回路和信号系统的工作状态。

图 7.42 为电磁操作机构的音响监视断路器控制回路原理图，与灯光监视断路器控制回路的区别如下：

(1) 断路器的位置信号只用一个装在控制开关 SA 手柄中的信号灯代替，从而减少了一半信号灯。利用信号灯光特征和手柄位置判断断路器的实际位置。当灯光为平光时，表示断路器的实际位置和控制开关手柄位置相对应；当灯光为闪光时，断路器的实际位置与控制开关手柄位置不对应。

(2) 利用合闸位置继电器 KOS 代替红色信号灯 RD，跳闸位置继电器 KRS 代替绿色信号灯 GN，当控制回路熔断器熔断，KOS 和 KRS 都失电返回，其常闭接点接通中央预告音响信号回路，发出音响信号，运行人员根据手柄内灯光的熄灭来判断哪一回路断线。

(3) 控制回路和信号回路完全分开，控制开关 SA 采用 LW2-YZ 型，其第一个接点盒是专门装设信号灯的。从图 7.42 可以看出，无论 SA 的控制手柄在哪个位置，信号灯总是和外边电路连通的。

(4) 在事故音响回路中，由于用 KRS 代替了 QF 常闭辅助接点，而 KRS 是安装在控制室内，从而省去了一根控制电缆芯线。

下面简要分析图 7.42 控制回路的工作过程。

(1) 操作断路器合闸

将控制开关 SA 手柄扳向合闸位置，其接点 $SA_{9\text{-}12}$ 接通，合闸接触器 KO 通电（其中 KFJ_2、QF_1 均原已闭合），KO 的常开触点闭合，使电磁合闸线圈 YO 通电，断路器 QF 合闸。合闸完成后，SA 自动返回零位，其接点 $SA_{9\text{-}12}$ 断开，QF_1 也断开，切断合闸电源回路。同时 SA 的接点 $SA_{20\text{-}17}$ 也接通，通过已闭合的 KOS 常开接点使 SA 内的信号灯点亮，指示 QF 处于正常合闸位置。

(2) 操作断路器分闸

将控制开关 SA 手柄扳向分闸位置，其接点 $SA_{10\text{-}11}$ 接通，通过防跳继电器 KFJ 的电流线圈

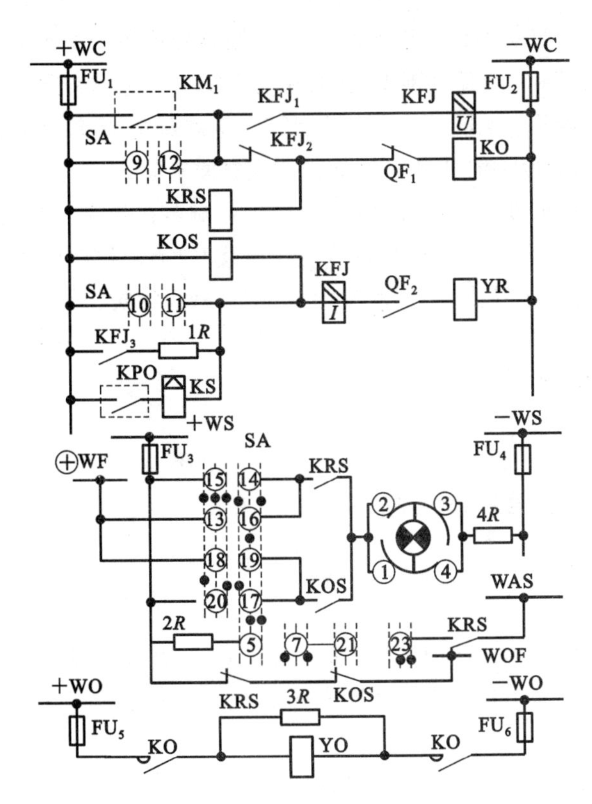

图 7.42　高压断路器音响监视的控制回路

SA—控制开关；KO，YO—合闸接触器与合闸线圈；YR—跳闸线圈；KRS—跳闸位置继电器；KOS—合闸位置继电器；KFJ—防跳继电器；KS—信号继电器；QF_1，QF_2—断路器的辅助接点；WO，WS—合闸与信号母线；WOF—断线预告母线

（Ⅰ）及原已闭合的 QF_2 接通跳闸线圈 YR 的回路，使断路器 QF 跳闸。跳闸完成后，SA 自动返回零位，其接点 $SA_{10\text{-}11}$ 断开，QF_2 也断开，切断跳闸电源回路。由于合闸位置继电器 KOS 线圈失电，因此 KOS 常开接点断开，切断 SA 内的信号灯电路，使其熄灭，指示断路器处于正常分闸位置。

（3）当一次电路发生短路故障时，继电保护装置动作，其出口继电器接点 KPO 闭合，通过信号继电器 KS 的线圈、KFJ 的电流线圈（Ⅰ）及原已闭合的 QF_2 接通跳闸线圈 YR 的回路，使断路器 QF 跳闸。随后 QF_2 断开，切断跳闸回路电源。

QF 故障跳闸后，其辅助触点 QF_1 恢复闭合，使跳闸位置继电器 KRS 通电，KRS 常开接点闭合，此时 SA 仍在合闸后位置，其接点 $SA_{13\text{-}16}$ 是闭合的，因而接通闪光电源＋WF，使 SA 内的信号灯闪光，指示断路器 QF 因故障已自动跳闸。由于跳闸位置继电器 KRS 的常开接点已恢复闭合，且 SA 仍在合闸后位置，其接点 $SA_{5\text{-}7}$、$SA_{21\text{-}23}$ 均已闭合，因此又接通事故音响小母线 WAS 电源，发出事故跳闸音响信号（此音响信号装置应有一定延时，以防止正常分、合闸时音响信号装置误动作）。运行值班人员得知此音响信号后，可将控制开关 SA 手柄扳向分闸位置，使 SA 的接点与分闸位置继电器接点恢复对应关系，全部事故信号（闪光及音响）立即解除。

图 7.42 由防跳继电器 KFJ 组成断路器防“跳跃”闭锁回路。KFJ 有两个线圈，一个为电流线圈Ⅰ（起动用），另一个为电压线圈 U（自保持用），任一线圈通电时继电器都可以动作。当手控合闸将断路器合于故障点时，保护装置的出口继电器的常开接点 KPO 闭合，KFJ 电流线

圈Ⅰ通电并起动，其常开接点 KFJ_1 闭合，此时如果断路器控制开关 SA 手柄仍在合闸位置，则 $SA_{9\text{-}12}$ 仍然接通，于是 KFJ 的电压线圈 U 通电并且自保持。它的常闭接点 KFJ_2 断开，切断合闸回路，从而保证断路器不再合闸，防止了“跳跃”。防跳继电器 KFJ 自保持直至合闸命令解除，$SA_{9\text{-}12}$ 断开，KFJ 的电压线圈 U 断电后电路才恢复原来状态。

对于容量大、进出线回路多的大型变电所，采用音响监视断路器控制回路和信号系统有一定的优点，因为断路器的分、合闸位置继电器接点可代替断路器的辅助接点，使控制室与断路器操作机构联系的电缆芯数减少，从而既节约投资，又减少维护。

7.6　中央信号系统

7.6.1　变电所中央信号系统的类型

变电所中央信号系统按用途来分，大致有下列几种类型：

(1) 事故信号

当断路器发生事故跳闸时，立即用蜂鸣器(或电笛)发出较强的音响，通知运行人员进行处理。同时，断路器的位置指示灯发出绿灯闪光。

(2) 预告信号

当运行设备出现危及安全运行的异常情况时，如发电机过负荷、变压器过负荷 、电压回路断线等，便发出另一种有别于事故信号的音响——电铃。此外，标有故障内容的光字牌点亮。

(3) 位置信号

包括断路器位置信号和隔离开关位置信号。前者用灯光表示其合、跳闸位置，而后者则用一种专门的位置指示器表示其位置状况。

事故信号和预告信号需要反映在主控制室中，以通知值班人员及时处理，因此，事故信号和预告信号称为电气设备各种信号的中央部分——“中央信号”，并集中装设在主控制室的中央信号屏上。

7.6.2　事故信号

事故信号的作用是：当断路器事故跳闸时，启动蜂鸣器(或电笛)发出音响。中央事故信号回路按操作电源可分为交流和直流两类；按复归方法可分为就地复归和中央复归两种；按其能否重复动作分为不重复动作和重复动作两种。

1. 中央复归不能重复动作的交流事故信号

图 7.43 是交流操作电源的中央信号装置原理图。图 7.43(a)为集中复归不能重复动作的事故音响信号原理电路图。当某台高压断路器事故跳闸时，相应的事故音响起动回路接通，使事故音响小母线 WAS 接于 U 相电源。由于转换开关 SA 通常处于“工作”位置，SA 的接点①～②及③～④接通，使电笛 EW 接上 UW 线间电压，发出音响信号。复归(即解除音响)时需人工扳动 SA 至“解除”位置，其接点①～②、③～④断开，⑤～⑥、⑦～⑧闭合，解除音响信号；同时，通过 KM_{11} 和 KT 两只继电器的切换动作使红色信号灯 RD 发出闪光。如果恰在这时第二台断路器又发生事故跳闸，则不能发出音响信号。可见，这种接线是不能重复动作的。

当操作机构手柄扳向对应的分闸位置，KM_{11}常闭接点断开后，扳动 SA 至“工作”位置，红灯 RD 熄灭，恢复正常，为第二次起动做好准备。

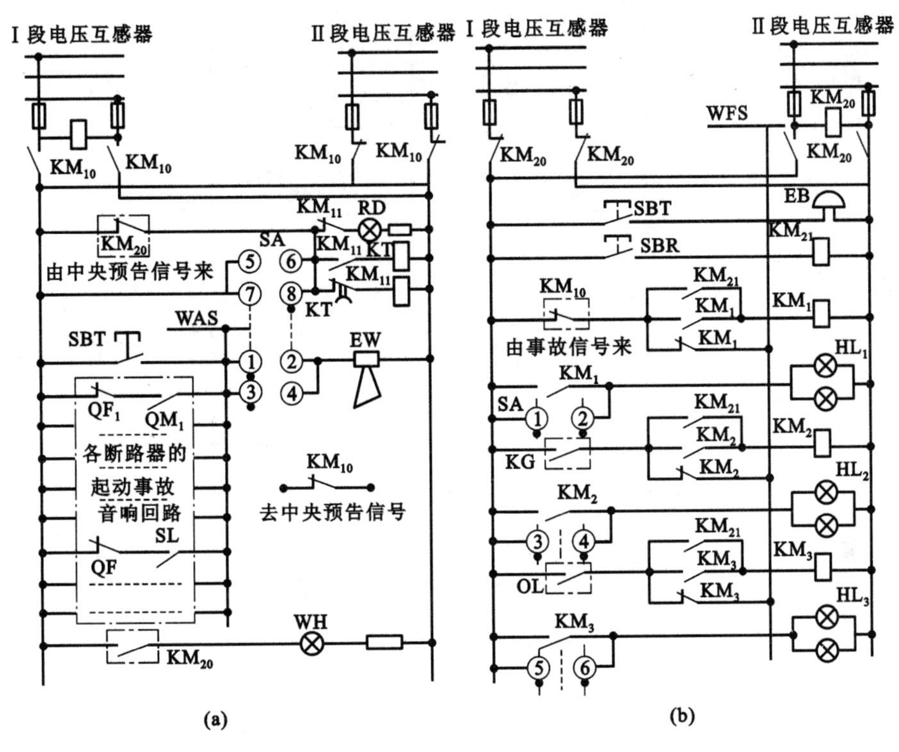

图 7.43 交流操作电源的中央信号装置原理图

(a) 集中复归不能重复动作的事故信号装置；(b) 集中复归不能重复动作的预告信号装置

2. 中央复归能重复动作的直流事故信号

音响信号之所以能够重复动作，是利用了冲击继电器。冲击继电器有 ZC 型、BC 型和 CJ 型三种，目前常用的是 ZC 型。

图 7.44 为用 ZC-23 型冲击继电器构成的中央复归能重复动作的直流事故信号电路图。当接在事故音响小母线 WAS 与＋WS 间的断路器事故音响(不对应)回路接通时，在 PT 一次侧有脉冲电流流过，在 PT 二次侧感应出一个脉冲电动势使 KDR 动作，KDR 的常开接点闭合使 KM 动作并自保持，同时接点 $KM_{7\text{-}15}$ 闭合接通蜂鸣器 BU 发出音响信号，接点 $KM_{6\text{-}14}$ 闭合接通时间继电器 KT，KT 常开接点延时闭合后接通 KM_1 动作，其常闭接点断开 KM 的自保持回路，KM 返回，音响自动解除。若要手动解除，可按下解除按钮 SBR。

SBT 是试验按钮，与事故音响回路并联。试验时的动作原理和发生事故时的动作原理相同。KI_1 为电源监视继电器，当信号电源熔断器熔断时 KI_1 返回并发出预告音响信号，KI_2 的线圈在中央预告信号回路中。

7.6.3 预告信号

中央预告信号是指在供配电系统中发生不正常工作状态时发出的音响信号。常采用电铃发出声响，并利用灯光和光字牌来显示故障的性质和地点。中央预告信号装置有交流和直流两种，也有不重复动作和重复动作两种。

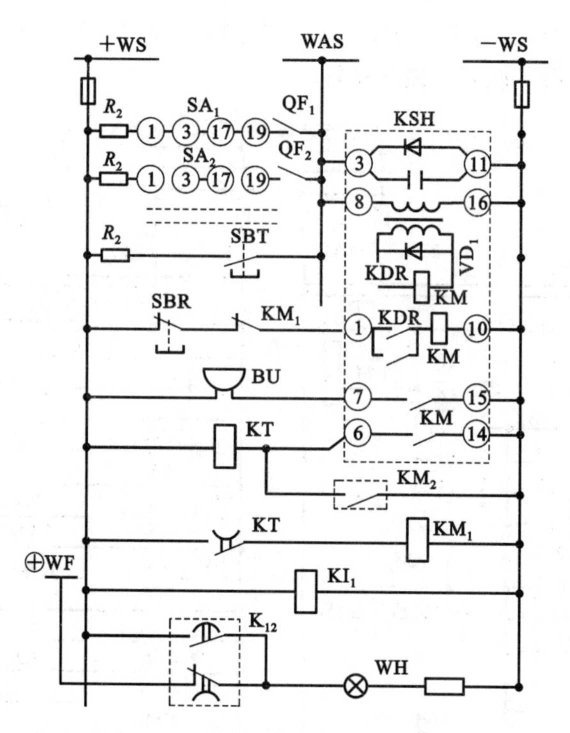

图 7.44　中央复归能重复动作的直流事故信号电路图

KSH—冲击继电器；WS，WAS—信号与事故音响信号母线；

SBT—实验按钮；SBR—复归按钮；BU—蜂鸣器；KI_1—断线监视继电器；

WH—白色信号灯；KM—出口中间继电器；KT—延时自动复归的时间继电器；

KM_1，KM_2—自动复归用中间继电器；WF—闪光小母线；SA_1，SA_2—控制开关；QF_1，QF_2—各断路器的辅助接点

1. 中央复归不能重复动作的交流预告信号

图 7.43(b)是交流操作电源的集中复归不能重复动作的预告信号原理电路图。

当出现不正常运行状态时，如变压器发生轻瓦斯动作，瓦斯继电器接点 KG 闭合，经中间继电器 KM_2 常闭接点接通电铃 EB，发出音响信号，引起值班人员注意。这时可按下复归按钮 SBR，使 KM_{21} 继电器通电，它的所有常开接点闭合，使 KM_2 通电动作，并进行自保持，其本身的常闭接点将电铃回路断开，音响信号停止。同时由 KM_2 常开接点接通光字牌 HL_2 中的两只灯泡，显示故障元件和性质。当轻瓦斯信号消失后，KG 断开，KM_2 失电自动复归，光字牌熄灭。

2. 中央复归能重复动作的直流预告信号

图 7.45 为利用 ZC-23 型冲击继电器构成的中央复归能重复动作的预告信号装置。WFS_1、WFS_2 为瞬时预告信号小母线，WFS_3、WFS_4 为延时预告信号小母线，它们分别经转换开关 SA_1 和 SA_2 与瞬时信号冲击继电器 KSH_2 和延时信号继电器 KSH_3 和 KSH_4 相连接。SA_1 和 SA_2 有两个位置，在工作位置时，SA_1 和 SA_2 的接点⑬～⑭、⑮～⑯均接通。

当变压器轻瓦斯动作时，KG 接点闭合，KSH_2 的脉冲变压器一次绕组从正电源经 KG、HL_1、WFS_1 和 WFS_2、SA_1 的⑬～⑭、⑮～⑯接点接至负电源。KSH_2 起动，KDR 闭合，KM 动作，其第一个常开接点闭合并自保持，KM 的第二个常开接点闭合，使 KM_2 动作，KM_2 一个常开接点闭合，接通警铃 EB，发出预告音响信号。KM_2 的另一个常开接点在图 7.44 中接通

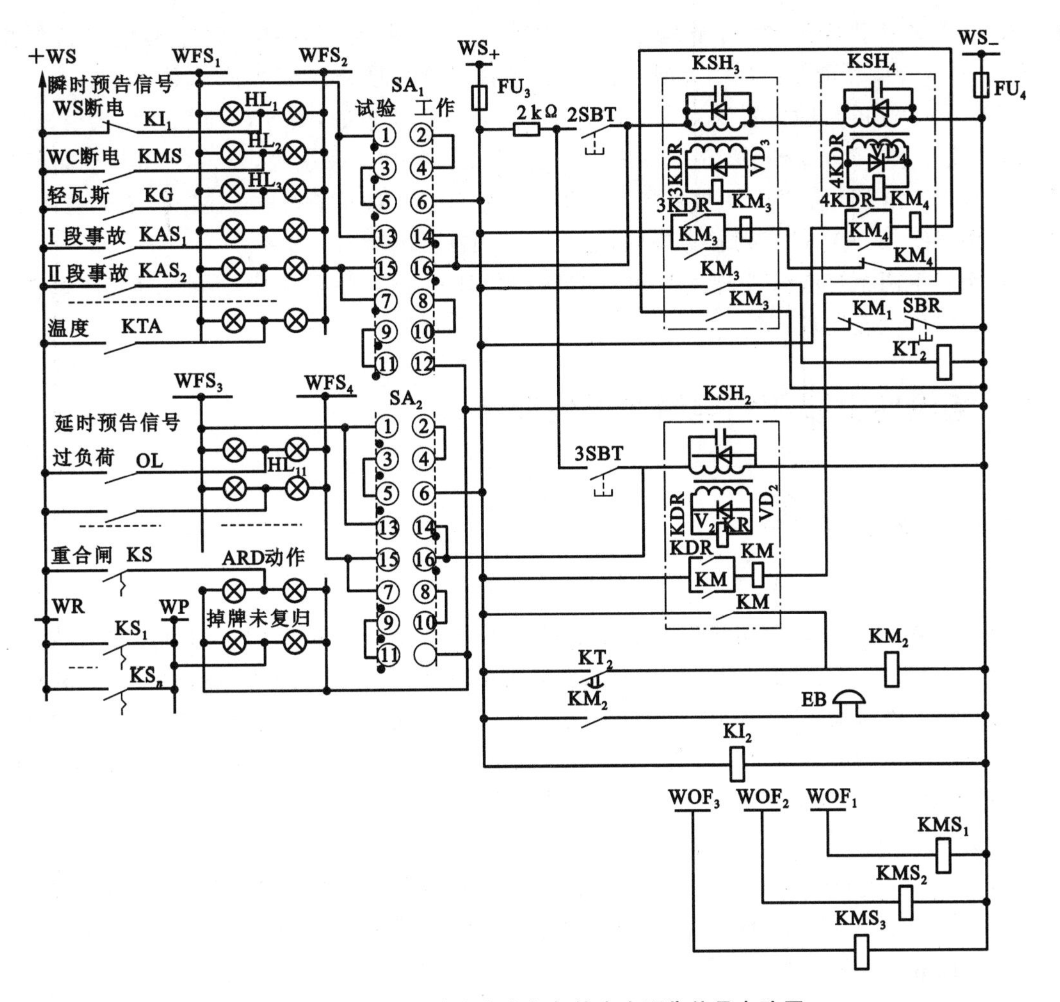

图 7.45　能重复动作集中复归的中央预告信号电路图

WS—信号母线；WR，WP—复位与掉牌母线；WFS_1，WFS_2，WFS_3，WFS_4—延时预报信号母线；

KSH_2，KSH_3—冲击继电器；2SBT，3SBT—试验按钮；SBR—复归按钮；SA_1，SA_2—试验用转换开关；

HL_1，HL_2，HL_3—光字牌；EB—电铃；KM_2—出口执行中间继电器；KT_2—延时预报信号的延时时间继电器；

KT—延时自动复归的时间继电器；KI_1，KI_2—断线监视继电器；

WOF，KMS—断线预报小母线与断线信号继电器；KS，KS_1，…，KS_n—信号继电器

KT，KT 接点延时接通后，KM_1 动作，接在图 7.45 中的 KM_1 常闭接点断开，KM 返回，音响自动解除。若要提前解除，可用手动解除按钮 SBR 进行解除。音响解除后，光字牌依旧亮着，直至不正常情况消除，起动它的继电器返回后，光字牌才熄灭。

延时预告信号的动作原理基本上和瞬时预告信号相同。

ZC-23 型冲击继电器不具有冲击自动返回特性。为防止外部短路引起的短暂不正常情况下误发信号，增加了反向串接的冲击继电器 KSH_4。当外部短路时，交流电压下降，使“电压回路断线”光字牌点亮。KSH_3 和 KSH_4 变流器的一次侧都有电流流过，二次侧也都感应出脉冲电动势，但 KSH_4 的二次脉冲电动势被短路，不起作用。KDH_3 动作，起动 KM_3 并自保持。KM_3 第二常开接点闭合使 KT_2 起动。如果在 KT_2 未闭合前不正常情况消失，则流过 KSH_3 和 KSH_4 变流器一次线圈的电流突然消失，将在其二次侧感应出负向脉冲电动势。这时

KSH_3 的二次电动势被短路，不起作用，而 KSH_4 动作后接通 KM_4，KM_4 动作并自保持。KM_4 第二常开接点动作后切断 KM_3 的自保持回路，KM_3 返回，使音响信号不会误发。

SA_1 和 SA_2 的试验位置是为了对光字牌进行检查而设置的，当 SA_1 和 SA_2 切换至试验位置时，其接点①～②，③～④，⑤～⑥和⑦～⑧，⑨～⑩，⑪～⑫接通，⑬～⑭和⑮～⑯断开，WFS_1、WFS_2 和 WFS_3、WFS_4 被直接接到正负信号母线上对光字牌进行检查。在检验回路中之所以用 SA_1 和 SA_2 的三对接点串联，是为了增强其开断能力。

光字牌由两个灯泡组成，工作时两灯并联，损坏一个还能继续工作。检查时两灯串联，只要有一个损坏就能发现。

7.7 绝缘监察装置和电气测量仪表

7.7.1 绝缘监察装置

1. 绝缘监察装置的作用

6～10 kV 供配电系统属小电流接地系统。该系统发生一相接地时，接地相对地电压降低，甚至下降为零，非接地相对地电压升高到线电压，这样则可能在绝缘薄弱地方引起击穿，造成相间短路。绝缘监察装置的作用就是在小电流接地系统中用以监视该系统相对地的绝缘状况。当系统发生相接地或电气设备、母线等对地绝缘降低到一定值时，绝缘监察装置发出预告信号，通知运行值班人员采取相应措施，以维护电气设备的正常绝缘水平，确保其安全运行。

2. 绝缘监察装置的原理电路

图 7.46(a)、(b)所示为用于低压系统的绝缘监察装置。系统正常工作时，电压表的读数相同；当系统发生一相接地时，接地相电压表读数下降甚至为零，正常相电压升高。因此，通过电压表的读数就可以判断哪一相接地。

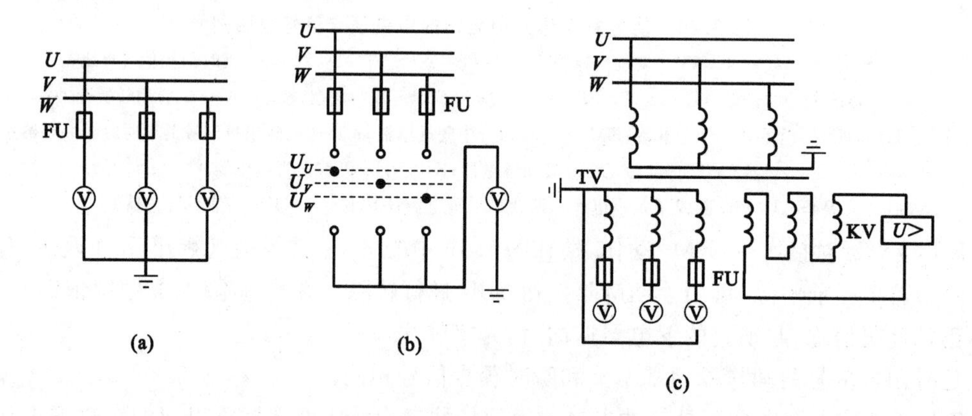

图 7.46 绝缘监察装置

(a)、(b)低压系统绝缘监察装置；(c) 6～10 kV 系统绝缘监察装置

图 7.46(c)所示为采用三个单相三绕组电压互感器或一个三相五柱三绕组电压互感器构成的 6～10 kV 系统绝缘监察装置。电压互感器的一次绕组接成完全星形，其中性点接地；电压互感器二次侧有两个绕组，其中一个主要绕组接成完全星形，中性点接地，三只电压表接成相对地接线；另一个辅助绕组接成开口三角形，并在开口处接一只过电压继电器 KV，借以反

映接地时出现的零序电压。

正常运行时,系统三相电压对称,没有零序电压,三相对地电压表的读数相等,均为相电压。电压互感器 TV 辅助二次绕组的各相电压对称,大小为$\frac{100}{3}$V,开口三角形两端电压近似为零,过电压继电器 KV 不动作。

当变电所 6~10 kV 母线上任一条出线发生一相接地故障时,接地相的电压表读数降低或为零,而其他两相对地电压升高到线电压,开口三角形两端的电压相量和不再为零,其大小为正常运行时的 3 倍,即 $3\times\frac{100}{3}=100$ V,使过电压继电器 KV 动作,发出系统一相接地预告信号。值班人员根据预告信号及电压表的指示,可判断系统哪一相发生接地,但是不能判断是哪一条线路接地,这时可采用依次断开各条线路的办法来寻找接地点。其操作过程为:断开某条线路时,系统接地消除,三个电压表指示相同,则可判断该条线路某点接地,此时派人查出具体接地点,转移负荷,停电处理。

上述交流绝缘监察装置简单易行,但给出的预告信号没有选择性。因此一般适用于线路数目不多,允许短时一相接地,且负荷可以中断供电的系统中,而工厂供电系统大多数符合上述要求,故得到广泛应用。

7.7.2 电气测量仪表

电气测量仪表按其用途分为常用测量仪表和计量仪表两类。

(1) 对常用测量仪表的一般要求

① 常用测量仪表应能正确反映电力装置的运行参数,能随时监测电力装置回路的绝缘状态。

② 交流回路仪表的精确度等级不应低于 2.5 级;直流回路仪表的精确度等级不应低于 1.5级。

③ 1.5 级和 2.5 级的常用测量仪表应配用不低于 1.0 级的互感器。

④ 仪表的测量范围和电流互感器变流比的选择,宜满足供电系统额定值的条件运行时仪表的指示在标度尺的 70%~100%处。对有可能过负荷运行的电力装置回路,仪表的测量范围宜留有适当的过负荷裕度。对重载起动的电动机和运行中有可能出现短时冲击电流的电力装置回路,宜采用具有过负荷标度尺的电流表。对有可能双向运行的电力装置回路,应采用具有双向标度尺的仪表。

(2) 对电能计量仪表的一般要求

① 月平均用电量在 1×10^6 kW·h 及以上的电力用户电能计量点,应采用 0.5 级的有功电度表。月平均用电量小于 10^6 kW·h、在 315 kV·A 及以上的变压器高压侧计费的电力用户电能计量点,应采用 1.0 级有功电度表。在 315 kV·A 及以下的变压器低压侧计费的电力用户电能计量点,75 kW 及以上的电动机以及仅作为工厂内总经济技术考核而不计费的线路和电力装置回路,均采用 2.0 级有功电度表。

② 在 315 kV·A 及以上的变压器高压侧计费的电力用户电能计量点和并联电力电容器组,均应采用 2.0 级无功电度表。在 315 kV·A 以下的变压器低压侧计费的电力用户电能计量点及仅作为工厂内部技术经济考核而不计费的线路和电力装置回路,均采用 3.0 级无功电

度表。

③ 0.5 级的有功电度表应配用 0.2 级的互感器。1.0 级的有功电度表、1.0 级专用电能计量仪表、2.0 级计费用的有功电度表及 2.0 级的无功电度表，应配有不低于 0.5 级的互感器。仅作为工厂内部技术经济考核而不计费的 2.0 级有功电能表和 3.0 级的无功电能表，均应配用不低于 1.2 级的互感器。

(3) 根据国家标准有关规定，变配电装置中各部分仪表配置要求如下：

① 在电源进线上或经供电部门同意的电能计量点，必须装设计费用的三相有功电能表和无功电能表，宜采用全国统一的电能计量柜。为了解负载电流，进线上还应装设一只电流表。

② 变配电所的每段母线上必须配置一只电压表测量电压。在中性点非有效接地(即小接地电流)的电力系统中，各段母线还应装设绝缘监视装置。如果出线很少时，绝缘监视装置可不装设。

③ 35～110/6～10 kV 的电力变压器应装设电流表、有功功率表、无功功率表、有功电能表、无功电能表各一只，装在哪一侧视具体情况而定。6～10/3～6 kV 的电力变压器，在其一侧装设电流表、有功电能表、无功电能表各一只。6～10/0.4 kV 的电力变压器，在高压侧装设电流表和有功电能表各一只，如为单独经济核算单位的变压器，还应装设一只无功电能表。

④ 3～10 kV 的配电线路应装设电流表、有功电能表和无功电能表各一只。如果不是单独经济核算单位时，可不装无功电能表。当线路负荷在 5000 kV · A 及以上时，可再装设一只无功电能表。

⑤ 380 V 的电源进线或变压器低压侧各应装设一只电流表。如果变压器高压侧未装设电能表时，则低压侧还应装设有功电能表一只。

⑥ 低压动力线路上应装设一只电流表。低压照明线路及三相负载不平衡度大于 15%的线路上应装设三只电流表分别测量三相电流。如需计量电能，一般应装设一只三相四线有功电能表。对负荷平衡的动力线路，则可只装一只单相有功电能表，其实际电能为计量值 3 倍计。

⑦ 并联电力电容器组的总回路上应装设三只电流表，分别测量各相电流，并应装设一只无功电能表。

上述测量及计量仪表的配置装设可参见表 7.3。图 7.47 是 6～10 kV 高压配电线路上装设的电气测量仪表电路图。

表 7.3　6～10 kV 变配电所测量及计量仪表的装设

线路名称	装设的表计数量						说　明
	电流表	电压表	有功功率表	无功功率表	有功电度表	无功电度表	
6～10 kV 进线	1	—	—	—	1	1	—
6～10 kV 母线（每条或每段）		4	—	—	—	—	一只用来检测线电压，其余三只用作母线绝缘监视。变电所接有冲击性负荷，在生产过程中经常引起母线电压连续波动时，按需要可再装设一只记录型电压表

续表 7.3

线路名称	装设的表计数量						说　　明
	电流表	电压表	有功功率表	无功功率表	有功电度表	无功电度表	
6～10 kV 联络线	1	—	1	—	2	—	电度表只装在线路的一端,并应有止逆器
6～10 kV 出线	1	—	—	—	1	1	—
6～10/0.4 kV 双圈变压器	—	—	—	—	—	—	仪表装在变压器高压侧或低压侧,按具体情况确定。如为单独经济核算单位的变压器,还应装一只无功电度表
并联补偿电容器	3	—	—	—	—	1	—

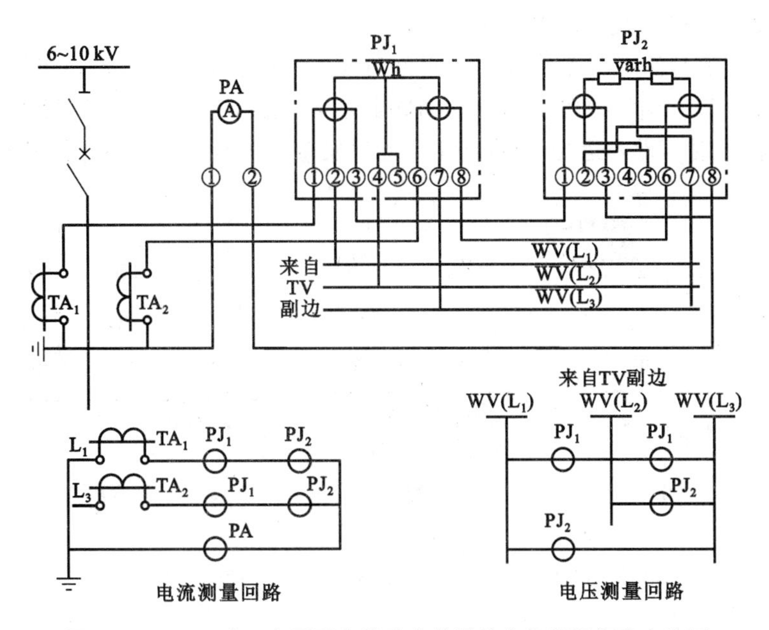

图 7.47　6～10 kV 高压配电线路上装设的电气测量仪表电路图

7.8　备用电源自动投入装置(APD)

7.8.1　APD 装置的作用及分类

1. APD 的作用

在要求供电可靠性较高的变配电所中,通常设有两路或以上的电源进线,或者设有自备电源。在企业的车间变电所低压侧,大多设有与相邻车间变电所相连的低压联络线。如果在作为备用电源的线路上装设备用电源自动投入装置(Auto-put-into device of reserve-source,缩写为 APD),则在工作电源线路突然断电时,利用失压保护装置使该线路的断路器跳闸,而备用电源线路的断路器则在 APD 作用下迅速合闸,使备用电源投入运行,从而大大提高供电的可靠性，保证对用户的不间断供电。

2. APD的分类

工厂供电系统中的APD有以下三种基本方式：

(1) 备用线路自动投入装置

图7.48(a)所示为备用线路APD。正常运行时由工作线路供电，当工作线路因故障或误操作而失电时，APD便起动将备用线路自动投入。这种方式常用于具有两条电源进线，但只有一台变压器的变电所。

(2) 分段断路器自动投入装置

图7.48(b)所示为母线分段断路器APD。正常运行时一台变压器带一段母线上的负荷，分段断路器QF_5是断开的。当任一段母线因电源进线或变压器故障而使其电压消失(或降低)时，APD动作，将故障电源的断路器QF_2(或QF_4)断开，然后合上QF_5恢复供电。这种接线的特点是两个线路——变压器组正常时都在供电，故障时又互为备用(热备用)。

(3) 备用变压器自动投入装置

图7.48(c)所示为备用变压器APD。正常时T_1和T_2工作，T_3备用。当任一台工作变压器发生故障时，APD起动将故障变压器的断路器跳开，然后将备用变压器投入。这种接线的特点是备用元件平时不投入运行，只有当工作元件发生故障时才将备用元件投入(冷备用)。

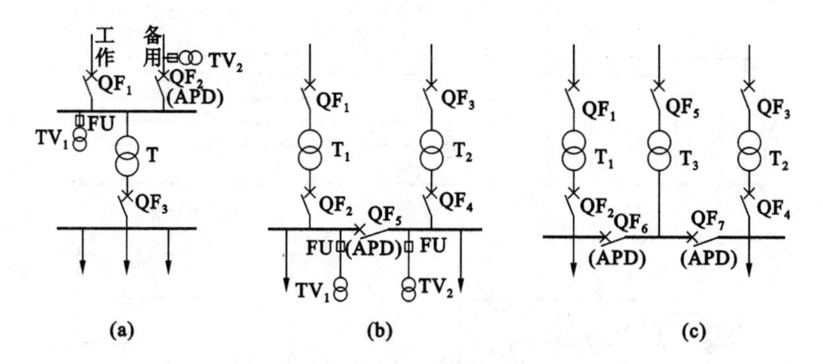

图7.48　备用电源自动投入的基本方法

(a) 备用线路APD；(b) 分段断路器APD；(c) 备用变压器APD

7.8.2　对APD装置的基本要求

(1) 工作电源不论何种原因(故障或误操作)消失时，APD应动作。

(2) 应保证在工作电源断开后，备用电源电压正常时，才投入备用电源。

(3) 备用电源自动投入装置只允许动作一次。

(4) 电压互感器二次回路断线时，APD不应误动作。

(5) 备用电源自动投入装置的动作时间应尽量缩短，以利于电动机的自起动和减少停电对生产的影响。

7.8.3　APD装置的典型接线

1. 高压APD装置

对6～10 kV高压系统的重要负荷，可采用两个电源进线断路器互投的APD装置。

(1) 原理接线

6～10 kV 两路电源进线断路器互投的 APD 装置，其原理展开图如图 7.49 所示，图中只画出有关电路。

该一次电路的两路电源进线断路器为 QF_1 和 QF_2，其操作机构可采用 CT-7 型弹簧储能式交流操作机构，交流操作电源可取自一次电路中的两组电压互感器，其过电流保护可采用反时限或定时限保护(以上一次电路及过电流保护在图 7.49 中均未画出)。这种 APD 装置能做到两路进线电源互为备用，两路断路器 QF_1 和 QF_2 可以互投。

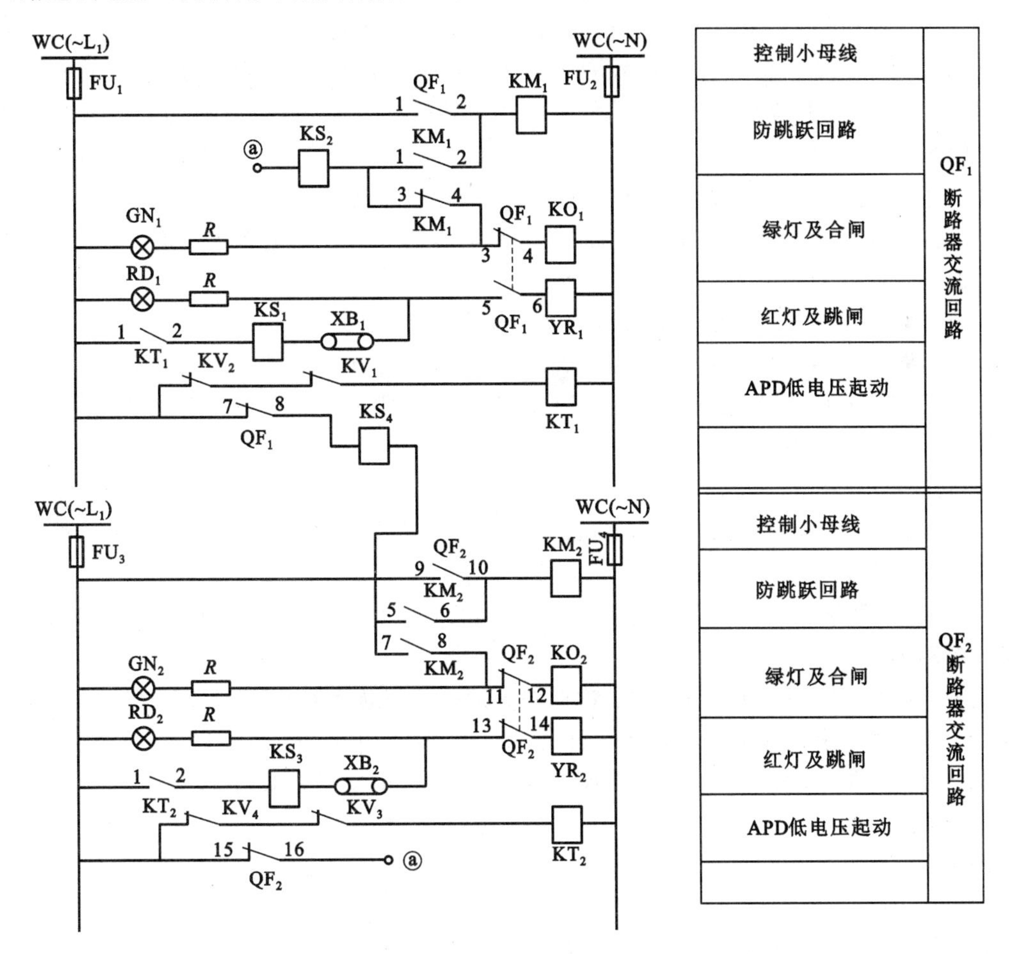

图 7.49 6～10 kV 两路电源进线断路器互投 APD 装置展开图

(2) 工作过程

供电线路正常运行时，假设断路器 QF_1(作为工作电源)处于合闸状态，其常开辅助触点 5、6 接通，红色指示灯 RD_1 点亮，指示 QF_1 处于合闸状态；断路器 QF_2(作为备用电源)处于分闸状态，其常闭辅助触点 11、12 闭合，绿色指示灯 GN_2 点亮，指示 QF_2 处于分闸状态。此时低电压继电器 KV_1～KV_4 的线圈(图中未画出)均通电，其常闭触点均断开，切断了 APD 装置起动回路的时间继电器 KT_1 和 KT_2。采用两只电压继电器使其触点串联是为了防止为其供电的电压互感器一相熔断器熔断而使 APD 装置误动作。

当断路器 QF_1 控制的一路工作电源停电时，因工作电源失去电压而使低电压继电器 KV_1

和 KV_2 失电，其常闭触点接通，起动时间继电器 KT_1（即 APD 起动），经事先整定的延时后，KT_1 动作，其常开触点 1、2 闭合，信号继电器 KS_1 动作，通过连接压板 XB_1 及已闭合的 QF_1 常开辅助触点 5、6，使断路器 QF_1 跳闸线圈 YR_1 通电，从而 QF_1 跳闸。QF_1 跳闸后，其常开辅助触点 5、6 断开，红灯 RD_1 熄灭，同时切断路闸线圈 YR_1 电源。QF_1 的常闭辅助触点 3、4 恢复闭合，绿灯 GN_1 点亮，指示 QF_1 处于分闸位置。QF_1 跳闸的同时，其常闭辅助触点 7、8 也恢复闭合，通过信号继电器 KS_4、中间继电器 KM_2 的常闭触点 7、8，QF_2 的常闭辅助触点 11、12，使断路器的合闸线圈 KO_2 通电（即 APD 动作），从而使 QF_2 合闸，则备用电源开始供电。QF_2 合闸后，其常开辅助触点 13、14 闭合，红灯 RD_2 点亮，指示 QF_2 处于合闸位置；同时 QF_2 的常开辅助触点 9、10 也闭合，KM_2 线圈通电，KM_2 的常开触点 5、6 闭合使其自保持，其常闭触点 7、8 断开，切断其合闸回路，从而保证了 QF_2 只动作一次。该动作称为断路器防跳跃动作，即为“防跳跃闭锁”。

如果 QF_2 为工作电源，QF_1 为备用电源，则 APD 装置的工作过程与上述完全相同。

该电路由于采用交流操作电源，因此在工作电源消失而备用电源无电时，由于无操作电源，从而保证了 APD 装置不应动作的要求。

该电路的不足之处是：当 QF_1（工作电源）因过电流保护装置的动作而跳闸时，QF_2（备用电源）仍会自动投入，使第二路电源再投入故障点。改进的方法是：将 QF_1 过电流保护继电器的常开触点串入 QF_2 的合闸回路，因为当 QF_1 保护动作跳闸时能闭锁 QF_2 的合闸回路，从而使 QF_2 不会再投入故障点。

2. 低压 APD 装置

低压 APD 装置大都由低压断路器（自动开关）或交流接触器构成。

(1) 原理接线

图 7.50 是两路低压电源互为备用的 APD 展开图。该电路中采用电磁式操作的 DW10 型低压断路器。

图中熔断器 FU_1 和 FU_2 后面的二次回路分别是低压断路器 QF_1 和 QF_2 的合闸回路，该回路设置了控制两路断路器互换的组合开关 SA_1 和 SA_2。FU_3 和 FU_4 后面的二次回路分别是 QF_1 和 QF_2 的跳闸回路。FU_5 和 FU_6 后面的二次回路分别是 QF_1 和 QF_2 的失压保护和跳、合闸指示回路。

图 7.50 所示的两路低压电源互为备用的 APD 展开图两边是完全对称的。

(2) 工作过程

如果要 WL_1 电源供电，WL_2 电源作为备用，可先将闸刀开关 QK_1～QK_4 合上，再合上组合开关 SA_1，这时低压断路器 QF_1 的合闸线圈 YO_1 靠合闸接触器 KO_1 而接通，QF_1 合闸，使 WL_1 电源投入运行。这时中间继电器 KM_1 被加上电压而动作，其常闭触点断开，使跳闸线圈 YR_1 回路断开；同时指示 QF_1 处于合闸位置的红灯 RD_1 点亮，绿灯 GN_1 熄灭。接着合上组合开关 SA_2，做好 WL_2 电源自动投入的准备。此时指示 QF_2 合、分闸位置的红灯 RD_2 熄灭，绿灯 GN_2 点亮。

如果 WL_1 工作电源因故障突然断电，则中间继电器 KM_1 失电而返回，其常闭触点恢复闭合，接通跳闸线圈 YR_1 的回路，使断路器 QF_1 跳闸，同时 QF_1 的常闭辅助触点 9、10 恢复闭合，接通 QF_2 的合闸回路，使 QF_2 合闸，投入备用电源 WL_2。此时指示断路器 QF_1 和 QF_2 合、分闸位置的指示灯转换为：红灯 RD_1 熄灭，绿灯 GN_1 点亮（说明 QF_1 处于分闸位置）；红灯

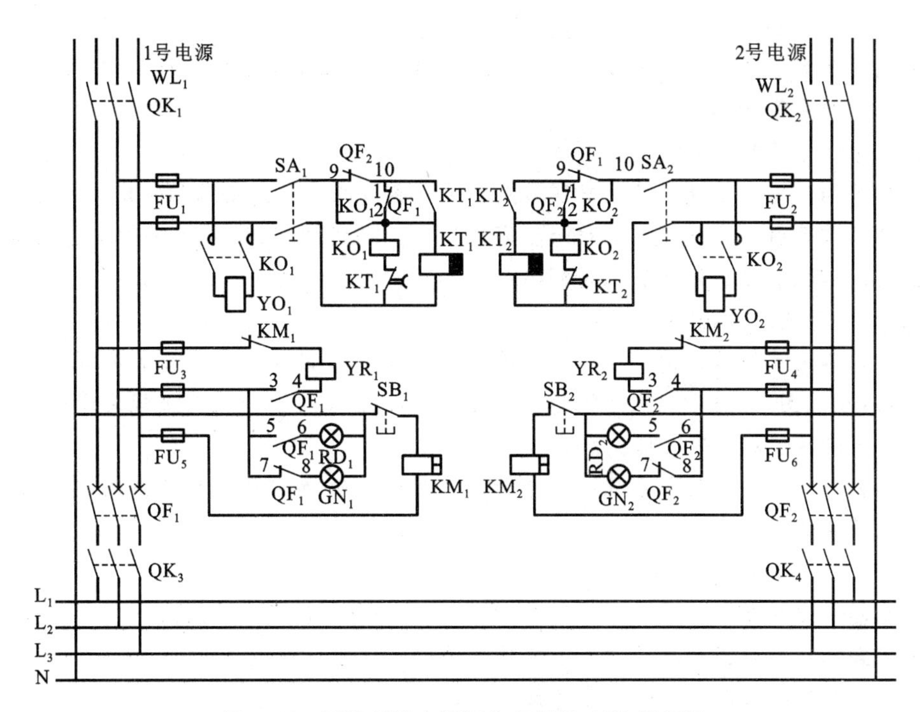

图 7.50　两路低压电源互为备用的 APD 展开图

$QK_1 \sim QK_4$—低压刀开关；$QF_1 \sim QF_4$—低压断路器；$FU_1 \sim FU_6$—低压熔断器

RD_2 点亮，绿灯 GN_2 熄灭(说明 QF_2 处于合闸位置)。

如果 WL_2 作为工作电源供电，WL_1 作为备用电源，则工作过程与上述情况完全相同。

图 7.50 中时间继电器 KT_1 或 KT_2 的作用是：在断路器 QF_1 或 QF_2 合闸后，经过预定延时，切断 QF_1 和 QF_2 的合闸回路，防止其合闸线圈 YO_1 或 YO_2 长期通电。按钮 SB_1 和 SB_2 是用来分别手动控制断路器 QF_1 和 QF_2 跳闸的。该电路还具有电源失压保护功能，当两路电源任意一路失压低于一定数值时，其对应的中间继电器 KM_1 或 KM_2 因失电返回，从而使相应的断路器 QF_1 和 QF_2 跳闸。

上述两路低压电源互为备用的电路不仅适用于变电所低压母线，而且对于重要的低压用电设备(如重要负荷的电动机、事故照明等)也是适用的。

小　　结

(1) 继电保护的基本知识

供配电系统继电保护装置的主要任务是借助于断路器，自动、迅速、有选择地将故障元件从供电系统中切除；能正确地反映电气设备的不正常运行状态，并根据要求发出预告信号；与供电系统自动装置配合，缩短事故停电时间，提高运行可靠性。

常用的继电器有电流继电器、电压继电器、时间继电器、信号继电器、中间继电器、差动继电器和瓦斯(气体)继电器等。

(2) 线路的继电保护

高压线路的继电保护分为带时限过电流保护、电流速断保护、纵联差动保护、低电压保护、中性点不接地系统单相接地保护等。

继电保护装置的接线方式分为三相三继电器式、两相两继电器式和两相一继电器式，可根据不同要求进行选择。

(3) 电力变压器的继电保护

变压器的继电保护是根据变压器容量和重要程度确定的。变压器的故障分为内部故障和外部故障两种。变压器的保护一般有瓦斯(气体)保护、纵联差动保护或电流速断保护、过电流保护、过负荷保护和低压侧单相接地保护等。

(4) 二次系统接线图

供配电二次系统接线图可分为原理图、展开图和安装接线图(屏面布置图、端子排接线图、屏后接线图)。对于二次系统的布线与安装，应按国家标准及有关规定进行。

(5) 断路器控制回路及信号系统

断路器控制回路和信号系统是继电保护的重要部分，包括灯光监视系统、音响监视系统和闪光装置等。

(6) 中央信号系统

中央信号分为事故信号和预报信号，两种信号动作时的表示方式是不同的。另外，还有用来专门指示断路器和隔离开关当前状态的位置信号。

(7) 绝缘监察装置和电气测量仪表

绝缘监察装置一般装设在小电流接地系统，用来监视该系统相对地的绝缘状况。

电气测量仪表是监视供电系统运行状况、计量电能消耗必不可少的设备，在装设和使用过程中应严格按照国家的有关规定进行。

(8) 备用电源自动投入装置(APD)

对具有多路电源进线或多台变压器的变电所，常采用 APD 装置。工作电源断电时，APD 装置将备用电源自动投入，恢复供电。

思考题与习题

7.1 试述继电保护装置的任务以及应满足的基本要求。

7.2 试述继电器的常见类型及它们的工作原理。什么是电磁型过电流继电器的动作电流、返回电流和返回系数？

7.3 过电流保护中电流互感器的接线方式有哪三种？各有什么特点？各适用于什么场合？

7.4 什么是线路的过电流保护？结合电路图说明其工作原理和动作过程。

7.5 试述电流速断保护装置的构成、工作原理以及动作电流的整定与灵敏度校验。说明无时限电流速断和限时电流速断的区别。

7.6 何谓线路的三段保护？它们是如何配合以满足选择性的要求？

7.7 试述变压器的过电流、过负荷以及电流速断保护装置的构成、工作原理。

7.8 试述变压器瓦斯保护的工作原理以及瓦斯继电器的结构与工作过程。说明轻瓦斯和重瓦斯保护的区别。

7.9 试述变压器纵联差动保护的基本原理及其整定方法。

7.10 什么是二次回路？它包括哪些类型？各有何特点？

7.11 对断路器控制回路和信号系统有哪些基本要求？

7.12 变电所中的信号装置有哪些？什么是中央信号？它包括哪两种？

7.13 工厂供电的小电流接地系统为什么要装设绝缘监察装置?

7.14 6~10 kV 变配电所应装设哪些计量仪表?各自对准确度等级有什么要求?

7.15 图 7.24 为无限大容量系统供电的 35 kV 放射式线路,已知线路 WL_2 的负荷电流为 230 A,取最大过负荷倍数为 1.5,线路 WL_2 上的电流互感器变比选为 400/5,线路 WL_1 上定时限过电流保护的动作时限为 2 s。在最大和最小运行方式下,k-1、k-2、k-3 各点的三相短路电流如下:

短路点	k-1	k-2	k-3
最大运行方式下三相短路电流(A)	7500	2500	850
最小运行方式下三相短路电流(A)	5800	2150	740

拟在线路 WL_2 上装设两相不完全星形接线的三段式电流保护,试计算各段保护的动作电流、动作时限,选出主要继电器并作灵敏度校验。

7.16 某小型工厂 10/0.4 kV、630 kV·A 配电变压器的高压侧拟装设由 GL-5 型电流继电器组成的两相一继电器式反时限过电流保护。已知变压器高压侧 $I_{k-1}^{(3)}=1.7$ kA,低压侧 $I_{k-2}^{(3)}=13$ kA;高压侧电流互感器变流比为 200/5 A。试整定反时限过电流保护的动作电流及动作时限,并校验其灵敏度。(变压器的最大负荷电流建议取为变压器额定一次电流的 2 倍。)

技 能 训 练

实训项目:降压变电站变压器继电保护的配置及整定计算

(1) 实训目的

通过设计,使学生掌握和应用供配电继电保护的设计,整定计算,资料整理查询和电气绘图等方法。通过较为完整的工程实践基本训练,为增强学生工作适应能力打下一定的基础。

(2) 实训准备

图板、三角板、铅笔、计算器、变(配)电所的电气系统图图纸。

(3) 实训内容

① 查阅图书资料,产品手册。

② 选择变压器保护所需的电流互感器变比,计算短路电流。

③ 设置变压器保护并对其进行整定计算。

④ 绘制出变压器继电保护展开图。

⑤ 绘制出变压器屏面布置图及设备表。

⑥ 选出所需继电器的规格型号。

(4) 提交成果

① 任务验收,编写设计说明书。

② 收集各项数据,得出结论。

课题 8　建筑照明与配电设计

【知识目标】

◆ 理解照明的基本概念，了解我国的照度标准，掌握照明的种类；

◆ 掌握常用电光源的选择方法；

◆ 掌握灯具的选择方法、布置方法和照度计算；

◆ 掌握建筑物内照明配电设计的基本内容：负荷计算、供电电源的选择、配电系统的设计、照明设备的选择；

◆ 了解建筑物外照明配电设计应包括供电电源、电光源、照明方式等方面的设计；

◆ 能够识读住宅楼、办公楼电气照明配电设计施工图纸。

【能力目标】

◆ 具备照明的基本知识；

◆ 具备选择常用电光源、灯具的能力；

◆ 具备进行灯具的布置方法、照度计算的能力；

◆ 具备进行建筑物内照明配电设计的初步能力；

◆ 具备分析建筑物外照明配电设计所采用的供电电源、电光源、照明方式的能力；

◆ 具备识读住宅楼、办公楼电气照明配电设计施工图的能力。

8.1　电气照明的基本知识

8.1.1　照明的有关概念

照明技术的实质是研究光的分配与控制，下面对光的基本概念作以介绍。

8.1.1.1　光的基本概念

现代物理学证实，关于光的本质有两种理论，即电磁理论和量子理论。光的电磁理论认为光是在空间传播的一种电磁波，而电磁波的实质是电磁振荡在空间的传播。光的量子理论则认为光是由辐射源发射的微粒流。

电磁波波谱图如图 8.1 所示。电磁波的波长范围极其宽广，光只是其中的一个范围。波长小于 380 nm 的电磁辐射叫做紫外线；波长大于 780 nm 的电磁辐射叫做红外线。紫外线和红外线均不能引起人的视觉。从 380 nm 到 780 nm 这个波长范围的光叫做可见光。顾名思义，可见光能引起人的视觉。紫外线、红外线和可见光统称为光。

光的量子理论可用来解释光的吸收、散射及光电效应等，而这些现象都无法用电磁理论来解释。

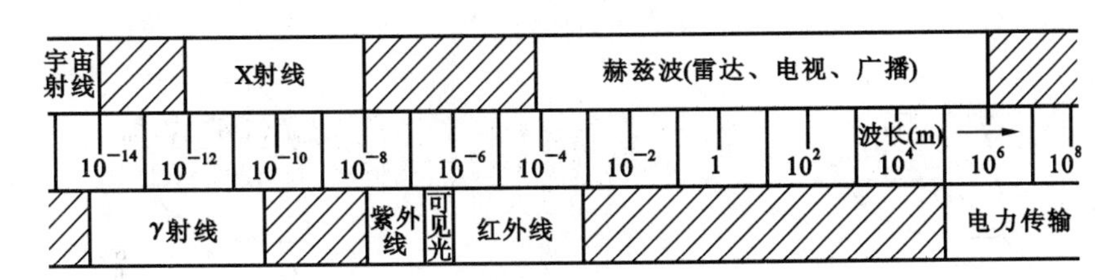

图 8.1　电磁波波谱图

总之，电磁理论是从宏观上来研究光，而量子理论则是从微观上来研究光。因此，光的两种理论并不是互相矛盾的。

8.1.1.2　光源的主要特性

1. 色调

不同颜色光源所发出的光或者在物体表面反射的光，会直接影响人们的视觉效果。如红、橙、黄、绿、棕色光给人以温暖的感觉，这些光叫做暖色光；蓝、青、绿、紫色光给人以寒冷的感觉，叫做冷色光。光源的这种视觉特性就叫做色调。

2. 显色性

不同光谱的光源照射在同一颜色的物体上时所呈现的颜色是不同的，这一特性叫做光源的显色性。

3. 色温

光源发射光的颜色与黑体在某一温度下辐射的光色相同时，黑体的温度叫做该光源的色温。据实验，将一具有完全吸收与放射能力的标准黑体加热，温度逐渐升高，光度也随之改变，黑体曲线可显示黑体由红—橙红—黄—黄白—白—蓝白的过程。可见光源发光的颜色与温度有关。

4. 眩光

光由于时间或空间上分布不均，造成人们视觉上的不适，这种光叫做眩光。眩光分为直射眩光和反射眩光。眩光是衡量照明质量的一个重要参数。

8.1.1.3　光度量

1. 光通量

光通量的实质是通过人的视觉来衡量光的辐射通量。光源在单位时间内向周围空间辐射并引起人的视觉的能量大小，叫做光通量。

光通量用符号 Φ 表示，单位是 lm(流明)。光通量的近似计算公式为：

$$\Phi = K_m \sum_{i=1}^{n} \Phi_{e,\lambda_i} V(\lambda_i) \Delta\lambda_i \tag{8.1}$$

式中　Φ——光通量，lm(流明)；

K_m——单位换算系数，其值为 683 lm/W；

Φ_{e,λ_i}——波长为 λ_i 时的辐射源光谱辐射能量，W/m；

$V(\lambda_i)$——波长为 λ_i 的光谱光效函数。

2. 发光强度

发光强度简称光强，是光源在指定方向上单位立体角内发出的光通量，或叫做光通量的立体角密度。光通量的立体角和发光强度分别如图 8.2 和图 8.3 所示。

光强用符号 I 表示，单位是 cd(坎德拉)。

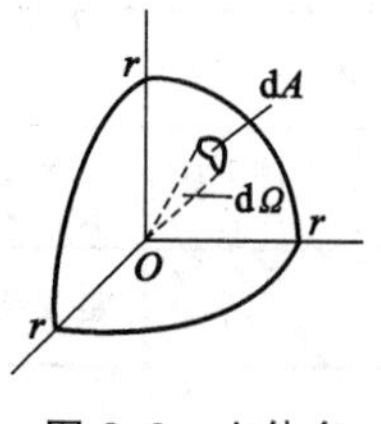

图 8.2　立体角

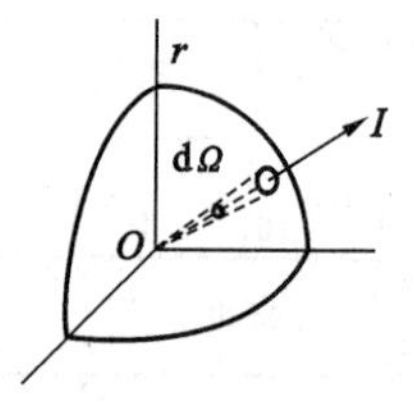

图 8.3　发光强度

$$I = \frac{d\Phi}{d\Omega} \tag{8.2}$$

式中　I——指定方向上的发光强度，cd(坎德拉)；

$d\Phi$——在立体角内传播的光通量，lm；

$d\Omega$——立体方向上的立体角元，sr(球面度)。

3. 照度

通常把物体表面所得到的光通量与这个物体表面积的比值叫做照度。照度用符号 E 表示，单位是 lx(勒克斯)。

$$E = \frac{\Phi}{S} \tag{8.3}$$

式中　Φ——光通量，lm；

S——面积，m^2；

E——照度，lx。

光通量和光强主要用来表征光源或发光体发射光的强弱，而照度用来表征被照面上接收光的强弱。

表 8.1 中列出了各种环境条件下被照面的照度，以便对照度有一个大概的了解。

表 8.1　各种环境条件下被照面的照度

被照表面	照度(lx)	被照表面	照度(lx)
朔日星夜地面	0.002	晴天采光良好的室内	100～500
望日月夜地面	0.2	晴天室外太阳散射光下的地面	1000～10000
读书所需最低照度	>30	夏日中午太阳直射的地面	100000

【例 8.1】　100 W 白炽灯输出的额定光通量是 1250 lm，假设光源向四周均匀辐射，求灯下 2 m 处的照度值。

【解】　根据式(8.3)，得

$$E = \frac{\Phi}{S} = \frac{1250}{4\pi \times 2^2} = 24.9(\text{lx})$$

故灯下 2 m 处的照度是 24.9 lx。

4. 亮度

通常把发光面发光的强弱或反光面反光的强弱叫做亮度，用符号 L 表示，单位是 cd/m^2。

$$L = \frac{I}{S} \tag{8.4}$$

式中　L——某方向上的亮度，cd/m^2；

I——特定某方向上的光强，cd；

S——特定某方向上的投影发光或反光面积，m^2。

一般当亮度超过 160000 cd/m^2 时，人眼就感到难以忍受了。

几种发光体的亮度值见表 8.2。

表 8.2 几种发光体的亮度值

发光体	亮度(cd/m^2)	发光体	亮度(cd/m^2)
太阳表面	2.25×10^9	从地球表面观察月亮	2500
从地球表面(子午线)观察太阳	1.60×10^9	充气钨丝白炽灯表面	1.4×10^7
晴天的天空(平均亮度)	8000	40 W 荧光灯表面	5400
微阴天空	5600	电视屏幕	1700～3500

除了以上四种常用光度量外，还有光谱光效率、光谱光效能等，在此不作叙述，可参阅其他书籍。

8.1.1.4 我国的照度标准

为了限定照明数量，提高照明质量，需制定照度标准。制定照度标准需要考虑视觉功效特性、现场主观感觉和照明经济性等因素。制定照度标准的方法有多种：主观法——根据主观判断制定照度；间接法——根据视觉功能的变化制定照度；直接法——根据劳动生产率及单位产品成本制定照度。具体的制定过程不作叙述。

随着我国国民经济的发展，各类建筑对照明质量要求越来越高，国家也制定了相关的照度标准，各类建筑的照度标准见表 8.3 至表 8.5。

表 8.3 居住建筑照度标准值

房间或场所		参考平面及其高度	照度标准值(lx)	Ra
起居室	一般活动	0.75 m 水平面	100	80
	书写、阅读		300	
卧室	一般活动	0.75 m 水平面	75	80
	床头、阅读		150	
餐厅		0.75 m 餐桌面	150	80
厨房	一般活动	0.75 m 水平面	100	80
	操作台	台面	150	
卫生间		0.75 m 水平面	100	80

表 8.4 学校建筑照度标准值

房间或场所	参考平面及其高度	照度标准值(lx)	UGR	Ra
教室	课桌面	300	19	80
实验室	实验桌面	300	19	80
美术教室	桌面	500	19	90
多媒体教室	0.75 m 水平面	300	19	80
教室黑板	黑板面	500	—	80

表 8.5　办公建筑照度标准值

房间或场所	参考平面及其高度	照度标准值(lx)	*UGR*	*Ra*
普通办公室	0.75 m 水平面	300	19	80
高档办公室	0.75 m 水平面	500	19	80
会议室	0.75 m 水平面	300	19	80
接待室、前台	0.75 m 水平面	300	—	80
营业厅	0.75 m 水平面	300	22	80
设计室	实际工作面	500	19	80
文件整理、复印室	0.75 m 水平面	300	—	80
资料、档案室	0.75 m 水平面	200	—	80

8.1.2　照明种类

在进行建筑电气设计时，除了考虑照度标准外，还需要考虑照明的种类。照明种类按照用途分为工作照明、事故照明、警卫值班照明、障碍照明和装饰照明等。

1. 工作照明

能保证完成正常工作、看清周围物体等的照明，叫做工作照明。工作照明又分为三种方式，即一般照明、局部照明和混合照明。

2. 事故照明

正常的照明出现故障时，为安全疏散人员和保障继续工作的照明，叫做事故照明。

下列建筑场所应该装设事故照明：

(1) 一般建筑的走廊、楼梯和太平门等处。

(2) 高层民用建筑的疏散楼梯、消防电梯及其前室、配电室、消防控制室、消防水泵房和自备发电机房。

值得注意的是，医院的手术室和急救室的事故照明应采用能瞬时可点燃的照明光源，一般采用白炽灯和卤钨灯。

3. 警卫值班照明

一般情况下，把正常照明中能单独控制的一部分或者事故照明的一部分作为警卫值班照明。警卫值班照明是在非生产时间内为了保障建筑及生产的安全，供值班人员使用的照明。

4. 障碍照明

障碍照明应该按交通部门有关规定装设。如在高层建筑物的顶端应该装设飞机飞行用的障碍标志灯；在水上航道两侧建筑物上应该装设水运障碍标志灯。障碍照明灯应采用能透雾的红光灯具，有条件时宜采用闪光照明灯。

5. 装饰照明

为美化和装饰某一特定空间而设置的照明，叫做装饰照明。装饰照明以纯装饰为目的，不兼作工作照明。

8.1.3 照明质量

建筑照明质量主要考虑照度要求、显色性要求、限制眩光等因素。

1. 照度要求

常见民用建筑照度标准见表 8.6。在进行照明设计时,应该严格遵守照度标准。

表 8.6 CIE 对不同区域或活动推荐的照度范围

区域或活动的类型	推荐照度范围(lx)	区域或活动的类型	推荐照度范围(lx)
室外交通区和工作区	20～30～50	有相当费力的视觉要求的作业	500～700～1000
交通区、简单判别方位或短暂访视	50～75～100	有很困难的视觉要求的作业	750～1000～1500
非连续使用的房间	100～150～200	有特殊视觉要求的作业	1000～1500～2000

2. 显色性要求

显色性一般用显色指数 Ra 表示,其值越大,表示显色性越好。下面给出不同场所显色指数的一般要求:

90～100 为优良,用于需要色彩精确对比的场所;

80～89 用于需要色彩正确判断的场所;

60～79 用于需要中等显色性的场所;

40～59 用于对显色性的要求较低,色差较小的场所;

20～39 用于对显色性无具体要求的场所。

3. 限制眩光

限制照明眩光,除了考虑灯具的特性外,还要考虑灯具主要方位上的亮度分布以及灯具亮度的范围限制。一般直接眩光的质量等级分为三级:

(1) Ⅰ级

在有特殊要求的高质量照明房间,如计算机房、制图室等,要求无眩光感。

(2) Ⅱ级

在照明质量要求一般的房间,如办公室和候车室等,允许有轻微眩光。

(3) Ⅲ级

在照明质量要求不高的房间,如仓库、厨房等,可以放宽到有眩光感。

8.2 常用照明电光源

8.2.1 常用电光源的分类

根据光的产生原理,目前常用的照明电光源可分为三大类。

8.2.1.1 热辐射光源

热辐射光源是利用某种物质通电加热而辐射发光的原理制成的光源,如白炽灯和卤钨灯等。

1. 白炽灯

白炽灯原理是电流将钨丝加热到白炽状态而发光的。白炽灯的性能特点是显色性较好,启动时间短，光效低。由于钨丝长期发热会使钨蒸发，附着在灯管壁上，这样会大大缩短白炽灯的寿命，因此白炽灯发光寿命短。

2. 卤钨灯

卤钨灯是在白炽灯的基础上改进制成的，其结构如图 8.4 所示。卤钨灯外壳大多采用石英玻璃管，灯头一般为陶瓷，灯丝通常做成螺旋形直线状，灯管内充入适量的氩气和微量卤素（碘或溴）。由于钨在蒸发时和卤素形成卤化钨，卤化钨在高温灯丝附近又被分解，使一部分钨重新附着在灯丝上，这样会提高灯丝的工作温度和寿命。

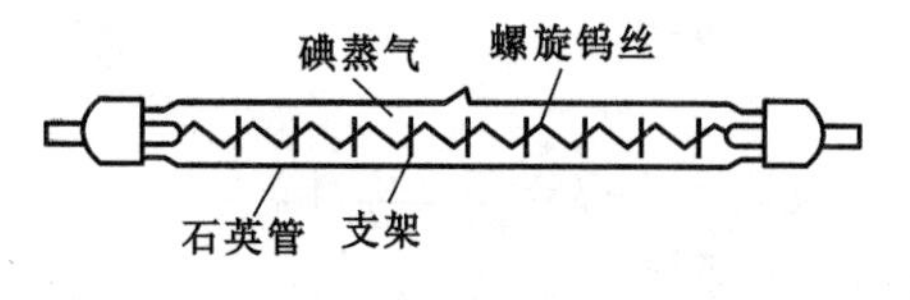

图 8.4　碘钨灯结构

8.2.1.2　气体放电光源

气体放电光源是利用汞或钠气体辐射的紫外线激活荧光粉发光的原理制成的光源，如荧光灯、高压汞灯和高压钠灯等。根据气体的压力不同，又分为低压气体放电光源和高压气体放电光源。

1. 低压气体放电光源

低压气体放电光源包括荧光灯和低压钠灯，这类灯中气体压力低。由于原子辐射主要产生的是紫外线辐射，荧光灯管壁上涂有荧光粉，在紫外线辐射作用下形成复合光，主要是可见光。

荧光灯是一种常用的低压气体放电光源，荧光灯的通电发光过程为：接通电源后，电源电压首先加在启辉器两端，双金属片受热膨胀接通，几秒钟后双金属片因为短接电阻为零不再产生热量，收缩断开。启辉器断开的瞬间，镇流器产生的瞬时高压和电源电压一起加在灯管两端，激活管内的荧光粉，灯光点亮。荧光灯的结构如图 8.5 所示。

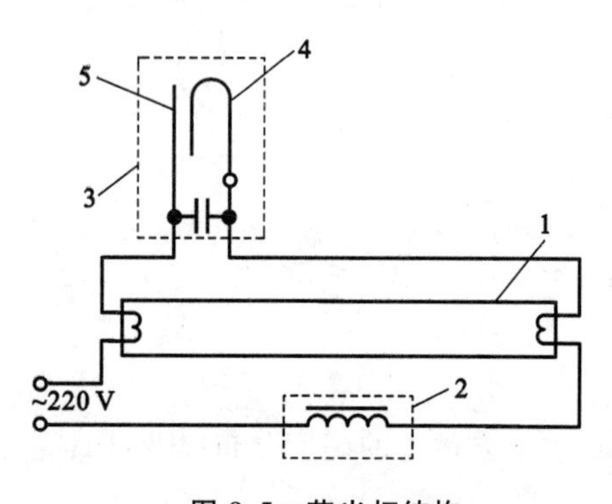

图 8.5　荧光灯结构

1—灯管；2—镇流器；3—启辉器；4—双金属片；5—固定金属片

总之，荧光灯的性能特点是启动时间较长，但是光效高，显色性较好，寿命较长。

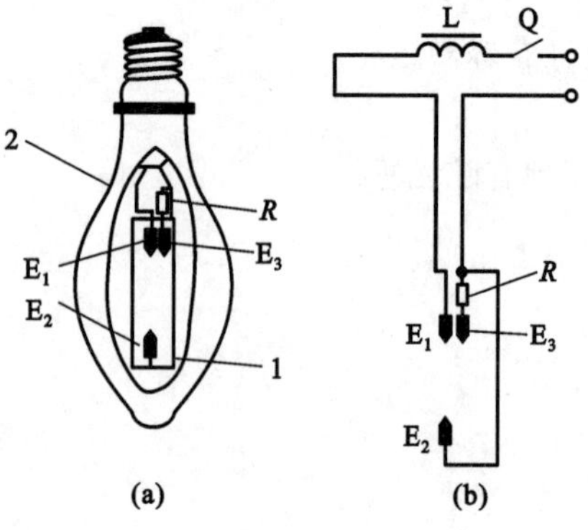

2. 高压气体放电光源

高压气体放电光源的特点是灯中气压高，原子之间的距离近，相互影响大，因此与低压气体放电光源有较大的区别。高压气体放电光源的负荷一般比较大，所以灯管的表面积也比较大，灯的功率也较大，也叫做高强度气体放电灯。

高压汞灯（又叫水银灯）是一种高压气体放电光源，如图 8.6 所示。高压汞灯通电发光过程为：接通电源后，首先在两个电极之间产生辉光放电，发热管内温度上升，促使汞气化，当汞气化到一定程度时，两电极之间开始弧光放电，灯管正式启燃。再由放电所辐射出来的紫外线激发外壳内壁的荧光粉变成可见光。在灯管点燃的瞬

图 8.6　高压汞灯结构图

(a) 结构；(b) 电路

1—石英放电管；2—玻璃外壳；R—启动电阻；E_1，E_2—主电极；E_3—辅助电极；L—镇流器；Q—开关

间，放电管内气压较低，随着放电发热管壁温度升高，汞气压增大，经过几分钟后，放电趋向稳定，灯管进入正常工作状态。

高压汞灯的发光效率高，寿命长，但是显色性较差，通常用在对色彩分辨要求不高的街道、公路、施工工地等场所。

8.2.1.3 LED光源

LED(Lighting Emitting Diode)即发光二极管，是一种半导体固体发光器件。它是利用固体半导体芯片作为发光材料，在半导体中通过载流子发生复合放出过剩的能量而引起光子发射，直接发出红、黄、蓝、绿、青、橙、紫、白色的光。LED照明产品就是利用LED作为光源制造出来的照明器具。随着电子技术的发展，目前这种光源在交通、汽车、建筑领域的应用也越来越广泛。

8.2.2 常用电光源的选择

在电气照明设计中，为了满足建筑需求，保证照明质量，首先要根据电光源的性能指标，结合建筑环境特点来选择合适的电光源。

电光源主要的性能指标是发光效率、寿命、显色性、启燃与再启燃时间、色温等，下面介绍常用光源的特点和应用场所。

1. 白炽灯

白炽灯的特点是结构简单、成本低、显色性好、使用方便、有良好的调光性能。一般用于日常生活照明，工矿企业普通照明，剧场、舞台的布景照明以及应急照明等。

2. 卤钨灯

卤钨灯的特点是体积小、功率集中、显色性好、使用方便。一般用在电视播放、绘画、摄影照明等场所。

3. 荧光灯

荧光灯的特点是光效高、显色性较好、寿命长。一般用在家庭、学校、研究所、工业、商业、办公室、控制室、设计室、医院、图书馆等场所。

4. 紧凑型高效节能荧光灯

其特点是集白炽灯和荧光灯的优点于一身，光效高、寿命长、显色性好、体积小、使用方便。一般用在家庭、宾馆等场所。

5. 荧光高压汞灯

其特点是光效较白炽灯高、寿命长、耐震性较好。一般用在街道、广场、车站、码头、工地和高大建筑的室内外照明，但不推荐应用。

6. 金属卤化物灯

其特点是发光效率很高、寿命长、显色性较好。一般用在体育场、展览中心、游乐场所、街道、广场、停车场、车站、码头、工厂等。

7. 普通高压钠灯

其特点是发光效率特别高、寿命很长、透雾性能好。一般用在道路、机场、码头、车站、广场、体育场及工矿企业等场所。

8. 管型氙灯

其特点是功率大、发光效率较高、触发时间短、不需镇流器、使用方便。一般用在广场、港口、机场、体育场等照明和老化试验等要求有一定紫外线辐射的场所。

8.3 照明灯具

8.3.1 灯具的作用

在照明设备中，灯具的作用包括：合理布置电光源；固定和保护电光源；使电光源与电源安全可靠地连接；合理分配光输出；装饰、美化环境。

可见，照明设备中仅有电光源是不够的。灯具和电光源的组合叫做照明器。有时候也把照明器简称灯具，这样比较通俗易懂。值得注意的是，在工程预算上不要混淆这两种概念，以免造成较大的错误。

8.3.2 灯具的光学特性

灯具的光学特性包括光强的空间分布、亮度分布和保护角、灯具效率等，这些特性都会影响到照明的质量。下面分别介绍这几种光学特性。

8.3.2.1 光强的空间分布

1. 相关的术语

一般灯具的光强分布用配光特性来表示。

(1) 配光

简单来说，配光就是光的分配，即灯具在各个方向上的光强分布。灯具可以使光源原先的配光发生改变。

(2) 配光特性

将配光用某种方法如数学解析式、表格或曲线等表示，就叫做配光特性。

2. 配光特性表示方法

灯具的配光特性有多种表示方法，在此介绍室内照明中常用的几种配光特性表示方法。

(1) 极坐标表示方法

具有旋转对称配光特性的灯具，取一个垂直面，将灯具在这个垂直面上的光强分布画出来，然后将垂直面绕光轴转一周，这样得出灯具配光特性的表示方法就叫做极坐标表示方法，如图8.7所示。这种方法一般适用于具有旋转对称配光特性的灯具，例如白炽灯、高压汞灯、高压钠灯及部分金属卤化物灯等。

根据灯具的配光曲线，能比较容易求得灯具在某一方向上的光强值。

(2) 列表表示法

列表表示法与极坐标表示法的区别就是将曲线用表中数值表示。在实际应用中，用曲线表示比较形象，便于定性分析。但是在照明计算中，图解法不能保证精度，而列表中可以查到比较精确的光强值。

(3) 直角坐标表示法

用直角坐标也可以表示灯具的配光特性，纵坐标表示光强，横坐标表示垂直角，如图8.8所示。这种表示方法的配光曲线在垂直方向上的光强值比极坐标表示法要准确一些，但是极坐标表示法比较形象。

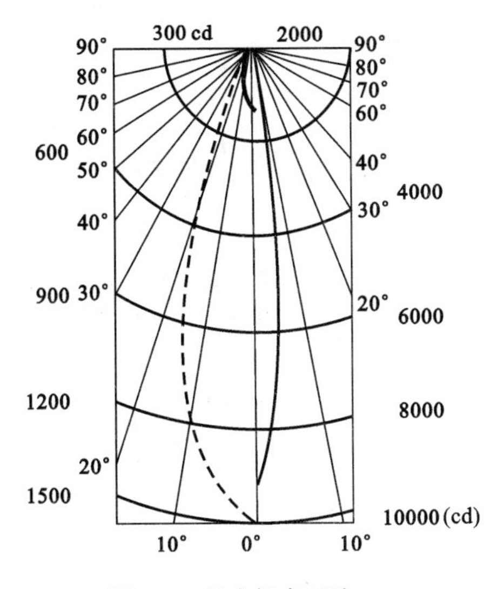

图 8.7 极坐标表示法

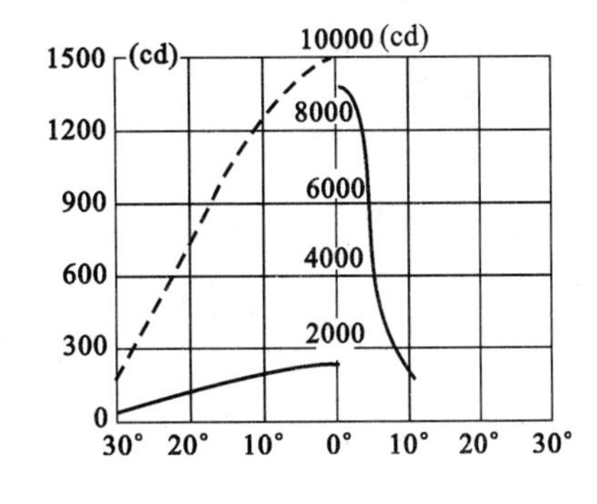

图 8.8 直角坐标表示法

8.3.2.2 灯具的亮度分布和保护角

1. 灯具的亮度分布

灯具的亮度分布是灯具在不同观察方向上的亮度 L_θ 和表示观察方向的垂直角 θ 之间的关系，即 $L_\theta = f(\theta)$。灯具的亮度分布表示方法和配光特性一样，可用极坐标或直角坐标(图 8.9)表示。

在实际应用中，主要是在垂直角 45°及以上范围内的灯具亮度会对照明质量产生影响，因此，一般只画出垂直角范围内的亮度分布曲线。

对于非对称配光的灯具，在不同水平角上有不同的亮度分布。在实际应用中，一般只计算横向和纵向两个方向上的亮度分布。

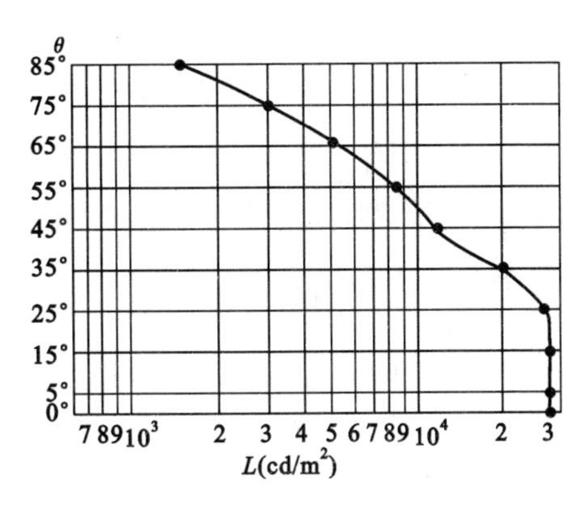

图 8.9 某灯具的亮度分布

2. 灯具的保护角

灯具的保护角反映的是灯具遮挡光源直射光的范围，又叫做遮光角。在照明技术中，一般要求发光面的平均亮度不要太高，以免刺眼不舒适。但是又希望工作面上能获得足够高的亮度。根据以上的内容，只要限制垂直角 45°及以上的灯具亮度，就可以适当解决这一矛盾。实际应用中可以采取合适的灯具，遮住这一垂直角范围内光源的直射光，这个措施叫做灯具设置了保护角。

一般来说，灯具的保护角 α 是光源的发光体与灯具出光口下缘的连线和水平线之间的夹角，如图 8.10 和图 8.11 所示。灯具的保护角范围应选在 15°～30°范围内，这样才能控制灯具的 θ 在 60°～75°范围内的亮度。

值得注意的是，格栅式灯具保护角和一般灯具不同，它用在一片格片上沿与相邻格片下沿的连线和水平线的夹角表示。格栅灯具的保护角范围为 25°～45°，保护角越大，灯具的光输出就越小。

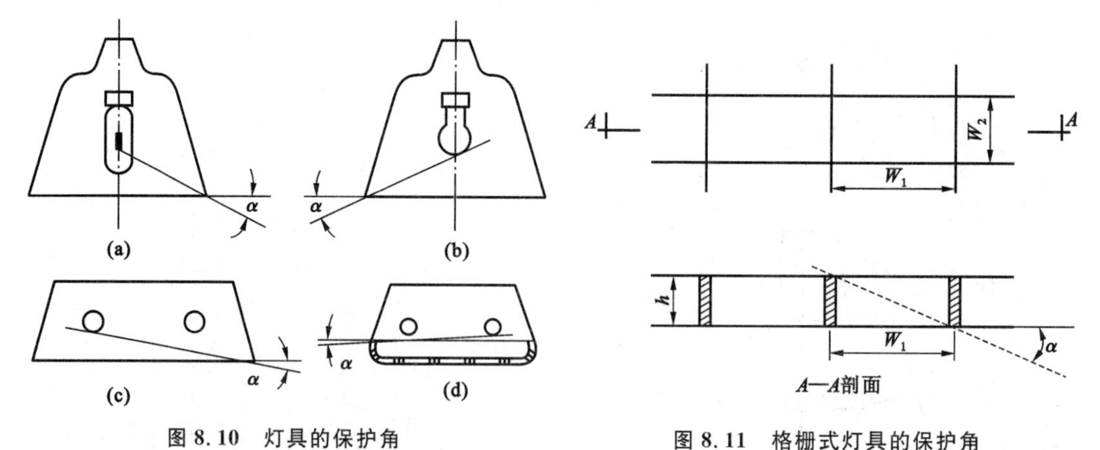

图 8.10 灯具的保护角

(a) 透明灯泡；(b) 乳白灯泡；

(c) 双管荧光灯下方敞口；(d) 双管荧光灯下口透明

图 8.11 格栅式灯具的保护角

8.3.2.3 灯具效率

电光源装入灯具后，它输出的光通量会受到限制，同时灯具也会吸收部分光能。因此，从灯具输出的光通量小于光源应输出的光通量，那么，从灯具输出的光通量 Φ_1 与灯具内所有光源在无约束条件下点燃时输出的总光通量 Φ 之比，叫做灯具效率，记作 η。

$$\eta = \frac{\Phi_1}{\Phi} \tag{8.5}$$

灯具效率与灯具的形状、所用材料和光源在灯具内的位置有关。一般希望灯具效率应尽量提高，但也要保证合理的配光特性。

总的来说，敞口式灯具效率比较高。格栅式灯具是商业、办公及其他建筑中常用的灯具，早年的格栅灯具效率很低，不足 50%。近年来采用大网孔高隔片的格栅，材料采用抛光的铝合金或不锈钢，如果设计合理，灯具的效率可高于 70%。

8.3.3 灯具的分类

灯具的类型很多，分类方法也很多，这里介绍几种常用的分类。

8.3.3.1 按照灯具结构分类

(1) 开启型

光源裸露在灯具的外面，即灯具是敞口的，这种灯具的效率一般比较高。

(2) 闭合型

透光罩将光源包围起来，内外空气可以自由流通，但透光罩内容易进入灰尘。

(3) 密闭型

这种灯具透光罩内外空气不能流通，一般用于浴室、厨房、潮湿或有水蒸气的厂房内。

(4) 防爆型

这种灯具结构坚实，一般用在有爆炸危险的场所。

(5) 防腐型

这种灯具外壳用耐腐蚀材料制成，密封性好，一般用在有腐蚀性气体的场所。

8.3.3.2 按安装方式分类

(1) 吸顶型

即灯具吸附在顶棚上。一般适用于顶棚比较光洁而且房间不高的建筑物。

(2) 嵌入顶棚型

除了发光面,灯具的大部分都嵌在顶棚内。一般适用于低矮的房间。

(3) 悬挂型

即灯具吊挂在顶棚上。根据吊用的材料不同分为线吊型、链吊型和管吊型。悬挂可以使灯具离工作面近一些,提高照明经济性,主要用于建筑物内的一般照明。

(4) 壁灯

即灯具安装在墙壁上。壁灯不能作为主要灯具,只能作为辅助照明,并且富有装饰效果。一般多用小功率电源。

(5) 嵌墙型

即灯具的大部分或全部嵌入墙内,只露出发光面。这种灯具一般用作走廊和楼梯的深夜照明灯。

8.3.3.3 按配光分类

这种方法是根据灯具上射光通量和下射光通量的比例分配进行分类的,见表 8.7。

表 8.7 灯具按配光分类的光通量分布

类型		直接型	半直接型	漫射型	半间接型	间接型
光通量分布特性(占照明器总光通量)	上半球	0～10%	10%～40%	40%～60%	60%～90%	90%～100%
	下半球	100%～90%	90%～60%	60%～40%	40%～10%	10%～0
特点		光线集中,工作面上可获得充分照度	光线能集中在工作面上,空间也能得到适当照度。比直接型眩光小	空间各个方向光强基本一致,可达到无眩光	增加了反射光的作用,使光线比较均匀、柔和	扩散性好,光线柔和、均匀。避免了眩光,但光的利用率低
示意图						

8.3.3.4 按距高比分类

灯具的距高比是指相邻灯具之间的距离 l 和灯具到工作面的高度 h 之比,用 λ 表示。

$$\lambda = \frac{l}{h} \tag{8.6}$$

根据灯具的允许距高比,一般分为以下五种类型:

(1) 特深照型

特深照型灯具的光束都集中在狭小的立体角内,允许距高比不大于 0.4。这种灯具一般用于制造某种特殊的氛围,属于补充照明。

(2) 深照型

这种灯具发出的光束比较集中,允许距高比在 0.7～1.2 之间。这种灯具一般用于较高的厂房。

(3) 中照型

中照型灯具发出的光束较大,允许距高比在1.3～1.5之间。这种灯具一般用于面积较大的房间,是应用最广泛的照明灯具。

(4) 广照型

广照型灯具允许距高比可达2.0,它不仅能使水平工作面上获得较均匀的照度,而且能获得较高的垂直面照度。这种灯具可用于各种室内照明,尤其是面积较大的房间。

(5) 特广照型

特广照型灯具的距高比可允许达到4.0。这种灯具一般用于道路照明和大厂房照明。

8.3.4 灯具的选择

选择灯具应该根据使用环境、房间用途等,并结合各种类型灯具的特性来选用。前面已经介绍了各种类型灯具适用的场所,在此介绍不同环境下选择灯具应遵守的规定:

(1) 在正常环境中,适宜选用开启式灯具。

(2) 在潮湿的房间,适宜选用具有防水灯头的灯具。

(3) 在特别潮湿的房间,应选用防水、防尘密闭式灯具。

(4) 在有腐蚀性气体和有蒸汽的场所以及有易燃、易爆气体的场所,应选用耐腐蚀的密闭式灯具和防爆灯具等。

8.3.5 灯具的布置

合理布置灯具除了涉及它的投光方向、照度均匀度、眩光限制等,还关系到投资费用、检修是否方便等问题。在布置灯具时,应该考虑到建筑结构形式和视觉要求等特点。一般灯具的布置方式有以下两种:

1. 均匀布置

灯具的均匀布置是指灯具间距按一定的规律(如正方形、矩形、菱形等形式)均匀布置,使整个工作面获得比较均匀的照度。均匀布置适用于室内灯具的布置。

当灯具按菱形或者矩形均匀布置时,灯具间距按 $L=\sqrt{L_1L_2}$ 确定,L_1、L_2 分别为矩形的行之间和列之间的距离或相邻两菱形对角线间的距离。

另外,均匀布置是否合理主要取决于距高比是否恰当。距高比小,照度的均匀度好,但经济性差;距高比过大,布灯稀少,则照度的均匀度不够。因此,一般实际的距高比要小于灯具的最大距高比。

2. 选择布置

灯具的选择布置是指为满足局部要求的布置方式。选择布置适用于有特殊照明要求的场所。

8.3.6 照度计算

8.3.6.1 照度计算的目的

计算照度是电气设计很重要的一个内容。根据房间特点、灯具的布置形式、电光源的数量及容量来计算房间工作面的均匀照度值;同时还可以根据房间特点、规定的照度标准值、灯具的布置形式来确定电光源的容量或数量。以上两种方法都是平均照度的计算。某工作点的照度也可以根据灯具的布置形式、光源数量及容量来计算,这就是点照度的计算。

8.3.6.2 照度计算的方法

计算某点照度的方法是逐点照度计算法;计算平均照度的方法有两种,分别是利用系数法和单位容量法。

1. 逐点照度计算法

逐点照度计算法可以用来计算任何指定点上的照度。这种计算方法适用于局部照明、特殊倾斜面上的照明和其他需要准确计算照度的场合。一般在设计中用得比较少,在此不作详细介绍,如有需要可查阅其他资料。

2. 利用系数法

(1) 平均照度的计算

照度计算公式为

$$E_{av} = \frac{Fn\mu\eta}{AK_1} \tag{8.7}$$

如果是根据照度标准值和其他条件计算光源数量,则公式为

$$n = \frac{E_{av}AK_1}{F\mu\eta} \tag{8.8}$$

式中 n——所需光源的数量;

E_{av}——工作面上的平均照度,lx;

F——每个光源的光通量,lm;

A——房间的面积,m^2;

K_1——照度补偿系数,查表 8.8;

η——灯具效率,查照明手册或灯具样本;

μ——利用系数,查照明手册或灯具样本。

(2) 最低照度的计算

最低照度计算公式为

$$E = E_{av}K_{min} \tag{8.9}$$

式中 E——工作面上的最低照度,lx;

E_{av}——工作面上的平均照度,lx;

K_{min}——最低照度补偿系数,查表 8.9。

将式(8.7)代入式(8.9)得:

$$E = \frac{Fn\mu\eta K_{min}}{AK_1} \tag{8.10}$$

表 8.8 照度补偿系数

环境污染特征	生产车间和工作场所举例	照度补偿系数		灯具清洗次数(次/月)
		白炽灯、荧光灯、高压汞灯	卤钨灯	
清洁	实验室、仪表装配车间、办公室	1.3	1.2	1
一般	设计室、机械加工、机械装配	1.4	1.3	1
污染严重	锻工、铸工、碳化车间	1.5	1.4	2
室外	—	1.4	1.3	1

表 8.9 最低照度补偿系数

灯具类型	距高比(l/h)			
	0.8	1.2	1.6	2.0
直接型	1.0	0.83	0.71	0.59
半直接型	1.0	1.0	0.83	0.45
间接型	1.0	1.0	1.0	1.0

【例 8.2】 某实验室面积为 24 m×10 m,桌面高度为 0.8 m,灯具吸顶安装吊高 3.8 m。如果采用 YG6-2 型双管 2×40 W 吸顶荧光灯照明,灯具效率为 86%。查照明手册得知利用系数为 0.56,试确定房间的灯具数。

【解】 采用利用系数法计算,查得室内平均照度值为 150 lx,照度补偿系数为 1.3,双管荧光灯光通量为 4800 lm。

$$n=\frac{E_{av}AK_1}{F\mu\eta}=\frac{150\times240\times1.3}{4800\times0.56\times0.86}\approx20.24(\text{套})$$

灯具可按 21 套布置。此时照度验算为

$$E_{av}=\frac{Fn\mu\eta}{AK_1}=\frac{4800\times21\times0.56\times0.86}{240\times1.3}=155.6(\text{lx})$$

稍大于平均照度推荐值,可满足使用要求。

总之,利用系数法是照度计算中常用的一种方法,尤其是进行照度计算和验算特别方便。

3. 单位容量法

单位容量法是从利用系数法演变而来的,是在各种光通利用系数和光的损失等因素相对固定的条件下得出平均照度的简化计算方法。根据房间的被照面积和推荐的单位面积安装功率来计算房间所需的总电光源功率。如果选定电光源后,就可算出房间的光源数量。

计算公式为

$$\sum P=\omega S \tag{8.11}$$

$$N=\frac{\sum P}{P} \tag{8.12}$$

式中 $\sum P$——总安装容量(功率),不包括镇流器的功率损耗,W;

S——房间面积,一般指建筑面积,m^2;

ω——单位面积安装容量,W/m^2;

P——一套灯具的安装容量,不包括镇流器的功率损耗,W/套;

N——在规定的照度下所需的灯具数,套。

若房间内的照度标准为推荐的平均照度值时,则应由下式来确定 $\sum P$ 值。

$$\sum P=\frac{\omega}{K_{\min}}S \tag{8.13}$$

【例 8.3】 某普通办公室的建筑面积为 4.1 m×5.6 m，采用简式荧光灯照明。办公桌高 0.8 m，灯具吊高 3 m，试计算需要安装灯具的数量。

【解】 采用单位容量法计算。

根据题意，$h=3-0.8=2.2$ m，$S=4.1\times5.6=22.96(\text{m}^2)$

查规范，普通办公室的照度标准值为 300 1x，普通办公室现行功率密度值 $LDP\leqslant9$ W/m²。

查相关技术手册，假设简式荧光灯照明的单位面积安装功率为 $\omega=8.5$ W/m²，则

$$\sum P=\omega S=8.5\times22.96=195.16(\text{W})$$

当安装 30 W 荧光灯(即 $P_e=30$ W)时，灯具的套数 N 为

$$N=\frac{\sum P}{P_e}=\frac{195.16}{30}\approx6.5(\text{套})，取 6 套。$$

当安装 2×22 W 荧光灯 6 套时，实际单位面积安装功率为

$$\omega_{实际}=\frac{6\times2\times22}{22.96}\approx11.5(\text{W/m}^2)>9\ \text{W/m}^2$$

《建筑照明设计标准》(GB 50034—2013)规定，普通办公室现行功率密度值 $LPD\leqslant9$ W/m²，而本例安装 2×22 W 荧光灯 6 套时，实际单位面积安装功率 LPD 为 11.5 W，违反了强条规定，应重新计算选择合适灯具。

可见，采用单位容量法进行计算时，选取灯具的安装功率偏大。现在灯具的光通量均很大，适当降低灯具的安装功率能满足照度的要求，同时单位面积安装功率又不会超过强条规定的现行功率密度值。

读者可选取安装 2×22 W 荧光灯 3 套，采用利用系数法进行验算，能满足普通办公室的照明标准：300 lx，且没有超过强条规定的现行功率密度值。

从上例可以看出，当需要确定灯具数时，采用单位容量法比较简单。

8.4 建筑物内照明配电设计

8.4.1 住宅照明

8.4.1.1 住宅照明负荷的计算

众所周知，目前的家用电器发展很快，除了传统的电视机、DVD、电冰箱、电热水器、微波炉、空调等外，电脑已经普及，也出现了大屏幕彩色电视机、即热式电热水器(功率达 6～12 kW)等大功率设备，有些电器每户还不止一台。因此，据统计调查，住宅用户的负荷可按以下方法估计(实际住宅用户的负荷比设计规范推荐的容量要大，读者应根据当地的经济发展和平均生活水平，根据实际需要并适当考虑裕量来选择住宅用电容量)。

(1) 普通住宅(小户型)

普通住宅面积在 60 m² 以下，负荷可按 4～5 kW/户计算。

(2) 中级住宅(中户型)

中级住宅面积为 60～100 m²，负荷按 6～7 kW/户计算。

(3) 高级住宅和别墅(大套型)

高级住宅和别墅面积在 100 m^2 以上，负荷按 8～12 kW/户计算。

计算总负荷时，根据住宅用户的数量，需用系数取 0.4～0.6 即可。

8.4.1.2　住宅照明的配电线路

1. 供电电源

住宅照明的电源电压为 380/220 V，一般采用三相五线制供电。电源引入可采用架空进户和电缆埋地暗敷进户两种，其中架空进户标高应大于或等于 2.5 m。

2. 配电系统

住宅宅内导线应选用铜材质导体，目前以 *BV* 型绝缘线居多。导线敷设方式为穿 PVC 管(或其他管)暗敷。按照规定，当建筑面积大于 60m^2 时，住户进户线不应小于 10mm^2，照明和插座回路支线不应小于 2.5mm^2。

图 8.12 所示是某住宅室内配电系统图的一种形式。读者也可参照课题 4 的相关内容。

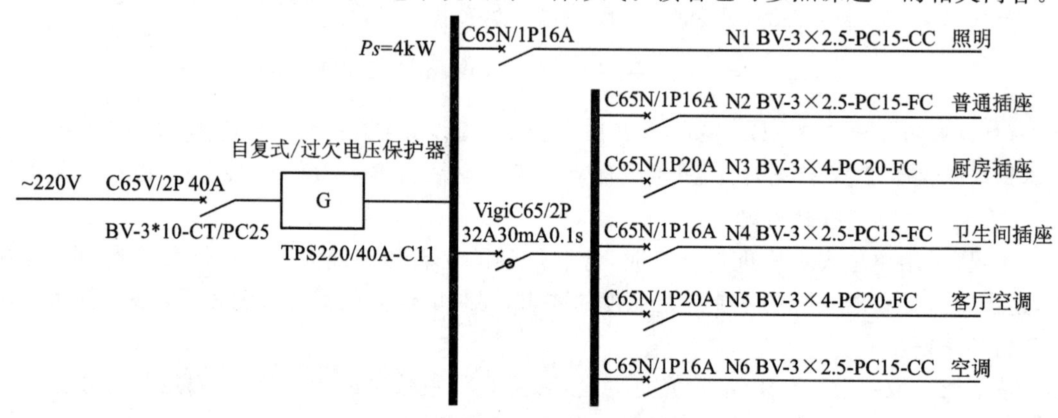

图 8.12　某住宅室内配电系统图

8.4.1.3　住宅照明设备的选择

1. 电光源

选择电光源时应考虑到照度、点灯时间、开关的频繁程度以及光源的寿命、节能效果等。

2. 灯具

选择灯具时应考虑灯具的基本技术性能及美观效果。下面介绍住宅各场所灯具的选用。

(1) 客厅(起居室)

客厅是家人聚集和招待客人的场所。根据客厅的使用特点，应有一般照明、重点照明和装饰照明三种。客厅一般照明可采用花灯，房间高度较高时，花灯采用吊链或管吊式，房间较小时用吸顶式；重点照明可采用几组可调节的射灯，也可以在客厅内布置花灯和壁灯。

(2) 餐厅

餐厅照明应能够起到刺激人的食欲的作用，而我国在饮食方面讲究色、香、味俱全，因此灯光要稍亮些。餐厅一般照明可采用向下投射的吊灯，灯泡功率为 60～120 W；重点照明可采用在餐厅设置壁灯，有的家庭设吧台，顶上可设筒灯或吊灯；装饰照明可采用直接配光型等花饰灯具。

(3) 厨房

厨房一般照明主要满足灶台、洗碗池、物品柜以及系列吊柜、碗筷柜等处的照度要求，宜采用紧凑型荧光灯；重点照明要为切菜、烹饪、洗碗提供照明，一般将灯具嵌入吊柜下设的一个夹层里面。

(4) 卧室

卧室一般照明最好选用暖色光的灯具;重点照明以台灯或落地灯为主,装饰照明则以花灯为主。

(5) 卫生间

卫生间、浴室等潮湿且易污场所,宜采用防潮易清洁的灯具。卫生间的灯具应避免安装在便器或浴室的上面及其背后。开关宜设于卫生间门外。

(6) 门厅、走廊和阳台

这些场所一般设置低照度的灯光,可采用吸顶式、嵌入式筒灯或嵌入式壁灯。

3. 插座、开关

插座的规格很多,有两孔、三孔的,有 10 A、16 A 的,有带开关的、带熔丝的、带安全门的、带指示灯的,还有防潮的等。在选用插座时应注意:安装高度低于 1.8 m 时应采用带安全门的插座;有可能使用移动式家用电器的场所,必须采用三孔插座;潮湿场所应采用密闭保护型三孔插座;对于插座电源有触电危险的家用电器(如洗衣机等),应采用带开关能断开电源的插座面板。

根据各住户的要求,开关可采用单控、双联单控、双联双控、三联或多联等各种规格。在同一处控制多个灯具时,应采用多联开关。楼梯照明灯具应采用节能延时声光开关。

4. 配电箱

一般住宅楼除了进线总配电箱外,应根据实际需要设置单元配电箱、层配电箱和户内配电箱等。目前,设计中采用户内配电箱可使入户管线简单,也为住户的操作带来方便。

8.4.2 办公楼照明

8.4.2.1 办公楼照明的负荷计算

办公楼照明负荷的计算一般采用需用系数法。当接于三相电压的单相负荷三相不平衡时,可按最大相负荷的 3 倍计算。

8.4.2.2 办公楼照明的配电线路

1. 供电电源

办公楼照明的电源电压为 380/220 V,采用三相五线制供电。与住宅照明不同的是,大型办公楼照明的电源引入线为 10 kV 高压线,因此需设置单独的变配电室,一般设在地下一层,采用干式变压器变压。电源引入方式为电缆埋地穿管引入。

2. 配电系统

办公楼照明配电干线多采用电缆穿桥架或穿钢管敷设。配电支线可采用 BV 穿 PVC 管或线槽敷设。配电系统图如图 8.13 所示。

8.4.2.3 办公楼照明设备的选择

1. 电光源

办公室是工作人员从事书写、阅读的场所,要求有比较高的照度、点灯时间长。因此,办公室照明电光源宜采用直管荧光灯;在楼梯间、走廊、洗手间等场所宜配用感应式自动控制的发光二极管灯;在一些专业性办公室,比如实验室、设计所、医疗办公室等场所,也可以采用三基色高效电子节能灯。

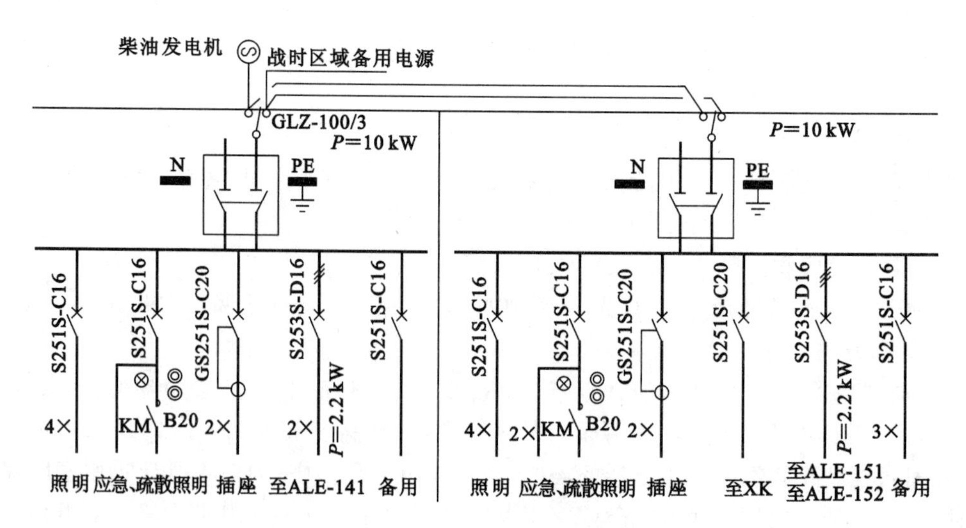

图 8.13 办公楼配电干线系统

2. 灯具

在一般办公室中，大多采用双管吸顶荧光灯，装饰较好、注重气氛的办公室可采用台灯作为补充照明；在大空间办公室中，多采用组合型天棚或光带照明；在营业性办公室，如银行营业所、铁路和汽车售票处等，多采用格栅灯；在专业性办公室，如设计所、实验室、医疗办公室等场所，主要是满足局部照明，可采用组装在桌上或橱柜等处的荧光灯或高效电子节能灯。

3. 插座、开关

在现代办公室，电脑是不可缺少的设备，因此，一般办公照明中都要设置专用的电脑插座；如果办公楼没有安装中央空调，就要考虑设置空调插座；在写字间密集的大空间办公室，插座应从地面引出，靠近办公桌；在专业性办公室，如实验室、医疗办公室等场所，应根据设备需要设置三相电源插座。

开关的选用与住宅类同。

4. 配电箱

一般办公楼除了进线总配电箱外，每层需设置层配电箱，在每个办公室还应设置照明配电箱，在专业性办公室还需设置动力配电箱。

8.4.3 学校照明

8.4.3.1 学校照明的负荷计算

学校照明负荷的计算一般也采用需用系数法，教学楼的需用系数在 0.6～0.9 范围内选取，全校的照明负荷系数在 0.5～0.8 之间选取。

8.4.3.2 学校照明的配电线路

1. 供电电源

学校的供电电源一般为高压 10 kV 进线，需设置变配电所。供电方式为 380/220 V 低压供电。学校的负荷等级一般为二级；有重要实验室的学校，负荷等级为一级。

2. 配电系统

学校宿舍楼、教学楼可采用 PVC 管暗配线；其他实验楼、综合楼干线宜采用钢管暗配，支线采用 PVC 管暗配。除了学生宿舍外,实验楼、综合楼等配电方式都采用放射式。

8.4.3.3 学校照明设备的选择

1. 电光源及灯具

在教室、实验室、办公室、学生宿舍等场所一般采用直管荧光灯,可满足这些场所有足够的照度,并且防止或减少幕反射和反射眩光;在走道、楼梯间、洗手间等场所采用发光二极管灯。

2. 插座

在教室前后各装一个 250 V、10 A 的单相两孔或三孔插座,插座的安装高度为 0.3 m 左右(小学教室的插座安装高度应为 1.4～1.6 m),应采用安全型插座;在专业实验室,根据需要每个实验台设置一个三相插座;在化学实验室,除了必要的实验设备插座之外,还需设置一个三相插座,以备毒气柜使用,同时考虑装设排气扇;在计算机实验室,每个实验台应设置 1～2 组安全型多功能插座,各实验室讲台处应设两组插座;在综合楼办公室,若没有中央空调,还应设置空调插座和电脑插座;其他场所只需设置 1～2 组普通插座即可。

3. 配电箱

学校的宿舍楼应每层设置一个层配电箱;教学楼、实验楼、综合楼则除了每层设置层配电箱外,每室还应设置室开关箱,有的实验室还需要设置动力配电箱。学校活动场所的配电箱应采取相应的安全措施。

8.4.4 商业照明

商业照明的目的是吸引顾客并提高他们的购买欲望,因此商业照明应以顾客为主体来综合考虑。一般来说,商店内的照明应愈往里愈明亮,形成一种引人入胜的心理效果。

8.4.4.1 商店照明的光源

为了诱导顾客到店里来,商店照明除了一般照明和重点照明之外,还需要有适当的装饰效果。而光源的光色和显色性对店内的气氛、商品的质感等都有很大的影响。

商业照明应选用显色性高、光效高、红外辐射低、寿命长的节能光源。对于玻璃器皿、宝石、贵金属等类陈列柜台,应采用高亮度光源;对于布艺、服装、化妆品等柜台,宜采用高显色性光源。

8.4.4.2 商店照明的灯具选择

商店照明的店前照明有橱窗照明、广告栏照明等,这部分照明主要是为了吸引顾客,一般采用各种反射灯;在设有商品的商店内,采用小型投光灯或反射灯泡照明,可获得比较理想的照度。

8.4.5 厂房照明

8.4.5.1 厂房照明负荷的计算

工厂用电设备主要是各车间生产设备,属于动力负荷,照明负荷只是很小的一部分。如果照明负荷专用一个变压器,可按下式计算:

$$P_Z = K_1 \sum P_1 + K_2 \sum P_2 \tag{8.14}$$

式中 P_Z——照明变压器的照明计算负荷,kW;

P_1——各车间工作照明灯具的安装容量,kW;

K_1——工作照明的同时系数,可取 0.6～0.8;

P_2——各车间事故照明灯具的安装容量,kW;

K_2——事故照明的同时系数,可取 0.8～1.0。

如果照明与动力合用变压器,上述计算负荷还需乘以需用系数,然后得出照明计算负荷,即

$$P_{Z1} = K_d P_Z \tag{8.15}$$

式中 K_d——需用系数,可取 0.8～1.0;

P_{Z1}——由共用变压器供给的照明负荷,kW。

8.4.5.2 *厂房照明的配电线路*

1. 供电电源

在我国电能用户中,工业用电量占电力系统总用电量的 70%左右。而工厂的用电量大部分集中在动力设备中,照明只是其中很小一部分。对于大、中型工厂,常采用 35～110 kV 电压的架空线路供电;小型工厂一般采用 10 kV 电压的电缆线路供电。工厂用电的负荷等级应为一级或二级。

工厂普通照明一般采用额定电压 220 V,380/220 V 三相四线制系统供电;在触电危险性较大的场所采用局部照明和手提式照明,应采用 36 V 及以下的安全电压;当生产房间内的灯具安装高度低于 2.5 m 时,可采用安全型灯或采用 36 V 及以下供电电压。

2. 配电系统

工厂变电所及各车间的正常照明一般由动力变压器供电,如果有特殊需要可考虑用照明专用变压器供电。手提式作业灯一般采用 220 V 或 12～36 V 移动式降压变压器临时接于各处的 220 V 插座供电。事故照明应有独立供电的备用电源。

8.4.5.3 *厂房照明设备的选择*

1. 电光源与灯具

厂房照明的目的是提高生产率,确保安全舒适的照明环境。

在高度大于 5 m 的厂房,照明光源一般采用高强度气体放电灯,如高压汞灯、金属卤化物灯等,采用较狭窄光束的灯具吊在屋檐下弦;高度为 5 m 以下的厂房,照明光源可采用荧光灯,灯具最好不要采用裸灯管。

在一些特殊厂房,如在多尘厂房,应采用防尘型灯或反射型灯泡,灯具的设置一定要便于清扫和维护;在有腐蚀性气体的厂房,一般采用密闭防腐荧光灯;在相对湿度经常处于 95%以上的厂房,应采用防潮灯,灯具的引下线也应严格密封;在有爆炸性气体的危险厂房,应采用防爆型灯或安全型灯;在有火灾危险的厂房,应采用密闭型灯。

2. 插座和配电箱

照明一般采用 220 V 普通插座,在一些特殊厂房应根据实际情况采用防水型插座、防爆型插座或密闭型插座等。在一些特殊场所,插座的安装高度可根据实际情况适当降低 0.15 m。

工厂照明配电箱一般按区域划分,并且与动力配电箱分开设置,工厂在有条件时可按车间设置照明配电箱。

总之,建筑物内照明除了上述各种照明之外,还包括歌舞厅、影剧院、旅馆内照明等,在此不作详细叙述,如有需要可查阅相关资料。

8.5 建筑物外照明配电设计

8.5.1 道路照明

8.5.1.1 道路照明的供电系统

道路照明属于城市公共照明，供电电源来自城市公共电网，使用独立的变压器，供电电压为380/220 V。道路照明的线路一般采用埋地电缆。

8.5.1.2 道路照明的光源

道路照明的目的是使各种机动车辆的驾驶者在夜间行驶或行人在夜间行走时能辨认出道路上的各种情况，以保证安全。同时，良好的道路照明还能起到美化都市环境的作用。

道路照明应考虑到车辆、行人及街道周围的建筑物，因此对光源的光色和显色性有一定的要求。在郊区公路上，采用显色性较差、光色单一的黄光低压钠灯；在接近市区的公路、市区小路可采用高压汞灯；市内一般街道采用高压钠灯，繁华街道采用金属卤化物灯。

目前已经开始推广使用LED灯、太阳能路灯等，但使用还不是很多。

8.5.1.3 道路照明方式

(1) 杆柱式照明

杆柱式照明是一种应用比较广泛的道路照明方式。这种方式是指灯具安装在高度为15 m以下的灯杆顶端，沿道路布置灯杆。杆柱式照明的特点是：可以根据需要和道路线形变化设置灯杆，并且每个灯具都能有效照亮道路，比较经济，在弯道上也能得到良好的诱导性。杆柱式照明可以应用于一般道路、立体交叉点、停车场、桥梁等处。

(2) 高杆式照明

在15～40 m的高杆上装上多个大功率灯具进行大面积照明的方式叫做高杆式照明。高杆式照明是从高处照亮路面，路面亮度、均匀度极好。另外，高杆一般位于车道外，便于维修、清扫和换灯，不影响交通秩序。同时，高杆式照明可兼顾附近建筑物、树木、纪念碑等的照明，也可兼顾景物照明。但是，高杆式照明初期投资大。这种照明方式适用于复杂的立体交叉点、混合点、停车场、高速公路的休息场、港口、码头、各种广场，一般只要是大面积照明的地方都可采用。

目前，高杆式照明多数做成可升降的灯盘，以便维修，但其缺点是不便于调整灯具的瞄准点。

(3) 悬链式照明

悬链式照明是指在档距较大的杆柱上悬挂钢索，在钢索上装置多个灯具，灯具间隔一般较小。悬链式照明可以得到比较高的照度和均匀度，有良好的诱导性，并且杆柱数量较少，事故率很低。悬链式照明一般不能用在曲率半径较小的弯道处。

(4) 栏杆式照明

栏杆式照明是指沿道路轴线在车道两侧栏杆离地约1 m高的位置设置灯具。这种照明方式的特点是不用灯杆，比较美观，但建设、维护费用高，灯具易受污染，路面亮度不均匀。栏杆式照明仅用于车道宽度较窄的一些特殊场合。

8.5.2　室外建筑物照明

8.5.2.1　室外建筑物照明的供电系统

对于有观赏价值的大型楼、堂、馆、所等建筑物或者用于营业的商业楼，需要设置夜间观赏的立面照明。这种室外建筑物照明的供电线路取自本建筑物的供电系统，设置独立回路，单独控制。

8.5.2.2　室外建筑物的光源

室外建筑物照明的目的是使建筑物引人注目，并产生动人的艺术效果，同时可以美化城市夜景。

我国室外建筑物的照明过去多采用沿建筑物轮廓装设彩灯，这种方法简单易行，但艺术效果欠佳，耗电量也大。由于能透过光的灯具光色好、立体感强，所需灯具的功率小，所以目前室外建筑物的照明多采用投光灯。

如果被照建筑物的背景较亮，则需要装设更多的灯光才能获得所要求的对比效果；如果背景较暗，仅需较少的灯光便能使建筑物的亮度超过背景。另外，在安装投光灯时，要结合建筑物本身的特点，选择安装位置。对于纪念性建筑物或有观赏价值的风景区，一般在离开建筑物一定距离的位置装设；如果被照建筑物地处比较狭窄的街道，则投光灯在建筑物本体上装设。

8.5.3　夜景照明

夜景照明除了室外建筑物照明之外，还包括公园、广场等设施的装饰照明。

公园夜景照明中，树木由投光灯具照射，利用明暗对比显示出深远来；投光灯照射假山时，要使棱线最亮，其他部分逐渐暗淡下来；照射草坪或花坛时，则要利用光环形成有韵味的图形；在喷水池的喷水口或瀑布流入池塘的地方，应在水面以下装设灯光；在节日里，公园还应装饰彩灯以营造节日的欢乐气氛。

广场的光源一般多采用大功率、高光效光源，如大容量氙灯、高压汞灯、荧光高压汞灯、钠灯、金属卤化物灯等。广场类型很多，集会广场是节日集会、人们欣赏自然的场所，最好采用显色性良好的光源；以休息为主要功能的广场，其照明采用白炽灯等暖色光的灯具最适宜，但从维修和节能考虑，推荐采用汞灯和节能灯；交通广场是人员车辆集散的地方，应采用显色性良好的光源；在火车站中央广场，因为旅客流动量大，容易沾上灰尘或受到其他污染，因此光源一般设置在广场中心，采用容易维护的灯具。广场灯具的安装方式一般采用高杆照明方式和投光灯照明方式。

8.5.4　庭院照明

8.5.4.1　庭院照明的光源

庭院照明的目的是表现建筑物或构筑物的特征，并能显示出建筑艺术立体感。庭院照明的光源一般采用小功率高显色性的高压钠灯、金属卤化物灯、高压汞灯和白炽灯。庭院照明的灯具可采用半截光或半截配光型灯具，主要包括投光灯、低杆灯和矮灯等。

8.5.4.2　庭院照明的种类

(1) 庭院照明

庭院照明主要在假山和草径旁设置地灯，道路的上下坡、拐弯或过溪涉水的地方设置路灯。

(2) 树木花卉照明

树木花卉照明主要采用突出重点的投影式照明方式。

(3) 雕塑照明

雕塑照明针对不同形状和高度的雕塑,为了突出雕塑的某些重要特征,一般设置局部照明。

(4) 旗杆照明

其灯具一般设置在旗帜展开的范围之内,方向向上并向旗杆方向倾斜。

(5) 水景照明

水幕或瀑布的照明灯具布置在水流下落处的底部,灯具射出的光是垂直的或水平的。静止的水面或池塘可采用泛光照明或掠光照明。

(6) 桥的照明

桥的照明主要突出桥的外形和轮廓,可采用散光照明、补充照明、强光照明、线光照明等方式,分别突出桥的拱面和侧面,烘托出桥的外形轮廓。

(7) 喷泉照明

喷泉照明要突出水花的各种风姿,利用灯具形成不同光的分布,造成特有的艺术效果。灯具一般设置在喷水嘴周围喷水端部水花散落瞬间的位置。

8.6 照明设计实例

8.6.1 某住宅楼电气照明施工图

8.6.1.1 电气设计说明

以下是某住宅楼的电气设计说明的具体内容。

电气设计说明

一、设计依据

1. 甲方提供的设计资料。

2. 有关专业提供的设计资料。

3. 本工程设计采用的国家有关设计规范、标准:

《民用建筑电气设计规范》(JGJ 16—2008);

《低压配电设计规范》(GB 50054—2011);

《住宅设计规范》(GB 50096—2011);

《建筑照明设计标准》(GB 50034—2013)。

二、设计内容

本工程设计内容包括低压配电、照明系统。

三、配电方式

配电系统采用放射式、树干式结合的配电方式。低压配电系统接地保护的形式为 TN-C-S 系统。

四、导线选择及线路敷设方式

1. 导线全部采用 BV-500 V 型铜芯塑料线,配电干线采用穿钢管埋墙、埋地暗敷设。由住户配电箱 HX 引至灯具及插座的支线采用钢管暗设，至普通插座及照明的线路为：3×2.5 mm²PVC16，引至空调插座、卫生间插座、厨房及餐厅插座的线路为：3×4 mm²PVC20。照明为顶板内，插座为地板内，管线沿墙、现浇板内暗敷，2.5 mm² 导线穿管管径为：3 根及以下穿 PVC16，4～6 根穿 PVC20。

2. 全楼配电箱为嵌墙暗装，安装高度详见材料表。所有照明开关均为暗开关，安装高度为 1.3 m，楼梯间照明开关采用声光控节能开关，安装高度为 2.4 m。插座均为暗装，安装高度详见平面图，未注明高度的均为底边距地 0.3 m。

3. 土建施工时，电气人员要密切配合，事先做好预留洞及预埋管的工作，避免事后开墙打洞影响工程质量。

8.6.1.2　**主要设备材料表**

表 8.10 所示是某住宅楼的主要设备材料表。

表 8.10　某住宅楼主要设备材料表

编号	符　号	名　称	型　　号	备　注
1		吸顶灯	型号自选	吸顶安装
2		防水防尘灯	型号自选　1×60 W	吸顶安装
3		壁灯	型号自选　1×40 W	距地 2.4 m 安装
4		白炽灯	型号自选　1×40 W	软线吊装
5		换气扇	型号自选　1×40 W	施工现场定
6		暗装单联单控开关	GKB6B1/1　10 A　250 V	底距地 1.3 m 暗装
7		暗装双联开关	GKB6B2/1　10 A　250 V	底距地 1.3 m 暗装
8		暗装三联开关	GKB6B3/1　10 A　250 V	底距地 1.3 m 暗装
9		声光控节能开关		底距地 2.4 m 暗装
10		暗装插座(二,三孔)	GKB6/10US　10 A　250 V	底距地 0.3 m 暗装
11		卫生间插座	GKB6/10US+GKB223DV　10 A　250 V	底距地 1.5 m 暗装
12		热水器插座	GKB6/10US+GKB223DV　10 A　250 V	底距地 1.8 m 暗装
13		厨房插座	GKB62/10US　10 A　250 V	底距地 1.5 m 暗装
14		暗装空调插座	GKB6/16US　16 A　250 V	底距地 1.8 m (0.3 m)暗装
15		抽油烟机插座	GKB6/10US+GKB223DV　10 A　250 V	距暗装顶板下 0.1m
16	ALZ	照明配电箱	详见系统图	详见系统图
17		层计量箱	ZPXR-06	底距地 1.8 m 暗装
18	HX	用户配电箱	HXR-l(04)	底距地 1.8 m 暗装

8.6.1.3 配电系统图

配电系统图包括图 8.14 所示的配电箱系统图和图 8.15 所示的竖向配电系统图。

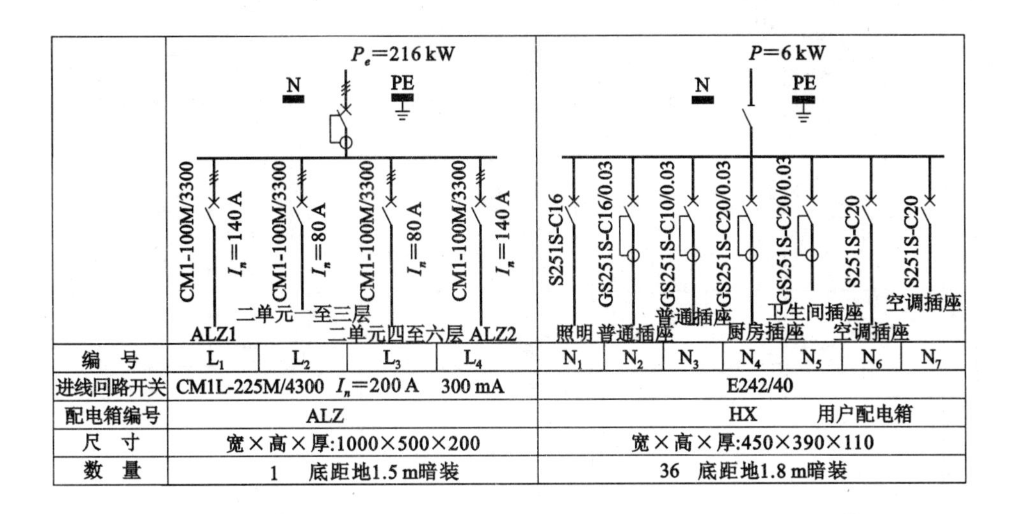

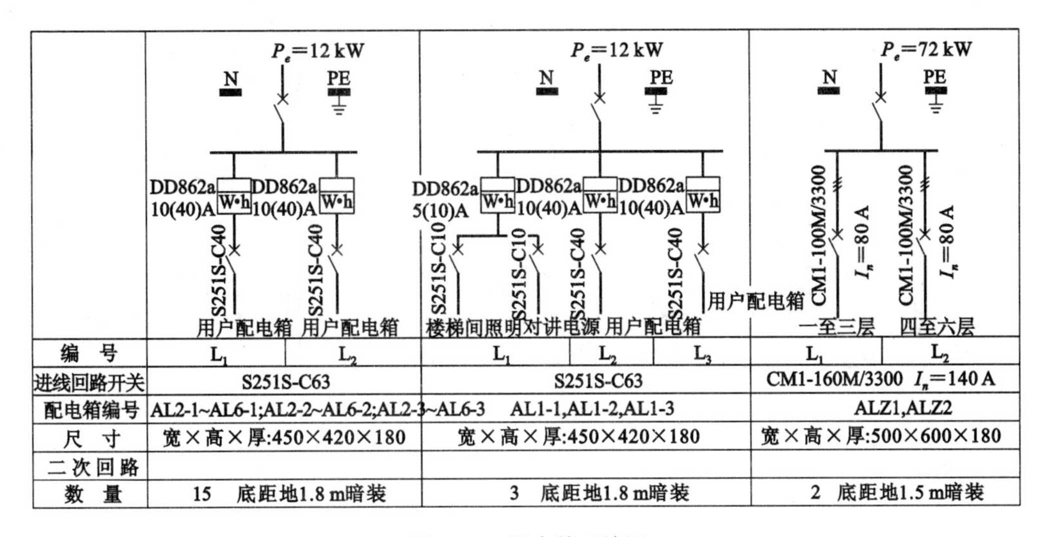

图 8.14 配电箱系统图

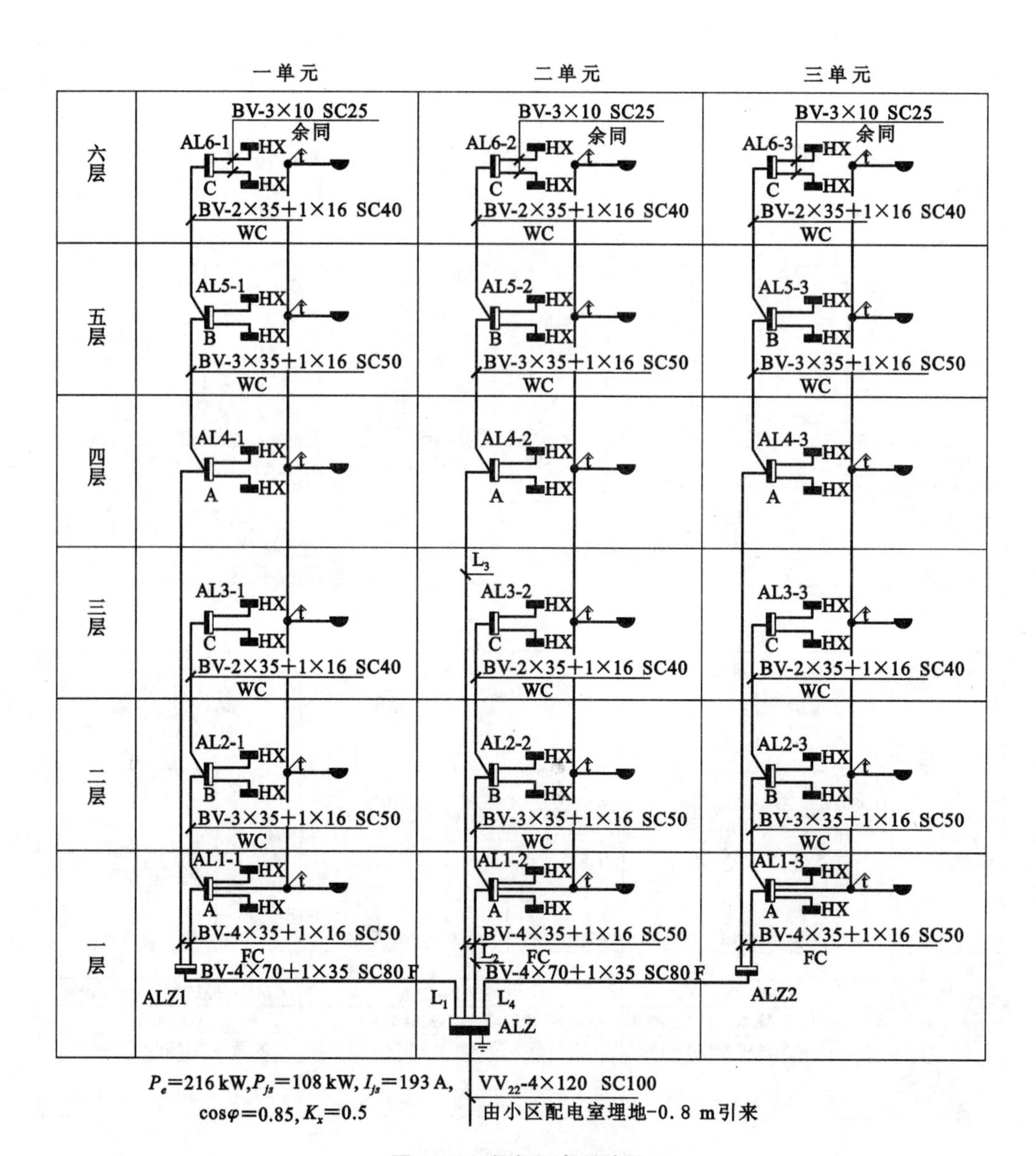

图 8.15 竖向配电系统图

8.6.1.4 照明配电平面图

照明配电平面图如图 8.16 至图 8.19 所示。

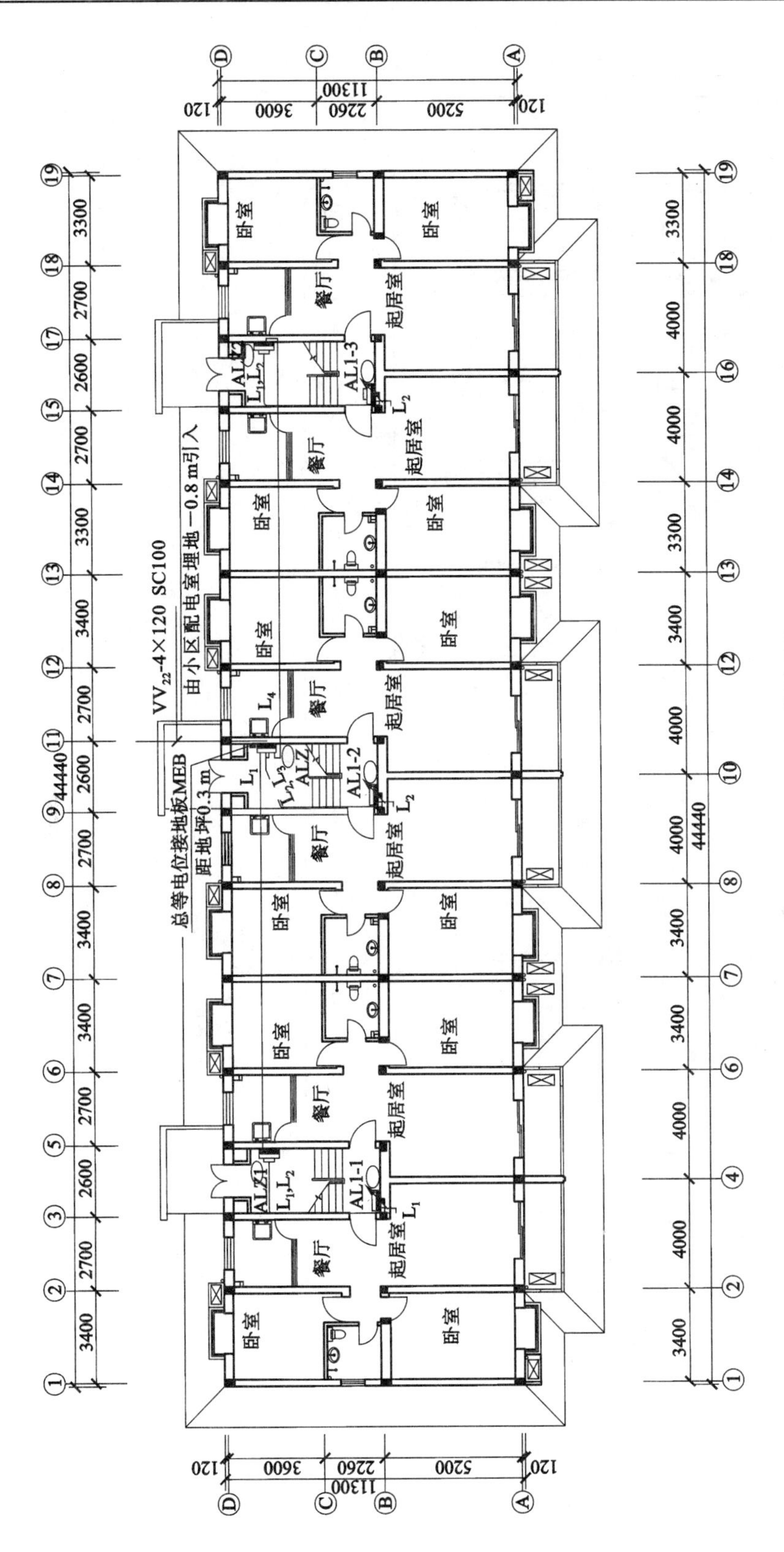

图 8.16　一层配电干线平面图 (1:100)

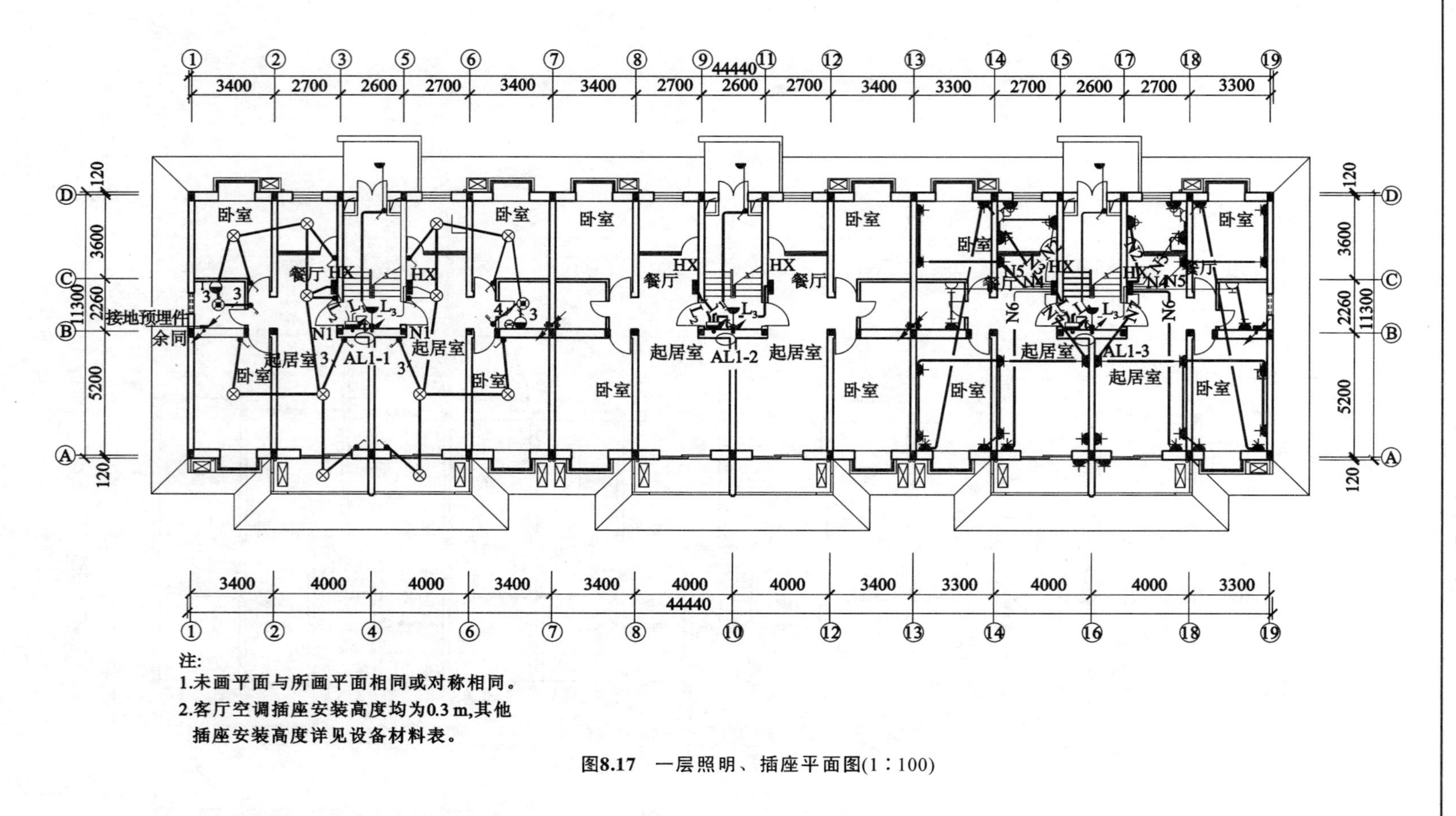

注:
1.未画平面与所画平面相同或对称相同。
2.客厅空调插座安装高度均为0.3 m,其他插座安装高度详见设备材料表。

图8.17　一层照明、插座平面图(1∶100)

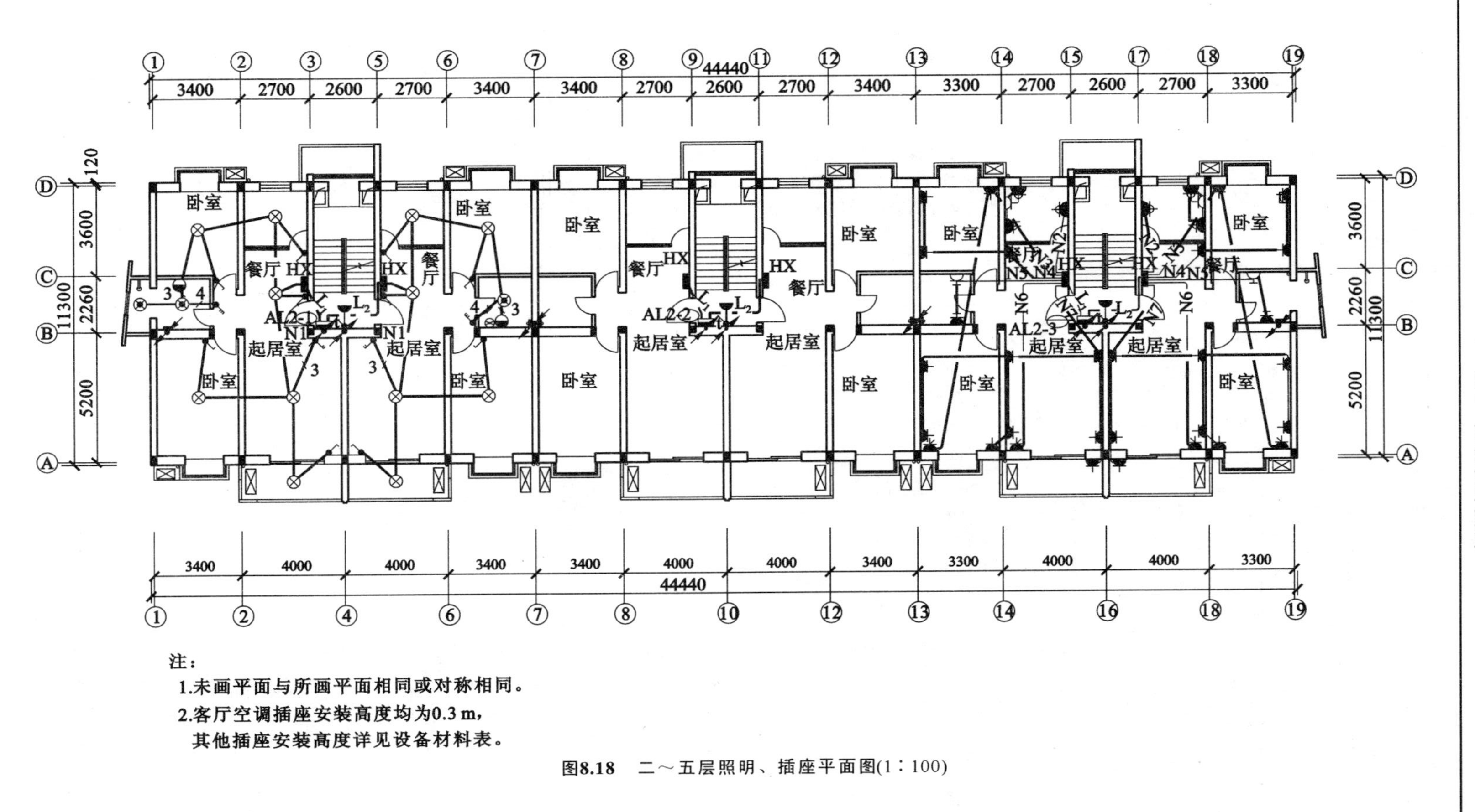

注：

1.未画平面与所画平面相同或对称相同。

2.客厅空调插座安装高度均为0.3 m，

其他插座安装高度详见设备材料表。

图8.18 二～五层照明、插座平面图(1∶100)

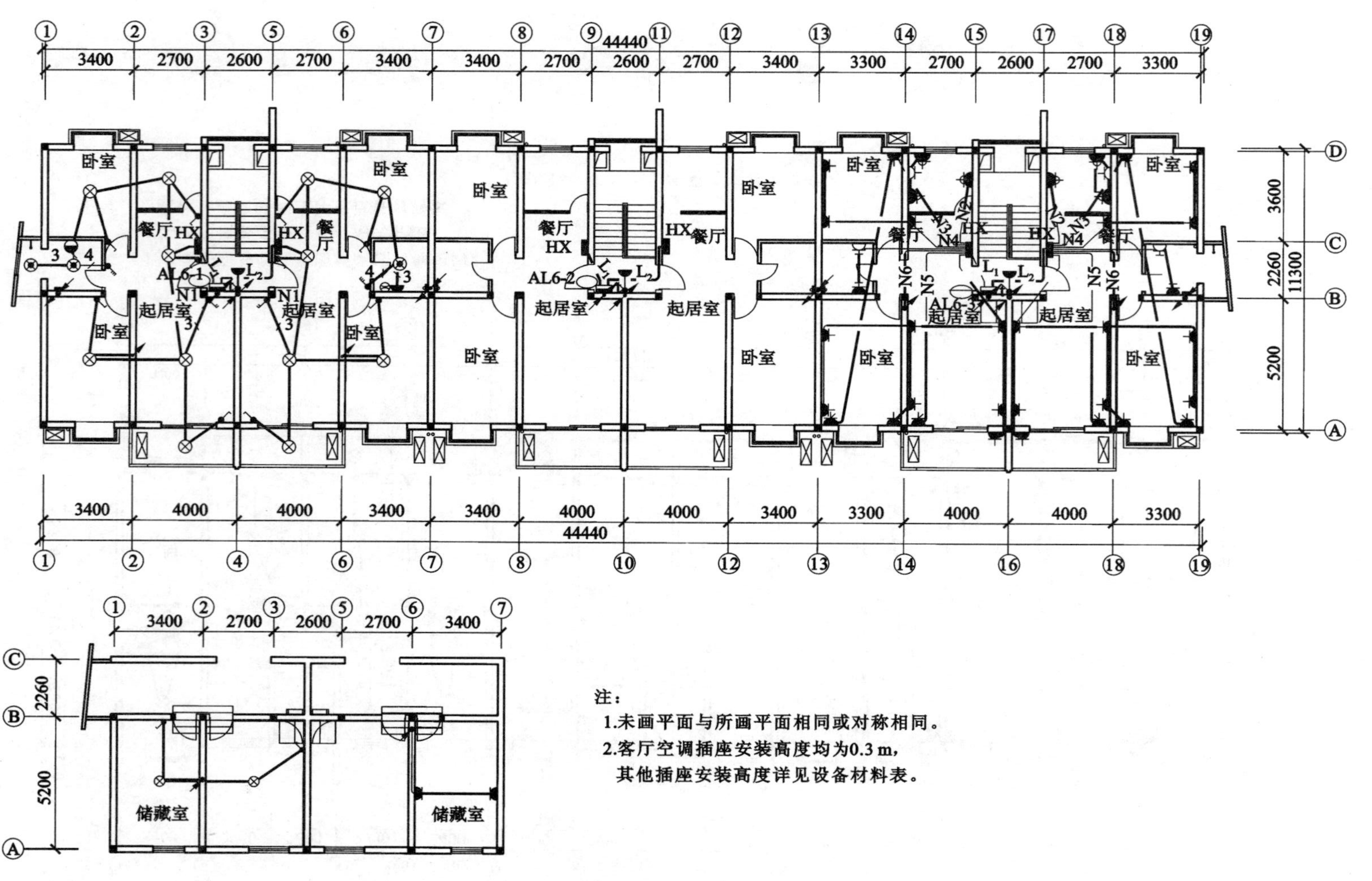

图8.19　六层及坡屋顶内照明、插座平面图(1：100)

8.6.2 某办公楼电气照明施工图

8.6.2.1 电气设计说明

以下是某办公楼的电气设计说明的具体内容。

电气设计说明

一、设计依据

1. 建筑概况

本工程位于曲江雁南路。总建筑面积约为1600 m^2。地上共三层，一层为架空花园，二层为报告厅，三层为办公场所。建筑物高度为13.5 m。结构形式为框架。

建筑形式：多层办公楼。建筑耐火等级：一、二级。

2. 相关专业提供的工程设计资料。

3. 甲方提供的设计任务书。

4. 中华人民共和国现行主要标准及法规：

《民用建筑电气设计规范》(JGJ 16—2008)；

《建筑设计防火规范》(GB 50016—2014)

《供配电系统设计规范》(GB 50052—2009)；

《低压配电设计规范》(GB 50054—2011)；

《办公建筑设计规范》(JGJ 67—2006)；

《建筑照明设计标准》(GB 50034—2013)。

二、设计范围

1. 本工程设计包括低压配电系统和照明系统。

2. 与其他专业设计的分工

室外照明系统由专业厂家设计，本设计仅预留电源；

有特殊装修要求的场所，由室内装修设计负责进行照明平面的设计，本设计将电源引至配电箱，预留装修照明容量。

三、低压配电系统

1. 本工程作为比较重要的办公建筑，采用两路电源供电。

2. 根据专业提供的资料，由邻近宾馆引一路低压线路至二层总配电箱作为工作电源，另一路低压线路作为备用，手动投切，消控室电源由室外采用专用电源回路供电，并与正常电源末端切换供电。配电方式采用放射式配电。低压配电系统接地保护形式为TN-S系统。

四、照明系统

1. 光源：有装修要求的场所视装修要求商定，办公室、会议室等采用细管径直管型荧光灯。办公室、会议室照明负荷密度为11 W/m^2，照度为300 lx。

2. 照明、插座分别由不同支路供电，照明为单相二线，插座为单相三线，工程内未注明的应急、疏散照明线路均采用BV-2.5 mm^2型导线穿钢管沿顶板明敷设。其余照明线路穿钢管暗敷设。导线根数为2～3根穿SC15，4～6根穿SC20，至插座的导线为BV-4 mm^2，3根穿SC20，5根穿SC25，沿楼板、墙内暗敷设。其他导线规格及敷设方式见平面图及系统图。

3. 应急照明

在走廊、楼梯间等场所设置疏散照明。

疏散通道上设置电池式疏散指示标志。

出口标志灯、疏散指示灯、疏散楼梯应急照明灯、走道应急照明灯采用蓄电池式单灯供电的应急照明系统，应急照明持续供电时间应大于 60 min。

4. 装饰用灯具需与装修设计部门及甲方商定，功能性灯具如荧光灯、出口标志灯、疏散指示灯需有国家主管部门的检测报告，达到设计要求的方可投入使用。

5. 除注明外，其余灯具的安装方式详见设备材料表。

6. 室外立面照明、花园照明由专业厂家设计，设计院配合。

7. 装修场所照明配电设计时，应考虑 15% 的应急照明。

8. 照明控制

(1) 咖啡厅的照明采用照明配电箱就地控制；

(2) 走廊等处的疏散用应急照明为长明灯。

五、设备选择及安装

1. 各层照明配电箱，除竖井内明装外，其余均为暗装(柱子上除外)；安装高度为底边距地 1.5 m。

2. 照明开关、插座均为暗装，除注明者外，均为 250 V、10 A，应急照明开关应带电源指示灯。除注明者外，插座均为单相两孔或三孔安全型插座。普通插座均为底边距地 0.3 m，开关底边距地 1.3 m，距门框 0.2 m，有淋浴、浴缸的卫生间内开关、插座选用防潮防溅型面板。

3. 出口标志灯在门上方安装时，底边距门框 0.2 m；若门上无法安装时，在门旁墙上安装，顶面距吊顶 50 mm。出口标志灯明装，疏散诱导灯暗装，底边距地 0.3 m，管吊时底边距地 2.5 m。

8.6.2.2　**主要设备材料表(表 8.11)**

表 8.11　某办公楼主要设备材料表

编号	符号	名　称	型号及规格	备　注
1		吸顶应急灯	型号自选　32 W　大于 60 min	吸顶安装
2		吸顶灯	型号自选　32 W	吸顶安装
3		应急格栅灯	型号自选　应急时间大于 60 min，配电子镇流器	嵌顶安装
4		格栅灯	型号自选　配电子镇流器	嵌顶安装
5		应急筒灯	型号自选　应急时间大于 60 min	嵌顶安装
6		筒灯	32 W	嵌顶安装
7		防水防尘灯	型号自选	吸顶安装
8		壁灯	型号自选	距地 2.4 m 安装
9		双管日光灯	型号自选　2×40 W　配电子镇流器	软线吊装
10		柱杆灯	型号自选　26 W	距地 2.5 m 安装
11		节能灯	型号自选	软线吊装
12		换气扇	型号自选　1×40 W	施工现场定

续表 8.11

编号	符号	名　　称	型号及规格	备　　注
13		双头应急灯	2×7 W	距地 2.5 m 安装
14	EXIT	出口指示灯	DS-YJ101　2 W　大于或等于 90 min	门框上方 0.2 m 明装
15		疏散指示灯	DS-YJ106　2 W　大于或等于 90 min	距地 0.5 m 安装
16		暗装单联单控开关	GKB6B1/1　10 A　250 V	底距地 1.3 m 暗装
17		暗装双联开关	GKB6B2/1　10 A　250 V	底距地 1.3 m 暗装
18		暗装三联开关	GKB6B3/1　10 A　250 V	底距地 1.3 m 暗装
19		暗装插座(二,三孔)	GKB6/10US　10 A　250 V	底距地 0.3 m 暗装
20		卫生间插座	GKB6/10US+GKB223DV　10 A　250 V	底距地 1.5 m 暗装
21		热水器插座	GKB6/10US+GKB223DV　10 A　250 V	底距地 1.8 m 暗装
22		动力照明配电箱	详见系统图	安装情况详见配电箱系统图
23		照明配电箱	详见系统图	安装情况详见配电箱系统图

8.6.2.3　配电系统图

配电系统图包括图 8.20 所示的竖向干线系统图和图 8.21 所示的配电箱系统图。

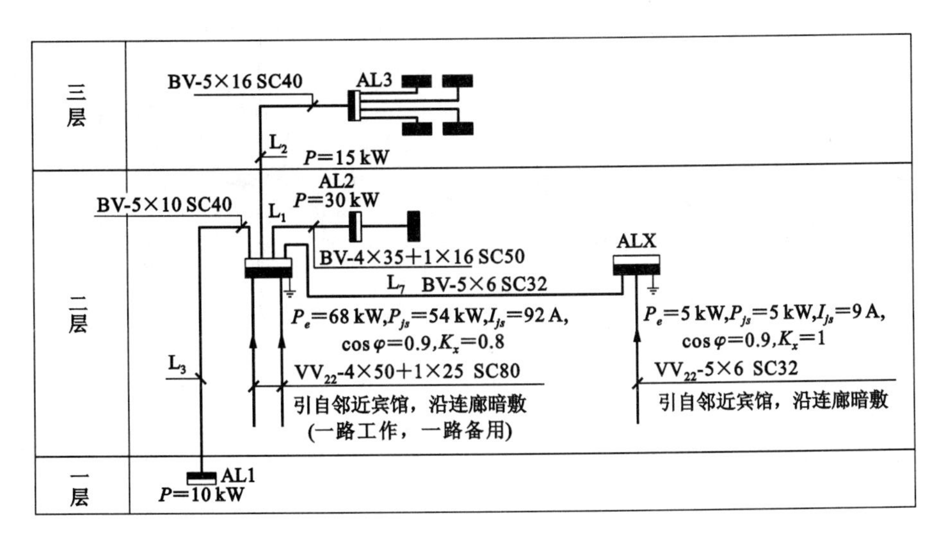

图 8.20　竖向干线系统图

8.6.2.4　照明配电平面图

照明配电平面图部分图形如图 8.22 至图 8.24 所示。

编　号	L1	L2	L3	L4	L5	L6	L7
回路	AL2	AL3	AL1	电井照明	普通插座	外景照明	ALX
进线回路开关	DF-A-125A/09 500mA						
配电箱编号	ALZ						
尺　寸	宽×高×厚:700×1800×400						
二次回路							
数　量	1　落地安装						

编　号	N1~N5	N6~N11	N12~N14	N15~N17	N18	N19	N20,N21	N22~N24
回路	应急疏散照明	照明	普通插座	风机盘管	AL2X	电视前端箱	排风机	备用
进线回路开关	HUM8-100S/3300 I_n=63 A							
配电箱编号	AL2							
尺　寸	宽×高×厚:500×600×200							
二次回路	99D303-2 43,44 页							
数　量	1　底距地1.5 m暗装							

编　号	L1	L2	L3	L4
回路	AL31	AL32	AL33	AL3X
进线回路开关	HUM8-100S/3300 I_n=40 A			
配电箱编号	AL3			
尺　寸	宽×高×厚:500×600×200			
二次回路				
数　量	1　底距地1.5 m明装			

编　号	L1	L2
回路	新风机组	新风机组
进线回路开关	HUM18-63/3P-D16	
配电箱编号	AL2X	
尺　寸	宽×高×厚:320×350×200	
二次回路	99D303-2 45,46 页	
数　量	1　底距地1.5 m暗装	

编　号	
回路	新风机组
进线回路开关	HUM18-63/3P-D10
配电箱编号	AL3X
尺　寸	宽×高×厚:320×350×200
二次回路	99D303-2 45,46 页
数　量	1 底距地1.5 m暗装

编　号	N1	N2~N6	N7~N12	N13,N14	N15
回路	应急疏散照明	照明	普通插座	风机盘管	备用
进线回路开关	HUM18-40/3P C25				
配电箱编号	AL31				
尺　寸	宽×高×厚:500×600×200				
二次回路					
数　量	1　底距地1.5 m暗装				

编　号	N1	N2~N5	N6	N7,N8	N9
回路	应急疏散照明	照明	普通插座	风机盘管	备用
进线回路开关	HUM18-40/3P C25				
配电箱编号	AL32				
尺　寸	宽×高×厚:500×600×200				
二次回路					
数　量	1　底距地1.5 m暗装				

编　号	N1	N2~N5	N6	N7~N9
回路	应急疏散照明	照明	普通插座	备用
进线回路开关	HUM18-40/3P C25			
配电箱编号	AL33			
尺　寸	宽×高×厚:500×600×200			
二次回路				
数　量	1　底距地1.5 m暗装			

编　号	N1	N2	N3	N4~N6
回路	应急照明	检修插座	报警器电源	备用、电涌保护器
进线回路开关	GLD-100 A I_n=25 A			
配电箱编号	ALX			
尺　寸	宽×高×厚:500×600×200			
二次回路				
数　量	1　底距地1.5 m明装			

编　号	N1~N9	N10~N15
回路	照明	备用
进线回路开关	HUM18-40/3P C25	
配电箱编号	AL1	
尺　寸	宽×高×厚:500×600×200	
二次回路		
数　量	1　底距地1.5 m暗装	

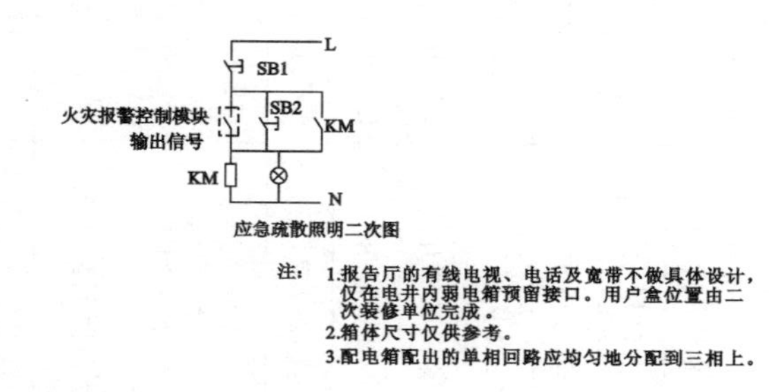

应急疏散照明二次图

注：1.报告厅的有线电视、电话及宽带不做具体设计，仅在电井内弱电箱预留接口。用户盒位置由二次装修单位完成。
2.箱体尺寸仅供参考。
3.配电箱配出的单相回路应均匀地分配到三相上。

图8.21　配电箱系统图

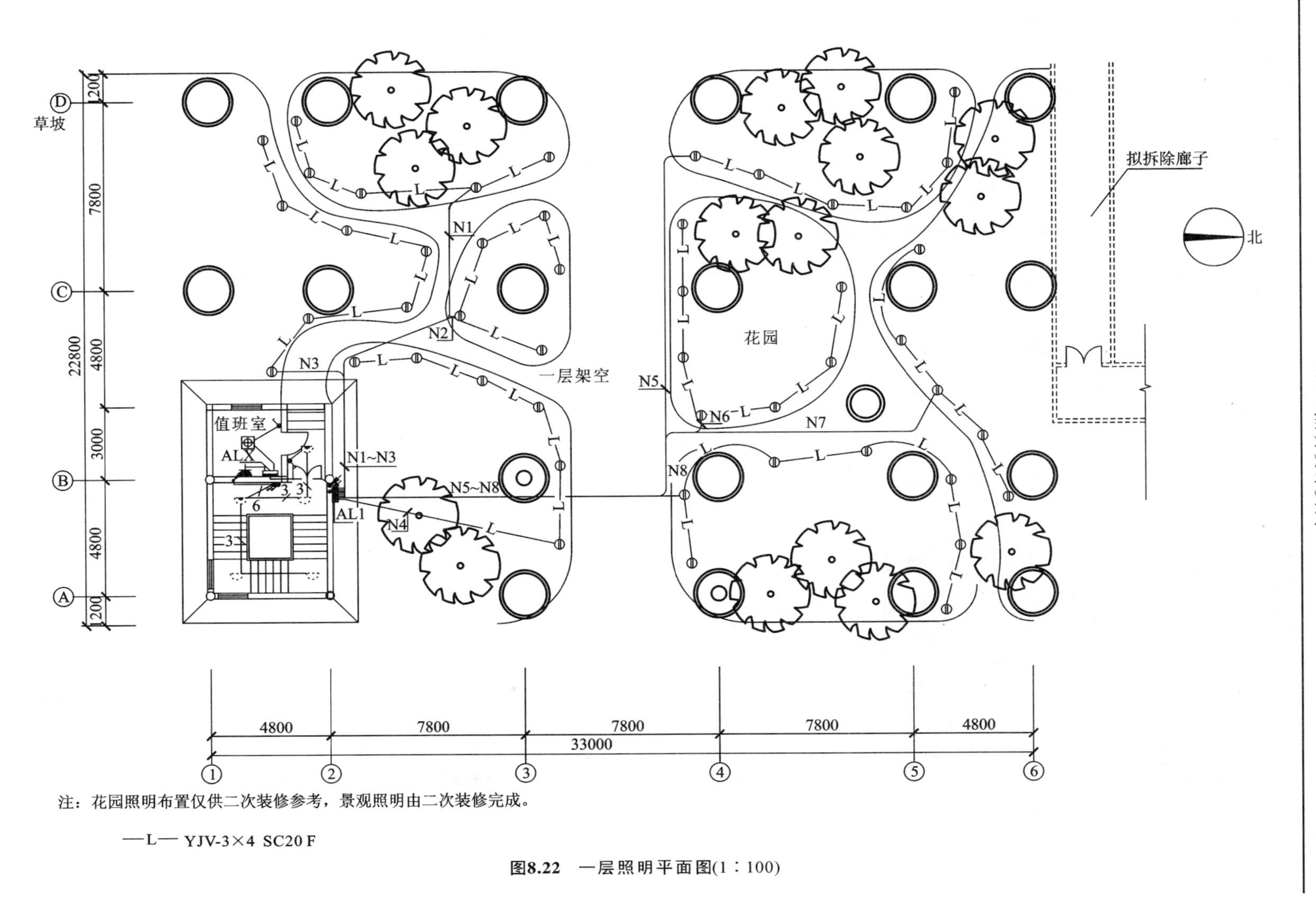

注：花园照明布置仅供二次装修参考，景观照明由二次装修完成。

—L— YJV-3×4 SC20 F

图8.22 一层照明平面图(1:100)

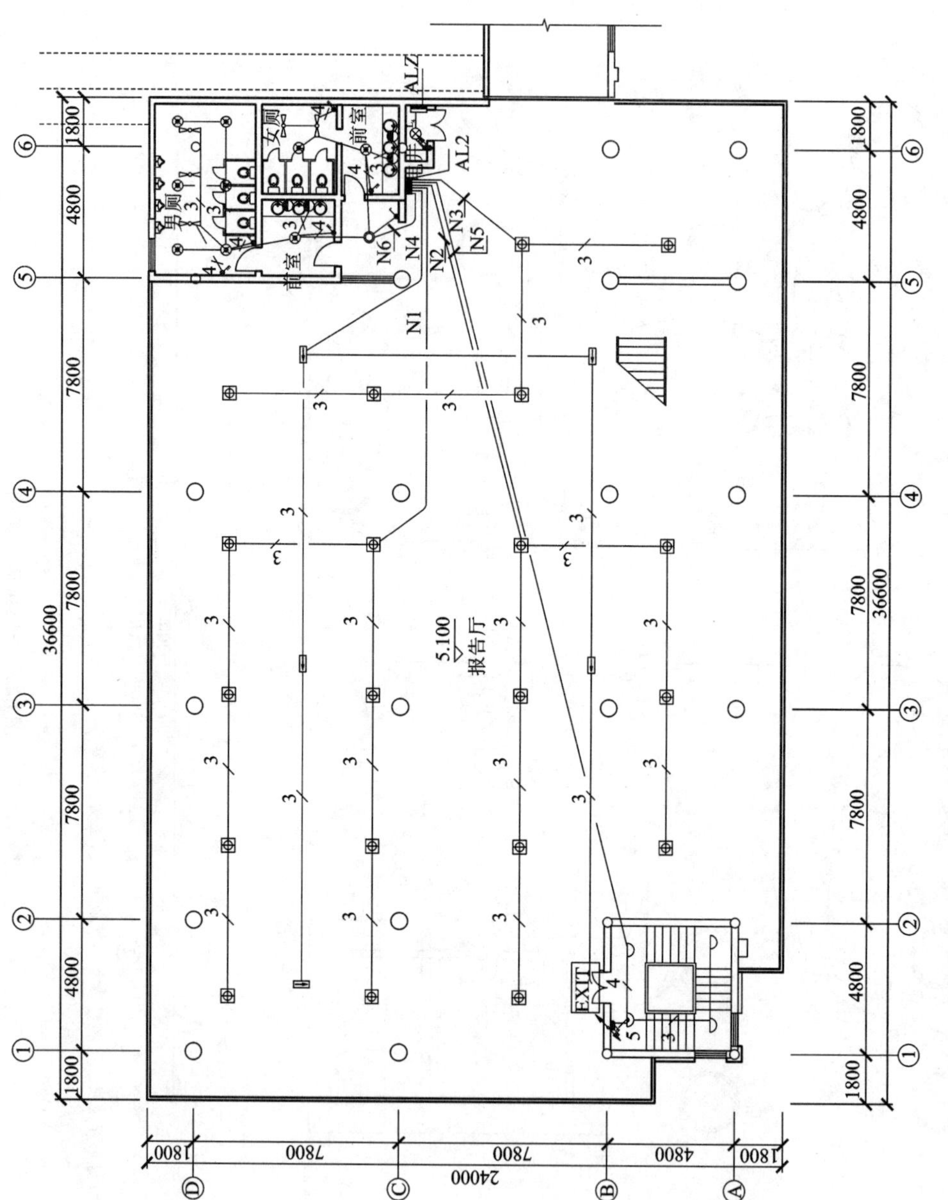

注：报告厅应急照明布置仅供二次装修参考，照明、插座布置由二次装修完成。

图8.23 二层照明平面图 (1∶100)

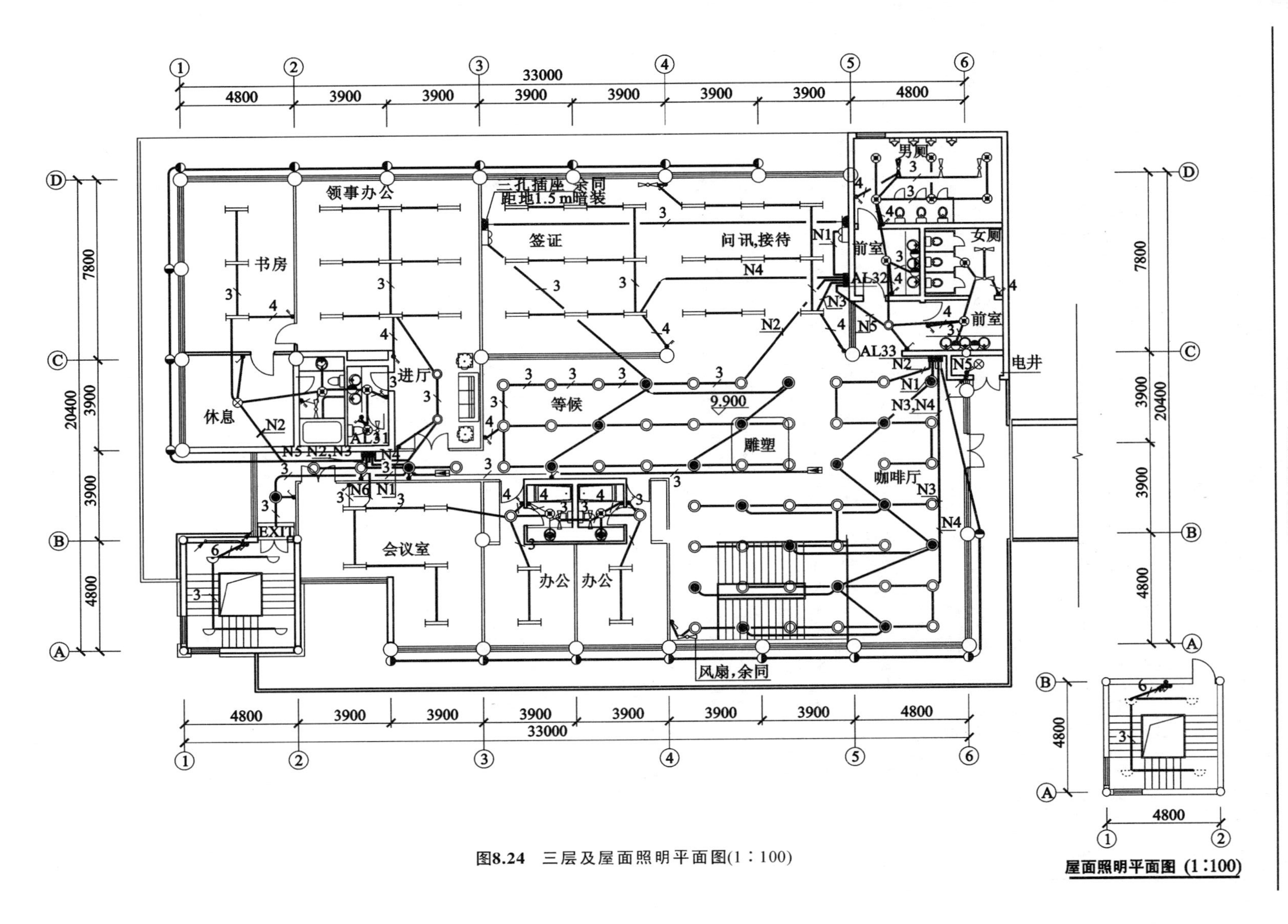

图8.24 三层及屋面照明平面图(1:100)

小　　结

(1) 电气照明的基本知识

介绍了照明的基本概念:光谱、色调、显色性、色温、眩光、光通量、发光强度、亮度等;列举了我国的照度标准;介绍了照明种类:工作照明、事故照明、警卫值班照明、障碍照明、装饰照明等。

(2) 常用照明电光源

介绍了电光源的分类:热辐射光源、气体放电光源、LED 发光二极管光源。同时也介绍了电光源的选择方法。

(3) 照明灯具

介绍了灯具的作用、光学特性(包括配光和配光特性)、亮度分布,并按灯具结构和安装方式对灯具进行了分类,并介绍了灯具的选择方法和布置方法等。在讲述照度计算时,介绍了照度计算的目的、计算方法(逐点照度计算、利用系数法、单位容量法)。

(4) 建筑物内照明配电设计

以住宅、办公楼、学校、商业用房、厂房为例,介绍了建筑物内照明配电设计应进行负荷计算、供电电源的选择、配电系统的设计、照明设备(包括电光源、灯具、插座、开关、配电箱等)的选择。

(5) 建筑物外照明配电设计

以道路、室外建筑物、夜景、庭院为例,介绍了建筑物外照明配电设计应包括供电电源、电光源、照明方式等方面的设计。

(6) 照明配电设计实例

以住宅楼、办公楼电气照明配电设计为例,列出了设计最终成果——电气照明施工图,供读者参考学习,以便更好地巩固所学知识,并应用于实践。

思考题与习题

8.1　简述光的本质。

8.2　光的度量有哪几个主要参数?它们的物理意义及单位分别是什么?

8.3　某球形光源向四周均匀发光,光源发出的光通量为 3000 lm,求该光源各方向上的光强。

8.4　室内照明有哪几种方式?它们的特点是什么?

8.5　提高照明质量应从哪些方面着手?

8.6　照明中常用的电光源分为几类?各种电光源分别适用于哪些场所?

8.7　灯具按照安装方式分为几种类型?试举例说明。

8.8　室内照明灯具的选择原则是什么?试举例说明。

8.9　某会议室面积为 15 m×10 m,天棚距地面 5 m,工作面距地 0.8 m,墙壁刷白,窗子装有白色窗帘,木制顶棚,采用荧光灯吸顶安装。试确定光源的功率和数量。

8.10　室内照明设计的原则是什么?

8.11　简述住宅照明的负荷计算。

8.12　住宅内各个场所的电光源应如何选择?试举例说明。

8.13 办公照明有哪些类别？各类办公照明的电光源和灯具应如何选择？

8.14 学校照明的供电电源是怎么样的？供电方式又如何？

8.15 商店照明为了营造吸引顾客的气氛，应如何选择和布置电光源？

8.16 工厂照明和一般民用建筑照明相比，在供电电源、供电线路和电光源选用等方面有何不同？

8.17 室外照明有哪些？各自的特点是什么？

技能训练

实训项目：识读一套教学楼电气照明施工图

(1) 实训目的

通过对某教学楼电气照明施工图的识读和分析，掌握根据建筑物用途的不同，合理选择电光源的种类，合理选择灯具的类型、电功率、安装方式、布置方式、控制方式，以及插座、开关、配电箱等的安装部位及安装方式；学会分析、判断照明质量是否达到要求，灯具控制方式是否符合照明节能的要求；能读懂电气照明配电系统图。

(2) 实训准备

准备一套学校教学楼电气照明施工图，相关的电气设计手册。

(3) 实训内容

① 识读教学楼的供电电源及引入方式。

② 识图配电系统图，分析计算负荷、计量方式、导线敷设方式；分析负荷等级及每一条支路开关及导线选择的合理性。

③ 以一间标准教室为例，分析照明采用的电源种类，灯具的类型、电功率、安装方式、布置方式、控制方式，教室内插座、开关、配电箱等的布置情况；查阅资料，验算该房间的照度值和功率密度值是否符合规范要求；分析照明是否均匀，有无产生眩光的感觉，灯具控制方式是否符合照明节能的要求。

(4) 提交成果

记载识读及分析电气照明施工图纸的过程性资料。

课题9　防雷与接地

【知识目标】

◆ 了解过电压的相关知识。
◆ 理解雷电的形成过程、特点、作用形式、危害性。
◆ 掌握防雷装置的组成，了解主要的防雷措施。
◆ 掌握建筑物防雷分类及其判断方法。
◆ 理解接地概念和接地装置的组成。
◆ 掌握如何确定接地保护措施。

【能力目标】

◆ 具备防御过电压及雷电的初步能力。
◆ 具备对建筑物防雷类别判断的能力。
◆ 具备确定接地保护措施的初步能力。

9.1　过电压与防雷

9.1.1　过电压

过电压(over voltage)是指电力系统在特定条件下所出现的超过工作电压的异常电压的现象。按照过电压产生的原因不同，可分为外部过电压和内部过电压两大类。

1. 内部过电压

电力系统内部运行方式发生改变而引起的过电压称为内部过电压，又分为暂态过电压、操作过电压和谐振过电压三种。

暂态过电压是由于断路器操作或发生短路故障而使电力系统经历过渡过程以后重新达到某种暂时稳定的情况下所出现的过电压，又称工频电压升高。常见的有：① 空载长线电容效应(费兰梯效应)。在工频电源作用下，由于远距离空载线路电容效应的积累，使沿线电压分布不等，末端电压最高。② 不对称短路接地。三相输电线路 a 相发生短路接地故障时，b、c 相上的电压会升高。③ 甩负荷过电压。输电线路因发生故障而被迫突然甩掉负荷时，由于电源电动势尚未及时自动调节而引起的过电压。

操作过电压是由于进行断路器操作或发生突然短路而引起的衰减较快、持续时间较短的过电压，常见的有空载线路合闸和重合闸过电压、切除空载线路过电压、切断空载变压器过电压和弧光接地过电压。

谐振过电压是电力系统中电感、电容等储能元件在某些接线方式下与电源频率发生谐振所造成的瞬间高电压。一般按起因分为线性谐振过电压、铁磁谐振过电压和参量谐振过电压。

内部过电压的幅值一般不超过电网额定电压的 3～3.5 倍，对供电系统的危害较小。这是因为它比大气过电压小得多，且电气设备和线路在设计时的绝缘强度留有一定的裕量。

2. 外部过电压

外部过电压又称雷电过电压或大气过电压，是由大气中的雷云对地面放电而引起的，主要有直击雷过电压和感应雷过电压两种。雷电过电压的持续时间约为几十微秒，具有脉冲的特性，故常称为雷电冲击波。

9.1.2 雷与防雷设备

9.1.2.1 雷电基本知识

1. 雷电的形成

雷电的形成过程可分为气流上升、电荷分离和放电三个阶段。在雷雨季节，地面上的水分受热变成蒸汽上升，与冷空气相遇之后凝成水滴，形成积云。云中水滴受强气流摩擦产生电荷，小水滴容易被气流带走，形成带负电的云；较大水滴形成带正电的云。由于静电感应，大地表面与云层之间、云层与云层之间会感应出异性电荷，当电场强度达到一定值时，即发生雷云与大地或雷云与雷云之间的放电。典型的雷击发展过程如图 9.1 所示。

据测试，对地放电的雷云大多带负电荷。随着雷云中负电荷的积累，其电场强度逐渐增加，当达到 25～30 kV/cm 时，使附近的空气绝缘破坏，便产生雷云放电。

2. 雷电的特点及作用形式

(1) 雷电的特点

雷电流是一种冲击波，雷电流幅值 I_m 的变化范围很大，一般为数十至数千安培。雷电流幅值一般在第一次闪击时出现，也称主放电。典型的雷电流波形如图 9.2 所示。雷电流一般在 1～4 μs 内增长到幅值 I_m，雷电流在幅值以前的一段波形称为波头；从幅值起到雷电流衰减至 $I_m/2$ 的一段波形称为波尾。雷电流是一个幅值很大、陡度很高的电流，具有很强的冲击性，其破坏性极大。

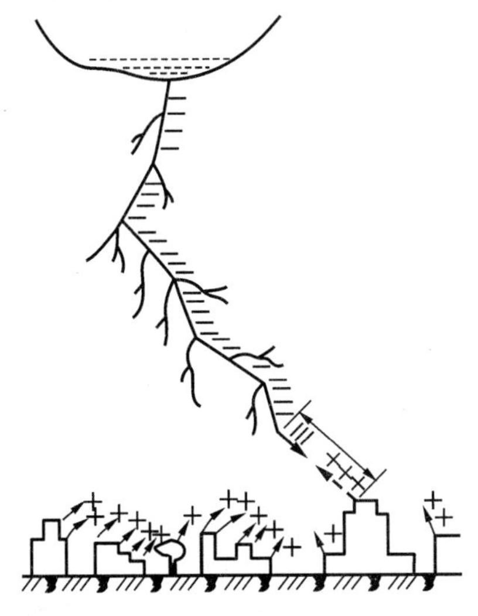

图 9.1 雷云对地放电示意图

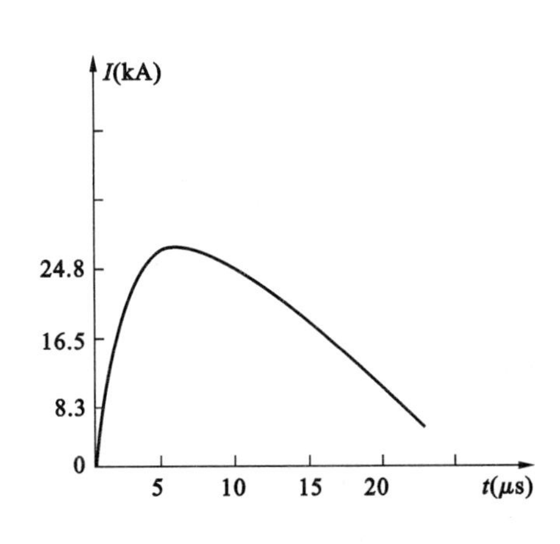

图 9.2 雷电流波形

(2) 雷击的选择性

建筑物遭受雷击的部分是有一定规律的，建筑物易遭受雷击的部位如下：

① 平屋面或坡度不大于 1/10 的屋面——檐角、女儿墙、屋檐，如图 9.3(a)、(b)所示。

② 坡度大于 1/10 且小于 1/2 的屋面——屋角、屋脊、檐角、屋檐，如图 9.3(c)所示。

③ 坡度不小于 1/2 的屋面——屋角、屋脊、檐角，如图 9.3(d)所示。

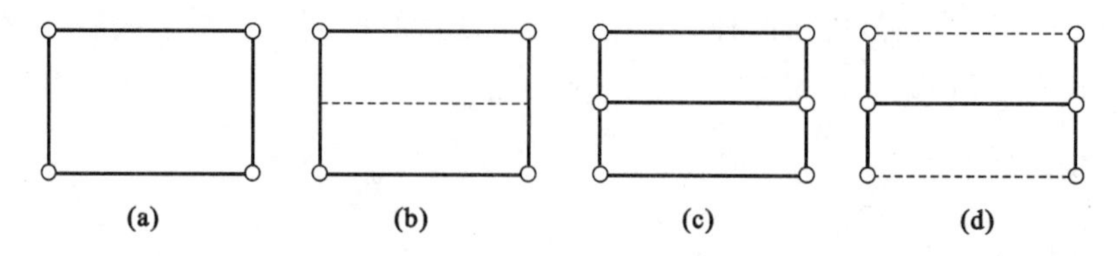

图 9.3　建筑物易受雷击的部位

———易受雷击部位；--------不易受雷击的屋脊或屋檐；○雷击率最高部位

(3) 雷电击的基本形式

雷云对地放电时，其破坏作用表现为以下四种基本形式：

① 直击雷　当天空中的雷云飘近地面时，就在附近地面特别是凸出的树木或建筑物上感应出异性电荷。电场强度达到一定值时，雷云就会通过这些物体与大地之间放电，发生雷击。这种直接击在建筑物或其他物体上的雷电叫直击雷。直击雷使被击物体产生很高的电位，引起过电压和过电流，不仅会击毙人畜、烧毁或劈倒树木、破坏建筑物，而且还会引起火灾和爆炸。

② 感应雷　当建筑上空有雷云时，在建筑物上便会感应出相反电荷。在雷云放电后，云与大地电场消失了，但聚集在屋顶上的电荷不能立即释放，此时屋顶对地面便有相当高的感应电压，造成屋内电线、金属管道和大型金属设备放电，引起建筑物内的易爆危险品爆炸或易燃物品燃烧。这里的感应电荷主要是由于雷电流的强大电场和磁场变化产生的静电感应和电磁感应造成的，所以称为感应雷或感应过电压。

③ 雷电波侵入　当输电线路或金属管路遭受直接雷击或发生感应雷，雷电波便沿着这些线路侵入室内，造成人员、电气设备和建筑物的伤害和破坏。雷电波侵入造成的事故在雷害事故中占相当大的比重，需引起足够重视。

④ 球形雷　球形雷的形成研究还没有完整的理论，通常认为它是一个温度极高的特别明亮的眩目发光球体，直径为 10～20 cm 或更大。球形雷通常在电闪后发生，以每秒几米的速度在空气中漂行，它能从烟囱、门、窗或孔洞进入建筑物内部造成破坏。

3. 雷暴日

雷电的大小、多少与气象条件有关，评价某地区雷电的活动频繁程度一般以雷暴日为单位。在一天内只要听到雷声或者看到雷闪就算一个雷暴日。由当地气象台站统计的多年雷暴日的年平均值称为年平均雷暴日数。年平均雷暴日不超过 15 天的地区称为少雷区，超过 40 天的地区称为多雷区。

4. 雷电的危害

雷电的形成伴随着巨大的电流和极高的电压，在它的放电过程中会产生极大的破坏力。雷电的危害主要是以下几方面：

(1) 雷电的热效应　雷电产生强大的热能使金属熔化，烧断输电导线，摧毁用电设备，甚至引起火灾和爆炸。

(2) 雷电的机械效应　雷电产生强大的电动力可以击毁电杆,破坏建筑物,人畜亦不能幸免。

(3) 雷电的闪络放电　雷电产生的高电压会引起绝缘子烧坏,断路器跳闸,导致供电线路停电。

9.1.2.2　防雷装置

雷电所形成的高电压和大电流对供电系统的正常运行和人们的生命财产造成了极大的威胁,所以必须采取防护措施。通常采用防雷装置防止雷击。

防雷装置由接闪器、接地引下线和接地体三部分组成。

1. 避雷针

避雷针属于接闪器,它是用镀锌圆钢或焊接钢管制成,头部呈尖形,为保证足够的雷电流流通量,其直径应不小于表 9.1 给出的数值。避雷针的下端经引下线与接地装置焊接,形成可靠连接。避雷针通常安装在构架、支柱或建筑物上。

表 9.1　避雷针接闪器最小直径

针型 \ 直径	圆钢(mm)	钢管(mm)
针长 1 m 以下	12	20
针长 1～2 m	16	25
烟囱顶上的针	20	40

由于避雷针安装高度高于被保护物,又与大地相连,因此,当雷电先导临近地面时,避雷针能使雷电场发生畸变,改变雷电先导的通道方向,将之引向避雷针的本体。一旦雷电经避雷针放电,强大的雷电流就经避雷针、引下线泄放至大地而避免了被保护物遭受雷击。从这一意义上说,避雷针实质上是“引雷针”,而不是“避雷针”。

在避雷针下方有一个安全区域,处在这个安全区域内的被保护物遭受直接雷击的概率非常小,该区域就称为避雷针的保护范围。避雷针的保护范围以往常用“折线法”计算,目前根据《建筑物防雷设计规范》(GB 50057—2010)采用“滚球法”来计算。

滚球法确定防护范围的步骤为:选择一个半径为 h_r(滚球半径)的球体,沿需防护直击雷的部分滚动。当球体触及接闪器或者同时触及接闪器和地面,而不能触及接闪器下方部位时,则该部位就在这个接闪器的保护范围之内。滚球半径 h_r 是按不同建筑物的防雷类别确定的,见表 9.2。

表 9.2　按建筑物防雷类别布置接闪器及其滚球半径

建筑物防雷类别	滚球半径 h_r(m)	避雷网网格尺寸(m)
第一类防雷建筑	30	≤5×5 或≤6×4
第二类防雷建筑	45	≤10×10 或≤12×8
第三类防雷建筑	60	≤20×20 或≤24×16

避雷针保护的范围见图 9.4,具体计算步骤如下:

(1) 当避雷针高度 h 小于或等于滚球半径 h_r 时

① 距地面 h_r 处作一平行于地面的平行线。

② 以避雷针针尖为圆心,以 h_r 为半径,作弧线交平行线于 A、B 两点。

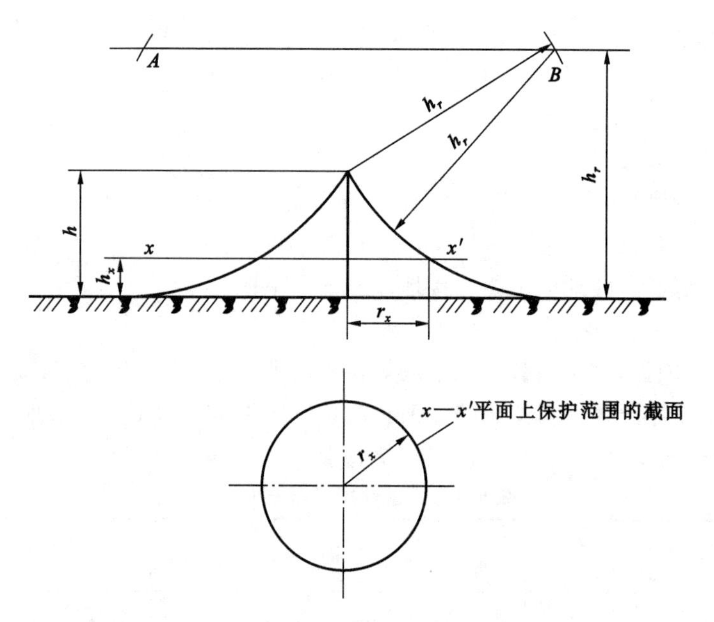

图 9.4　单根避雷针的防护范围

③ 分别以 A、B 为圆心，h_r 为半径作弧线，该两条弧线上与避雷针尖相交，下与地面相切，再将此两条弧线以避雷针为轴旋转 180°，形成的圆弧曲面体空间就是避雷针的保护范围。

④ 避雷针在 h_x 高度 $x—x'$ 平面上的保护半径 r_x 按下式确定：

$$r_x = \sqrt{h(2h_r - h)} - \sqrt{h_x(2h_r - h_x)} \tag{9.1}$$

式中　r_x——避雷针在某平面上的保护半径，m；

h_r——滚球半径，m；

h_x——被保护物的高度，m；

h——避雷针的高度，m。

【例 9.1】　某厂有一座第二类防雷建筑物，高 10 m，其屋顶最远一角距离高 50 m 的烟囱为 15 m 远，烟囱上装有一根 2.5 m 高的避雷针。试用“滚球法”验算此避雷针能否保护这座建筑物。

【解】　已知 $h=50+2.5=52.5$ m，$h_x=10$ m，滚球半径 $h_r=45$ m（第二类防雷建筑物），所以在 r_x 水平面上避雷针的保护半径为

$$\begin{aligned} r_x &= \sqrt{h(2h_r - h)} - \sqrt{h_x(2h_r - h_x)} \\ &= \sqrt{52.5 \times (2 \times 45 - 52.5)} - \sqrt{10 \times (2 \times 45 - 10)} \\ &= 16.1 \text{ m} > 15 \text{ m} \end{aligned}$$

能保护该建筑物。

(2) 当避雷针高度 h 大于滚球半径 h_r 时，取 $h=h_r$，再按第(1)条方法计算。

2. 避雷线

避雷线的原理及作用与避雷针基本相同，它主要用于保护架空线路，因此又称为架空地线。避雷线的材料为 35 mm^2 的镀锌钢线，分单根和双根两种，双根的保护范围大一些。避雷线一般架设在架空线路导线的上方，用引下线与接地装置连接，以保护架空线路免受直接雷击。单根避雷线的保护范围按下列方法确定，如图 9.5 所示。

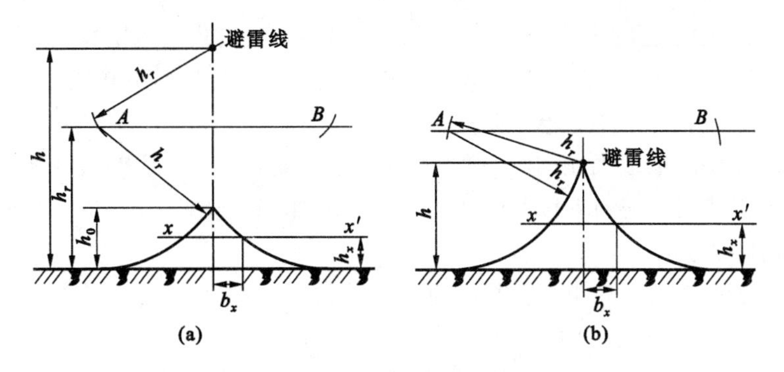

图 9.5　单根架空避雷线的保护范围

(a) 当 h 小于 $2h_r$ 但大于 h_r 时；(b) 当 h 小于或等于 h_r 时

(1) 距地面 h_r 处作一平行于地面的平行线。

(2) 以避雷线为圆心、h_r 为半径，作弧线交于平行线的 A、B 两点。

(3) 分别以 A、B 为圆心，h_r 为半径作弧线，该两弧线相交或相切并与地面相切，从该弧线起到地面止就是保护范围。

(4) 当避雷线的高度满足 $h_r<h<2h_r$ 时，保护范围最高点的高度 h_0 为

$$h_0 = 2h_r - h \tag{9.2}$$

式中　h_r——滚球半径，m。

(5) 避雷线在 h_x 高度 $x—x'$平面上的保护宽度 b_x 为

$$b_x = \sqrt{h(2h_r - h)} - \sqrt{h_x(2h_r - h_x)} \tag{9.3}$$

式中　h——避雷线高度，m；

h_x——被保护物的高度，m。

(6) 当避雷线的高度 $h \geqslant 2h_r$ 时，无保护范围。

3. 避雷网和避雷带

避雷网和避雷带普遍用来保护高层建筑物免遭直击雷和感应雷的侵害。避雷带采用直径不小于 8 mm 的圆钢或截面不小于 48 mm^2、厚度不小于 4 mm 的扁钢，沿屋顶周围装设，高出屋面 100～159 mm，支持卡间距为 1～1.5 m。避雷网则除了沿屋顶周围装设外，屋顶上面还用圆钢或扁钢纵横连接成网状。避雷带、避雷网必须经 1～2 根引下线与接地装置可靠地连接。

4. 避雷器

由前所述，当雷电所产生的感应过电压沿架空线路侵入变配电所或其他建筑物内时，将发生闪络，甚至将电气设备的绝缘击穿。因此，假如在电气设备的电源进线端并联一种保护设备，如图9.6所示，令其放电电压低于被保护设备的绝缘耐压值，当过电压来临时，该保护设备立即对地放电，从而使被保护设备免受雷击。常用避雷器的形式有阀式、管式、保护间隙和金属氧化物等。

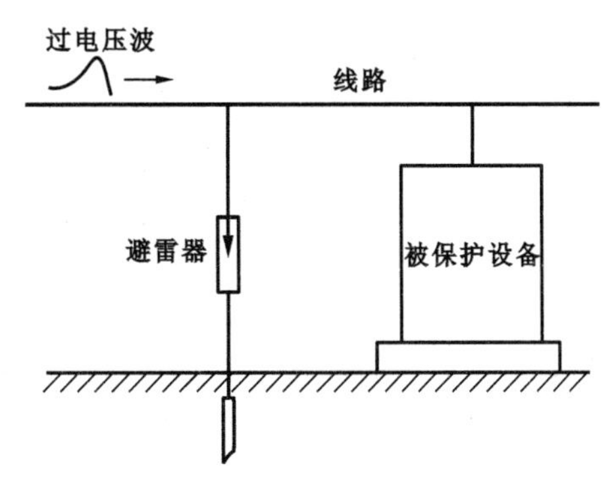

图 9.6　避雷器的连接

(1) 阀式避雷器

阀式避雷器主要分为普通阀式避雷器和磁吹阀式

避雷器两大类。普通阀式避雷器有 FS 和 FZ 两种系列；磁吹阀式避雷器有 FCD 和 FCZ 两种系列。阀式避雷器型号中的符号含义如下：F—阀式避雷器；S—配（变）电作用；Z—电站用；Y—线路用；D—旋转电机用；C—具有磁吹放电间隙。

阀式避雷器主要由平板火花间隙与碳化硅电阻片（阀片）串联而成，装在密封的瓷管内，外壳有接线螺栓供安装用。避雷器中的碳化硅电阻具有非线性特性，在正常电压时其阻值很大，过电压时其阻值随之变小。

阀式避雷器在正常的工频电压作用下火花间隙不被击穿，但在雷电波过电压下，避雷器的火花间隙被击穿；碳化硅电阻的阻值随之变得很小，雷电波巨大的雷电流顺利地通过电阻流入大地中，电阻阀片对尾随雷电流而来的工频电压呈现了很大的电阻，从而工频电流被火花间隙阻断，线路恢复正常运行。由此可见，电阻阀片和火花间隙的密切配合使避雷器很像一个阀门，对于雷电流"阀门"打开，对于工频电流"阀门"则关闭，故称之为阀式避雷器。

FS 系列阀式避雷器的结构如图 9.7(a)所示，此系列避雷器阀片直径较小，通流容量较低，一般用于保护变配电设备和线路。FZ 系列阀式避雷器的结构如图 9.7(b)所示，此系列避雷器阀片直径较大，且火花间隙并联了具有非线性的碳化硅电阻，通流容量较大，一般用于保护35 kV及以上大、中型工厂中总降压变电所的电气设备。

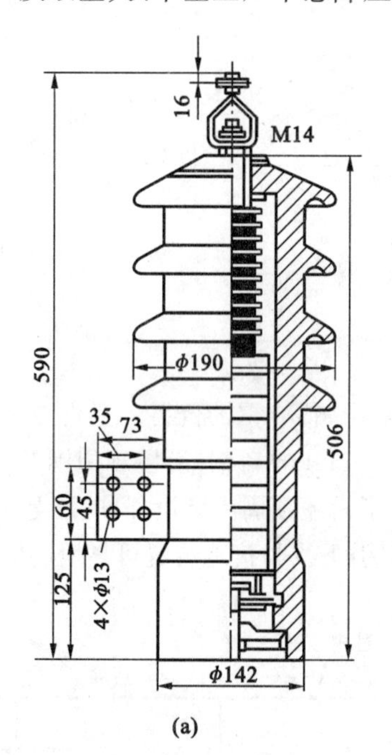

(a)

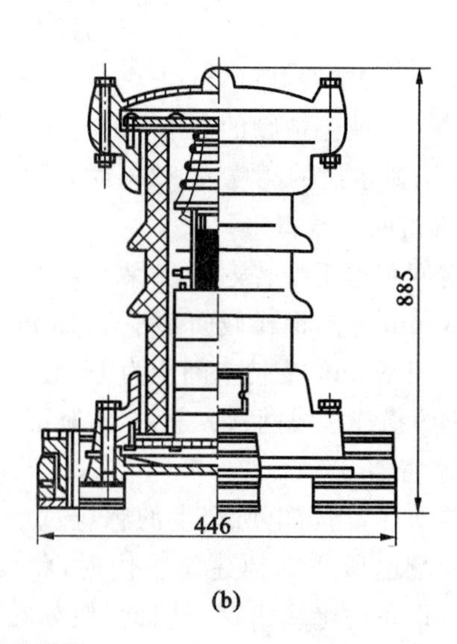

(b)

图 9.7 阀式避雷器的结构

(a) FS-10 阀式避雷器；(b) FZ-10 阀式避雷器

磁吹阀式避雷器（FCD 型）的内部附有磁吹装置来加速火花间隙中电弧的熄灭，专门用来保护重要的或绝缘较为薄弱的设备，如高压电动机等。

(2) 保护间隙和管式避雷器

保护间隙是最简单的防雷设备，其原理结构如图 9.8 所示。保护间隙一般用镀锌圆钢制成，由主间隙和辅助间隙两部分组成。主间隙做成角形的，水平安装，以便灭弧。为了防止主间隙被外来的物体短路而引起误动作，在主间隙的下方串联有辅助间隙。因为保护间隙灭弧能力弱，一般要求与自动重合闸装置配合使用，以提高供电的可靠性。

管式避雷器的基本元件是安装在产气管内的火花间隙，间隙由棒型和环型电极构成，如图9.9所示。管式避雷器由灭弧管内间隙和外间隙组成。灭弧管一般用纤维胶木等能在高温下产生气体的材料制成。当雷电波过电压来临时，管式避雷器的内、外间隙被击穿，雷电流通过接地线泄入大地。接踵而来的工频电流产生强烈的电弧，电弧燃烧管壁并产生大量气体从管口喷出，很快地吹灭电弧。同时外部间隙恢复绝缘，使灭弧管或避雷器与系统隔开，系统恢复正常运行。

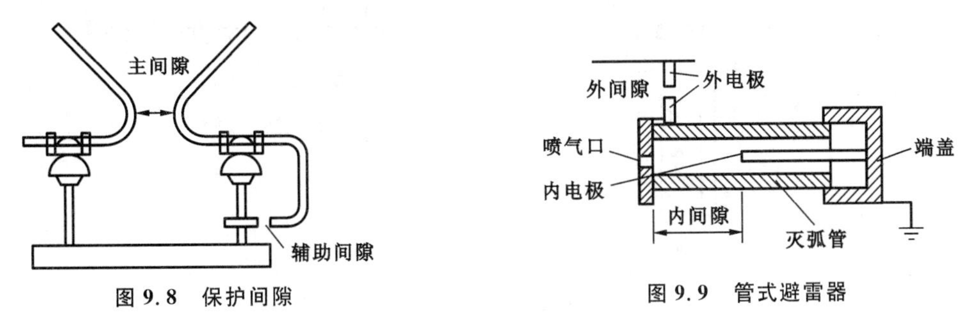

图9.8 保护间隙　　图9.9 管式避雷器

因管式避雷器是靠工频电流产生气体而灭弧的，如果开断的短路电流过大，产气过多超出灭弧管的机械强度时，会使其开裂或爆炸，因此管式避雷器通常用于户外。

(3) 金属氧化物避雷器

金属氧化物避雷器(亦称压敏避雷器)是20世纪70年代开始出现的一种新型避雷器。与传统的碳化硅阀式避雷器相比，金属氧化物避雷器没有火花间隙，且用氧化锌(ZnO)代替碳化硅(SiC)，在结构上采用压敏电阻制成的阀片叠装而成，该阀片具有优异的非线性伏安特性：工频电压下，它呈现极大的电阻，有效地抑制工频电流；而在雷电波过电压下，它又呈现极小的电阻，能很好地泄放雷电流。

金属氧化物避雷器具有保护特性好、通流能力强、残压低、体积小、安装方便等优点。目前金属氧化物避雷器已广泛地用于高、低压电气设备的保护。

5. 引下线

引下线是连接防雷装置与接地装置的一段导线，其作用是将雷电流引入接地装置。一般可用圆钢或扁钢制成。圆钢直径不小于10 mm；扁钢截面积不小于80 mm^2。

引下线可以明装，也可以暗装。明装时，必须沿建筑物的外墙敷设。引下线应在地面上1.7 m和地面下0.3 m的一段线上用钢管或塑料管加以保护；采用多根专设引线时，应在各引下线上距地面0.3～1.8 m之间装设断接卡。暗装时，可以利用建筑物本身的金属结构，如钢筋混凝土柱子的主筋作为引下线，但暗装的引下线应比明装时增大一个规格，每根柱子内要焊接两根主筋，各构件之间必须连成电气通路。屋内接地干线与防感应雷接地装置的连接不应少于2处。

6. 接地装置

将雷电流通过引下线引入大地的散流装置称为接地装置。接地装置由接地体和接地线组成。接地线是连接引下线和接地体的导线，一般用直径为10 mm的圆钢组成。接地体包含人工接地体和自然接地体(埋入建筑物的钢结构和钢筋；行车的钢轨；埋地的金属管道、水管，但可燃液体和可燃气体管道除外；敷设于地面下而数量不少于2根的电缆金属外皮等)。在装设接地装置时，首先应充分利用自然接地体，以节约投资。当实地测量所利用的自然接地体电阻不能满足规范要求时才考虑添加装设人工接地体作为补充。

人工接地体可用圆钢、扁钢、角钢或钢管等组成，其最小尺寸不小于下列数值：圆钢直径为10 mm；扁钢截面为100 mm^2，厚度为4 mm；角钢厚度为4 mm；钢管管壁厚度为3.5 mm。

人工接地体有垂直埋设和水平埋设两种基本结构，如图9.10所示。垂直埋设时，为了减小相邻接地体的屏蔽效应，各接地体之间的距离一般为5 m。

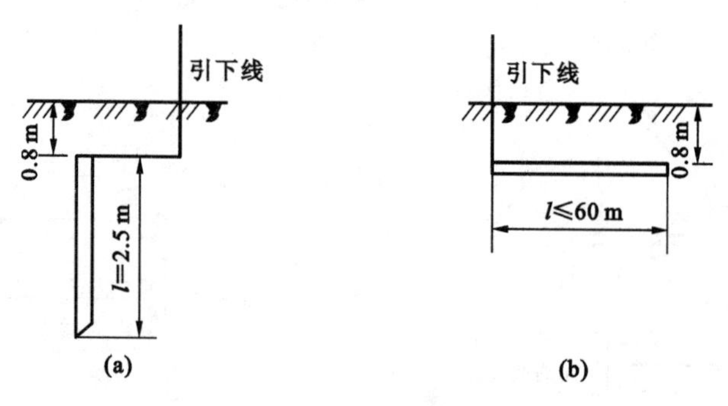

图9.10　人工接地体

9.1.3　架空线路的防雷保护

(1) 架设避雷线

运行经验表明，架设避雷线是防雷的有效措施。但是它的造价高，所以只在63 kV以上的架空线路上才沿全线装设，35 kV的架空线路上只在进、出变电所的一段线路上装设，而10 kV及以下线路上一般不装避雷线。

(2) 提高线路本身的绝缘水平

在架空线路上可采用木横担、瓷横担，或采用高一级的绝缘子，以提高线路的防雷水平，这是10 kV及以下架空线路防雷的基本措施。

(3) 利用三角形排列的顶线兼作保护线

由于3～10 kV线路通常是中性点不接地的系统，因此可在三角形排列的顶线绝缘子上装设保护间隙。在雷击时顶线承受雷击，击穿保护间隙，对地泄放雷电流，从而保护了下面两根导线，也不会引起线路断路器跳闸。

(4) 装设自动重合闸装置

线路上因雷击放电而产生的短路是由电弧引起的。断路器跳闸后，电弧即自动熄灭。如果采用一次自动ARD装置，使开关经0.5 s或更长时间自动重合闸，电弧通常不会复燃，从而能恢复供电，对一般用户不会有什么影响。

(5) 个别绝缘薄弱点装设避雷器

对架空线路上个别绝缘薄弱点，如跨越杆、转角杆、分支杆、带拉线杆、木杆线路中个别金属杆或个别横担电杆等处，可装设排气式避雷器或保护间隙。

9.1.4　变电所(配电所)防雷保护

工厂变配电所的防雷保护主要有两个重要方面：一是要防止变配电所建筑物和户外配电装置遭受直击雷；二是防止过电压雷电波沿进线侵入变配电所，危及变配电所电气设备的安全。变配电所的防雷保护常采用以下措施：

(1) 防直击雷

一般采用装设避雷针(线)来防直击雷。如果变配电所位于附近的高大建(构)筑物上的避雷针保护范围内,或者变配电所本身是在室内的,则不必考虑直击雷的防护。

(2) 雷电波的侵入

对 35 kV 进线,一般采用在沿进线 500~600 m 的这一段距离安装避雷线并可靠地接地,同时在进线上安装避雷器即可满足要求。对 6~10 kV 进线可以不装避雷线,只要在线路上装设 FZ 型或 FS 型阀式避雷器即可,如图 9.11 所示。

图 9.11 中接在母线上的避雷器主要是保护变压器不受雷电波危害,在安装时应尽量靠近变压器,其接地线应与变压器低压侧接地的中性点及金属外壳一起接地,如图 9.12 所示。当变压器低压侧中性点不接地时,为防止雷电波沿低压线侵入,还应在低压侧的中性点装设阀式避雷器或保护间隙。

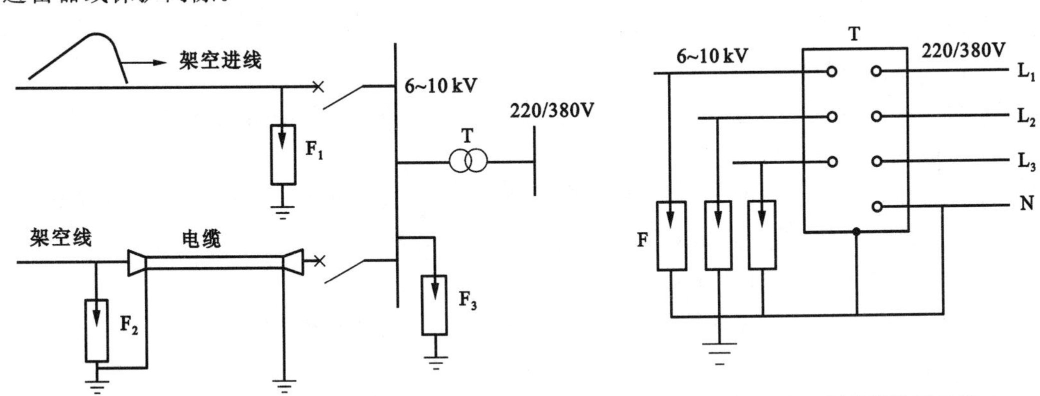

图 9.11 6~10 kV 防雷电波侵入接线示意图

图 9.12 变压器防雷保护

(3) 高压电动机的防雷保护

高压电动机的绕组由于制造条件的限制,其绝缘水平比变压器低,它不能像变压器线圈那样可以浸在油里,而只能靠固体介质来绝缘。电动机绕组长期在空气中运行,容易受潮、受粉尘污染、受酸碱气体的侵蚀。另外,长时间的发热,绕组中的固体介质容易老化,所以电动机的绝缘只能达到 $1.5\times\sqrt{2}U_N$。

对高压电动机一般采用如下的防雷措施:对定子绕组的中性点能引出的大功率高压电动机,在中性点加装相电压磁吹阀式避雷器(FCD 型)或金属氧化物避雷器;对中性点不能引出的电动机,目前普遍采用 FCD 磁吹阀式避雷器与电容器 C 并联的方法来保护,如图 9.13 所示,该电容器的容量可选 1.5~2 μF,电容器的耐压值可按被保护电动机的额定电压选用,电容器接成星形,并将其中性点直接接地。

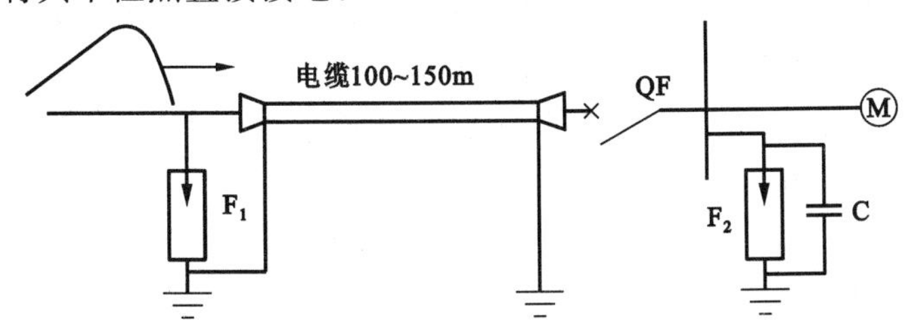

图 9.13 高压电动机防雷保护的接线示意图

F_1—排气式避雷器或普通阀式避雷器;F_2—磁吹阀式避雷器

9.1.5　建筑物的防雷

9.1.5.1　建筑物防雷的分类

建筑物应根据它的重要性、使用性质、发生雷电事故的可能性和后果，按防雷要求分为三类。

1. 第一类防雷建筑物

在可能发生对地闪击的地区，遇下列情况之一时，应划为第一类防雷建筑物：

(1)凡制造、使用或贮存火炸药及其制品的危险建筑物，因电火花而引起爆炸、爆轰，会造成巨大破坏和人身伤亡者。

(2)具有 0 区或 20 区爆炸危险场所的建筑物。

(3)具有 1 区或 21 区爆炸危险场所的建筑物，因电火花而引起爆炸，会造成巨大破坏和人身伤亡者。

2. 第二类防雷建筑物

在可能发生对地闪击的地区，遇下列情况之一时，应划为第二类防雷建筑物：

(1)国家级重点文物保护的建筑物。

(2)国家级的会堂、办公建筑物、大型展览和博览建筑物、大型火车站和飞机场、国宾馆，国家级档案馆、大型城市的重要给水泵房等特别重要的建筑物。

注：飞机场不含停放飞机的露天场所和跑道。

(3)国家级计算中心、国际通信枢纽等对国民经济有重要意义的建筑物。

(4)国家特级和甲级大型体育馆。

(5)制造、使用或贮存火炸药及其制品的危险建筑物，且电火花不易引起爆炸或不致造成巨大破坏和人身伤亡者。

(6)具有 1 区或 21 区爆炸危险场所的建筑物，且电火花不易引起爆炸或不致造成巨大破坏和人身伤亡者。

(7)具有 2 区或 22 区爆炸危险场所的建筑物。

(8)有爆炸危险的露天钢质封闭气罐。

(9)预计雷击次数大于 0.05 次/a 的部、省级办公建筑物和其他重要或人员密集的公共建筑物以及火灾危险场所。

(10)预计雷击次数大于 0.25 次/a 的住宅、办公楼等一般性民用建筑物或一般性工业建筑物。

3. 第三类防雷建筑物

在可能发生对地闪击的地区，遇下列情况之一时，应划为第三类防雷建筑物：

(1)省级重点文物保护的建筑物及省级档案馆。

(2)预计雷击次数大于或等于 0.01 次/a，且小于或等于 0.05 次/a 的部、省级办公建筑物和其他重要或人员密集的公共建筑物，以及火灾危险场所。

(3) 预计雷击次数大于或等于 0.05 次/a，且小于或等于 0.25 次/a 的住宅、办公楼等一般性民用建筑物或一般性工业建筑物。

(4)在平均雷暴日大于 15d/a 的地区，高度在 15m 及以上的烟囱、水塔等孤立的高耸建筑物；在平均雷暴日小于或等于 15d/a 的地区，高度在 20m 及以上的烟囱、水塔等孤立的高耸建筑物。

9.1.5.2 建筑物年预计雷击次数

根据建筑物防雷设计规范的要求,在确定建筑物的防雷类别时,预计雷击次数是一个很重要的指标。因此,要根据实际的情况,计算建筑物的年预计雷击次数,确定建筑物的防雷类别,做到:该高的不能低,以免造成不应该发生的雷击损失;该低的不要高,没有达到第三类防雷类别的建筑物不需要进行防雷设计,以免造成建设上的浪费。

(1) 建筑物年预计雷击次数应按下式确定:

$$N = KN_g A_e \tag{9.4}$$

式中 N——建筑物预计雷击次数,次/a。

K——校正系数,在一般情况下取1;位于河边、湖边、山坡下或山地中土壤电阻率较小处、地下水露头处、土山顶部、山谷风口等处的建筑物,以及特别潮湿的建筑物取1.5;金属屋面没有接地的砖木结构建筑物取1.7;位于山顶上或旷野的孤立建筑物取2。

N_g——建筑物所处地区雷击大地的年平均密度,次/(km^2 · a)。

A_e——与建筑物接收相同雷击次数的等效面积,km^2。

(2) 雷击大地的年平均密度,首先应按当地气象台、站资料确定;若无此资料,可按下式计算。

$$N_g = 0.1 \times T_d \tag{9.5}$$

式中 T_d——年平均雷暴日,根据当地气象台、站资料确定,d/a。

(3) 建筑物等效面积 A_e,应为其实际平面积向外扩大后的面积。其计算方法应符合下列规定:

① 当建筑物高度 H<100 m时,其每边的扩大宽度和等效面积应按下列公式计算确定(图9.14):

$$D = \sqrt{H(200-H)} \tag{9.6}$$

$$A_e = \left[LW + 2(L+W)\sqrt{H(200-H)} + \pi H(200-H)\right] \times 10^{-6} \tag{9.7}$$

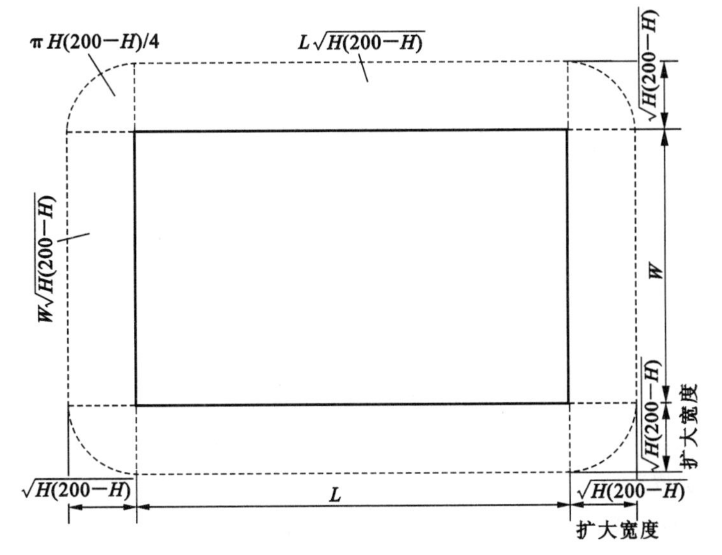

图9.14 建筑物的等效面积

式中　D——建筑物每边的扩大宽度，m；

L,W,H——分别为建筑物的长、宽、高，m。

注：建筑物平面积扩大后的面积 A_e，如图 9.14 中周边虚线所包围的面积。

② 当建筑物高度 $H \geqslant 100$ m 时，其每边的扩大宽度应按等于建筑物的高度 H 计算；建筑物的等效面积应按下式确定：

$$A_e = [LW + 2H(L+W) + \pi H^2] \times 10^{-6} \tag{9.8}$$

③ 当建筑物各部位的高度不同时，应沿建筑物周边逐点算出最大扩大宽度，其等效面积 A_e 应按每点最大扩大宽度外端的连接线所包围的面积计算。

9.1.6　建筑物的防雷案例

【例 9.2】 某市平均雷暴日为 40 天，市区有一建筑物高 28 m，顶部长 50 m，宽 10 m，女儿墙高 1 m，在其顶上安装一支 8 m 高的避雷针，不设避雷网、避雷带，预计这座建筑物每年可能遭受的雷击次数是多少？能否得到安全保护？

【解】 根据分析，取校正系数 $K=1$。

雷击大地年平均密度为

$$N_g = 0.1T_d = 0.1 \times 40 = 4[\text{次}/(\text{km}^2 \cdot \text{a})]$$

建筑物等效面积为

$$A_e = \left[LW + 2(L+W) \cdot \sqrt{H(200-H)} + \pi H(200-H)\right] \times 10^{-6} = 0.023958(\text{km}^2)$$

建筑物年预计雷击次数为

$$N = KN_gA_e = 0.096(\text{次}/\text{a})$$

根据规范（预计雷击次数大于或等于 0.05 次/a，且小于或等于 0.25 次/a 的住宅、办公楼等一般性民用建筑物或一般性工业建筑物。），该建筑物属于第三类防雷建筑。

验证避雷针能否保护该建筑物：

查表得到第三类防雷建筑的滚球半径 $h_r=60$ m

避雷针的高度 $h=28+8=36$(m)

在高度为 28 m+1 m（女儿墙）的位置的保护半径为

$$r_x = \sqrt{h(2h_r - h)} - \sqrt{h_x(2h_r - h_x)} = 3.619710(\text{m})$$

而楼顶的长度是 50 m，所以该建筑物不能得到安全防护。

9.2　接　　地

9.2.1　人体触电的类型

在生产和生活中，人们时常与电打交道，如果不注意安全，可能会造成人身触电伤亡或电气设备损坏事故。

1. 人体触电事故类型

当人体接触带电体或人体与带电体之间产生闪络放电，并有一定电流通过人体，导致人体伤亡的现象，称为触电。

以是否接触带电体,可分为直接触电和间接触电。前者是人体不慎接触带电体或是过分靠近高压设备,后者是人体触及因绝缘损坏而带电的设备外壳或与之相连接的金属构架。

以电流对人体的伤害,可分为电击和电伤。电击主要是电流对人体内部的生理作用,表现为人体的肌肉痉挛、呼吸中枢麻痹、心室颤动、呼吸停止等;电伤主要是电流对人体外部的物理作用,常见的形式有电灼伤、电烙印以及皮肤中渗入熔化的金属物等。

除上述分类之外,还有以人体触电方式分类、以伤害程度分类等。

2. 人体触电事故原因

人体触电的情况比较复杂,其原因是多方面的。

(1) 违反安全工作规程。如在全部停电和部分停电的电气设备上工作,未落实相应的技术措施和组织措施,导致误触带电部分;错误操作(带负荷分、合隔离开关等)以及使用工具及操作方法不正确等。

(2) 运行维护工作不及时。如架空线路断线导致误触电;电气设备绝缘破损使带电体接触外壳或铁芯,从而导致误触电;接地装置的接地线不合标准或接地电阻太大等导致误触电。

(3) 设备安装不符合要求。主要表现在进行室内外配电装置的安装时不遵守国家电力规程有关规定,野蛮施工,偷工减料,采用假冒伪劣产品等。

3. 电流强度对人体的危害程度

触电时人体受害的程度与许多因素有关,如通过人体的电流强度、持续时间、电压高低、频率高低、电流通过人体的途径以及人体的健康状况等,其中最主要的因素是通过人体电流强度的大小。当通过人体的电流越大,人体的生理反应越明显,致命的危险性也就越大。按通过人体的电流对人体的影响,将电流大致分为三种:

(1) 感觉电流　它是人体有感觉的最小电流。

(2) 摆脱电流　人体触电后能自主地摆脱电源的最大电流称为摆脱电流。

(3) 致命电流　在较短的时间内,危及生命的最小电流称为致命电流。一般情况下通过人体的工频电流超过 50 mA 时,心脏就会停跳,人就会发生昏迷,很快致死。

人体触电时,若电压一定,则通过人体的电流由人体的电阻值决定。不同类型、不同条件下的人体电阻不尽相同。一般情况下,人体电阻可高达几十千欧,而在最恶劣的情况下(如出汗且有导电粉尘)可能降至 1000 Ω,而且人体电阻会随着作用于人体的电压升高而急剧下降。

人体触电时能摆脱的最大电流称为安全电流。我国规定安全电流为 30 mA(工频电流),且通过时间不超过 1 s,即 30 mA · s。按安全电流值和人体电阻值,大致可求出其安全电压值。我国规定允许人体接触的安全电压如表 9.3 所示。

表 9.3　安全电压

安全电压（交流有效值）(V)	选用举例	安全电压（交流有效值）(V)	选用举例
65 42 36	干燥无粉尘地面环境 在有触电危险场所使用手提电动工具 矿井有导电粉尘时使用行灯等	12 6	对于特别潮湿或有蒸汽游离物等极其危险的环境

9.2.2　接地及接地装置

电气设备的某金属部分与大地之间做良好的电气连接,称为接地。

1. 接地的类型和接地装置

(1) 接地的类型

按其功能可分为工作接地、保护接地、雷电保护接地和防静电接地四种方式。

工作接地是为了保证电气设备在正常的情况下可靠的工作而进行的接地。各种工作接地都有其各自的功能。如变压器、发电机的中性点直接接地能在运行中维持三相系统中相线对地电压不变;又如电压互感器一次线圈中性点接地是为了测量一次系统相对地的电压源,中性点经消弧线圈接地能防止系统出现过电压等。

保护接地是将电气设备的金属外壳、配电装置的构架、线路的塔杆等正常情况下不带电,但可能因绝缘损坏而带电的所有部分接地。因为这种接地的目的是保护人身安全,故称为保护接地或安全接地。

雷电保护接地是给防雷保护装置(避雷针、避雷线、避雷网)向大地泄放雷电流提供通道。

防静电接地是为了防止静电引起易燃易爆气体或液体发生火灾或爆炸,而对贮气体或液体管道、容器等设置的接地。

此外还有为进一步确保接地可靠性而设置的重复接地等。图 9.15 所示为几种常见接地形式。

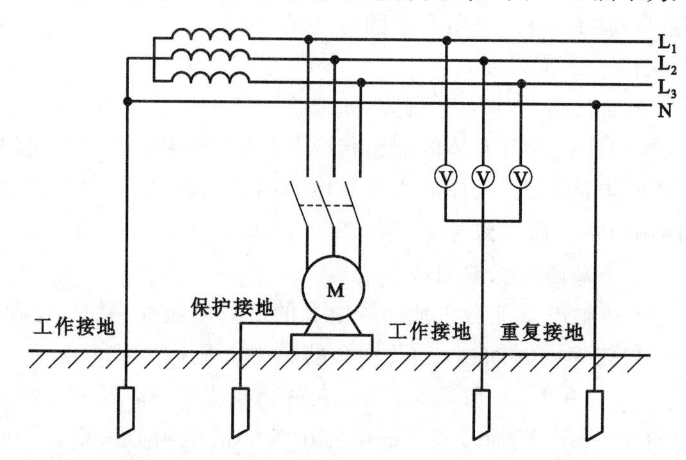

图 9.15　工作接地、保护接地、重复接地示意图

(2) 接地装置以及散流现象

埋入大地与土壤直接接触的金属物体称为接地体或接地极。连接接地体及设备接地部分的导线称为接地线。接地线又可分为接地干线和接地支线。接地线与接地体统称为接地装置。由若干接地体在大地中互相连接而组成的总体称为接地网。

当发生接地故障时,其故障电流经接地装置进入大地是以半球面形状向大地散开的,故称为散流现象。离接地体越远的地方,呈半球形的散流表面积越大,散流电阻也就越小。一般情况下,离接地体 20 m 处散流电阻趋近于零,该处的电位也趋近于零,通常将电位为零的点称为电气上的"地"。电气设备接地部分与"地"之间的电位差称为电气设备接地部分的对地电压 U_E,接地体与"地"之间的电阻称为接地体的散流电阻。

2. 接地保护

在发生触电事故时,除直接接触带电体触电外,还有接触电压触电与跨步电压触电两种形式。

(1) 接触电压与跨步电压

电气设备发生接地故障时,人站在地面上,手触及设备带电外壳的某一点,此时手到脚所站的地面上的那一点之间所呈现的电位差称为接触电压 U_{tou}。由接触电压引起的触电称为接触电压触电。人在接地故障点周围行走，两脚之间的电位差称为跨步电压 U_{step}，由跨步电压引起的触电称为跨步电压触电。上述两种电压如图 9.16 所示。

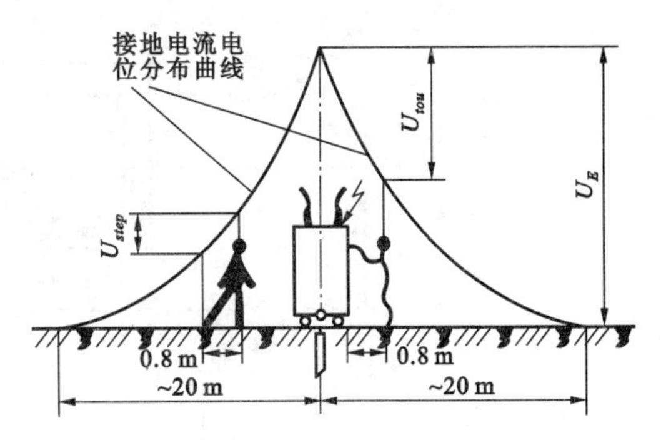

图 9.16 接触电压与跨步电压示意图

(2) 接地保护的形式

接地保护是防止间接触电的安全措施，通常有两种形式：一种是将设备外壳通过各自的接地体与大地紧密相接；另一种是将设备外壳通过公共的 PE 线或 PFN 线接地。在我国，前者过去称为“保护接地”，现在属于 IT 系统；后者过去称为“保护接零”，现属于 TN 系统。

① TN 系统

TN 系统的电源中性点直接接地，并引出 N 线，属三相四线制系统，如图 9.17 所示。

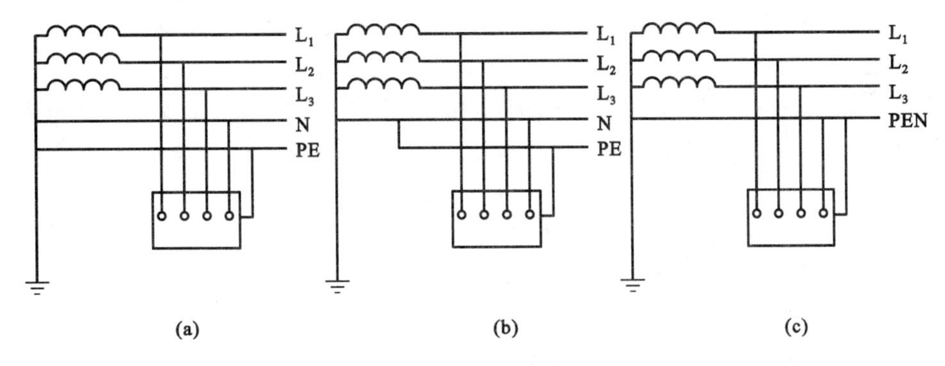

图 9.17 TN 系统

(a) TN-S 系统；(b) TN-C-S 系统；(c) TN-C 系统

当设备带电部分与外壳相连时，短路电流经外壳和 N 线(或 PE 线)而形成单相短路，显然该短路电流较大，可使保护线快速而可靠地动作，将故障部分与电源断开，消除触电危险。其中，中性线 N 和保护线 PE 完全分开的称为 TN-S 系统(又称三相五线制)；N 线与 PE 线前段共用、后段分开的称为 TN-C-S 系统；N 线与 PE 线完全共用的称为 TN-C 系统。

② TT 系统

TT 系统的电源中性点直接接地，也引出 N 线，属三相四线制系统，而设备的外露可导电部分则经各自的 PE 线分别接地，其功能可用图 9.18 来说明。

如图 9.18(a)所示，电气设备没有采用接地保护措施时，一旦电气设备漏电，其漏电电流不足以使熔断器熔断(或过电流保护装置动作)，设备外壳将存在危险的相电压。若人体误触其外壳时，就会有电流流过人体，其值 I_m 为

$$I_m = \frac{U_\Phi}{R_m + R_0} \tag{9.9}$$

式中 R_m——人体电阻，Ω；

R_0——变压器中性点的接地电阻，Ω；

U_Φ——相电压，V。

R_0 值一般取 4 Ω，与 R_m 相比可以略去。若 $U_\Phi = 220$ V，$R_m = 1000$ Ω，则流过人体的电流

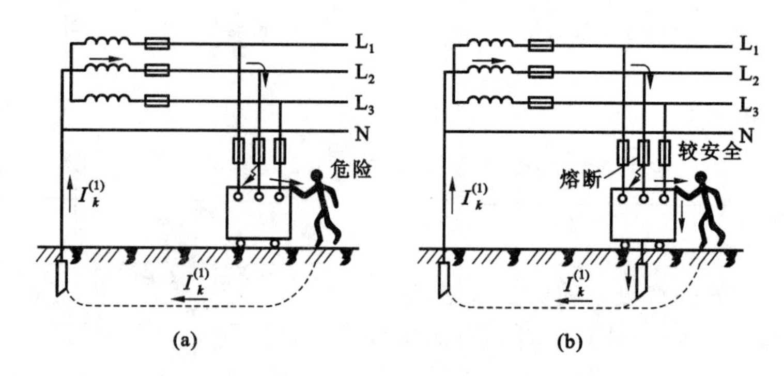

图 9.18　TT 系统保护接地功能说明

(a) 外露可导电部分未接地；(b) 外露可导电部分接地

I_m=0.22 A，这个电流对人体是危险的。

在 TT 系统中，电气设备采用接地保护措施后[图 9.18(b)]，当发生电气设备外壳漏电时，由于外壳接地故障电流 I_k 通过保护接地电阻 R_E 和中性点接地电阻回到变压器中性点，其值为 $I_k=U_\Phi/(R_0+R_E)=220/(4+4)=27.5$ A，这一电流通常能使故障设备电路中的过电流保护装置动作，切断故障设备电源，从而减少人体触电的危险。

因某种原因，即使过电流保护装置不动作，由于人体电阻 R_m 远大于保护接地电阻 R_E（此时相当于 R_m 与 R_E 并联），因此通过人体的电流 I_m 也很小，一般小于安全电流，对人体的危害也较小。

由上述分析可知，TT 系统的使用能减少人体触电的危险，但是毕竟不够安全，因此，为保障人身安全，应根据国际 IEC 标准加装漏电保护器(漏电开关)。

③ IT 系统

IT 系统的电源中性点不接地或经阻抗(约 1000 Ω)接地，且通常不引出 N 线，而电气设备的导电外壳经各自的 PE 线分别直接接地，因此它又被称为三相三线制系统。

在 IT 系统中，当电气设备发生单相接地故障时，接地电流将通过人体和电网与大地之间的电容构成回路，如图 9.19 所示。由图可知，流过人体的电流主要是电容电流。一般情况下，此电流是不大的，但是，如果电网绝缘强度显著下降，这个电流可能达到危险程度。在 IT 系统中，如果一相导体已经接地而未被发现(此时三相设备仍可继续正常运行)，人体又误触及另一相正常导体，这时人体所承受的电压将是线电压，其危险程度不言而喻。为确保安全，必须在系统内安装绝缘监察装置，当发生单相接地故障时及时发出灯光或音响信号，提醒工作人员迅速清除故障，杜绝后患。

3. 重复接地

在中性点直接接地的 TN 系统中，为确保公共 PE 线或 PEN 线安全可靠，除在中性点进行工作接地外，还必须在 PE 线和 PEN 线的一些地方进行多次接地，这就是所谓的重复接地。

当未进行重复接地时，在 PE 线或 PEN 线发生断线并有一相与电气设备外壳相碰时，接在断线后面的所有电气设备外壳上都存在着近乎相电压的对地电压，如图 9.20(a)所示，这是很危险的。如果实施了重复接地，如图 9.20(b)所示，断线后面的 PE 线对地电压 $U_E=I_ER_E$。

若电源中性点接地电阻 R_E 与重复接地电阻 R_E' 相等，则断线后的 PE 线(PEN 线)对地电压为 $U_E'=R_EU_\Phi/(R_E+R_E')=U_\Phi/2$，危险性大大下降。但是，$U_\Phi/2$ 的电压对人体而言仍然是不安全的，而且在大多数情况下 R_E' 均大于 R_E，也就是说，人体接触电压高于 $U_\Phi/2$，因此，在施

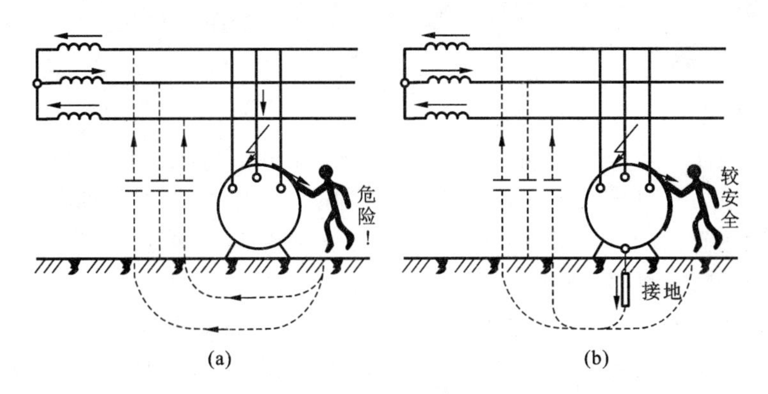

图 9.19　保护接地的作用

(a) 没有保护接地的电动机一相碰壳时；(b) 装有保护接地的电动机一相碰壳时

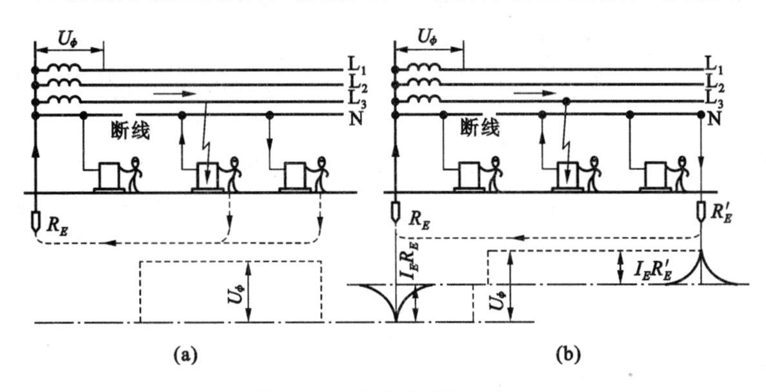

图 9.20　重复接地示意图

(a) 未重复接地；(b) 已重复接地

工安装和运行过程中应尽量避免 PE 线或 PEN 线的断线故障。

另一个问题同样值得注意，即在同一个保护系统中，不允许一部分电气设备采用 TN 制，而另一部分设备采用 TT 制。假如在 TN 系统中，有个别位置遥远的电动机为了节省 PEN 线而采用直接接地的措施（相当于采用 TT 制），如图 9.21 所示，当采用直接接地的电动机一旦发生绝缘损坏而漏电时（过电流保护装置未动作），接地电流通过大地与变压器的接地极形成回路，使整个 PEN 线出现了约为 $U_\Phi/2$ 的危险电压。若人体接触到采用 PEN 线保护的带有 $U_\Phi/2$ 电压的用电设备外壳时，将会产生严重后果。

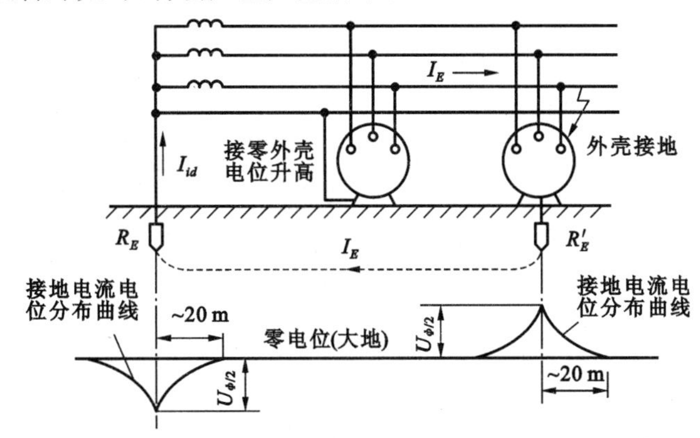

图 9.21　同一系统中采用不同保护措施的危险性

9.2.3　等电位联结

9.2.3.1　概述

等电位联结技术是我国 20 世纪 90 年代出现的新技术。等电位联结，顾名思义是"使各外露可导电部分和装置外可导电部分电位基本相等的电气连接"。在具体的实践中，等电位联结就是把建筑物内附近的所有金属物，如建筑物的基础钢筋、自来水管、煤气管及其金属屏蔽层，电力系统的零线、建筑物的接地系统，用电气连接的方法连接起来，使整座建筑物成为一个良好的等电位体。配置有信息系统的机房内的电气和电子设备的金属外壳、机柜、机架、计算机直流地、防静电接地、屏蔽线外层、安全保护地及各种 SPD(浪涌保护器等)接地端均应以最短的距离就近与等电位网络可靠连接。

等电位联结的目的就是使整个建筑物的正常非带电导体处于电气连通状态，防止设备与设备之间、系统与系统之间危险的电位差，确保设备和人员的安全。

等电位联结技术对用电安全、防雷以及电子信息设备的正常工作和安全使用都是十分必要的。国际电工委员会(IEC 标准)把等电位联结作为电气装置最基本的保护。我国有关电气装置设计规范已将建筑物内做等电位联结规定为强制性的电气安全措施。2002 年建设部发布实行了新的《等电位联结安装》标准设计图集，详尽介绍了设计、施工的具体方法和质量检验标准。

9.2.3.2　等电位联结的分类

在一个建筑工程中，等电位联结技术包括如下三种类型：

(1) 总等电位联结(MEB)

总等电位联结作用于全建筑物，它在一定程度上可以降低建筑物内间接接触电压和不同金属部件间的电位差，并消除自建筑物外经电气线路和各种金属管道引入的危险故障电压的危害。应通过进线配电箱近旁的总等电位联结端子板(接地母排)将下列导电部分互相连通：进线配电箱的 PE(PEN)母排；公用设施的金属管道，如上、下水管及热力管、煤气管道；应包括建筑物金属结构；如果做 T 接地，也包括其接地极引线。建筑物每一电源进线都应做总等电位联结，各个总等电位联结端子板应互相连通。图 9.22 所示为在建筑物中将各个要保护的设备连接到接地母排上形成总等电位联结。

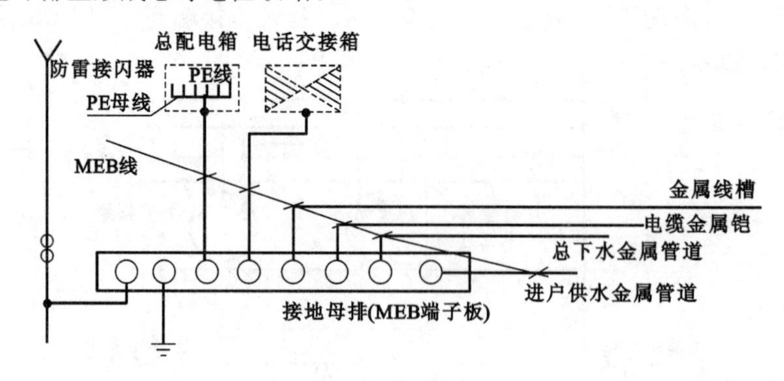

图 9.22　总等电位联结示意图

(2) 辅助等电位联结(FEB)

将两导电部分用导线直接做等电位联结，使故障接触电压降至接触电压限值以下，称为辅助等电位联结。

(3) 局部等电位联结(LEB)

在一局部场所范围内将各导电部分连通,称为局部等电位联结。可通过局部等电位联结端子板将下列部分互相连通,以简便地实现该局部范围内的多个辅助等电位联结,包括:PE母线或PE干线;公用设施的金属管道;建筑物金属结构。

下列情况下需做局部等电位联结:

① 电源网络阻抗过大,使自动切断电源时间过长,不能满足防电击要求时;

② 自TN系统同一配电箱供给固定式和移动式两种电气设备,而固定式设备保护电器切断电源时间不能满足移动式设备防电击要求时;

③ 为满足浴室、游泳池、医院手术室等场所对防电击的特殊要求时;

④ 为满足防雷和信息系统抗干扰的要求时。

9.2.4 浪涌保护器

9.2.4.1 浪涌保护器的概念

浪涌也叫突波,顾名思义就是超出正常工作电压的瞬间过电压。本质上讲,浪涌是发生在仅仅几百万分之一秒时间内的一种剧烈脉冲。可能引起浪涌的原因有重型设备、短路、电源切换或大型发动机启动。而含有浪涌阻绝装置的产品可以有效地吸收突发的巨大能量,以保护连接设备免于受损。

浪涌保护器(Surge Protection Device)也叫信号防雷保护器,是一种为各种电子设备、仪器仪表、通信线路提供安全防护的电子装置,过去常称为"避雷器"或"过电压保护器",英文简写为SPD。浪涌保护器的作用是把窜入电力线、信号传输线的瞬时过电压限制在设备或系统所能承受的电压范围内,或将强大的雷电流泄流入地,保护设备或系统免受冲击而损坏。

浪涌保护器的类型和结构因用途不同而异,但它至少应包含一个非线性电压限制元件。用于浪涌保护器的基本元器件有放电间隙、充气放电管、压敏电阻、抑制二极管和扼流线圈等。

9.2.4.2 SPD的分类

1. 按工作原理分

(1) 开关型　其工作原理是:当没有瞬时过电压时呈现为高阻抗,但一旦响应雷电瞬时过电压时,其阻抗就突变为低值,允许雷电流通过。用做此类装置的器件有放电间隙、气体放电管、闸流晶体管等。

(2) 限压型　其工作原理是:当没有瞬时过电压时为高阻抗,但随浪涌电流和电压的增加其阻抗会不断减小,其电流、电压特性为强烈非线性。用做此类装置的器件有氧化锌压敏电阻、抑制二极管、雪崩二极管等。

(3) 分流型或扼流型

① 分流型　与被保护的设备并联,对雷电脉冲呈现为低阻抗,而对正常工作频率呈现为高阻抗。

② 扼流型　与被保护的设备串联,对雷电脉冲呈现为高阻抗,而对正常的工作频率呈现为低阻抗。

用做此类装置的器件有扼流线圈、高通滤波器、低通滤波器、1/4波长短路器等。

2. 按用途分

(1) 电源保护器　包括交流电源保护器、直流电源保护器、开关电源保护器等。

(2) 信号保护器　包括低频信号保护器、高频信号保护器、天馈保护器等。

9.2.4.3　SPD 的基本元器件及其工作原理

(1) 放电间隙(又称保护间隙)

它一般由暴露在空气中的两根相隔一定间隙的金属棒组成,其中一根金属棒与所需保护设备的电源相线 L_1 或零线(N)相连,另一根金属棒与接地线(PE)相连接。当瞬时过电压袭来时,间隙被击穿,把一部分过电压的电荷引入大地,避免了被保护设备上的电压升高。这种放电间隙的两金属棒之间的距离可按需要调整,结构较简单,其缺点是灭弧性能差。改进型的放电间隙为角形间隙,它的灭弧功能比前者好,它是靠回路的电动力 F 作用以及热气流的上升作用而使电弧熄灭的。

(2) 气体放电管

它是由相互离开的一对冷阴板封装在充有一定惰性气体(Ar)的玻璃管或陶瓷管内组成的。为了提高放电管的触发概率,在放电管内还有助触发剂。这种充气放电管有二极型的,也有三极型的。

气体放电管可在直流和交流条件下使用,其所选用的直流放电电压 U_{dc} 分别如下:

在直流条件下使用:$U_{dc} \geqslant 1.8U_0$(U_0 为线路正常工作的直流电压);

在交流条件下使用:$U_{dc} \geqslant 1.44U_n$(U_n 为线路正常工作的交流电压有效值)。

(3) 压敏电阻

它是以 ZnO 为主要成分的金属氧化物半导体非线性电阻,当两端所加电压低于标称额定电压值时,压敏电阻器的电阻值接近无穷大,内部几乎无电流流过;当两端所加电压略高于标称额定电压值时,压敏电阻器将迅速击穿导通,并由高阻状态变为低阻状态,工作电流也急剧增大。当两端所加电压低于标称额定电压值时,压敏电阻器又恢复为高阻状态;当两端所加电压超过最大限制电压值时,压敏电阻器将完全击穿损坏,无法再自行恢复。

(4) 抑制二极管

抑制二极管具有钳位限压功能,它工作在反向击穿区,由于它具有钳位电压低和动作响应快的优点,特别适合用做多级保护电路中的最末几级保护元件。

(5) 扼流线圈

扼流线圈是一个以铁氧体为磁芯的共模干扰抑制器件,它由两个尺寸相同、匝数相同的线圈对称地绕制在同一个铁氧体环形磁芯上,形成一个四端器件,对于共模信号呈现出大电感具有抑制作用,而对于差模信号呈现出很小的漏电感几乎不起作用。扼流线圈使用在平衡线路中能有效地抑制共模干扰信号(如雷电干扰),而对线路正常传输的差模信号无影响。

(6) 1/4 波长短路器

1/4 波长短路器是根据雷电波的频谱分析和天馈线的驻波理论所制作的微波信号浪涌保护器,这种保护器中的金属短路棒长度是根据工作信号频率(如 900 MHz 或 1800 MHz)的 1/4 波长来确定的。此并联的短路棒长度对于该工作信号频率来说,其阻抗无穷大,相当于开路,不影响该信号的传输,但对于雷电波来说,由于雷电能量主要分布在 30 kHz 以下,此短路棒对于雷电波阻抗很小,相当于短路,雷电能量级被泄放入地。

由于 1/4 波长短路棒的直径一般为几毫米,因此耐冲击电流性能好,可达到 30 kA(8/20 μs)

以上，而且残压很小，此残压主要是由短路棒的自身电感所引起的。其不足之处是工频带较窄，带宽为2%～20%；不能对天馈设施加直流偏置，使某些应用受到限制。

小　结

(1) 过电压与防雷

在供电系统中会产生危及电气设备绝缘的过电压。过电压分成内部过电压和外部过电压两类。内部过电压又分为操作过电压和谐振过电压两种，其能量均来自电网本身。外部过电压又称雷电过电压或大气过电压。

为防止雷电过电压，可装设防雷装置加以防护。防雷装置由接闪器、接地引下线和接地体三部分组成。常用接闪器有避雷针、避雷线、消雷器和避雷器等。

(2) 接地与接地装置

电气设备的某金属部分与大地之间做良好的电气连接，称为接地。电气设备的接地是供电系统的重要组成部分，它对电气设备的正常运行和操作者的人身安全有着重要的作用。电气设备的接地可分为工作接地、保护接地、防静电接地、雷电保护接地四种类型。电气设备的接地装置必须符合规定。

埋入大地与土壤直接接触的金属物体，称为接地体或接地极。连接接地体及设备接地部分的导线，称为接地线。接地线又可分为接地干线和接地支线。接地线与接地体统称为接地装置。当发生接地故障时，其故障电流经接地装置进入大地，并以半球面形状向大地散开，出现散流现象。

在发生触电事故时，除直接接触带电体触电外，还有接触电压触电与跨步电压触电两种形式。

接地保护是防止间接触电的安全措施，通常有两种形式：一种将设备外壳通过各自的接地体与大地紧密相接；另一种是将设备外壳通过公共的PE线或PFN线接地。

在中性点直接接地的TN系统中，为确保公共PE线或PEN线安全可靠，除在中性点进行工作接地外，还必须在PE线和PEN线的一些地方进行多次接地，即重复接地。

等电位联结是使各外露可导电部分和装置外可导电部分电位基本相等的电气连接。等电位联结分为总等电位联结(MEB)、辅助等电位联结(FEB)和局部等电位联结(LEB)。

浪涌保护器也叫信号防雷保护器，是一种为各种电子设备、仪器仪表、通信线路提供安全防护的电子装置，英文简写为SPD。浪涌保护器的作用是把窜入电力线、信号传输线的瞬时过电压限制在设备或系统所能承受的电压范围内，或将强大的雷电流泄流入地，保护设备或系统免受冲击而损坏。

思考题与习题

9.1　什么叫过电压？什么叫内部过电压和雷电过电压？

9.2　什么叫直接雷击和感应雷击？什么叫雷电波侵入？

9.3　雷电危害对供电系统来说主要表现在哪几个方面？

9.4　为什么说避雷针实际上是引雷针？

9.5 电气设备越靠近独立避雷针,其保护效果越好吗？为什么？

9.6 避雷器的主要功能是什么？

9.7 一般工厂 6～10 kV 架空线应采取哪些防雷措施？

9.8 一般工厂变配电所应采取哪些防雷措施？

9.9 高压电动机如何防止雷电波侵入？

9.10 建筑物按防雷要求分为几类？各类防雷建筑物应有哪些防雷措施？

9.11 什么叫电击？什么叫电伤？哪种触电对人身伤害最大？

9.12 在正常的环境条件下,安全电流、安全电压各为多少？

9.13 什么叫接地体和接地体装置？什么叫接触电压和跨步电压？

9.14 TN 系统、IT 系统和 TT 系统在接地形式上有什么区别？

9.15 什么叫工作接地？什么叫保护接地？习惯上所称的保护接零指的是什么？为什么同一低压系统中不能出现有的采取保护接地,而有的采取保护接零？

9.16 为什么在 TN 系统中要同时实施重复接地？

9.17 在工厂中,静电主要是由哪些原因产生的？静电有哪些主要危害？

9.18 现代工厂的生产中,应采用哪些途径消除静电危害？

9.19 静电防护的具体措施有哪些？防静电接地的主要作用是什么？

9.20 在全部停电和部分停电的电气设备上工作,应采取哪些保证安全的技术措施？

9.21 安全用电的措施和组织措施各有哪些？

9.22 发现有人触电,如何进行急救处理？

9.23 某石油化工厂的柴油贮存罐(属第一类防雷建筑物)为圆柱形,直径为 5 m,高出地面 6 m,拟采用单根避雷针作为其防雷保护,要求避雷针离油罐 5 m,试计算避雷针的高度不应低于多少米？

技能训练

实训项目:设计建筑物的防雷设施

(1) 实训目的

通过对某实际建筑物的相关数据收集,分析该建筑物应采取的防雷措施;学会如何计算该建筑物的防雷分类,掌握采用避雷针作为建筑物防雷措施时其高度的计算。

(2) 实训准备

获取实际建筑物的设计图纸,并收集相关资料。

(3) 实训内容

① 计算雷击大地年平均密度;

② 计算建筑物的等效面积;

③ 计算建筑物年预计雷击次数并判断建筑物的防雷类别;

④ 计算防护建筑物的单根避雷针高度。

(4) 提交成果

分析和计算建筑物防雷装置的计算书。

课题10　电源装置

【知识目标】

- ◆ 了解交流稳压电源的工作原理和主要技术指标；
- ◆ 掌握交流稳压电源的使用方法；
- ◆ 了解直流铅酸蓄电池的使用方法；
- ◆ 了解自备柴油发电机的基本组成、工作原理、主要特性和控制方式；
- ◆ 掌握柴油发电机型号及容量的选择方法。

【能力目标】

- ◆ 具备正确使用交流稳压电源的能力；
- ◆ 具备确定柴油发电机容量的能力；
- ◆ 具备选择柴油发电机型号的能力。

在供配电系统中，常常会出现如下问题：其一，由于电网电压波动或者负载电流变化而引起电源电压的不稳定，从而直接影响到负载的性能质量，减少负载的寿命。针对这一问题，交流稳压电源应运而生。其二，供电电网由于某些原因会造成电源突然断电，影响正常生产、工作和学习，尤其是对于有重要负荷的场所，会造成难以计算的重大政治、经济损失甚至人员伤亡，因此，重要负荷除了采用双电源供电之外，还需要设置自备电源，一般采用柴油发电机组和直流蓄电池组作为自备电源。

10.1　交流稳压电源

10.1.1　电磁稳压器

1. 电磁稳压器的工作原理

如图10.1所示，这种稳压器由交流调整回路和直流控制回路两大部分组成。交流调整回路包括自耦变压器（N_1、N_2）和磁放大器（或可变电抗器，N_3）。直流控制回路主要包括取样、放大和保护等电路。当输出电压因某种原因降低时，经取样、放大，使磁放大器直流线圈通过的电流增加，磁放大器交流线圈的电感与感抗减少。由图可知，由于此时可变电抗器 N_3 通过的电流增加，自耦变压器的升压作用增强，从而使输出电压回升，补偿调整前输出电压的降低。反之，当输出电压升高时，自耦变压器的降压作用增强，亦能自动补偿调整前输出电压

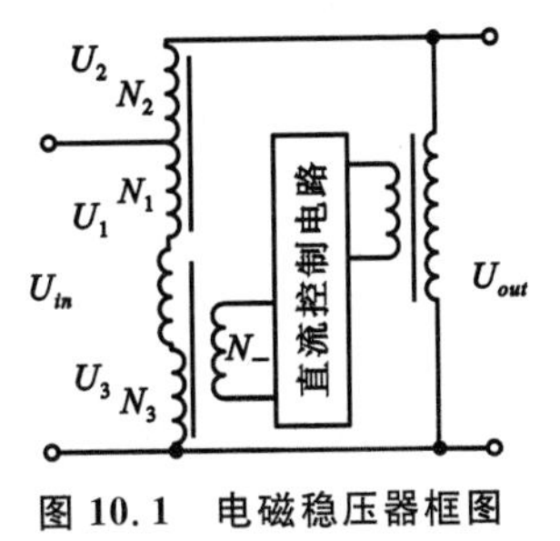

图10.1　电磁稳压器框图

的升高。

2. 电磁稳压器的主要技术指标

(1) 最大输出功率

最大输出功率是指电磁稳压器能支持的负载(如家用电器等)的最大功率。输入功率与输出功率不同,其差值等于电磁稳压器本身的损耗功率。输出功率与输入功率的比值就是电磁稳压器的效率 η。

(2) 输入电压和输出电压

输入电压是指电磁稳压器需要调整稳定的电压。输出电压是指调整后的稳定电压。如果是三相稳压器,输入电压和输出电压是指线电压。例如 JW 系列稳压器的输入电压为 320～420 V,输出电压为 380 V。

(3) 负载效应

负载效应是指由于电磁稳压器所支持的负载变化而引起输出稳定电压的变化,这种效应叫做负载效应。例如:当电源负载电流由 0 增加到 5 A 时,输出电压由 $U_o=100$ V 减小到 $U=99.7$ V,则负载效应为:$|\Delta U_o|/U_o=|U-U_o|/U_o=|99.7-100|/100=0.3\%$。

(4) 波形失真度

波形失真度是指输出波形对输入波形的偏离。如 JW 系列稳压器的波形失真度小于 5%。

除了以上介绍的之外,电磁稳压器的技术指标还有电压效应、稳压精度和应变时间等。

3. 电磁稳压器的使用

(1) 电磁稳压器的使用环境(如温度、湿度等)应符合规定的条件。

(2) 电磁稳压器的输出功率应与负载相适应,电网的电压、频率应符合稳压器的要求。如果是接感性或者容性负载,一般要采用输出功率较大的稳压器,或者进行功率因数补偿。如果电网电压超出稳压器的输入电压范围,则应在稳压器的输入端之前串接一调压器,将电网电压调到稳压范围之内。

稳压器的导线应根据其最大输出功率和负载容量选择。

(3) 电磁稳压器需要接上地线,以保证安全。

(4) 电磁稳压器接上电源之后,调节电压调节旋钮,使电压表指示在所需电压的设定值位置(稳压器出厂时,单相产品的输出电压通常调到 220 V,三相产品调到 220/380 V),然后接上负载。

(5) 在使用时,614 系列稳压器只可连续使用 8～16 h,如果再使用,必须关闭 4 h,让稳压器冷却。如需连续使用,最好使用 JW、SJW 等改进型产品。

10.1.2　稳压变压器

稳压变压器(CVT)是在单一芯片实现稳压和变压双重功能的变压器。与普通变压器相比,它兼有稳压特性;与普通稳压器相比,它具有变压作用。

1. 稳压变压器的工作原理

稳压变压器的基本结构如图 10.2 所示。CVT 是在电磁稳压器的基础上发展起来的交流电源,在图 10.2 中,为了增大初、次级线圈之间的漏感,CVT 中的线圈 N_1、N_2 之间设置了一个磁分路铁芯。用做磁分路的铁芯截面积越大、气隙越小,磁分路的磁阻就越小,只穿过各自线圈的那部分磁通越多，电路的漏感就越大。当输入电压变化（比如增大）时，流过电路的电流I随之变化（增大）。漏感L_1越大，电流在L_1上降落的电压也越大，即吸收变化的电压也越多；而接在饱和电感L_2两端的输出电压U_o受输入电压变化的影响却很小。

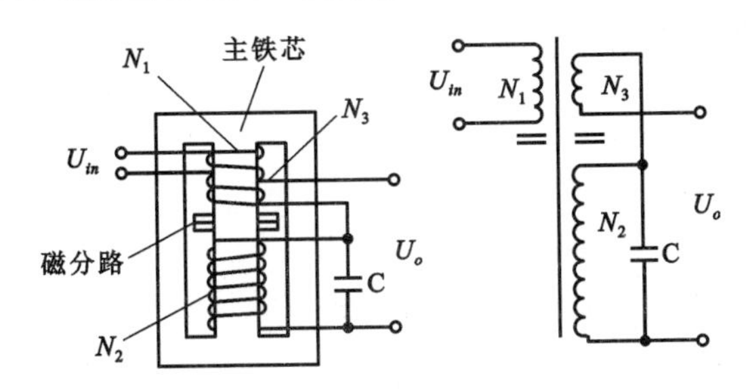

图 10.2 CVT的基本结构与电路

另外，CVT使用的电气元件很少，没有活动元件和易损元件，所以可靠性非常高。另一方面，磁分路的存在使负载增大时漏抗压降随之增大，输出电压下降。负载短路时，输出电压降为零，短路电流不超过额定电流的2倍。因此，这种稳压器在过载和短路时具有自动保护能力。

2. 稳压变压器的主要技术指标

(1) 容量

容量是指稳压变压器所支持负载的最大功率。如天星稳压变压器系列分别有300 V·A、500 V·A、1000 V·A、2000 V·A的容量。

(2) 输入电压

输入电压是指电磁稳压器需要调整稳定的电压。如天星稳压变压器系列的输入电压为220 V，±20%。

(3) 输出电压

输出电压是指调整后的稳定电压。如天星稳压变压器系列的输出电压为220 V或由用户选定。

稳压变压器的参数还包括输出电压稳定度、应变时间、电压波形失真度等，这里不再作详细介绍。

3. 稳压变压器的使用

(1) CVT输入、输出端的相线(L)及零线(N)和地线(G)应分别与电网和负载的相线、零线、地线相接。

(2) 开启电源开关，CVT输出220 V电压，此时可正常工作。

(3) CVT要求使用的环境应有良好的通风条件；不能因为CVT过载能力强而有意超载使用；为了避免漏磁影响，稳压器与使用设备之间的距离应大于1 m。

(4) 电网频率与负载性质应符合稳压器产品的要求。

10.1.3 电子交流稳压器

1. 电子交流稳压器的工作原理和主要技术指标

不同厂家生产的电子交流稳压器型号不同，原理也不尽相同。如614系列高精度电子交流稳压器的调整元件是磁放大器，控制电路则由电子管构成。交流输出电压有效值的变动采样来自二极管，形成差值电压，该差值电压经前级放大后，直接控制磁放大器交流绕组的电流，电流的变化引起磁放大器交流绕组压降变化，又因为磁放大器直流绕组和自耦初级绕组串联，从而实现了自动稳定电压的目的。它的主要技术指标如下：

(1) 输入电源范围：195～240 V；

(2) 源频率：(50±1)Hz；

(3) 环境温度：0～40 ℃；

(4) 空气相对湿度：20%～85%；

(5) 绝缘电阻：大于或等于 5 MΩ；

(6) 绝缘试验电压：AC1500 V　1 min；

(7) 输出电压：210～230 V；

(8) 稳压精度：小于或等于 0.2%；

(9) 负载调整率：小于或等于 0.5%；

(10) 应变时间：0.2～0.5 s。

2. 电子交流稳压器的使用

(1) 稳压器的相线和零线不能接错。三相稳压器的输入、输出采用三相四线制 Y 形接法，输入中性线一定要从电网引入，输出中性线要与负载中性线妥善连接，不能错接到机壳地线上。

(2) 接通电源开关，稳压器开始工作，迅速将输出电压上升到规定值。如果输出电压不在规定值上，可适当调整面板上的电压调节电位器。输出电压稳定后即可接入负载。

(3) 对于电动机之类的负载，因启动电流比额定电流大好几倍，选择稳压器容量时应留有更大的裕量。

10.1.4　调压器稳定电源

1. 调压器稳定电源的工作原理

调压器稳定电源是一个由调压器和控制器组成的闭环控制系统。调压器为系统的执行元件，当电源电压或负载电流波动时，从稳压器输出端取得电压信号经控制器采样、比较和放大后，驱动调压器的伺服电机 M 转动，自动进行调节，使稳压器的输出电压回到额定值的精度范围内，达到稳压的目的。

2. 调压器稳定电源的使用

(1) 稳压器应在规定的环境(无易燃易爆物品等)条件中使用。

(2) 电网电源接稳压器的输入端，负载接输出端，中性线接稳压器底部的汇流排，外壳必须可靠接地。

(3) 通电前应检查面板仪表、指示灯及机内部件是否损坏，各固定件是否牢固可靠，机内各线的连接是否有松动现象，连接线是否配齐，熔断器是否完好。发现损坏或不齐，必须更换或配全；发现松动则应拧紧。

(4) 必须在空载情况下检查和调整。

(5) 考虑到效率和可靠性，稳压器的负载不应超过 80%。如果负载率很高，必须加强冷却措施。稳压器开通调试或恢复供电时，负载应逐步加入，严防过载。

10.2　直流铅酸蓄电池

电池是将化学能转换为电能的器件。蓄电池是指预先充电，将电能转换为化学能，并贮存在电池内，放电后还可再充电使活性物质还原的二次电池。蓄电池是一种可逆电池。蓄电池的分类方法很多，根据极板和电解液所用物质的不同，蓄电池分为铅酸蓄电池和碱性蓄电池两大类。

铅酸蓄电池是目前应用最广泛的蓄电池。它的特点是电动势高、容量大、转换效率高、供电方便可靠、造价低等。铅酸蓄电池有固定型和移动型之分。固定型蓄电池一般用在变配电站、邮电通信领域、工矿企业和医疗等单位作为备用电源。移动型蓄电池一般用在车辆、船舶、小型移动电站等设备中。铅酸蓄电池的正极板材料为二氧化铅（PbO_2），负极板为海绵状铅（Pb），电解液为稀硫酸（H_2SO_4）。

铅酸蓄电池的型号由三段组成：第一段代表串联的单体蓄电池数，当数目为“1”时省略。第二段代表蓄电池的类型和特征代号，固定蓄电池的代号为 G，启动用蓄电池代号为 Q，电力牵引用为 D，内燃机车用为 N，铁路客车用为 T，摩托车用为 M，航标用为 B，船舶用为 C，阀控型为 F，储能型为 U 等。蓄电池代号为附加部分用来区别同类型蓄电池所具有的特征。密封式蓄电池标注 M，免维护标注 W，干式荷电标注 A，湿式荷电标注 H，防酸式标注 F，带液式标注 Y（具有几种特征时按上述顺序标注；如某一特征已能表达清楚，则以该特征代号标注）。

电解液必须以化学纯硫酸与蒸馏水配制而成。电解液在加入蓄电池时，其温度应控制在 21～32 ℃；电解液相对密度的高低应根据使用地区的气温而定。配制电解液时，应将硫酸缓缓倒入蒸馏水中，而不可将蒸馏水倒入硫酸中，以免硫酸溅出伤害人体和腐蚀设备。电解液注入蓄电池后，需测量电解液的高度，一般为 10～15 mm。然后将蓄电池静置 3～6 h，待电解液温度低于 35 ℃时才能充电。蓄电池的充电：将蓄电池导线插在充电机上，蓄电池与充电机的正极与正极相接，负极与负极相接，就可以充电了。充电过程中，蓄电池单格电压上升 2.4 V 时，电解液会出现较多的气泡，这时应将充电电流减半。充电结束后，要进行放电试验，以免出现硫化损坏的蓄电池。所以充电前要观察蓄电池，若有硫化物沉凝时，应予更换。蓄电池电解液为强酸，应避免溅到皮肤、眼睛或衣服上。

10.3　自备柴油发电机

10.3.1　柴油发电机组的基本知识

常用的柴油发电机组（简称机组）是以柴油机为动力，拖动工频交流同步发电机组成的发电设备。它具有结构紧凑、占地面积小、热效率高、启动迅速、燃料存储方便等特点，因此在国民经济的各个领域得到广泛应用。在民用建筑中一般用做备用电源或应急电源。目前国内外生产的机组单机容量从几千瓦至几千千瓦，有近百个品种，可以供各类工程选用。

我国使用的柴油发电机组的供电参数为输电电压 230/400 V（容量大的机组也有 6.3 kV 或 10 kV），频率 50 Hz，功率因数 $\cos\varphi=0.8$，机组转速一般为 1500 r/min 或 1000 r/min（个别也有 600 r/min）。随着科学技术的进步，目前新型机组的转速一般都为 1500 r/min，并具有较完善的自动控制和保护功能。作为工程应急电源的机组,应具有自动控制功能。当工程正常工作电源突然故障停电时,可以在几秒钟内实现应急自启动,并向工程的应急负荷供电,保证工程的消防报警系统、消防设备、事故照明、疏散照明、电梯、楼宇智能控制和管理系统等应急设备的正常工作。

柴油发电机组主要由柴油机、发电机和控制屏三大部分组成。这些设备可以组装在一个公共底盘上形成移动式柴油发电机组;也可以把柴油机和发电机组装在一个公共底盘上,而控制屏和某些附属设备单独设置,形成固定式柴油发电机组。

10.3.1.1 *发电机的工作原理及励磁方式*

发电机是把机械能转换成电能的机械设备。民用建筑用的柴油发电机组为工频同步交流发电机,其转子是一个绕有励磁绕组的电磁铁,定子铁芯的槽内均匀放置了三组线圈。转子上励磁绕组通入直流电产生磁场,由原动机(如柴油机)拖动旋转,形成旋转磁场,与定子上的线圈间有相对运动,在定子线圈内感生三相交流电动势,接入负荷后即可输出电能。

由发电机的上述工作过程可以看出,发电机有定子、转子、供给转子直流电的励磁系统和调整输出电压的自动调压系统。

发电机输出三相交流电的频率取决于转子的磁极对数和原动机的转速,其关系式如下:

$$n = 60\frac{f}{p} \tag{10.1}$$

式中 n——机组同步转速,r/min;

f——输出电源频率,Hz;

p——发电机转子磁极对数。

我国交流电源的频率为 50 Hz,因此原动机的同步转速为:转子的磁极对数 $p=1$ 时,同步转速应为 3000 r/min;$p=2$ 时,同步转速为 1500 r/min;以此类推。柴油机是往复式机械,其转速不可能很高。因此,目前柴油发电机的最高转速为 1500 r/min。

1. 发电机的励磁系统

发电机的励磁系统是供给发电机转子直流电的设备,有他激式和自激式两种基本形式。

2. 发电机的自动电压调整系统

发电机工作时,其输出电压将随着所带负荷的变化而发生变化,为使发电机的输出电压保持稳定,发电机设有电压调整系统。调整发电机输出电压的方法是根据输出电压与额定电压的偏差来增大或减小发电机转子励磁绕组的输入直流电压,从而增大或减小励磁绕组内流过的电流以改变转子的磁场强度,达到调整发电机输出电压的目的。目前常用的发电机电压调整系统有以下几种:磁放大器式励磁调节器、相复励调节器、可控硅励磁调节器、三次谐波励磁系统和无刷励磁系统。

各种励磁调节装置的优缺点如下:

(1) 带直流励磁机的同步发电机在中小容量机组中,由于直流发电机故障率高,工作可靠性差,已逐步被淘汰,而采用无刷励磁和自激恒压方式。

(2) 可控硅调压装置具有工作稳定性好、动态技术指标高、体积小、质量轻等优点,但其电压波形畸变严重,可控硅通断脉冲对无线电信号有干扰,强励能力受可控硅元件容量限制,可靠性在很大程度上取决于可控硅元件的质量。因此,可控硅自激恒压发电机的使用受到一定的限制。

(3) 三次谐波励磁装置具有强励速度快、动态特性好、直接启动鼠笼式电动机能力强、结构简单、体积小、质量轻等优点,但其静态调压率差,受材料和加工工艺的影响大,不宜并列运行。

(4) 相复励调压系统应用较早,技术比较成熟,是目前使用较多的励磁调压方式。不可控相复励装置可靠性高、过载能力强,虽然静态技术指标稍差,但可满足大部分用户的要求;对静态指标要求高的用户,可选用可控相复励调压系统。其主要缺点是体积较大,比较笨重。

(5) 无刷励磁发电机的主要优点是:运行可靠,维修简单,输出电压波形正弦畸变率小,无电磁干扰,不需要起励电源,有抑制短路电流的能力。其缺点是:轴向尺寸较大,灭磁速度较慢,旋转整流器性能要求高。随着科学技术的发展,上述缺点已逐步被克服,无刷励磁发电机是目前国内外主要发展的机型。

3. 发电机的分类

(1) 按励磁方式分,有带励磁机的他激式发电机、自激恒压发电机和无刷励磁发电机。

(2) 按磁极结构形式分,有凸极式发电机和隐极式发电机。

(3) 按通风方式分,有开启式、防护式和封闭式。

(4) 按电机主轴的方向分,有立式和卧式。

(5) 按原动机种类分,有汽轮发电机、水轮发电机、燃气发电机和柴油发电机。

应用广泛的柴油发电机一般为卧式、防护式、凸极发电机。

10.3.1.2 柴油发电机组的主要特性

1. 负载特性

国家标准规定,柴油机的标定功率(也是柴油机铭牌上标注的功率)是在标准大气状况下连续运行 12 h 的最大功率,持续长期运行的功率是标定功率的 90%。超过标定功率 10%时可超载运行 1 h(包括在 12 h 以内)。国家标准规定的标准大气状况为:大气压力 100 kPa、环境温度 25 ℃、相对湿度 30%。

柴油机是吸入外部空气运行的机械,在非标准大气状况下运行时,大气中的氧气含量不同,其输出功率要根据规定进行修正。影响大气状况的主要因素是柴油机工作地点的海拔高度,如海拔为 2000 m、环境温度为 30 ℃、相对湿度为 60%时修正系数为0.71,即此时柴油机的输出功率为标定功率的 71%。

2. 柴油机的耗油率

柴油机的耗油率是指柴油机输出每千瓦功率,每小时消耗的燃油量。这是柴油机重要的经济指标。耗油率低也说明这台柴油机的加工精度高、材质优、性能好。

3. 柴油机的调速特性

柴油机都设有调速器,保证其在各种运行工况下转速基本恒定,从而保证机组输出电源的频率基本恒定。柴油机调速特性的优劣直接影响机组输出电源的质量。柴油机的调速特性取决于柴油机所用调速器的性能。机械式调速器的性能稍差;液压式调速器性能较好,但结构复杂;电子调速器的性能也比较好,但目前可靠性稍差。

(1) 柴油机的静态调速特性

柴油机的静态调速特性是指柴油机所带负载由空载逐渐增加至满载时柴油机转速的变化。一般控制在额定转速的 5%以下,调节过程不得出现振荡。

(2) 柴油机的动态调速特性

柴油机的动态调速特性是指柴油机所带负载由空载突加至满载或由满载突减至空载时柴

油机转速的变化特性。动态调速特性的重要参数有:瞬时调速率——机组转速的最大变化值与机组额定转速之比;稳定时间——机组转速自过渡过程开始至重新稳定在允许偏差范围内所经历的时间。机组瞬时最高转速不得引起机组的超速保护动作,稳定时间一般为5~7 s。

4. 发电机的调压特性

发电机的调压特性是发电机的自动电压调节装置在各种工况下调节发电机输出电压的性能。发电机的输出电压应保持基本恒定。发电机各种励磁调压方式的调压特性有所不同。

(1)发电机的静态调压特性

发电机的静态调压特性是发电机的负载由空载逐渐增加至满载时其输出电压的变化(一般为额定电压的±3%),以及发电机在满载时由冷态至热态其输出电压的变化(一般不大于额定电压的2%)。

(2) 发电机的动态调压特性

发电机的动态调压特性是发电机的负载由空载突加至满载或由满载突减至空载时发电机输出电压的最大波动值和稳定时间,以及发电机直接启动一定容量的鼠笼电动机时其输出电压的最大波动值和稳定时间。最大波动的高值不得引起过电压保护动作,低值不得引起电磁操作设备跳闸和低电压保护动作。稳定时间一般为1~3 s。

柴油发电机组的特性还有许多,如机组的机械效率、单位体积容量等,影响机组选择的特性基本上是上述几项。

10.3.1.3 柴油发电机组的控制方式

1. 发电机控制屏

发电机控制屏是柴油发电机组成套供应的设备,可以设置在机组的公共底盘上,也可以独立设置。屏上的主要设备有以下几部分:

(1) 发电机主开关

发电机主开关通常为断路器,普通型机组为手动操作,自动化机组为电动操作。该断路器是发电机向负荷供电的主要设备,通常具有短路保护、过载保护、欠电压保护、过电压保护功能。有并联运行要求的机组还设有逆功率保护。

(2) 供电开关

有的发电机控制屏还设1~2个供电开关作为向用电负荷供电的控制开关。供电开关通常为手动断路器,并带有过载保护、短路保护和欠电压保护。供电开关也可以不设。

(3) 发电机主要运行参数监测仪表

发电机主要运行参数监测仪表一般有交流电压表、交流电流表、直流励磁电流表、直流励磁电压表、功率表、功率因数表、频率表、电度表、运行时间累计表等,以及与仪表配套的电流互感器、电压互感器和测量转换开关。具体机组配有哪些仪表与机组容量有关,容量大的机组配的仪表比较全,容量小的机组配的仪表可能少一些。有并联运行要求的机组还设有同步指示仪表或指示灯,主断路器操作按钮及通断指示灯。

(4) 发电机的励磁系统调节装置

装设在发电机控制屏上的励磁系统调节装置包括自动电压调节器、自动/手动转换开关和并联运行无功功率调节装置。

2. 柴油机控制屏

柴油机的控制屏一般设在机组上或独立设置。其基本设备主要有:

(1) 电启动柴油机的启动按钮。

(2) 柴油机主要运行参数监测仪表，一般用来监测柴油机转速、冷却水出水温度、润滑油压力、润滑油出口温度、电启动柴油机的启动蓄电池电压(气启动柴油机的启动空气压力)、排气出口温度等。

(3) 自动化柴油发电机组的柴油机需要控制的内容较多，其控制屏通常和发电机控制屏设在一起或设在同一块屏上，主要设备除上述基本设备外，还有柴油机遥控调速开关、自动/手动转换开关、柴油机安全保护和故障报警设备(如柴油机冷却水出口温度过高、润滑油温度过高、润滑油压力过低、机组超速等故障报警或紧急停机)。柴油机的自动控制系统也设在柴油机控制屏内。

3. 机组的附属设备

柴油发电机组的附属设备通常有储油罐、日用油箱、排气消声器、电启动机组的启动蓄电池、电启动机组的空气压缩机和储气瓶、电动油泵，有些机组还有其他设备。

10.3.2 机组容量的确定

1. 工程中需应急供电的负荷容量

目前规范中把工程中需要供电的负荷按出现故障中断供电时对工程的影响分为一、二、三级负荷。工程中需要应急供电的负荷是影响程度最大的一级负荷和部分二级负荷，如工程的消防报警系统、消防设备、事故照明、疏散照明、电梯、通信系统、楼宇智能控制和管理系统等。工程的应急电源在市电源故障停电时应保证这些负荷正常工作，其计算容量为应急柴油发电机的供电容量。初步设计时，应急柴油发电机容量推荐按市电源变压器总容量的10%～20%(实际应用取15%)进行计算。

2. 工程应急负荷中最大的鼠笼电动机容量

应急柴油发电站的容量一般都比较小，较大的鼠笼电动机如果采用降压启动，其启动时间较长，将影响供电网路中其他负荷的正常工作。一般希望发电机组有足够大的容量，能直接启动供电网路中最大的鼠笼电动机。一般工程最大单台电动机容量与发电机额定容量之比不宜大于25%。

根据对50～300 kW不同容量、不同励磁调压方式的柴油发电机组直接启动不同容量的鼠笼电动机的试验结果，当要求启动过程中的瞬时电压值不低于额定值的85%时，可按表10.1的数据校验最大鼠笼电动机容量与发电机额定容量之比。

表10.1 不同励磁调压方式的柴油发电机组直接启动鼠笼电动机容量的最大百分比
(瞬时电压值大于或等于85%的额定电压)

机组励磁调压方式	最大电动机容量与发电机额定容量之比(%)
磁阻式自动调压器	12～15
带励磁机的可控硅调压器	15～25
可控硅自激恒压装置	15～30
相复励自激恒压装置	15～30
三次谐波励磁	50

3. 应急柴油发电站的发电机容量的确定

应急柴油发电站一般设一台机组，机组容量应能保证工程应急负荷的供电需要，并能直接启动应急负荷中最大容量的鼠笼电动机（即取两项要求中的最大值）。应急机组的运行时间短，机组的输出功率按标定功率经海拔高度修正后的输出功率计算，不必考虑长期运行功率。机组应具备自启动功能，在应急供电时可一次加载，也可自动分几次加载。

当发电站容量较大，一台机组不能满足要求时，可设两台机组并列运行供电，并具有自动并车和自动调频调载功能。

10.3.3　机组型号的选择

1. 机组转速的选择

柴油发电机组的转速主要取决于柴油机的转速。用于发电的柴油机有高速柴油机和中速柴油机，前者的转速为 1500 r/min 和 1000 r/min，后者的转速为 750 r/min 和 600 r/min。

与同容量的中速柴油发电机组相比，高速柴油发电机组单位容积功率大，因此体积小、质量轻，所需厂房面积小，可节省土建投资。但在同样用材和加工工艺条件下，高速柴油机因为转速高，其运动部件磨损大，寿命短，并需要品质较好的燃料。对于应急电站，机组运行时间短，可不考虑机组的寿命，应优先选用高速柴油发电机组。

2. 机组增压的利弊

机组增压是指柴油发电机组的柴油机带有增压器，增压柴油机工作时，燃烧所需的空气是经增压器增压后送入柴油机。进入柴油机的空气比直接吸入机组周围空气运行的非增压柴油机的空气密度高很多，同样的气缸容积可以燃烧更多的燃油，因此，柴油机的输出功率可大大提高。同型号的非增压柴油机增压后，其输出功率可提高 50%左右。因此，机组增压后，比同样出力的非增压机组体积和质量都小很多。

一般柴油机用的增压器为废气涡轮增压器，由柴油机排出的废气推动其工作。虽然提高了柴油机的排气背压，使柴油机的热效率有所降低，但废气涡轮增压器利用了柴油机排出废气的能量，使机组总的热效率有所提高。

增压柴油机在高海拔地区工作时，大气压力降低，增压器的涡轮膨胀比增大，压气机的压缩比也增大，因此比非增压机组的海拔功率修正系数要小一些。

增压柴油机的主要缺点是增压器的转速高、寿命短，机组增压后柴油机气缸的热负荷增大，容易出现故障。随着科学技术的进步，这些缺点正在不断被克服，目前新型机组已不存在上述缺点。

对于应急柴油发电站，机组寿命是次要的，减小机房面积是主要的，应优先选用增压机组。

3. 发电机结构及励磁方式的选择

(1) 发电机结构的选择

柴油发电机组配用的发电机为卧式结构的交流同步发电机。带直流励磁机的发电机，其直流励磁机有换相器和碳刷，故障率高，又多一台部件，现在已很少生产和选用。

自激恒压发电机是自大功率半导体整流二极管问世后研制的机型，发电机取消了容易发生故障的直流励磁机，提高了发电机运行的可靠性，同时也减小了发电机的体积。自激恒压发电机是目前较常用的机型。但这种机型仍有碳刷和集电环，运行可靠性仍存在一定问题。

无刷励磁发电机是近年来发展的新型发电机，该发电机彻底取消了各种碳刷，运行可靠。但其制造工艺要求高，且要求旋转整流二极管的品质要好，目前价格较高。在投资允许的情况下，应优先选用无刷励磁发电机。

(2) 励磁方式的选择

目前交流同步发电机常用的励磁方式有磁放大器式、可控硅式、相复励式、三次谐波式等。

① 磁放大器式调压器是与带直流励磁机的发电机配套使用的。现在带直流励磁机的发电机已较少生产，因此这种调压方式也较少选用。

② 可控硅(也称为晶闸管)调压设备体积小、质量轻、调压精度高，但强励特性受可控硅元件质量影响。可控硅自激恒压发电系统中，由于电压波形有畸变，对通信等弱电系统有干扰，在供电系统中有通信等弱电负载的工程不宜选用。

③ 相复励调压又有可控相复励调压和不可控相复励调压两种。相复励调压装置可靠性高，过载能力强，技术性能可满足大部分用户的要求。对静态指标要求高的用户，可以选用可控相复励调压装置。其缺点是体积大，比较笨重。这种励磁调压方式在实际工程中应用较多。

④ 三次谐波励磁的励磁速度快，倍数高，动态特性好，直接启动鼠笼电动机的能力强，结构简单，体积小，质量轻。但静态调压率差，不宜并联运行。目前只在部分小型柴油发电机组中应用。

4. 机组自动化功能的选择

经过多年的研究开发，柴油发电机组的自动化功能已比较完善。随着技术的进步，控制手段也比较先进。自动化功能包括自动操作、自动调节、故障自动保护等。自动控制系统对不同容量的机组是相同的。因此，机组容量大，自动化的相对造价低；机组容量小，自动化的相对造价高。具体工程应根据实际需要和机组容量的大小合理确定机组应具有的自动化功能。

(1) 应急机组应具有的自动化功能

应急机组除应具有应急自启动、自动停机和故障自动保护等单机自动化功能外，还应保持机组处于准备启动状态。

当市电源突然故障停电时，应急机组在 10 s 左右自动启动，供电主开关自动合闸向应急负荷供电。市电源恢复供电时，应急负荷自动切换至市电源供电，运行的应急机组经一段时间冷却后自动停机。机组的运行故障自动保护有机组超速、润滑油压过低、冷却水温过高、发电机过载、供电网络短路等。这些故障发生时可动作于机组紧急停机或主开关跳闸。发电机电源与市电源必须做好电气闭锁，防止并网于市电源。

应急机组平时应保持准备启动状态，以保证应急时能顺利启动。主要有设置启动系统自动充电或充气装置，使电启动的启动蓄电池内充足电或气启动的储气瓶内充足压缩空气。机组的冷却水系统、燃油供给系统、润滑系统能正常工作，平时应保证每周启动一次。

(2) 电站的自动化功能

单机运行的电站，为改善电站的工作环境，应实现电站的远方或隔室操作和监视。在控制室的控制屏上，可远方或隔室对机房内的机组实施启动、停机、调速、分合主开关等操作和主要运行参数的监视。

多机运行的电站应选择同型号、同容量、同调压方式的机组，并设置自动并车和自动调频调载装置。

5. 柴油机的海拔功率修正

国家标准GB 1105.1～3—87规定的标准大气状况为：大气压力100 kPa、环境温度25 ℃(298 K)、相对湿度30%。当柴油机工作地点的大气状况与标准状况不符时，其输出功率应按规定进行修正。

单台机组的实际输出功率按下式计算：

$$P = \{N_e[C - (1 - C_1)] - N_p\}\eta_F \qquad (10.2)$$

式中 P——机组的实际输出功率，kW；

N_e——柴油机的标定功率，kW；

N_p——柴油机冷却风扇消耗的功率，kW；

η_F——发电机效率；

C——大气状况功率修正系数；

C_1——进、排气阻力影响输出功率的修正系数。对于地面电站一般取1.0。

柴油机冷却风扇消耗的功率 N_e 和发电机效率 η_F 可查阅柴油发电机组的产品说明书。

小　　结

交流稳压电源介绍了电磁稳压器、稳压变压器、电子交流稳压器以及调压器稳压电源的工作原理、主要技术指标及使用要求。

直流铅酸蓄电池介绍了直流铅酸蓄电池的特点、类型、型号及使用要求。

自备柴油发电机介绍了柴油发电机组的组成、主要特性、控制方式、工作原理、励磁方式，机组容量的确定方法，机组型号的选择方法。

思考题与习题

10.1 交流稳压电源的作用是什么？有哪些类型？

10.2 电磁稳压器的特性是什么？使用中应该注意什么问题？

10.3 稳压变压器与电磁稳压器相比有什么不同？使用中应注意什么问题？

10.4 电子交流稳压器的工作原理是什么？如何使用？

10.5 调压稳压器应如何使用？

10.6 直流蓄电池组有哪些类型？应如何使用？

10.7 发电机的同步转速、频率、磁极对数之间应满足什么关系？

10.8 发电机自动电压调整系统有哪几种形式？并比较其优缺点。

10.9 柴油发电机组的主要特性有哪些？

10.10 在工程中如何确定应急供电电源的负荷容量？如何确定单台柴油发电机的容量？

10.11 在重要负荷中，除了正常的电网供电电源之外，一般要设置哪些备用电源？

技能训练

实训项目:分析高层办公楼应急电源所采取的措施

(1) 实训目的

通过对某高层办公楼应急电源的分析,掌握当需要采取应急电源时,可采取哪些类型的应急电源,有何优缺点;掌握发电机容量的选择及修正方法、自动启动措施;掌握如何进行发电机型号的选择;掌握在哪些情况下使用铅酸蓄电池。

(2) 实训准备

联系具有自备应急发电机的高层办公楼,并收集应急电源的资料。

(3) 实训内容

① 分析工作电源与备用电源;分析采取了哪些形式的应急电源? 效果如何?

② 识读主接线图。

③ 记录发电机组的型号及容量,分析选择的合理性。

(4) 提交成果

参观日记及分析的过程性资料。

附　录

附录1　部分高压断路器的主要技术数据

类别	型　号	额定电压（kV）	额定电流（A）	开断电流（kA）	断流容量（MV·A）	动稳定电流峰值（kA）	热稳定电流（kA）	固有分闸时间（s）	合闸时间（s）	配用操作机构型号
少油户外	SW2-35/1000	35（40.5）	1000	16.5	1000	45	16.5(4s)	≤0.06	≤0.4	CT2-XG
	SW2-35/1500		1500	24.8	1500	63.4	24.8(4s)			
少油户内	SN10-35Ⅰ	35（40.5）	1000	16	1000	45	16(4s)	≤0.06	≤0.2	CT10 CT10Ⅳ
	SN10-35Ⅱ		1250	20	1250	50	20(4s)		≤0.25	
	SN10-10Ⅰ	10	630	16	300	40	16(4s)	≤0.06	≤0.15	CT7、8 CD10Ⅰ
			1000	16	300	40	16(4s)		≤0.2	
	SN10-10Ⅱ		1000	31.5	500	80	31.5(4s)	≤0.06	≤0.2	CD10Ⅰ、Ⅱ
	SN10-10Ⅲ		1250	40	750	125	40(4s)	≤0.07	≤0.2	CD10Ⅲ
			2000	40	750	125	40(4s)			
			3000	40	750	125	40(4s)			
真空户内	ZN12-40.5	35（40.5）	1250、1600	25	—	63	25(4s)	≤0.07	≤0.1	CT12 等
			1600、2000	31.5	—	80	31.5(4s)			
	ZN12-35		1250～2000	31.5	—	80	31.5(4s)	≤0.075	≤0.1	
	ZN23-40.5		1600	25	—	63	25(4s)	≤0.06	≤0.075	
真空户内	ZN3-10Ⅰ	10（12）	630	8	—	20	8(4s)	≤0.07	≤0.15	CD10 等
	ZN3-10Ⅱ		1000	20	—	50	20(2s)	≤0.05	≤0.1	
	ZN4-10/1000		1000	17.3	—	44	17.3(4s)	≤0.05	≤0.2	
	ZN4-10/1250		1250	20	—	50	20(4s)			
	ZN5-10/630		630	20	—	50	20(2s)	≤0.05	≤0.1	CT8 等
	ZN5-10/1000		1000	20	—	50	20(2s)			
	ZN5-10/1250		1250	25	—	63	25(2s)			
	1250 ZN12-12/1600 2000		1250 1600 2000	25	—	63	25(4s)	≤0.06	≤0.1	CT8 等
	ZN24-12/1250-20		1250	20	—	50	20(4s)	≤0.06	≤0.1	CT8 等
	ZN24-12/1250、2000-31.5		1250、2000	31.5	—	80	31.5(4s)			
	ZN28-12/630 1600		630～1600	20	—	50	20(4s)			

续附录 1

类别	型　号	额定电压(kV)	额定电流(A)	开断电流(kA)	断流容量(MV·A)	动稳定电流峰值(kA)	热稳定电流(kA)	固有分闸时间(s)	合闸时间(s)	配用操作机构型号
六氟化硫户内	LN2-35Ⅰ	35(40.5)	1250	16	—	40	16(4s)	≤0.06	≤0.15	CT12Ⅱ
	LN2-35Ⅱ		1250	25	—	63	25(4s)			
	LN2-35Ⅲ		1600	25	—	63	25(4s)			
	LN2-10	10(12)	1250	25	—	63	25(4s)	≤0.06	≤0.15	CT12Ⅰ、CT8Ⅰ

附录 2　常用高压负荷开关的主要技术数据

序号	型　　号	额定电压(kV)	额定电流(A)	最大开断电流(kA)	热稳定电流(kA)		极限通断电流峰值(kA)
					5 s	10 s	
1	FW_5-10	10	200	1.5	4(4s)		10
2	FN_3-10	10	400	1.45	8.5		25
3	FN_3-6	6	400	1.95	8.5		25
4	FN_2-10(R)	10	400	1.2		4	25

注：FW—户外型；FN—户内型；(R)—带有熔断器的负荷开关。

附录 3　部分高压隔离开关的主要技术数据

序 号	型　　号	额定电压(kV)	额定电流(A)	极限通过电流峰值(kA)	热稳定电流(kA)	
					4 s	5 s
1	GW_2-35G	35	600	40	20	—
2	GW_2-35GD					
3	GW_4-35					
4	GW_4-35G		600	50	15.8	
5	GW_4-35W	35	1000	80	23.7	—
6	GW_4-35D		2000	104	46	
7	GW_4-35DW					
8	GW_5-35G		600	72	16	
9	GW_5-35GD	35	1000	83	25	—
10	GW_5-35GW		1600	100	31.5	
11	GW_5-35GDW		2000			
12	GW_1-10	10	200	15	—	7
13	GW_1-10W		400	25		14
			600	35		20
14	GN_2-10	10	2000	85	—	51
			3000	100		71
15	GN_2-35		400	52		14
		35	600	64	—	25
16	GN_2-35T		1000	70		27.6

续附录 3

序号	型号	额定电压(kV)	额定电流(A)	极限通过电流峰值(kA)	热稳定电流(kA)	
					4 s	5 s
17	GN_6-10T	10	200	25.5	—	10
			400	40		14
			600	52		20
18	GN_8-10T		1000	75		30
19	GN_{19}-10	10	4000	30	12	—
			600	52	20	
20	GN_{19}-10G		1000	75	30	

附录 4　导体在正常和短路时的最高允许温度及热稳定系数

导体种类及材料			最高允许温度(℃)		热稳定系数 C
			正常	短路	
母线	铜		70	300	171
	铜(接触面有锡层时)		85	200	164
	铝		70	200	87
油浸纸绝缘电缆	铜(铝)芯	1～3 kV	80	250	148
		6 kV	65	220	145
		10 kV	60	220	148
橡皮绝缘导线和电缆		铜芯	65	150	112
		铝芯	65	150	74
聚氯乙烯绝缘导线和电缆		铜芯	65	130	100
		铝芯	65	130	65
交联聚乙烯绝缘导线和电缆		铜芯	80	250	140
		铝芯	80	250	84
有中间接头的电缆(不包括聚氯乙烯绝缘电缆)		铜芯	—	150	—

附录 5　架空裸导线的最小截面

线路类别		导线最小截面(mm^2)		
		铝及铝合金线	钢芯铝线	铜绞线
35 kV 及以上线路		35	35	35
3～10 kV 线路	居民区	35①	25	25
	非居民区	25	16	16
低压线路	一般	16②	16	16
	与铁路交叉跨越档	35	16	16

注：① DL/T 599—1996《城市中低压配电网改造技术导则》规定，中压架空线路宜采用铝绞线，主干线截面应为 150～240 mm^2，分支线截面不宜小于 70 mm^2。但此规定不是从机械强度要求考虑的，而是考虑到城市电网发展的需要。

② 低压架空铝绞线原规定最小截面为 16 mm^2。而 DL/T 599—1996 规定：低压架空线宜采用铝芯绝缘线，主干线截面宜采用 150 mm^2，次干线截面宜采用 120 mm^2，分支线截面宜采用 50 mm^2。这些规定是从安全运行和电网发展需要考虑的。

附录 6　绝缘导线芯线的最小截面

线路类别			芯线最小截面(mm^2)		
			铜芯软线	铜芯线	铝芯线
照明用灯头引下线		室内	0.5	1.0	2.5
		室外	1.0	1.0	2.5
移动式设备线路		生活用	0.75	—	—
		生产用	1.0	—	—
敷设在绝缘支持件上的绝缘导线（L 为支持点间距）	室内	$L \leqslant 2$ m	—	1.0	2.5
	室外	$L \leqslant 2$ m	—	1.5	2.5
		2 m$<L\leqslant$6 m	—	2.5	4
		6 m$<L\leqslant$15 m	—	4	6
		15 m$<L\leqslant$25 m	—	6	10
穿管敷设的绝缘导线			1.0	1.0	2.5
沿墙明敷的塑料护套线			—	1.0	2.5
板孔穿线敷设的绝缘导线			—	1.0	2.5
PE 线和 PEN 线	有机械保护时		—	1.5	2.5
	无机械保护时	多芯线	—	2.5	4
		单芯干线	—	10	16

注：《住宅设计规范》(GB 50096—1999)规定：住宅导线应采用铜芯绝缘线，住宅分支回路导线截面不应小于 2.5 mm^2。

附录 7　绝缘导线明敷、穿钢管和穿塑料管时的允许载流量

1. 绝缘导线明敷时的允许载流量(单位为 A)

芯线截面(mm^2)	橡皮绝缘线								塑料绝缘线							
	环境温度															
	25 ℃		30 ℃		35 ℃		40 ℃		25 ℃		30 ℃		35 ℃		40 ℃	
	铜芯	铝芯	铜芯	铝芯	铜芯	铝芯	铜芯	铝芯	铜芯	铝芯	铜芯	铝芯	铜芯	铝芯	铜芯	铝芯
2.5	35	27	32	25	30	23	27	21	32	25	30	23	27	21	25	19
4	45	35	41	32	39	30	35	27	41	32	37	29	35	27	32	25
6	58	45	54	42	49	38	45	35	54	42	50	39	46	36	41	33
10	84	65	77	60	72	56	66	51	76	59	71	55	66	51	59	46
16	110	85	102	79	94	73	86	67	103	80	95	74	89	69	81	63
25	142	110	132	102	123	95	112	87	135	105	126	98	116	90	107	83
35	178	138	166	129	154	119	141	109	168	130	156	121	144	112	132	102

续附录 7

芯线截面 (mm²)	橡皮绝缘线								塑料绝缘线							
	环境温度															
	25 ℃		30 ℃		35 ℃		40 ℃		25 ℃		30 ℃		35 ℃		40 ℃	
	铜芯	铝芯	铜芯	铝芯	铜芯	铝芯	铜芯	铝芯	铜芯	铝芯	铜芯	铝芯	铜芯	铝芯	铜芯	铝芯
50	226	175	210	163	195	151	178	138	213	165	199	154	183	142	168	130
70	284	220	266	206	245	190	224	174	264	205	246	191	228	177	209	162
95	342	265	319	247	295	229	270	209	323	250	301	233	279	216	254	197
120	400	310	361	280	346	268	316	243	365	283	343	266	317	246	290	225
150	464	360	433	336	401	311	366	284	419	325	391	303	362	281	332	257
185	540	420	506	392	468	363	428	332	490	380	458	355	423	328	387	300
240	660	510	615	476	570	441	520	403	—	—	—	—	—	—	—	—

注：型号表示：铜芯橡皮线—BX；铝芯橡皮线—BLX；铜芯塑料线—BV；铝芯塑料线—BLV。

2. 橡皮绝缘导线穿钢管时的允许载流量(单位为 A)

芯线截面 (mm²)	芯线材质	2 根单芯线				2 根穿管管径 (mm)		3 根单芯线				3 根穿管管径 (mm)		4～5 根单芯线				4 根穿管管径 (mm)		5 根穿管管径 (mm)	
		环境温度(℃)						环境温度(℃)						环境温度(℃)							
		25	30	35	40	SC	MT	25	30	35	40	SC	MT	25	30	35	40	SC	MT	SC	MT
2.5	铜	27	25	23	21	15	20	25	22	21	19	15	20	21	18	17	15	20	25	20	25
	铝	21	19	18	16			19	17	16	15			16	14	13	12				
4	铜	36	34	31	28	20	25	32	30	27	25	20	25	30	27	25	23	20	25	20	25
	铝	28	26	24	22			25	23	21	19			23	21	19	18				
6	铜	48	44	41	37	20	25	44	40	37	34	20	25	39	36	32	30	25	25	25	32
	铝	37	34	32	29			34	31	29	26			30	28	25	23				
10	铜	67	62	57	53	25	32	59	55	50	46	25	32	52	48	44	40	25	32	32	40
	铝	52	48	44	41			46	43	39	36			40	37	34	31				
16	铜	85	79	74	67	25	32	76	71	66	59	32	32	67	62	57	53	32	40	40	(50)
	铝	66	61	57	52			59	55	51	46			52	48	44	41				
25	铜	111	103	95	88	32	40	98	92	84	77	32	40	88	81	75	68	40	(50)	40	—
	铝	86	80	74	68			76	71	65	60			68	63	58	53				
35	铜	137	128	117	107	32	40	121	112	104	95	32	(50)	107	99	92	84	40	(50)	50	—
	铝	106	99	91	83			94	87	83	74			83	77	71	65				

续附录 7

芯线截面(mm²)	芯线材质	2根单芯线 环境温度(℃)				2根穿管管径(mm)		3根单芯线 环境温度(℃)				3根穿管管径(mm)		4～5根单芯线 环境温度(℃)				4根穿管管径(mm)		5根穿管管径(mm)	
		25	30	35	40	SC	MT	25	30	35	40	SC	MT	25	30	35	40	SC	MT	SC	MT
50	铜	172	160	148	135	40	(50)	152	142	132	120	50	(50)	135	126	116	107	50	—	70	—
	铝	133	124	115	105			118	110	102	93			105	98	90	83				
70	铜	212	199	183	168	50	(50)	194	181	166	152	50	(50)	172	160	148	135	70	—	70	—
	铝	164	154	142	130			150	140	129	118			133	124	113	105				
95	铜	258	241	223	204	70	—	232	217	200	183	70	—	206	192	178	163	70	—	70	—
	铝	200	187	173	158			180	168	155	142			160	149	138	126				
120	铜	297	277	255	233	70	—	271	253	233	214	70	—	245	228	216	194	70	—	80	—
	铝	230	215	198	181			210	196	181	166			190	177	164	150				
150	铜	335	313	289	264	70	—	310	289	267	244	70	—	284	266	245	224	80	—	100	—
	铝	260	243	224	205			240	224	207	180			220	205	190	174				
185	铜	381	355	329	301	80	—	348	325	301	275	80	—	323	301	279	254	80	—	100	—
	铝	295	275	255	233			270	252	233	213			250	233	216	197				

注：① 穿线管符号：SC—焊接钢管，管径按内径计；MT—电线管，管径按外径计。

② 4～5根单芯线穿管的载流量，是指低压TN-C系统、TN-S系统或TN-C-S系统中的相线载流量，其中N线或PEN线中可有不平衡电流通过。如果三相负荷平衡，则虽有4根或5根导线穿管，但导线的载流仍按3根导线穿管考虑，而穿线管管径则按实际穿管导线数选择。

3. 塑料绝缘导线穿钢管时的允许载流量(单位为A)

芯线截面(mm²)	芯线材质	2根单芯线 环境温度(℃)				2根穿管管径(mm)		3根单芯线 环境温度(℃)				3根穿管管径(mm)		4～5根单芯线 环境温度(℃)				4根穿管管径(mm)		5根穿管管径(mm)	
		25	30	35	40	SC	MT	25	30	35	40	SC	MT	25	30	35	40	SC	MT	SC	MT
2.5	铜	26	23	21	19	15	15	23	21	19	18	15	15	19	18	16	14	15	15	15	20
	铝	20	18	17	15			19	16	15	14			15	14	12	11				
4	铜	35	32	30	27	15	15	31	28	26	23	15	15	28	26	23	21	15	20	20	20
	铝	27	25	23	21			24	22	20	18			22	20	19	17				
6	铜	45	41	39	35	15	20	41	37	35	32	15	20	36	34	31	28	20	25	25	25
	铝	35	32	30	27			32	29	27	25			28	26	24	22				
10	铜	63	58	54	49	20	25	57	53	49	44	20	25	49	45	41	39	25	25	25	32
	铝	49	45	42	38			44	41	38	34			38	35	32	30				
16	铜	81	75	70	63	25	25	72	67	62	57	25	32	65	59	55	50	25	32	32	40
	铝	63	58	54	49			56	52	48	44			50	46	43	39				

续附录 7

芯线截面(mm²)	芯线材质	2 根单芯线 环境温度(℃)				2 根穿管管径(mm)		3 根单芯线 环境温度(℃)				3 根穿管管径(mm)		4～5 根单芯线 环境温度(℃)				4 根穿管管径(mm)		5 根穿管管径(mm)	
		25	30	35	40	SC	MT	25	30	35	40	SC	MT	25	30	35	40	SC	MT	SC	MT
25	铜	103	95	89	81	25	32	90	84	77	71	32	32	84	77	72	66	32	40	32	(50)
	铝	80	74	69	63			70	65	60	55			65	60	56	51				
35	铜	129	120	111	102	32	40	116	108	99	92	32	40	103	95	89	81	40	(50)	40	—
	铝	100	93	86	79			90	84	77	71			80	74	69	63				
50	铜	161	150	139	126	40	50	142	132	123	112	40	(50)	129	120	111	102	50	(50)	50	—
	铝	125	116	108	98			110	102	95	87			100	93	86	79				
70	铜	200	186	173	157	50	50	184	172	159	146	50	(50)	164	150	141	129	50	—	70	—
	铝	155	144	134	122			143	133	123	113			127	118	109	100				
95	铜	245	228	212	194	50	(50)	219	204	190	173	50	—	196	183	169	155	70	—	70	—
	铝	190	177	164	150			170	158	147	134			152	142	131	120				
120	铜	284	264	245	224	50	(50)	252	235	217	199	50	—	222	206	191	173	70	—	80	—
	铝	220	205	190	174			195	182	168	154			172	160	148	136				
150	铜	323	301	279	254	70	—	290	271	250	228	70	—	258	241	223	204	70	—	80	—
	铝	250	233	216	197			225	210	194	177			200	187	173	158				
185	铜	368	343	317	290	70	—	329	307	284	259	70	—	297	277	255	233	80	—	80	—
	铝																				

注：同上表注。

4. 橡皮绝缘导线穿硬塑料管时的允许载流量(单位为 A)

芯线截面(mm²)	芯线材质	2 根单芯线 环境温度(℃)				2 根穿管管径(mm)	3 根单芯线 环境温度(℃)				3 根穿管管径(mm)	4～5 根单芯线 环境温度(℃)				4 根穿管管径(mm)	5 根穿管管径(mm)
		25	30	35	40		25	30	35	40		25	30	35	40		
2.5	铜	25	22	21	19	15	22	19	18	17	15	19	18	16	14	20	25
	铝	19	17	16	15		17	15	14	13		15	14	12	11		
4	铜	32	30	27	25	20	30	27	25	23	20	26	23	22	20	20	25
	铝	25	23	21	19		23	21	19	18		20	18	17	15		
6	铜	43	39	36	34	20	37	35	32	28	20	34	31	28	26	25	32
	铝	33	30	28	26		29	27	25	22		26	24	22	20		
10	铜	57	53	49	44	25	52	48	44	40	25	45	41	38	35	32	32
	铝	44	41	38	34		40	37	34	31		35	32	30	27		

续附录 7

芯线截面(mm^2)	芯线材质	2 根单芯线				2 根穿管管径(mm)	3 根单芯线				3 根穿管管径(mm)	4～5 根单芯线				4 根穿管管径(mm)	5 根穿管管径(mm)
		环境温度(℃)					环境温度(℃)					环境温度(℃)					
		25	30	35	40		25	30	35	40		25	30	35	40		
16	铜	75	70	65	58	32	67	62	57	53	32	59	55	50	46	32	40
	铝	58	54	50	45		52	48	44	41		46	43	39	36		
25	铜	99	92	85	77	32	88	81	75	68	32	77	72	66	61	40	40
	铝	77	71	66	60		68	63	58	53		60	56	51	47		
35	铜	123	114	106	97	40	108	101	93	85	40	95	89	83	75	40	50
	铝	95	88	82	75		84	78	72	66		74	69	64	58		
50	铜	155	145	133	121	40	139	120	120	111	50	123	114	106	97	50	65
	铝	120	112	103	94		108	100	93	86		95	88	82	75		
70	铜	197	184	170	156	50	174	163	150	137	50	155	144	133	122	65	75
	铝	153	143	132	121		135	126	116	106		120	112	103	94		
95	铜	237	222	205	187	50	213	199	183	168	65	194	181	166	152	75	80
	铝	184	172	159	143		165	154	142	130		150	140	129	118		
120	铜	271	253	233	214	65	245	228	212	194	65	219	204	190	173	80	80
	铝	210	196	181	166		190	177	164	150		170	158	147	134		
150	铜	323	301	277	254	75	293	273	253	231	75	264	246	228	209	80	90
	铝	250	233	215	197		227	212	196	179		205	191	177	162		
185	铜	364	339	313	288	80	320	307	284	259	80	299	279	258	236	100	100
	铝	282	263	243	223		255	238	220	201		232	216	200	183		

注：如果三相负荷平衡，则虽有 4 根或 5 根导线穿管，但导线的载流量仍按 3 根导线穿管选择，而穿线管管径则按实际穿管导线数选择。

5．塑料绝缘导线穿硬塑料管时的允许载流量(单位为 A)

芯线截面(mm^2)	芯线材质	2 根单芯线				2 根穿管管径(mm)	3 根单芯线				3 根穿管管径(mm)	4～5 根单芯线				4 根穿管管径(mm)	5 根穿管管径(mm)
		环境温度(℃)					环境温度(℃)					环境温度(℃)					
		25	30	35	40		25	30	35	40		25	30	35	40		
2.5	铜	23	21	19	18	15	21	18	17	15	15	18	17	15	14	20	25
	铝	18	16	15	14		16	14	13	12		14	13	12	11		
4	铜	31	28	26	23	20	28	26	24	22	20	25	22	20	19	20	25
	铝	24	22	20	18		22	20	19	17		19	17	16	15		
6	铜	40	36	34	31	20	35	32	30	27	20	32	30	27	25	25	32
	铝	31	28	26	24		27	25	23	21		25	23	21	19		

续附录 7

芯线截面(mm^2)	芯线材质	2 根单芯线				2 根穿管管径(mm)	3 根单芯线				3 根穿管管径(mm)	4～5 根单芯线				4 根穿管管径(mm)	5 根穿管管径(mm)
		环境温度(℃)					环境温度(℃)					环境温度(℃)					
		25	30	35	40		25	30	35	40		25	30	35	40		
10	铜	54	50	46	43	25	49	45	42	39	25	43	39	36	34	32	32
	铝	42	39	36	33		38	35	32	30		33	30	28	26		
16	铜	71	66	61	51	32	63	58	54	49	32	57	53	49	44	32	40
	铝	55	51	47	43		49	45	42	38		44	41	38	34		
25	铜	94	88	81	74	32	84	77	72	66	40	74	68	63	58	40	50
	铝	73	68	63	57		65	60	56	51		57	53	49	45		
35	铜	116	108	99	92	40	103	95	89	81	40	90	84	77	71	50	65
	铝	90	84	77	71		80	74	69	63		70	65	60	55		
50	铜	147	137	126	116	50	132	123	114	103	50	116	108	99	92	65	65
	铝	114	106	98	90		102	95	89	80		90	84	77	71		
70	铜	187	174	161	147	50	168	156	144	132	50	148	138	128	116	65	75
	铝	145	135	125	114		130	121	112	102		115	107	98	90		
120	铜	266	241	223	205	65	232	217	200	183	65	206	192	178	163	75	80
	铝	206	187	173	158		180	168	155	142		160	149	138	126		
150	铜	297	277	255	233	75	267	249	231	210	75	230	222	206	188	80	90
	铝	230	215	198	181		207	193	179	163		185	172	160	146		
185	铜	342	319	295	270	75	303	283	262	239	80	273	255	236	215	90	100
	铝	265	247	220	209		235	219	203	185		212	198	183	167		

注：① 同上表注。

② 管径在工程中常用英寸(in)表示，管径的 SI 制(单位 mm)与英制(单位 in)近似对照如下：

SI 制(mm)	15	20	25	32	40	50	65	70	80	90	100
英制(in)	1/2	3/4	1	1(1/4)	1(1/2)	2	2(1/2)	2(3/4)	3	3(1/2)	4

附录 8　LJ 型铝绞线和 LGJ 型钢芯铝绞线的允许载流量(单位为 A)

导线截面(mm^2)	LJ 型铝绞线				LGJ 型钢芯铝绞线			
	环境温度				环境温度			
	25 ℃	30 ℃	35 ℃	40 ℃	25 ℃	30 ℃	35 ℃	40 ℃
10	75	70	66	61	—	—	—	—
16	105	99	92	85	105	98	92	85
25	135	127	119	109	135	127	119	109

续附录 8

导线截面（mm^2）	LJ 型铝绞线				LGJ 型钢芯铝绞线			
	环境温度				环境温度			
	25 ℃	30 ℃	35 ℃	40 ℃	25 ℃	30 ℃	35 ℃	40 ℃
35	170	160	150	138	170	159	149	137
50	215	202	189	176	220	207	193	178
70	265	249	233	217	275	259	228	222
95	325	306	286	267	335	315	295	272
120	375	352	330	308	380	357	335	307
150	440	414	387	361	445	418	391	360
185	500	470	440	410	515	484	453	416
240	610	574	536	500	610	574	536	494
300	680	640	597	558	700	658	615	566

注：① 导线正常工作温度按 70 ℃计。
② 本表载流量按室外架设考虑，无日照，海拔高度为 1000 m 及以下。

附录 9　三相线路导线和电缆单位长度每相阻抗值

类别			导线（线芯）截面积（mm^2）													
			2.5	4	6	10	16	25	35	50	70	95	120	150	185	240
导线类型		导线温度（℃）	每相电阻（Ω/km）													
LJ		50	—	—	—	—	2.07	1.33	0.96	0.66	0.48	0.36	0.28	0.23	0.18	0.14
LGJ		50	—	—	—	—	—	—	0.89	0.68	0.48	0.35	0.29	0.24	0.18	0.13
绝缘导线	铜芯	50	8.40	5.20	3.48	2.05	1.26	0.81	0.58	0.40	0.29	0.22	0.17	0.14	0.11	0.09
		60	8.70	5.38	3.61	2.12	1.30	0.84	0.60	0.41	0.30	0.23	0.18	0.14	0.12	0.09
		65	8.72	5.43	3.62	2.19	1.37	0.88	0.63	0.44	0.32	0.24	0.19	0.15	0.13	0.10
	铝芯	50	13.3	8.25	5.53	3.33	2.08	1.31	0.94	0.65	0.47	0.35	0.28	0.22	0.18	0.14
		60	13.8	8.55	5.73	3.45	2.16	1.36	0.97	0.67	0.49	0.36	0.29	0.23	0.19	0.14
		65	14.6	9.15	6.10	3.66	3.29	1.48	1.06	0.75	0.53	0.39	0.31	0.25	0.20	0.15
电力电缆	铜芯	55	—	—	—	—	1.31	0.84	0.60	0.42	0.30	0.22	0.17	0.14	0.12	0.09
		60	8.54	5.34	3.56	2.13	1.33	0.85	0.61	0.43	0.31	0.23	0.18	0.14	0.12	0.09
		75	8.98	5.61	3.75	3.25	1.40	0.90	0.64	0.45	0.32	0.24	0.19	0.15	0.12	0.10
		80	—	—	—	—	1.43	0.91	0.65	0.46	0.33	0.24	0.19	0.15	0.13	0.10
	铝芯	55	—	—	—	—	2.21	1.41	1.01	0.71	0.51	0.37	0.29	0.24	0.20	0.15
		60	14.38	8.99	6.00	3.60	2.25	1.44	1.03	0.72	0.51	0.38	0.30	0.24	0.20	0.16
		75	15.13	9.45	6.31	3.78	2.36	1.51	1.08	0.76	0.54	0.41	0.31	0.25	0.21	0.16
		80	—	—	—	—	2.40	1.54	1.10	0.77	0.56	0.41	0.32	0.26	0.21	0.17

续附录 9

类别		导线(线芯)截面积(mm^2)													
		2.5	4	6	10	16	25	35	50	70	95	120	150	185	240
导线类型	线距(mm)	每相电抗(Ω/km)													
LJ	600	—	—	—	—	0.36	0.35	0.34	0.33	0.32	0.31	0.30	0.29	0.28	0.28
	800	—	—	—	—	0.38	0.37	0.36	0.35	0.34	0.33	0.32	0.31	0.30	0.30
	1000	—	—	—	—	0.40	0.38	0.37	0.36	0.35	0.34	0.33	0.32	0.31	0.31
	1250	—	—	—	—	0.41	0.40	0.39	0.37	0.36	0.35	0.34	0.34	0.33	0.32
LGJ	1500	—	—	—	—	—	—	0.39	0.38	0.37	0.35	0.35	0.34	0.33	0.33
	2000	—	—	—	—	—	—	0.40	0.39	0.38	0.37	0.37	0.36	0.35	0.34
	2500	—	—	—	—	—	—	0.41	0.41	0.40	0.39	0.38	0.37	0.37	0.36
	3000	—	—	—	—	—	—	0.43	0.42	0.41	0.40	0.39	0.39	0.38	0.37
绝缘导线 明敷	100	0.32	0.31	0.30	0.28	0.265	0.25	0.241	0.229	0.219	0.206	0.199	0.191	0.184	0.178
	150	0.35	0.33	0.32	0.30	0.290	0.27	0.266	0.251	0.242	0.231	0.223	0.216	0.209	0.200
绝缘导线	穿管敷设	0.12	0.11	0.11	0.10	0.102	0.09	0.095	0.091	0.087	0.085	0.083	0.082	0.081	0.080
纸绝缘电力电缆	1 kV	0.09	0.09	0.08	0.08	0.077	0.06	0.065	0.063	0.062	0.062	0.062	0.062	0.062	0.062
	6 kV	—	—	—	—	0.099	0.08	0.083	0.079	0.076	0.074	0.072	0.071	0.070	0.069
	10 kV	—	—	—	—	0.110	0.09	0.092	0.087	0.083	0.080	0.078	0.077	0.075	0.075
塑料绝缘电力电缆	1 kV	0.10	0.09	0.09	0.08	0.082	0.07	0.073	0.071	0.070	0.070	0.070	0.070	0.070	0.070
	6 kV	—	—	—	—	0.124	0.11	0.105	0.099	0.093	0.089	0.087	0.083	0.082	0.080
	10 kV	—	—	—	—	0.133	0.12	0.113	0.107	0.101	0.096	0.095	0.093	0.090	0.087

注:表中“线距”指导线的线间几何均距。

附录 10 DW17(ME)型低压断路器的主要技术数据

型号	脱扣器额定电流(A)	长延时动作额定电流(A)	短延时动作额定电流(A)	瞬时动作额定电流(A)	单相接地短路动作电流(A)	分断能力	
						电流(kA)	cosφ
DW17-630 (ME630)	630	200～400 350～630	3000～5000 5000～8000	1000～2000 1500～3000 2000～4000 4000～8000	—	50	0.25
DW17-800 (ME800)	800	200～400 350～630 500～800	3000～5000 5000～8000	1500～3000 2000～4000 4000～8000	—	50	0.25
DW17-1000 (ME1000)	1000	350～630 500～1000	3000～5000 5000～8000	1500～3000 2000～4000 4000～8000	—	50	0.25

续附录 10

型　号	脱扣器额定电流(A)	长延时动作额定电流(A)	短延时动作额定电流(A)	瞬时动作额定电流(A)	单相接地短路动作电流(A)	分断能力	
						电流(kA)	cosφ
DW17-1250 (ME1250)	1250	500～1000 750～1000	3000～5000 5000～8000	2000～4000 4000～8000	—	50	0.25
DW17-1600 (ME1600)	1600	500～1000 900～1600	3000～5000 5000～8000	4000～8000	—	50	0.25
DW17-2000 (ME2000)	2000	500～1000 1000～2000	5000～8000 7000～12000	4000～8000 6000～12000	—	80	0.20
DW17-2500 (ME2500)	2500	1500～2500	7000～12000 8000～12000	6000～12000	—	80	0.20
DW17-3200 (ME3200)	3200	—	—	8000～16000	—	80	0.20
DW17-4000 (ME4000)	4000	—	—	10000～20000	—	80	0.20

参考文献

1 朱林根.建筑电气设计手册.北京:中国建筑工业出版社,2001

2 韩风.建筑电气设计手册.北京:中国建筑工业出版社,1991

3 朱林根.现代住宅建筑电气设计.北京:中国建筑工业出版社,2004

4 陈小丰.建筑灯具与装饰照明手册.北京:中国建筑工业出版社,1995

5 同济大学电气工程系.工厂供电.北京:中国建筑工业出版社,1981

6 注册建筑电气工程师必备规范汇编.北京:中国计划出版社,中国建筑工业出版社,2003

7 林琅.现代建筑电气技术资质考试复习问答.北京:中国电力出版社,2002

8 李兴林.注册电气工程师考试辅导教材及复习题解.北京:中国建筑工业出版社,2004

9 刘昌明.建筑供配电系统安装.北京:机械工业出版社,2007

10 中国建筑电气设备手册.北京:中国建筑工业出版社,2003

11 范同顺.建筑配电与照明.北京:高等教育出版社,2004

12 王晓东.电气照明技术.北京:机械工业出版社,2004

13 刘思亮.建筑供配电.北京:中国建筑工业出版社,1998

14 赵振民.实用照明工程设计.天津:天津大学出版社,2003

15 陈小虎.工厂供电技术.北京:高等教育出版社,2001

16 李友文.工厂供电.北京:化学工业出版社,2001

17 刘介才.实用供配电技术手册.北京:中国水利水电出版社,2002

18 刘介才.工厂供电.第4版.北京:机械工业出版社,2004

19 刘介才.供配电技术.第2版.北京:机械工业出版社,2005

20 刘介才.安全用电技术.北京:中国电力出版社,2006

21 刘介才.工厂供用电实用手册.北京:中国电力出版社,2001

22 余健明,同向前,苏文成.供电技术.第3版.北京:机械工业出版社,1998

23 刘从爱,徐中立.电力工程.北京:机械工业出版社,1992

24 俞丽华.电气照明.上海:同济大学出版社,2001

25 杨奇逊.微机继电保护基础.北京:水利电力出版社,1988

26 张明君,弭洪涛.电力系统微机保护.北京:冶金工业出版社,2002

27 四川省电力工业局,四川省电力教育协会编.变电所自动化技术与无人值班.北京:中国电力出版社,1998

28 王厚余.低压电气装置的设计、安装和检验.北京:中国电力出版社,2003

29 曾德君.配电网新设备新技术问答.北京:中国电力出版社,2002

30 中国航空工业规划设计研究院组编.工业与民用配电设计手册.第3版.北京:中国电力出版社,2005

31 全国电压电流等级和频率标准化技术委员会编.电压电流频率和电能质量国家标准应用手册.北京:中国电力出版社,2001

32 国家电网公司发布.国家电网公司电力安全工作规程(变电站和发电厂电气部分)(试行).北京:中国电力出版社,2005

33 电力工业部安全监察及生产协调司编.电力供应与使用法规汇编.北京:中国电力出版社,1999

34 建筑照明设计标准编制组编.建筑照明设计标准培训讲座.北京:中国建筑工业出版社,2004

35 能源部西北电力设计院.电力工程电气设计手册(电气二次部分).北京:水利电力出版社,1991

36 中国航空工业规划设计研究院等.工业与民用配电设计手册.第3版.北京:中国电力出版社,2005